2020 年山东省普通高等教育一流教材
新工科建设·计算机类教材

基于案例的软件构造教程
（第 2 版）

李劲华　陈　宇　周　强　编著

电子工业出版社
Publishing House of Electronics Industry
北京·BEIJING

内 容 简 介

本书以一个案例的演变模拟不断变化的用户需求，按照增量迭代的开发模式，将碎片化的功能开发、用户交互、数据处理等知识，以及软件设计、软件测试及敏捷开发的最佳实践，与软件开发的原理、技术和工具融合到设计、编码、调试及测试的构造过程。内容包括软件构造的一般原理（如依赖倒转原则、增量迭代）、常用技术（如表驱动编程、测试驱动开发）、软件设计（契约式设计、设计模式）、软件知识（如软件测试、软件复用）及软件构造的工作要素（如编码规范、构造工具）和活动（如设计、编码、调试、测试、交付）。本书提供配套的电子课件、案例源程序、例子代码、教学参考方案等。

本书面向计算机类专业的本科学生，可作为"软件构造""Java 面向对象课程设计"等课程的教材，也可作为"实用软件工程"的参考书，同时也适合学习软件开发的其他专业及爱好者参考。

图书在版编目（CIP）数据

基于案例的软件构造教程/李劲华，陈宇，周强编著. —2 版. —北京：电子工业出版社，2023.1

ISBN 978-7-121-44652-8

I. ①基⋯　II. ①李⋯　②陈⋯　③周⋯　III. ①软件开发－教材　IV. ①TP311.52

中国版本图书馆 CIP 数据核字（2022）第 236264 号

责任编辑：王晓庆
印　　刷：三河市鑫金马印装有限公司
装　　订：三河市鑫金马印装有限公司
出版发行：电子工业出版社
　　　　　北京市海淀区万寿路 173 信箱　　邮编：100036
开　　本：787×1092　1/16　印张：19.75　　字数：544 千字
版　　次：2016 年 6 月第 1 版
　　　　　2023 年 1 月第 2 版
印　　次：2023 年 12 月第 3 次印刷
定　　价：65.00 元

凡所购买电子工业出版社图书有缺损问题，请向购买书店调换。若书店售缺，请与本社发行部联系，联系及邮购电话：(010) 88254888，88258888。

质量投诉请发邮件至 zlts@phei.com.cn，盗版侵权举报请发邮件至 dbqq@phei.com.cn。

本书咨询联系方式：(010) 88254113，wangxq@phei.com.cn。

第 2 版前言

在数字经济时代，软件在经济、社会、生活中的作用愈加重要。梅宏院士在"软件定义一切"的演讲中认为：万物皆可互联、一切均可编程。无论是基础软件、行业软件、工业软件、平台软件，还是嵌入式软件，无论是 SaaS（软件即服务）、小程序、Web 应用，还是传统的桌面软件，程序构造都是开发软件的基础。

本书第 1 版于 2016 年首次出版，已经印刷了 15 次，入选 2020 年山东省普通高等教育一流教材。感谢全国各类院校师生使用本书以及提出宝贵的意见和建议。结合我们的研究和教学，第 2 版保留了教材的内容、结构和编写风格，更正了错误，润色了全书，更新、增补、完善了部分内容，主要修订如下。

（1）新增了技术文档的内容，以适应"实用软件工程"等课程。第 1 章引入，第 2 章开始讲解如何针对案例构造增量编写相关文档，包括每章给出案例构造的主要类结构图，在最后一章提供了案例的所有文档。

（2）新增了代码管理与工具。第 1 章简述了代码管理与工具，后续章节按需逐步讲解并应用在案例构造中，建议读者学习和使用。

（3）新增了课程思政内容。根据教材内容在每章的"讨论与提高"中增加了阅读和思考的思政材料，旨在培养学生的家国情怀、创新能力、工匠精神和批判性思维。教师可以根据社会和专业发展补充更新。

（4）新增了软件工具和程序库。用 Git 管理并在 CODING DevOps 上托管案例代码，用 EclEmma 统计测试的代码覆盖率，用 Spire.Doc for Java 完成编码生成 Word 文档的构造任务。

（5）重构了案例实现。把类 Exercise 中对练习文件的操作移动到第 4 章的类 Practice；第 5 章的例子和案例代码增加了实现菜单动作的两种技术：①普通方式，在菜单类或功能类中实现菜单选项的操作；②表驱动编程，用 Java 反射机制实现菜单动作；更正了例 6.1 的代码，使其显示借书单中的书籍价格；在第 7 章添加了对 GUI（图形用户界面）设计及代码的重构；第 9 章，把构造任务 11 和 12 集成到 GUI 版本。

实现案例的 JDK（Java Development Kit）8、测试工具 JUnit 4 和 GUI 界面工具 WindowBuilder 等没有更新至最新版本。基本考虑是，本书的重点是传授软件构造的专业知识和能力，而非编程语言和工具的使用。使用者可按需采用最新的 Java 语言和工具版本，在实现本书案例代码时，不同版本工具的使用方法差异不大。

在第 2 版教材中，陈宇编写了课程思政、代码管理、技术文档的内容，制作了相关的短视频；李劲华完成了其他修改，并进行了全书校审。

本书至今还是软件工程知识领域"软件构造"为数不多的教材。案例驱动课程、按需学习知识、构造提升能力，特别适合应用型高校的软件工程专业使用，也可供其他专业的读者学习编码技术。作者团队倾力打造的在线课程在中国大学 MOOC（https://www.icourse163.org/course/QDU-1206501801）上发布，包含讲课视频、单元测试、考试题库、教学方案等教学资源，以此为基础的线上线下混合课程入选山东省一流本科课程。欢迎师生使用、共学共进，提出意见和建议。

本书在编写和使用过程中得到了有关校院和电子工业出版社的大力支持，在此表示感谢！

本书内容谨代表作者们对软件构造的理解与教学探索。由于才疏学浅、时间仓促，难免存在疏漏和谬误，欢迎读者批评指正。相关问题可反馈给出版社（wangxq@phei.com.cn）或作者（E-mail：qduli@126.com，QQ：1487220149）。

作　者

2022 年 12 月

前　　言

随着计算机和互联网在经济与日常生活中的渗透，各种形态的软件层出不穷，如传统的桌面软件、浏览器-服务器架构的 Web 应用、SaaS 及移动应用程序 App 等，国家和社会对各类软件的需求不断增加。特别是移动 App 的出现，再次凸显了小型软件开发的重要性。

传统计算机学科的课程体系涵盖了大量软件开发的知识，如高级语言程序设计、数据结构与算法、数据库、计算机网络、操作系统、编译原理、软件工程等，传授方式理论化、知识碎片化。设置和讲授这些课程的主要目的，甚至有些课程的唯一目的不是提升编程解决问题的能力，而是理解和研制计算机及系统软件。软件工程课程的核心作用是培养软件开发的需求分析、软件建模及团队协作、项目管理等实际工作需要的综合能力，但其基本前提是要求学生具备软件构造能力，即通过设计、编码、单元测试、集成测试和调试的组合创建有用的软件。现代软件开发方法包括极限编程、测试驱动开发等敏捷方法，突出特点是每位程序员都具有高超的软件开发能力。他们不仅熟练地掌握多种类型的编程语言、框架与中间件、设计模式、软件设计和测试技术及数据处理、用户交互等方面的知识，还熟悉开发流程，具备把实际问题转换成软件的分析、设计和构造的能力。

本书旨在以案例为引导，通过集成化实现软件知识的碎片化，提升个人的软件构造能力，加快从程序编写到软件开发的转变，在孤立的基础课程与软件工程课程之间搭建桥梁。目标是把学生培养成能独立地综合运用技术开发可用产品的高级程序员，再通过后续课程（如软件工程、综合课程设计和实习实训）把他们培养成软件工程师。

▶ 主要内容与结构

本书内容涵盖 IEEE 计算机协会最新颁布的"软件工程知识体系"中"软件构造"知识域的95%以上，以及软件设计、软件测试和敏捷开发的最佳实践，主要包括以下内容。

- 软件构造的一般原理：模块化，信息隐藏，逐步求精，面向对象原则，增量迭代，软件复用，软件质量。
- 软件构造的常用技巧：表驱动编程，防御式编程，按意图编程，事件驱动编程，代码重构，框架与程序包，测试驱动开发。
- 软件设计：软件建模及其语言 UML，E-R 图，控制流图，状态图，设计原则，设计模式，契约式设计，面向对象，用户交互，数据库的设计与实现。
- 软件知识：软件过程，敏捷开发，最佳实践，面向对象编程，数据结构与算法的实现，数据库编程，软件复用。
- 软件构造的工作要素：编码及其规范，构造工具如 IDE、Ant、JUnit 和 WindowBuilder。
- 软件构造的活动：设计，编码，调试，集成，测试（单元测试、回归测试、集成测试、静态测试）。

不同于传统软件教材按照开发活动或知识域的编写方式，本书以一个案例的演变，模拟不断变化的用户需求，以增量迭代的开发模式编排这些教学内容。每章完成之后都有可用的、实现了用户要求的功能或特性的程序。每章以案例故事引出构造问题，通过例子及设计和代码，讨论解决问题的基本原理、方法、技术等最佳实践，给出一个可操作的构造方案，问题的可选设计、扩展则作为提升或留作练习。

全书共 9 章。第 1 章概述软件与软件开发的基本概念，说明软件构造的含义及其在整个软件开发过程中的地位和作用，引入本书案例。第 2～9 章以增量迭代的方式，将功能开发、用户交互及数据处理等知识，与软件开发的原理、技术和工具融合到设计、编码、调试及测试的构造过程中。第 2 章说明模块化概念及其软件的构造技术。第 3 章描述面向对象的设计原则及其软件的构造技术。第 4 章学习使用文件来保存、共享和使用持久性的数据以及相关的构造技术。第 5 章学习用户界面与软件集成的基础，说明非图形菜单式用户交互的设计与实现。第 6 章学习重构技术、自动化的软件打包与交付。第 7 章深入学习图形用户界面软件的构造。第 8 章学习数据库的设计并在应用程序中使用数据库。第 9 章学习软件复用，使用框架和程序包构造软件。

作者借鉴了国内外计算机科学与软件工程领域的研究和教学成果。首先是主编在德国斯图加特大学计算机系进修期间，其导师路德维希教授于 20 世纪末在德国大学开创性地设立了"软件工程"示范专业。其次是最近十多年我国软件工程领域教育先行者的大胆探索和实践。最后，在学科和专业技术方面对本书产生巨大影响的是个体软件过程（Personal Software Process，PSP）、软件复用、敏捷开发方法及软件测试。在此对这些研究者和教育者表示崇高敬意与衷心感谢！

李劲华设计了本书的结构、内容及风格，编写了第 1～6 章、第 9 章内容及程序，审阅、校对了全书；周强编写了第 7 章内容及程序；陈宇编写了第 8 章内容及程序。

本书在编写过程中得到了学校、学院和电子工业出版社的大力支持，在此表示感谢！

本书内容谨代表作者们对软件构造的理解与探索。由于认识有限，加之时间仓促，难免存在疏漏和谬误，欢迎读者批评指正。相关问题可反馈给出版社（wangxq@phei.com.cn）或作者（E-mail：qduli@126.com，QQ：1487220149）。

▶ 使用建议

本书试图将软件构造的原理、原则、方法、技术、流程和技能整合，通过案例的展开由浅及深地学习。对知识的引入遵循足够、按需和渐进的原则，很多方面的知识（如调试、测试、设计、复用）分布在若干章节。读者最好把书中的知识通过案例串联起来，根据需要，可以跳过某个章节、提前看某个章节、需要时回过头来再看前面章节的内容或者查阅相关资料。建议读者一边思考案例问题，一边学习，一边动手实践。

就作者所知，目前国内外的课程体系中缺乏《软件构造》及相应的教材。本书可作为"软件构造""Java 面向对象课程设计"的教材，也可以选作部分专业面向实用的"软件工程"的参考书。用于"软件工程课程设计""软件工程综合实训"等课程时，需补充软件建模、项目管理、团队合作、应用领域等方面的知识。

受篇幅限制，书中对介绍的最佳实践仅给出了关键的实现代码，建议授课教师根据课时选择性采纳或改写。本书提供配套电子课件、案例源程序、例子代码、教学参考方案等，请登录华信教育资源网（www.hxedu.com.cn）注册下载或联系本书编辑（wangxq@phei.com.cn）索取。

本书面向计算机学科的本科学生，也适合学习软件开发的其他学生及爱好者，建议在第 4～6 学期使用。要求读者具备程序设计和面向对象编程基础，有些内容可在需要时适当补充。对软件工程专业，后续课程可以是软件工程、软件设计、软件测试、软件项目管理等。对计算机及其他应用程序设计技术的专业，建议选修"软件工程"或概论/导论，学习团队开发大型软件的技术和方法。

▶ 关于案例

案例的目的是模仿实际工作，传授软件构造的基本知识、主要活动、技术与工具的综合运用能力。案例不宜太难，需求简单明了，使没有多少经验的学生容易理解，把重点放在软件的设计与构造，在一个学期就可完成一个可运行的、有意义的程序。设计的案例产生 3000 行左右的代码，计划持续 3 个月、60 人时的工作量。案例开发不指定某种具体编程语言和软件运行过程。

案例是开发一个"50 道 100 以内的加减法口算习题"的程序。具体要求模拟现实生活，在用户使用程序的过程中，不断提出新的需求和功能。

案例看似简单，却可以有多种理解方式及扩展。例如，100 以内的运算数可包含 100 或 0；可将运算数值扩大到 500、1000；算式可以是至多包含 2 个运算符的加减法算术运算，还可以是至多包含 4 个运算符的四则算术运算。每章的"讨论与提高""思考与练习题"对案例提出了一些变化、延伸及构造，满足不同层次的教学要求。

本书程序主要采用 Java 语言。除个别情况外，书中不提供完整代码，意在培养学生独立解决问题的能力，构造不同的、可运行的软件。

▶ 教学方案

本书面向普通高校本科学生，提供 3 种教学参考方案，任课教师可根据需要调整。例如，如果学生面向对象程序设计的基础较弱，可减少第 2 章的学时；如果仅用 GUI 界面的用户交互，可减少第 5 章的学时；如果学生的程序设计能力较强，可减少第 5 章之前的实验，增加第 9 章的学时。

（1）基本教学方案（方案 1），72 学时（18 学时×5 周），讲课 38 学时，实验 34 学时。

章	节	基 本 内 容	讲课	实验内容	实验
1	掌握 1.3 节、1.5 节和 1.6 节，理解 1.1 节、1.2 节和 1.4 节，阅读案例 1.7 节	掌握程序与软件的异同、影响软件开发的因素、典型的软件开发过程、软件构造，理解软件的相关概念、软件生存周期和敏捷开发，阅读案例	3		
2	掌握 2.2~2.4 节、2.7.3 节、2.7.4 节，理解 2.1 节、2.5 节、2.7.1 节，阅读与实践 2.6 节，其余了解	掌握模块化设计、数据结构与算法的选择、测试设计、编码风格，理解模块化概念、测试概念、调试概念，阅读案例，其余了解	4	构造 1、2	4
3	掌握 3.2~3.5 节，理解 3.1 节、3.7.2 节、3.7.3 节，阅读与实践 3.6 节，其余了解	掌握基本的面向对象设计技术、调试技术、测试框架，理解抽象、封装、ADT、面向对象的概念、设计模式、设计原则，阅读案例，其余了解	5	构造 3	4
4	掌握 4.2~4.4 节、4.5.2 节、4.6 节、4.7.1~4.7.3 节，理解 4.1 节、4.5.1 节、4.7.4 节，阅读与实践 4.8 节，其余了解	掌握文件输入/输出流的编程、防御性编程、正则表达式、表驱动编程、白盒测试设计、JUnit 其他测试，理解数据持久性、算式基及测试断言，阅读案例，其余了解	5	构造 4、5、6	6
5	掌握 5.1.4 节、5.3 节、5.4.3 节、5.5 节、5.7.1 节、5.7.2 节，理解 5.1 节其他、5.2 节、5.4 节，阅读与实践 5.6 节，其他了解	掌握菜单式用户交互的设计与编程、原型法、代码走查、静态分析工具、软件集成与测试、基于状态图的测试，理解用户交互的原则和开发过程、回归测试、静态测试，阅读案例，其余了解	5	构造 7	4
6	掌握 6.1.1 节、6.2.2 节、6.2.3 节，理解 6.1.2 节、6.2.1 节，阅读与实践 6.3 节、6.4.2 节，其余了解	掌握基本的重构技术和过程、Java 程序打包/交付，理解代码重构、软件交付，阅读案例和 TDD，其余了解	4	构造 8	4
7	理解 7.1 节、7.3 节，掌握 7.2 节和 7.4 节，阅读与实践 7.5 节，了解 7.6 节	理解 GUI 的基本知识，掌握 GUI 的基本元素、设计规范及本书使用的 Java GUI 设计工具，掌握事件驱动编程方式，阅读案例，其余了解	4	构造 9	4
8	理解 8.1 节、8.3 节，掌握 8.2 节、8.4 节、8.6.1~8.6.3 节，阅读与实践 8.5 节，了解 8.6.4 节	理解数据库系统的结构，了解数据库的设计知识，掌握 SQL 的 5 种操作语句及数据库查询操作，掌握应用程序与数据库的连接和编程，阅读案例，其余了解	5	构造 10	3
9	掌握 9.3 节，理解 9.1 节、9.2 节、9.4 节，阅读与实践 9.5 节，其余了解	掌握设计模式的编码实现、可视化显示、基于模板的文档产生，理解软件复用的概念、方式，阅读案例，其余了解	3	构造 11、12、13	5
	合计		38		34

（2）面向对象技术的教学方案（方案 2），54 学时（18 学时×3 周），讲课 30 学时，实验 24 学时。

面向对象技术的教学方案

（3）Java 面向对象课程设计（方案 3），36 学时（18 学时×2 周），讲课 18 学时，实验 18 学时。

Java 面向对象课程设计

目　　录

第1章 软件开发概述

从不同的方面理解程序及其开发。初步认识程序和软件，了解不同的软件分类。对比小程序的编写与大型软件的开发的差异，理解软件的工程特征：从编写正确的程序，到开发高质量的软件；从注重编程语言、算法设计、数据结构等独立知识，到综合应用最佳实践软件开发；从工艺到工程——分离软件开发的关注点，把它分成若干可控制、可管理的阶段及相关活动，以及这些活动的不同组合方式。重点理解软件构造的概念，从程序的编辑、编译、运行编写，到软件的设计、实现、测试。

1.1 程序与软件

1.1.1 从程序到软件

软件是由计算机程序和程序设计的概念发展演化过来的，是程序和程序设计发展到一定规模后并且在逐步商品化的过程中形成的。20世纪60年代，随着计算机硬件的批量生产，工业界与学术界认识到了计算机程序的工程性和使用价值。一方面，计算机程序必须随着硬件一起捆绑销售，向客户提供硬件支持不足的计算机的功能，计算机程序具有复制价值。另一方面，计算机程序的开发过程不仅仅是写程序，往往需要花费大量的时间厘清需求，选择、设计算法，在编码后还要对程序验证，向用户提供使用手册等文档。计算机程序的生成是一种由多人合作、经历不同阶段的开发过程，且具有可复制和重复使用的器件。

计算机程序（以下简称"程序"）是为了解决某个特定问题而用程序设计语言描述的适合计算机处理的语句序列。软件是能够完成预定功能和性能的可执行的程序、使程序正常执行所需要的数据，加上描述软件、开发过程及其管理、操作使用的有关文档，即"软件=程序+数据+文档"。没有程序，软件就缺乏指挥，无法执行一系列指令完成预定的功能。没有数据，软件就没有运行的驱动，是一个没有筋骨的空壳子。文档赋予了软件可理解性、可用性和可操作性，否则，使用者可能无法正常使用软件。

例如，一个教学管理软件，它通过一组独立且交互的程序提供各种教与学的服务功能。学生用它登记选课，查阅课程安排、授课信息和学习成绩等。教学管理人员用它指派授课教师、安排教室及授课时间等。教师通过同样的软件查阅课程安排，发布课程信息、听课学生信息，登录学生成绩等。该软件的数据具有多样性：有相对稳定的学生信息（如学号、姓名、专业、入学时间）、教师信息（如工号、姓名、院系、职称、学历、专业）、课程信息（如编号、名称、内容简介、学时、学分）、教室信息（如容量、位置、配置）；有变动性强的数据，如授课信息（授课教师、时间和地点）；以及不断变化的数据，如授课教师发布的授课/参考材料、作业及批改、试题及分数、学生提交的作业、师生的答疑等。使用该软件时不可或缺的还有各种文档，譬如如何安装、配置、启动程序的安装说明书，教学管理员、教师和学生如何使用软件完成各自任务的操作说明书，便于维护软件及其数据的软件结构、组成及数据字典、数据表等技术说明书。所有这些程序、数据和文档，共同构成了这个教学管理软件。

1.1.2　软件类型

软件按其功能划分为三种类型：系统软件、支撑软件和应用软件。系统软件如计算机操作系统、设备驱动程序、通信处理程序、网络管理程序等，负责管理计算机系统、网络及其各种独立的硬件，使它们协同工作、完成计算机的功能。支撑软件是支持软件的开发、管理与维护的软件，如集成化开发环境（Integrated Development Environment，IDE）、编译程序、文件格式化程序、数据库管理系统（Database Management System，DBMS）、应用框架与程序库等。应用软件是为了某种特定用途、具备特定功能的软件，其种类形态最多，包括商业数据处理软件、工程与科学计算软件、计算机辅助设计/制造软件、系统仿真软件、智能产品嵌入软件、医疗/制药软件、管理信息系统、办公自动化软件、计算机辅助教学软件、游戏娱乐类软件、社交通信类软件等。

软件按其工作方式划分为：实时软件、分时软件、交互式软件和批处理软件。软件按服务对象的范围划分为：项目软件（定制开发）和产品软件（或通用软件）。软件的其他分类包括商业软件、开源软件、共享软件等。这些软件的分类并不是互斥的。一个软件可能包含实时特性、分时特征，同时还具有交互性（如 Web 应用程序、即时通信软件）。一个软件可根据客户的特殊需求而作为项目进行客户化开发（如企业资源规划 ERP 软件），成熟之后打包成产品卖出。随着信息通信技术的发展，出现了软件开发与使用的新形态，如移动应用程序 App、平板应用程序及软件即服务（Software as a Service，SaaS）。

软件还可以按照规模划分。表 1.1 所示为软件按规模划分的参考依据。可以看出，不同规模软件的代码行数可能相差极大。一个人完成一个大中型软件的编写是不现实的，受时间、成本、技术等因素的限制，人们不可能对所有软件都指望由一个天才程序员去完成开发。

表 1.1　软件按规模划分

类　别	参加人数	研制期限	产品规模（源代码行）
微型	1	1～4 星期	500 行
小型	1	1～6 月	1000～4000 行
中型	2～5	1～2 年	5000～5 万行
大型	5～20	2～3 年	5 万～50 万行
甚大型	100～1000	4～5 年	50 万～100 万行
极大型	2000～5000	5～10 年	200 万行及以上

随着软件变得越来越大、越来越复杂，软件开发的关注点也发生了变化，相对于小规模的程序设计（Programming in the Small），提出了大规模的程序设计（Programming in the Large），即软件开发。

1.1.3　程序设计与软件开发

计算机程序有两种形式：第一种是可执行代码，即能在计算机中直接执行的指令序列；第二种是人可阅读的源程序，经翻译转换成可执行代码并由计算机执行。程序设计是解决特定问题而编写程序的过程，是软件生产活动中的重要组成部分。程序设计往往以某种编程语言为工具，编写源程序。典型的程序设计活动包括分析问题、设计算法、编写程序、测试与排错等。

- 分析问题：研究所给定问题、条件及目标，定义问题，选择、设计解决方案。
- 设计算法：设计解题的方法和具体步骤（算法）。
- 编写程序：用计算机编程语言实现算法，包括编辑、编译和链接相关代码。

● 测试与排错：运行程序、检测结果，即测试程序是否解决了问题。如果出现错误，就需要反复调试，排查并消除程序中的错误。

程序设计是一种个人的科学或艺术。精美的算法和编码、程序的正确性是计算科学工作者追求的主要目标。计算机程序的"科学和艺术"特征表现在程序创作的独创性、科学性及个性化上。图灵奖获得者尼古拉斯·沃斯（Niklaus Wirth）提出的"程序=算法+数据结构"是程序设计的精辟观点。数据结构指的是程序处理或应用的数据与数据之间的逻辑关系。算法指的是解决特定问题的步骤和方法。程序设计的核心就是选择和设计适合特定问题的数据结构与算法，用编程语言编写程序。

另一位图灵奖获得者唐纳德·克努特（Donald Ervin Knuth）在其多卷丛书《计算机程序设计艺术》中展示了计算机编程的技巧性和艺术性，并在图灵奖演说中对计算机编程的艺术做了科学的论述和诠释。他和其他倡导者认为，编写优美的程序需要天才灵感和高超技法，就像诗人写诗、画家作画、建筑师构筑建筑一样，充满了个人的技巧、艺术和美感。程序员就是创造这种优雅程序艺术的艺术家。程序之美体现在精巧的算法机制、深邃的设计思想及优雅的代码布局中。

在计算机发展的早期，软件开发的主要活动就是程序设计。随着程序向软件的演变，软件开发不再只是纯粹的程序功能设计，还包括数据库设计、用户界面设计、软件接口设计、通信协议设计和复杂的系统配置。软件也不再局限于科学研究，而被广泛应用在工业、农业、银行、航空、军事、政府、教育、娱乐、社交等领域。对软件，人们不再单纯地追求它正确地运行、完成预期的功能，还希望它可靠——在规定的条件和时间区间完成规定的功能，具有可用性——易学易用，能提高用户的体验和满足感，以及软件的性能、安全等非功能性需求。

软件变得越来越大，越来越复杂。图 1.1 示意了 Linux 操作系统的内核代码在几年中从 240 万行增加到近 1600 万行。

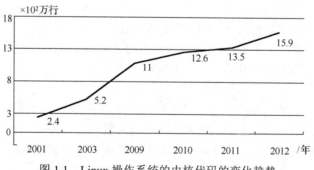

图 1.1　Linux 操作系统的内核代码的变化趋势

软件已经不可能仅仅依靠个人的才智和技巧手工地编写，而是需要团队的分工合作，用工程化、按照项目管理的方式完成制作。编写程序从个体技艺的程序设计走向团队合作、工程实践的软件开发。软件工程把经过时间考验而证明正确的管理技术和当前能够得到的最好的技术、方法和工具结合起来，以系统性的、规范化的、可定量的、过程化的方法去开发和维护软件。

软件工程是应用计算机科学、数学、逻辑学及管理科学等原理，开发软件的工程学科和活动。软件工程借鉴传统工程的原则和方法，提高软件质量、降低开发成本、缩短开发周期。其中，计算机科学、数学用于软件模型与算法设计，工程科学用于制定规范、开发范型、评估成本及确定权衡，管理科学用于计划、资源、质量、成本等管理。软件工程不仅涉及程序设计语言、数据结构和算法，还包括数据库、开发工具、人机交互、系统平台、设计模式等技术方面，且涉及项目管理、质量保障、标准规范、开发流程等管理因素。

1.2　软件生存周期

同任何事物一样，一个软件产品或软件系统也要经历孕育、诞生、成长、成熟、衰亡等阶段，一般称为软件生存周期（软件生命周期）。为了使规模庞大、结构复杂和管理复杂的软件开发变得容易控制和管理，人们根据软件所处的状态和特征，把整个软件生存周期划分为易于管理和控制的若干阶段，每个阶段包含不同的活动或任务。软件的使用者和开发者对软件生存周期的阶段与活动具有不同的理解及划分。

1.2.1　使用角度的软件生存周期

从软件使用者的角度，软件生存周期分为下列三个阶段，每个阶段还可进一步分为不同的途径或状态。

（1）提出需求。使用者根据需要，提出要解决的问题和需要的软件。有时，使用者甚至不清楚是否有软件能够或者用软件能在多大程度上解决自己的问题；有时，使用者可以描述要求的软件能力和使用预期；有时，使用者能清楚地说明软件的功能和非功能性需求（如性能、安全性、可用性）、运行环境、基础设施及约束条件等。准确、清晰、严谨地描述软件需求是后续工作的先决条件。

（2）获取软件。主要是对获取软件的最佳途径做出决策并选择最佳的供应商。软件的获取有三种主要途径。①购买软件，像购买其他商品一样，使用者可以采购符合需求的、市场化的商品软件。但是，通常购买的是软件的使用授权，而不是软件本身，即使用者没有软件的所有权。②定制或开发软件，可以分为三种形式：外包开发——由独立软件开发商按照用户的需求开发软件，使用者可以拥有软件所有权；独立开发——使用者自己或内部的专业人员开发需要的软件；联合开发——使用者与独立软件开发商联合开发所需软件，双方可能分享软件的所有权。③租赁软件或租赁服务，用户不占有软件本身，甚至无须在用户现场安装软件系统，而是通过客户端（如手机客户端软件、Web 浏览器）使用软件提供的操作或服务，例如，云计算的一种形式"软件即服务"（SaaS）。

（3）使用软件。一旦获得软件，使用者就将操作软件为其服务，例如，使用社交软件联系沟通、使用银行软件处理银行业务。当软件有了新的版本时，可自动或手动地更新软件。当然，如果是租赁的软件或者采用了云服务，通常是软件提供商完成软件的维护和更新，无须使用者做任何事情。大型、复杂的软件系统（如企业资源规划 ERP 系统、电子政务系统），通常要通过软件实施才能使用软件，即通过开发商或其服务商在用户现场搭建运行环境、安装并配置软件、培训用户、录入基础数据之后，才能使用软件。最后，如果不需要了，就废弃正在使用的软件，或者更换其他软件。

1.2.2　开发角度的软件生存周期

从软件开发者的角度，一般把软件生存周期分为定义软件、开发软件和维护软件三个阶段。表 1.2 所示为这三个阶段的主要任务。

软件生存周期的一些活动构成了软件开发生命周期，即从决定开发软件产品到交付软件产品。这个过程主要包括需求定义阶段、设计阶段、实现阶段、测试阶段，有时还包括安装阶段。根据软件开发采用的方式，划分的这些阶段会反复交替地执行。

表 1.2　软件生存周期的主要任务

阶　　段	活　　动	描　　述
定义软件	理解问题	用明确的语言描述软件要解决的问题、目标和范围
	可行性研究	从经济、技术、法律等方面分析软件开发的可行性
	需求分析	描述对软件系统的所有需求，即明确要软件做什么
开发软件	软件设计	建立目标软件的解决方案，包括软件的结构和组成
	软件实现	用程序语言实现设计方案，包括与其他系统的集成
	软件测试	通过各种测试和评审技术，确认软件满足指定要求
维护软件	软件交付	发布开发的软件，或者安装、部署到用户现场以便使用
	软件维护	对软件进行修改或对需求的变化做出响应
	软件退役	终止对软件的技术支持和维护，软件停止使用

1. 需求定义

一旦决定了开发软件，就要研究用户需求、确定软件定义，通常是功能性需求和非功能性需求。功能性需求规定了软件在抽象级别应提供的基本能力。详细的功能性需求说明应该在子系统级别完成。例如，对教学管理软件，需求分析活动包括识别存储和管理课程信息的数据库，识别教师、学生和教务管理者对系统的不同操作。非功能性需求指的是软件应该具备的特性，如可用性、性能、安全性、可靠性等。它们适用并影响整个软件。

此外，需求定义阶段的一个重要部分是建立一组软件应当满足的总体目标，这些目标可能会拓展或限制设计的抉择。例如，对上述系统，要求未经授权，任何人不能修改已经安排好的课程信息。

2. 软件设计

设计的一般含义是指为了达到某一特定目的，通过制订计划、进行思考与概念的组织，建立一个现实可行的解决方案，用设计语言明确地表示出整个过程。

软件设计给出如何实现软件的需求的决策和方案，将软件划分成一组子系统，把需求分配到不同子系统的过程，包括一组活动。①划分需求：分析、拆分或者合并需求。通常会有几种可能的需求细分与组合方式，要做出选择。②确定子系统：识别出独立或集体满足需求的子系统。成组的需求通常与子系统相关，这个活动可以和划分需求联合完成。③给子系统分配需求：原则上，只要子系统的识别是需求划分驱动的，这个任务就直截了当。但是，在实践中，需求划分和子系统识别不一定是完全匹配的，使用的外部系统或库函数可能要求更改需求。④定义子系统的功能：确定每个子系统及其组成的特殊功能。在这个阶段也应确定各子系统间的关系。⑤定义子系统的接口：定义每个子系统供需的接口，之后就可以同步开发各个子系统。

设计过程的不同活动间存在大量反馈和循环。随着问题的解决、疑问的出现，常常要对早期的工作返工。

软件可以在不同层次和方面进行设计。经典的软件工程把软件设计分为概要设计和详细设计。按照软件的构成，可以进行系统架构设计、子系统及构件设计、接口设计、算法设计和数据结构的设计。另外，软件还包括功能设计、用户界面设计和数据库设计。

3. 软件实现

软件实现是完成运行程序及数据软件开发的过程。开发者用合适的编程语言（包括数据库语言、Web 语言、脚本语言等）把软件的设计转换成程序，包括编码、调试和测试活动。软件系统通常有不同的组成，在设计时可能抽象成逻辑上的子系统、模块或实体、关系和属性等。在实现阶段，要把这些逻辑元素表示成函数、类或记录、表和字段等。对设计阶段的用户交互则可以实现成用户的输入（键盘、鼠标等）、输出及菜单、按钮、窗口等对象。

软件实现和通常的程序设计的主要区别是软件的集成与测试。软件集成指的是通过函数调用、消息传递、事件响应、状态改变、服务合成等机制把编程实现的各个软件单元组装在一起，形成一个更大的软件单元，直至可以运行的软件系统。有时，需要编写一些脚本来连接、启动数据库、运行环境等，集成其他外部资源。软件测试也属于实现阶段的活动，可分为对程序基本组成单元的测试（单元测试）、对软件组装结果的测试（集成测试）、对整个软件系统的测试（系统测试），以及把软件交付给用户时的测试（验收测试）。

4．软件维护

软件维护是指对已完成开发并发布、交付使用的软件产品进行完善优化、纠正错误、改进性能和其他属性，或使软件适应改变了的运行环境。软件维护分为 4 种类型。

（1）改正性维护：修正出现的软件缺陷。软件交付使用后，会有一部分隐藏的错误被带到使用阶段，在某些特定的使用环境下暴露出来，必须消除。

（2）适应性维护：为适应环境的变化而进行的软件修改活动。

（3）完善性维护：为满足不断变化的需求，对软件所进行的改善、功能与性能的加强。

（4）预防性维护：为改善软件系统的可维护性和可靠性对软件进行的优化。

在软件生存周期中，软件维护会持续很长一段时间，甚至超过全周期的一半。良好的软件开发过程和技术（如软件复用、模块化、面向对象、建模）是保证软件质量、减少维护工作的基础。为了使软件易于维护，开发时就必须考虑使软件具有可维护性。软件可维护性可通过三个质量特性来衡量：可理解性，指维护人员理解软件的结构、接口、功能和内部过程的难易程度；可测试性，指测试和诊断软件错误的难易程度；可修改性，指修改软件的难易程度。

软件再工程和代码重构是在软件维护中经常使用的技术。

1.3　软件开发过程

早期的软件开发活动就是编码，没有明确定义的工作流程和质量要求，通常是边写代码边修改，快速地交付软件。这种开发方式没有细致地分析需求、详细地设计软件、系统地测试软件或软件单元，整个软件开发缺乏计划和控制，难以保障开发软件的质量。逐渐地，人们借鉴了桥梁、电气、建筑等工程领域，把软件开发工作分成若干具有特定结果的步骤或活动，按照一定流程和管理开展软件活动，形成了软件开发过程。

根据每个活动的内容、活动的执行顺序、是否多次执行、活动参与者（特别地，是否包含客户/用户）、使用何种工具、采取哪些管理、活动产出等，出现了若干不同的软件开发过程。简单而言，软件开发过程是用来生产软件产品的流程及一系列工具、方法和实践的集合。软件开发过程模型是从一个特殊的视角对软件开发过程的简化描述。模型的本质就是简化，所以，软件开发过程模型是对实际过程的抽象。

图 1.2 所示为一个典型的软件开发过程。从软件的生产过程看，编写程序，甚至包括系统分析与设计的软件开发也只是其中的一部分工作。除了最上面的软件生存周期的开发活动，还有技术支持、文档编写、测试开发及控制和行政管理等非生产性活动。该图同时示意了在不同的软件生存周期，各种资源（人、成本）的需要是不均衡的。软件实现阶段占用了绝大部分资源。

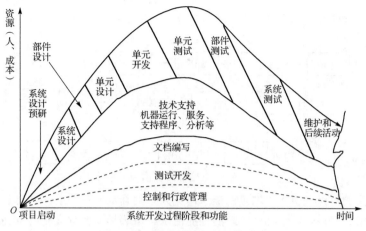

图 1.2　一个典型的软件开发过程

不同的软件开发过程定义了不同的开发活动和支撑活动，过程的重点内容、每个活动是否重复等也不一样。下面简单介绍经典的瀑布式开发过程、增量开发过程、个体软件过程，在 1.4 节介绍敏捷开发。

1.3.1　瀑布式开发过程

瀑布式开发过程，也叫软件生存期模型。它按照软件生命周期，把软件开发分为计划制订、需求分析、软件设计、程序编写、软件测试和运行维护这 6 个基本活动，并且规定了它们自上而下、相互衔接的固定次序，如同瀑布流水，逐级下落。

在瀑布开发模型中，软件开发的各项活动严格以线性方式开展，当前活动接收上一项活动的工作结果，完成本阶段的工作。每项活动的工作结果还需验证，通过验证，则该结果作为下一项活动的输入，继续进行下一项活动，否则返回修改。瀑布开发模型强调文档的作用，要求每个阶段都要仔细验证。核心思想是按工序将问题分解、规范化，将功能的实现与设计分开，便于分工协作，即采用结构化的分析与设计方法将逻辑实现和物理实现分开。瀑布开发模型的流程如图 1.3 所示。

这种模型的主要问题在于：

（1）阶段划分僵硬，每个阶段不能缺少，产生大量文档，增加了工作量；

（2）线性化开发，只有等到过程的末期才能见到开发成果——可运行软件，不利于快速响应变化的需求；

（3）早期的错误要等到开发后期的测试阶段才能发现，可能带来严重的后果，增加了开发的风险。

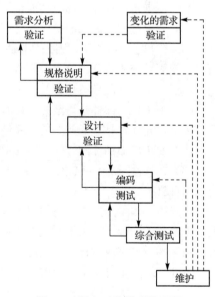

图 1.3　瀑布开发模型的流程

1.3.2　增量开发过程

增量开发是指不是一次完成待开发的软件，而是把软件分成一系列增量，完成一部分就交付一部分。对每个增量的使用和评估都作为下一个增量发布的新特征和功能。这个过程在每个增量发布后不断重复，直到产生最终产品。增量开发模型本质上是迭代开发，如图 1.4 所示。迭代指的是不一次性执行软件开发的全部活动，而是有计划地反复执行"分析-设计-编码-测试"这样一组过程。

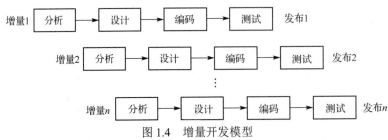

图 1.4 增量开发模型

增量开发模型的特点是引入了增量的概念，无须等到确定所有需求，只要某个需求明确了，就可进行开发。增量可以是一组功能、新的性能需求。虽然某个增量可能还需要进一步适应需求并且更改，但只要这个增量足够小而且开发的程序模块化，更改的影响对整个项目来说是可以承受的。增量类型及其开发不止一种，可行的方式是首先实现那些明确的、核心的需求，或者把需求按重要性优先级排序，或者依照用户的要求实现增量。

增量开发模型的基本思想是让开发者能从早期的开发、系统的增量、交付的版本中学到经验，在系统的开发和使用中学习一切可能学到的东西。过程中的关键是从系统需求的简单子集实现开始，通过迭代增强和进化后续的版本，直到系统需求被全部实现。每次迭代中，要修改设计，增加新的功能要求。

增量开发模型的优点如下。

（1）在短时间内向用户提交一个可运行软件，提供解决用户急用的一些功能。

（2）由于每次只提交部分功能，因此用户有较充分的时间学习和适应新的产品。

（3）开发过程中需求的变化不可避免。该模型的灵活性可使软件适应不断变化的需求。

（4）有利于系统维护。因为整个系统是由一个个增量（部件）集成在一起的，当需求变更时，可以只变更系统的部分部件，而不必改动整个系统。

当然，增量开发模型也存在如下风险。

（1）由于各个部件是逐渐并入已有软件的，因此必须确保每次增加的部件不破坏已构造好的系统，这需要软件具备开放式的体系结构，否则这种开发方式会造成系统结构混乱。

（2）逐步增加部件的方式很容易退化为边做边改，从而使软件开发及管理失去控制。

（3）在软件开发中存在如何一致地定义"增量"，以及如何界定它的工作量、需求范围、功能或特性等问题。

实践中，增量开发模型往往要求在分析了需求以后，在软件设计时设计增量。每个增量可以是独立发布的小版本。由于系统的总体设计对系统架构及其可扩展性影响重大，因此增量开发最好是在架构设计完成后再开始，这样可以更好地保证系统的健壮性和可扩展性。

另外，迭代本身不是并行的，每次迭代过程仍然要遵循"分析→设计→实现"的微型瀑布式开发过程。不同增量的迭代过程可以并发执行。迭代周期的长度跟软件的开发周期和规模有关。小型项目可以一星期迭代一次，大型项目则可以 2～4 星期迭代一次。如果项目没有一个很好的架构师，就很难规划出迭代次数、开发周期、迭代内容和要达到的目标，无法验证相关迭代的交付和最终产品。

1.3.3 个体软件过程

借鉴过程控制论和质量管理方法，软件界认识到，通过改进软件的开发过程可以提高软件的质量。美国卡内基梅隆大学软件工程研究所的汉弗莱（Humphrey）负责开发软件生产能力成熟度模型 SW-CMM（Capability Maturity Model for Software，现在发展成 Capability Maturity Model Integration，CMMI），便于组织或公司持续改进软件开发过程。但是，CMMI 仅仅提供了组织级的软件过程改进框架，指出"应该做什么"，没有说明"应该怎样做"。随后，他又主持开发了个体软件过程（Personal Software Process，PSP）和团队软件过程（Team Software Process，TSP）。TSP 为开发软件产品的开发团队提供指导，帮助开发团队改善其质量和生产效率，更好地满足成本及进度的目标。

　　PSP 是一种可用于控制、管理和改进个人软件开发工作方式的自我持续改进的过程。它是一个包括软件开发表格、指南和规程的结构化框架。PSP 与具体的技术（编程语言、工具或设计方法）相对独立，其原则能够应用到任何软件工程任务之中。PSP 说明个体软件过程的原则，帮助软件工程师做出准确的计划，确定软件工程师为改善产品质量要采取的步骤，建立度量个体软件过程改善的基准，确定过程的改变对软件工程师能力的影响。

　　参照 CMM 的阶段性改进策略，PSP 为个体的能力也提供了一个阶梯式的进化框架，如图 1.5 所示。每一级别都包含低一级别中的所有元素，还增加了新的元素。借助这个框架，程序员可以循序渐进地改进开发过程。它赋予程序员度量和分析工具，使其认识到自己的表现和潜力，从而提高自己的技能和水平。

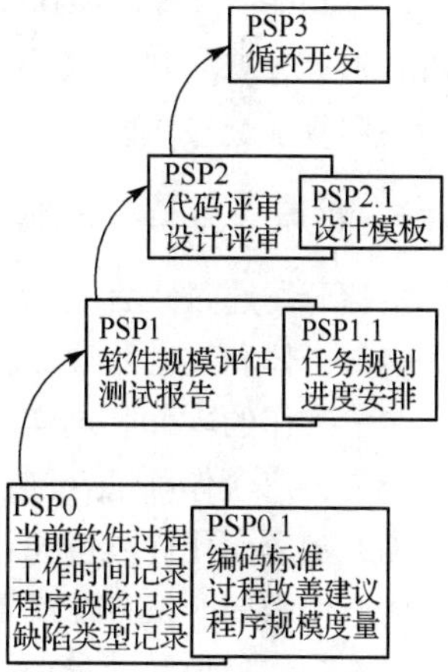

　　PSP0 的目的是建立个体过程基线，让程序员学会使用 PSP 各种表格采集过程的有关数据。执行的软件过程包括计划、设计、编码、编译和测试。按照选定的缺陷类型标准、度量引入的缺陷个数和排除的缺陷个数等，用于定量测评 PSP 过程的改进。PSP0.1 增加了编码标准、过程改善建议和程序规模度量这三个关键过程域。

图 1.5　个体软件过程

　　PSP1 的重点是个体计划，用自己的历史数据来预测新程序的大小和需要的开发时间，并使用线性回归方法计算估计参数，确定置信区间以评价预测的可信程度。PSP1.1 增加了对任务和进度的规划。在 PSP1 阶段，程序员应学会编制项目开发计划，这不仅对大型软件的开发十分重要，而且对开发小型软件必不可少。

　　PSP2 的重点是个体质量管理，根据程序的缺陷建立检测表，以此进行设计复查和代码复查（也称"代码走查"），以便及早发现缺陷，使修复缺陷的代价最小。PSP2.1 则论述设计过程和设计模板，不侧重选用什么设计方法，重在设计完备性准则和设计验证技术。

　　PSP3 的目标是把个体开发小型程序所能达到的生产效率和生产质量延伸到大型程序。方法是采用迭代增量式开发，首先把大型程序分解成小的模块，然后对每个模块都按照 PSP2.1 所描述的过程进行开发，最后把这些模块逐步集成为完整的软件产品。在每一轮开发循环中，都可以采用回归测试。

　　从 PSP 框架的概要描述中可以清楚地看到，如何做好项目规划、保证产品质量，是任何软件开发过程中最基本的考虑之一。

1.4　敏捷开发

　　敏捷开发是从 20 世纪 90 年代开始逐渐引起广泛关注的一组新型的软件开发方法，它们的具体名称、理念、过程、术语都不尽相同。相对于传统的"非敏捷"开发，敏捷开发更强调程序员团队与业务专家之间的紧密协作、面对面的沟通、频繁交付新的软件版本、紧凑而自我组织型的团队、能够很好地适应需求变化的代码编写和团队组织方法，更注重软件开发中人的作用。

1.4.1　概述

敏捷开发是应对快速变化的需求的一种软件开发能力。它以用户的需求进化为核心，采用增量迭代、循序渐进的方式开发软件。在敏捷开发中，软件项目在构建初期被切分成多个子项目，各个子项目的成果都经过测试，具备可视、可集成和可使用的特征。换言之，就是把一个大项目分为多个相互联系、可独立运行的小项目，分别完成，软件在此过程中一直处于可使用状态。

敏捷开发是针对传统的瀑布开发模型、过程改进等弊端而产生的，采用了更人性化、个性化的沟通表达方式，特别是使用隐喻而非常规术语或形式化技术。例如，表示和处理需求的用户故事（User Story），从用户的角度对系统的某个功能模块做的简短描述。一个用户故事描述了系统的一种小功能，以及这种功能完成之后将会产生什么效果，或者说能为客户创造什么价值。再如，Sprint 本意为"冲刺"，在敏捷开发中指增量开发的迭代周期，通常是 1~6 星期。一个用户故事的大小和复杂度应该能在一个 Sprint 中完成。

1. 价值观与基本原则

敏捷开发通过宣言表示了它的 4 个核心价值观。

（1）个体和互动胜过流程和工具。

（2）工作的软件胜过详尽的文档。

（3）客户合作胜过合同谈判。

（4）响应变化胜过遵循计划。

所有的敏捷开发方法都遵循下面 12 条原则。

（1）最优先要做的是通过尽早地、持续地交付有价值的软件满足客户需要。

（2）即使在开发后期也欢迎需求变化，敏捷开发过程利用变化为客户创造竞争优势。

（3）经常交付可工作的软件，周期从几星期到几个月，越短越好。

（4）业务人员和开发人员应该在整个项目过程中始终在一起工作。

（5）要善于激励项目人员，给他们所需的环境和支持，并相信他们能够完成任务。

（6）在开发小组中最有效率、也最有效果的信息传达方式是面对面的交谈。

（7）工作的软件是进度的主要度量标准。

（8）责任人、开发者和用户应该维持长期、恒等的开发节奏。

（9）对卓越技术与良好设计的不断追求有助于提高敏捷度。

（10）简单——尽可能减小工作量。

（11）最好的架构、需求和设计都源于自组织的团队。

（12）每隔一段时间，团队就要总结、反省工作，然后相应地调整自己的行为。

2. 基本技术

敏捷开发不排斥技术，相反，它们追求技术卓越，希望或要求每个开发者（通过相互学习）都能成为技术专家。敏捷开发可以被视为一些最佳实践的集合，包括经典的软件开发技术和管理，也包括敏捷开发首创的技术和方法。

敏捷开发遵循软件开发的基本原则，如抽象、模块内聚、模块间松散耦合、信息隐藏等。同时也总结出了 11 条面向对象设计的原则，如单一职责原则（模块内聚的体现）、里氏替换原则等。敏捷开发主要采用了面向对象的开发方法，使用 CRC 卡（Class-Responsibility-Collaborator，类-责任-协作）、用户用例、设计模式及统一建模语言（Unified Modeling Language，UML）。但是，敏捷开发使用的 UML 符号主要是类图和时序图，因为这两种符号有助于直接编写代码。UML 的其他符号更多用于系统建模，与敏捷开发的价值观不一致，因而未在敏捷开发中获得普遍采用。

敏捷开发加强和推广应用了一些经典的实践，例如，"意图导向编程"（Programming by Intention）。这种曾在 COBOL 和 Smalltalk 等编程语言中被称为"自顶向下"的编程方法通过敏捷开发而发扬光大。下面通过一个例子说明这种编程方法。

这个例子要创建一个服务程序，它接收一个业务交易，处理后提交。要先创建一个简单对象，它只包含一个公共方法来完成这件事。具体需求如下。

- 交易信息始于一串标准 ASCII 码字符串。
- 这个信息字符串必须被转换成一个字符串的数组，其值是此次交易用到的领域语言中所包含的词汇元素（token）。
- 每个词汇元素都必须标准化：第一个字母大写，其余字母小写，删除空格和非字母的数字符号。
- 超过 150 个词汇元素的交易应采用与小型交易不同的方式（不同的算法）来提交，以提高效率。
- 如果提交成功，这个方法返回 true，否则返回 false。

需求列出的每一点要求都代表一个功能性步骤。在编写代码的过程中，程序员会按照一定的顺序，有意识地去完成每一点要求。意图导向编程指的是，先假设当前这个对象中已经有了一个理想的方法，可准确无误地完成想做的事情，而不是直接盯着每一点要求来编写代码。先问问自己：假如这个理想的方法已经存在，它应该具有什么样的输入参数？返回什么值？还有什么样的名字最符合它的意义？

现在，因为这个方法并不实际存在，所以除自己的最终意图外，没有任何其他的约束。试试写出类似下面这样的代码：

```java
public class Transaction {
    public boolean commit (String command) {
        boolean result = true;
        Token[] tokens = tokenize(command);    //把交易信息转换成一个字符串数组
        normalizeToken (tokens);                          //词汇元素进行标准化
        if (isALargeTransaction (tokens)){
            result = processLargeTransaction(tokens);    //处理大型交易
        } else {
            result = processSmallTransaction(tokens);    //处理小型交易
        }
        return result;
    }
}
```

commit()方法是为这个对象定义的应用程序接口（Application Programming Interface，API）。所有其他的方法 tokenize()、isALargeTransaction()、processLargeTransaction()和 processSmallTransaction()都不属于这个对象 API 的一部分，仅仅是实现过程中的功能性步骤，称为"辅助方法"。

采用"意图导向编程"的编码方式，在编程开始时，假设这些"辅助方法"都已经存在，只需先考虑这些"辅助方法"要实现的功能和它们的输入与输出，然后按要求写出程序的主框架，最后才是"辅助方法"的编程。这样的编码方式使得程序员在整个编程过程中思路清晰，把精力集中在如何分解最终目标，以及那些全局性的问题上。实现的代码功能单一，容易理解。

3．敏捷技术

当然，敏捷开发也创造了一些新的技术，如测试驱动开发、结对编程、代码重构和持续集成。

测试驱动开发：在一个微循环开发中，程序员首先确认一种功能、编码执行一个失败的测试，然后编写足够的代码通过测试，在进行下一轮前以必要的方式清理代码。图 1.6 对比了测试驱动开发的微循环与传统开发的微循环。

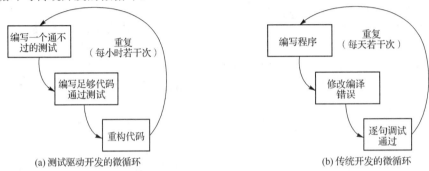

图 1.6　测试驱动开发的微循环与传统开发的微循环

结对编程：两位程序员在一台计算机上共同工作。一个人输入代码，另一个人审查他输入的每一行代码。两个程序员经常互换角色。

代码重构：指的是改变程序结构而不改变其行为，以提高代码的可读性、易修改性等。例如，给变量重新命名，把一段代码提升为函数，把公共的属性和行为抽象成基类。

持续集成：微软等公司的软件开发方法包括每日构造产品，持续集成比它更进一步，只要可能，就把新代码或变更的代码合并到应用程序中，然后测试，确保一切都正常。

典型的敏捷开发方法包括极限编程（Extreme Programming，XP）、Scrum 方法、水晶方法（Crystal）、特性驱动开发（Feature Driven Development，FDD）、动态系统开发方法（Dynamic Systems Development Method，DSDM）。

IBM、微软等大型公司都支持敏捷开发，如 MSF for Agile Software Development 5.0 版融合 Scrum，软件开发者通过使用与自己的核心开发活动集成的工具来采用 Scrum。下面通过 Scrum 来认识敏捷开发方法。

1.4.2　Scrum 方法

Scrum 是一个用于开发和维持复杂软件产品的框架，是一个增量的、迭代的开发过程。在这个框架中，整个开发过程由若干短的迭代周期组成，一个短的迭代周期称为一个冲刺（Sprint）。Scrum 使用产品积压工作（Product Backlog）来管理产品的需求，它是一个按照商业价值排序的需求列表，列表条目的体现形式通常为用户故事。Scrum 团队总是先开发对客户具有较高价值的需求。在冲刺中，团队从产品积压工作中挑选最高优先级的需求进行开发。挑选的需求在冲刺计划会议上经过讨论、分析和估算得到相应的任务列表，称为冲刺清单（Sprint Backlog）。当每次迭代结束时，团队将提交潜在可交付的产品增量。

Scrum 框架可以简化成 3 个角色、3 个工件、5 个活动和 5 个价值。

Scrum 框架的 3 个角色是产品负责人、产品经理（Scrum Master）及团队。3 个工件是产品积压工作、冲刺清单和燃尽图（Burn-down Chart）。5 个活动包括冲刺计划会议、每日站会、冲刺评审会议、冲刺回顾会议和产品积压工作梳理会议。

Scrum 的 5 个价值如下。①承诺：愿意对目标做出承诺；②专注：把心思和能力都用到承诺的工作上去；③开放：把项目中的一切开放给所有人；④尊重：每个人都有其独特的背景和经验；

⑤勇气：有勇气做出承诺、履行承诺、接受别人的尊重。

下面结合图 1.7 简单说明 Scrum 的工作流程。

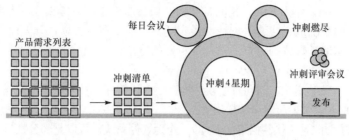

图 1.7　Scrum 的工作流程

（1）首先，产品负责人和团队一起确定一个产品积压工作，即按优先级顺序排列一个产品需求列表，必要时准备一个交付计划。

（2）团队根据产品积压工作列表，预估和安排工作量。

（3）团队通过冲刺计划会议来从中挑选出一个故事作为本次迭代的完成目标，时间周期是 1～4 星期，然后把这个故事进行细化，形成一个冲刺清单。

（4）团队完成这个冲刺清单。每个成员根据冲刺清单再细化成更小的任务，细化到每个任务的工作量能在两天内完成。

（5）在完成计划会议上选出冲刺清单的过程，要进行每日站立会议。每个开发者都必须发言，要向所有成员当面汇报昨天完成了什么、今天承诺完成什么，也可以提出不能解决的问题。每个人讲完后，要走到黑板前更新用于跟踪进展的、自己的冲刺燃尽图。

（6）做到每日集成，也就是每天都要有一个可以成功编译、可以演示的版本。通常由代码管理工具支持自动化的每日集成。

（7）当完成一个故事，也就是完成了冲刺清单时，就表示完成一次冲刺。这时，团队要进行冲刺评审会议。每个团队成员都要演示自己完成的软件产品。

（8）最后是冲刺回顾会议，也称为总结会议。每个开发者轮流发言，总结开发过程和产品，并把讨论的改进内容作为增量放入下一轮冲刺的产品需求中。

不同的开发者可以采取不同的过程生产出同类软件产品，但是，有些过程要比其他过程更适合一些软件的类型。要是使用了不恰当的过程，有可能会降低软件的质量或可用性。本书不使用某个特定的软件开发过程或模型，而是通过案例学习软件开发过程的基本原理，建立过程可以改进结果的理念，培养良好的软件开发素养。

1.5　软件构造

1.5.1　有关概念

关于程序设计或软件开发，计算机软件领域出现过不同的术语。编程、程序设计（Programming）和编码（Coding）产生程序语句（段）或程序，书写（Write）生成文档或程序，设计（Design）作为名词包括软件及其构件、类、函数、算法、数据结构等软件工件，而设计程序（Design Programs）则是设计软件工件的动作；通过开发（Develop）得到软件或大型程序。伴随着程序转向软件，软件不再是单一的代码，而被视为产品或系统，程序员或软件开发者使用可复用技术、集成技术等把一个软件的不同组成部分按照一定的结构、通过一系列步骤组装（Assemble）成可运行的软件。建造（Build）与程序的编译有关，它可以把一个或一组源程序文件翻译成可执行的指令序列；也可以把构成一个软件的所有源程序文件、配置文件、数据文件及所需的库文件等，按照一定的顺序编译并链接成一个可运行文件。

　　构造（Construction）作为名词，指的是结构，如房屋构造、人体构造、土壤构造、地质构造等；作为动词，指的是制造、建造、创造。最广泛甚至最早在有关软件开发时使用构造一词，是在面向对象领域。构造函数或构造方法是一种特殊的方法，它是一个与类同名且没有返回值类型的方法，主要用于创建并初始化对象。Bertrand Meyer 所著的《面向对象软件构造》一书较早地使用了"软件构造"。按其定义，面向对象软件构造是一种软件开发方法，它把任何软件系统的架构置于软件系统操作的对象类型所导出的模块之上，而不是功能或系统规定好的函数。随后，他又进一步从技术角度定义了面向对象软件构造（名词），作为软件系统，可以是部分抽象数据类型实现的一组结构化的架构。面向对象软件构造（动词）是运用面向对象技术开发具有结构的软件系统，其结构组成是类，类可以立即实现，也可以延迟实现（从而具有动态性）。因而，软件具有类似房屋建造的特点，是使用了预制的、可复用的建造部件，按照（设计的）结构和流程而完成的产品。

　　IEEE 计算机协会（IEEE-CS）发布最新的软件工程知识体系（SWEBOK 3.0）指南，提出了构成软件工程学科的 15 个实践知识域：软件需求、软件设计、软件构造、软件测试、软件维护、软件配置管理、软件工程管理、软件工程过程、软件工程模型与方法、软件质量、软件工程专业实践、软件工程经济学、计算基础、数学基础和工程基础。每个知识域分解为多个子域，子域含若干主题。

　　按照指南，术语"软件构造"指的是通过编码、验证、单元测试、集成测试和调试的组合，详细地创建可工作的、有意义的软件。软件构造的知识域与所有其他知识域，特别与软件设计、软件测试联系最为密切，因为软件构造过程本身包含了重要的软件设计和软件测试活动。软件构造过程使用了设计输出，为测试提供输入。设计、构造和测试之间的详细而又明确的界限依赖于在项目中采用的软件生存周期过程。有些设计会在构造之前执行，但是，大量的设计工作都在构造活动中进行。通过构造，软件工程师可对开发的软件进行单元测试和集成测试。

1.5.2　构造与开发过程

　　构造在不同软件开发流程或模型中的地位也不一样，有些流程更加重视构造。从构造角度看，有些模型侧重于线性过程——比如瀑布开发模型、阶段交付的生存周期模型。在这些软件开发模型中，构造作为一个活动，仅仅在重要的前期工作完成之后才出现，比如在完成了详细的需求、大量的设计和细致的计划之后才开始构造。线性化开发方式更加重视构造之前的活动（需求和设计），并且在这些活动之间建立明确的任务划分。在这些模型中，构造主要就是编码。

　　有些模型是迭代的——如 Scrum、极限编程、进化式原型法。这些方式倾向于把构造视为与其他软件开发（包括需求、设计和计划）同时发生或重叠的活动。这些方式混合设计、编码和测试活动，把构造当成这些活动的集合体。

　　所以，如何考虑构造，在某种程度上依赖于采用的生存周期模型。一般来说，软件构造主要是编码和调试，但也可以包含工作计划、详细设计、单元测试、集成测试，以及其他活动。

1.5.3　主要内容

　　按照 SWEBOK 3.0 指南，软件构造的知识域分为 5 个子域，每个子域包含数量不等的主题。
- 软件构造基础：最小化复杂性，预计变化，为验证构造，复用，构造中的标准。
- 管理构造：生存周期模型中的构造，构造计划，构造度量。
- 实际考虑：构造设计，构造语言，编码，构造测试，为复用构造，用复用构造，构造质量，集成。
- 构造技术：API 设计和使用，面向对象或实时问题，参数化和通用化，断言、按契约设计、防御性编程，可执行模型，状态和表驱动的构造技术，实施配置与国际化，基于文法的输入处理，并发原语，中间件，分布式软件的构造方法，构造异构系统，性能分析与调优，平台标准，测试先行编程。

● 软件构造工具：开发环境，GUI，单元测试工具，性能优化、分析和切片工具。

本书使用的"软件构造"指的是运用软件最佳实践，通过设计、编码和测试的迭代过程，增量地建造出可运行软件。含义借鉴了 IEEE 计算机协会的定义，扩展了开发活动的范围。

本书涵盖了指南中 5 个知识子域的大部分主题，旨在增量迭代地构造一个可运行软件，用具体的技术实践讲解软件构造域的知识主题。此外，本书讨论了软件模块的构造、用户交互的构造及数据处理的构造。有关软件测试、敏捷开发技术、设计模式方面，本书包含了比指南更多的内容。在开发阶段，增加了软件交付。

本书没有涵盖指南的部分主题：管理构造子域中的构造计划和构造度量；构造技术子域中的可执行模型、并发原语、性能分析与调优，实时、分布式和异构软件；软件构造工具子域中的性能优化、分析、切片工具。

总之，本书面向个体，涉及团队少；以技术、方法和工具的最佳实践为主，通过编码实现学习抽象的原则和技术方法，不侧重管理；采用增量迭代的构造方式，不采用任何严格定义的流程或模型；涵盖少量的需求和分析，不包含交付之后的活动。

1.5.4　软件构造的重要性

构造占据了软件开发的大部分工作。研究表明，构造占软件开发的 30%～80%的工作时间。而任何占据项目大量时间的工作一定会深刻地影响项目的成功与否。

构造是软件开发的中心活动。软件的需求和架构在构造之前就完成了，所以才能进行软件构造。系统测试在软件构造之后才进行，验证构造是否正确。

把重心放在构造上，能显著提升个体程序员的生产率。研究表明，个体程序员的生产率在构造期间的变化差别有 10～20 倍之大。本书旨在帮助程序员学习使用过的或经过时间证明的最佳的软件构造技术、工具和方法。

构造的产品——源程序代码，常常是唯一准确的软件描述。在很多项目中，程序员唯一可以得到的文档就是代码本身。需求规格和设计文档可能会过时，但是源程序总是与时俱进的。因而要求最高质量的源程序势在必行。改进源程序的技术最容易在构造期间被有效地、一致性地应用。

构造是确保唯一要完成的活动。理想的软件项目在构造前要进行仔细的需求分析和系统设计，在构造完成之后要经过综合的、全面的、复杂的系统测试。然而，不完美的、实际的项目经常略过需求分析与系统设计，直接进入构造环节。忽略测试的一个重要原因是有太多不完美的地方要修改，但已经用完了给定的时间。但是，无论项目计划多草率、多蹩脚，都不能省去构造，最终必须提交可用的软件。所以，构造在软件开发中发挥了不可替代的作用。

1.6　为什么不直接编写软件

相对于程序及编程，软件具有工程特征。软件开发不仅仅是设计和编程的活动，而且是跨越分析、设计、实现、安装和维护活动的一个可以反复遵循的、复杂的过程（工作流程）；软件不再是个体的创作，而是依靠团队的分工合作，需要管理过程、组织人员；软件开发不再是一个手工作品，而是运用各种技术和工具生产出来的产品（工具和自动化）。软件的产品特征凸显了产品生产的前期和后期工作，如产品的需求或功能分析、产品设计、质量保障、产品验证及产品交付和维护；由于成了产品，除了功能的正确性，软件还要满足可靠性、可用性、可移植性、可维护性等质量属性，因此软件开发就要满足一定的标准、规范，就要考虑软件开发的成本、时间和质量。

要完成一个对客户有价值的、可运行的软件，即使是一个规模不大的软件，开发者也要考虑技术、流程和管理等方面的因素。

1.6.1　软件开发语言

计算机软件的编程语言基本上被划分成机器语言或汇编语言一类的低级语言，以及与计算机硬件结构及指令系统无关的高级（程序）语言。现在的绝大多数软件（特别是应用软件）主要采用高级编程语言。据估计，目前已经出现了数百种高级编程语言，普遍使用的也有几十种。

TIOBE 网站每月更新一次软件开发语言排行榜。它使用搜索引擎（如 Google、Bing、百度）及 Wikipedia、Amazon、YouTube 统计出开发语言的排名数据，在一定程度上反映了编程语言的热门程度。但是，TIOBE 指标不能说明一门编程语言的优劣，或者一门语言编写代码数量的多少，请参考最新的 TIOBE 排名。面向对象语言是目前使用最多的一类编程语言。

TIOBE 网站

1. 按计算模型的划分

对高级程序语言有不同的分类标准。一种划分标准是按照语言的计算模型，将高级语言分为声明式和命令式两个大类。使用声明式语言编写的程序告诉计算机做什么，使用命令式语言编写的程序则告诉计算机应该如何做。

现代流行的大多数语言都属于命令式语言，优越的性能是它流行的主要原因。命令式语言分为冯·诺依曼式语言、脚本语言和面向对象语言。

冯·诺依曼式语言的语义基础是模拟"数据存储/数据操作"的图灵机可计算模型，它是符合冯·诺依曼现代计算机体系结构的自然实现方式。这类语言的核心计算方式是改变变量的值。语句或命令主要依赖改变内存值的副作用来影响后续计算，如 C、Fortran、Pascal、Ada。

脚本语言可以视为冯·诺依曼式语言的子集。它们最初的主要作用是把独立开发的程序作为组件黏合在一起。从功能单一的 Shell、Awk，到现在具有通用功能的 PHP、Python、Tcl、Ruby、JavaScript，脚本语言的优点是简单易用，主要用途是建立速成原型。

面向对象语言与冯·诺依曼式语言密切相关，但在结构化、分布式存储和计算模型方面更具特色。面向对象语言不再把计算当作线性存储上的线性处理，而是视为半独立对象之间的交互。每个对象都拥有独立的内部状态及管理对象状态的操作。

声明式语言在某种程度上更"高级"。它们更多的是从程序员的角度，而不是从计算机的角度看待计算或程序。可将声明式语言进一步划分为函数式语言、逻辑式语言和数据流语言。

函数式语言借鉴了值映射的 λ 算子，计算模型是基于函数的递归定义。函数式语言的实质是把程序视为具有输入/输出的数学函数。典型的函数式语言有 Lisp、Haskell、ML、Scheme 等。

逻辑式语言的语义基础是一组已知规则的形式逻辑系统。它受谓词逻辑的启发，计算模型是目标导向，在逻辑规则中搜索满足规定关系的值。这类语言非常适合进行人工智能等工作，最著名的逻辑式语言是 Prolog。数据库语言 SQL、脚本语言 XSLT 和可编程电子表格（如 Excel）及其处理器也可以划归到此类。

数据流语言的计算模型是原始函数节点上的信息元素（Tokens）流，它们到达节点后触发节点的计算。这实质上就是并行计算模型。数据流语言是比较新型的语言，如 ld 和 Val。

高级程序语言的一种发展趋势是融合各种类型语言的特性。大多数的面向对象语言都具有冯·诺依曼式语言的结构，也融合了函数式编程范式的思想，如 Java 和 C#引入了 λ 算子等。

下面通过一个例子来示意声明式编程与命令式编程。

【例 1.1】　用欧几里得算法，编写计算两个整数 a 和 b 的最大公因数的程序 gcd。假设程序都不检查参数是否有效。

命令式编程描述如下：①检查 a 和 b 是否相等；②如果是，返回其中的一个，停止；③否则，用其差替换较大的数，重复①和②。在下面的代码中，C 语言程序在左边。

声明式编程的重点是输入/输出的数学关系。gcd 的定义是：①a，当 a 和 b 相等时；②当 a>b 时，是 b 和 a–b 的 gcd；③当 b>a 时，是 a 和 b–a 的 gcd。要计算一对给定整数的 gcd，扩展并简化该定义直到停止。Scheme 版本的程序在下面代码的中间。关键字 lambda 引入了函数定义，(a,b) 是其参数。cond 是多重条件语句 if…then…else。a 和 b 的差写成了前缀表达式(–a b)。

程序员用逻辑语言说明一组公理和证明规则，使系统找到期望的结果。Prolog 程序在下面代码的右边。命题 gcd(a, b, g)为真，如果：①a、b 和 g 都相等；②a>b 并且存在整数 c，使得 c= a–b 并且 gcd(c, b, g)为真；③a<b 并且存在整数 c，使得 c= b–a 并且 gcd(c, a, g)为真。给定一对整数计算 gcd，搜索一个整数 g（和各个整数 c），能用这些规则证明 gcd(a, b, g)为真。Prolog 中的符号":-"理解成条件（if），逗号理解成逻辑"与"（and）。

```
//C
int gcd(int a, int b){
    while ( a!= b){
      if (a > b) a = a-b;
      else b = b-a;
    }
    return a;
}
```

```
; Scheme
(defined gcd
(lambda (a b)
    (cond ((= a b)a)
      ((> a b) (gcd (- a b) b))
      (else (gcd (- b a) a)))))
```

```
% Prolog
gcd(a,b,g)  :- a = b, g = a.
gcd(a,b,g)  :- a > b, c is a-b,
gcd(C,b,g).
gcd(a,b,g)  :- b > a, c is b-a,
gcd(c,a,g).
```

2. 按执行模式的划分

用高级语言编写的程序不能直接在计算机上运行，必须转换成低级语言的指令后才能运行。按照语言的转换和执行方式，高级语言分为编译型语言和解释型语言。编译型语言有 C、C++、Ada 等，其程序要经过编译生成的字节码链接成为可执行文件，之后才可以在计算机上运行。解释型语言有 Python、Basic 及脚本语言等，不把程序翻译成在计算机上可直接运行的文件，每次运行程序时都通过各自的解释器边翻译边执行。Java、C#等是混合型语言，即把程序编译成特定的中间语言，然后由相应的虚拟机作为解释器去执行。

不同的编程语言有不同的特点和用途。除了通用程序设计语言（如 C、Java、C#、C++），还有适合 Web 应用的编程语言（如 JavaScript、PHP）、适合数据处理的编程语言（Python、R），适合处理数据库的结构化查询语言 SQL、适合苹果移动应用开发的 Swift（还有之前的 Objective-C）。此外，有些软件还需要非编程的配置或定义语言，如描述网页的超文本标记语言 HTML、配置应用程序及数据传输的 XML。也有一些语言特别适合特定的应用领域，如科学计算、商业应用、游戏动漫、社交媒体等。通常，一个实用的应用软件可能会使用几种类型的编程语言。而且，要使用现代高级语言编写程序，与其说要精通语言的语句、结构、数据类型等基本的语言成分，不如说要熟练掌握语言提供的函数库、类库、应用框架、程序包及与其他系统（数据库、Internet 网络、地图）的接口（API）。

本书讲解的软件开发最佳实践具有普遍适用性，有些是面向对象技术特有的，代码示例以 Java 语言编写的为主。

1.6.2　编程工具与集成化开发环境

使用任何语言编程都需要基本的编程工具——软件开发工具包（Software Development Kit，SDK），通常包括编译程序或解释程序、调试程序、链接程序等，如 Java 的 JDK、Android 的 ADK。编写程序的工具可以是普通的文本编辑器，如传统的正文行编辑器，也可以是面向全屏的图形编辑器。编辑器可以是通用的，与程序语言无关，也可以是具备源程序语言知识的语法制导编辑器或结构化编辑器（如 Emacs）。语法制导编辑器运用程序语言的语法知识，在用户编写程序时按照词法和语法分析的信息提供若干智能化帮助，包括自动地提供关键字及其匹配的关键字、左右括号的配对、对象的属性和操作，等等。

除了基本的语言开发工具，软件开发还要管理各种代码文件、检查程序质量、测试工具、管理 bug、软件打包工具等。譬如，版本控制工具（如 Git、Subversion、CVS、Visual Source Safe）用于组织和管理各种版本的代码文件；C 语言的静态代码分析程序 lint 可以对程序进行错误分析；JUnit 是面向 Java 程序的单元测试框架，现在几乎所有语言都有类似的单元测试框架（如 C 的 cUnit、C++的 cppUnit、针对.NET 的 NUnit）。

这些基础开发工具通常是行式命令，可直接在操作系统中输入并执行命令。例如，用基本的 JDK 工具开发一个 Java 程序 App 的基本流程：①使用一个文本编辑器（如 VIM）编写 Java 代码，保存成 app.java 文件；②用编译命令 javac app.java 把 Java 源程序编译成字节码 app.class；③如果出现语法错误，则使用调试器 jdb 查找错误，再回到编辑器修改，直至通过编译；④用 java app 可以运行 Java 程序。JDK 中的每个工具仅仅完成了各自的基本功能，不提供额外的智能化服务，程序员要通过参数调用各类资源。例如，普通的文本编辑器不具备 Java 语言知识，不能提示括号应该配对等。语法制导编辑器具备语言知识，能够提供括号配对检查，甚至主动配对、自动排版、检查关键字等。如果要执行程序测试、代码分析等活动，则需要相应的工具程序。特别是对于编写的代码的存放、组织和管理，程序员只能通过操作系统（的命令）完成。

软件开发工具的一种发展趋势是使用可视化的集成化开发环境（Integrated Development Environment，IDE），用图形用户界面（Graphical User Interface，GUI）集成代码编写、静态分析、编译、调试、链接、打包等功能的一体化软件开发套件。典型的 IDE 如 Delphi、Visual Studio、Eclipse 和 Netbeans，它们以 GUI 形式支持多种语言进行编程，还提供代码管理、代码分析、软件维护、软件测试及软件部署和交付等工具，同时支持多种形态应用软件（通用应用程序、Web 应用、数据库应用、移动应用）的开发。

IDE 的特点是集成化、可视化和自动化。编写程序的编辑器是语法制导的 GUI，即在编写代码时不仅提供（上述的）智能帮助，还检查语法，给出修改建议，给出对象的成员方法、变量列表等。如果 IDE 集成了其他的静态分析、检查工具，则在用 IDE 编辑代码的同时，也可以进行相应的代码分析和检查。IDE 动态地存储程序，如果程序有错，手工保存时就给出警告提示。一般的 IDE 有 build 和 run。build 完成一个文件、一个工程的程序的编译；run 则在完成 build 之后运行程序。对于上述的 Java 程序 App，使用 Eclipse 在编辑 Java 程序的同时运行 javac，同时产生 app.java 和 app.calss；如果程序有错，则在编辑界面、文件界面显示错误或标志。通过按钮 run 可调用 java 命令，运行 app.calss。一旦初始设置完毕，Eclipse 等 IDE 将组织和管理开发的代码、使用的外部资源。

IDE 可以视为 CASE 的一部分。CASE 指的是计算机辅助软件工程（Computer Aided Software Engineering），是辅助软件开发生命周期各个阶段的一组工具和方法的集合，包括分析、设计、代码生成、测试、过程和项目管理。

本书侧重软件实现工具，包括编辑器、编译器、测试框架、调试器、构建工具 Ant，使用 Eclipse 作为集成化的软件构造工具。

1.6.3 软件运行环境

软件作为产品，程序及其数据不能只在开发者的计算机上运行，它要被发布和交付，在使用者的计算机上运行。一般情况下，软件的开发环境不同于实际的运行环境。

软件运行环境，广义上说，是一个软件运行所要求的各种条件，包括软件环境和硬件环境。许多应用软件不仅要求特定的硬件条件，还对软件提出明确的支撑条件。简单地说，针对 Intel 处理器编写的程序，一般不能在 Power 或 ARM 处理器的计算机上运行，因为它们的体系结构和指令系统是不一样的。除了硬件差异，还有软件差异，例如，Windows 支持的软件，Linux 不一定支持，单机版软件不能在 Web 客户端运行，Android 版的应用不能在 iPhone 上运行。

操作系统将计算机的硬件细节屏蔽，将计算机抽象成虚拟资源。例如，操作系统中的虚拟内存是对物理内存的虚拟化，伪终端是对终端的虚拟化，套接字是对网络接口的虚拟化，逻辑卷是对物理存储设备的虚拟化。结合了操作系统功能的编译系统——包括编译程序、链接程序、加载程序等，使得应用程序的运行从计算机硬件中独立出来。通常把计算机硬件和操作系统称为平台。

为了能够使同一种编程语言的程序独立于操作系统，实现程序运行的独立性，即"一次编写，到处运行"，在操作系统层面提出并出现了语言虚拟机或运行容器。它为程序的运行提供所需的运行时资源，包括把程序翻译成计算机指令、分配内存、通过操作系统调用计算资源等。例如，可以将 Java 虚拟机（Java Virtual Machine，JVM）理解成一台能运行 Java 程序的抽象的计算机，它有自己完善的硬件架构，如处理器、堆栈、寄存器及相应的指令系统。JVM 屏蔽了与操作系统和计算机相关的信息，使得 Java 程序只需生成在 Java 虚拟机上运行的目标代码（字节码），就可以在多种运行平台上不加修改地执行。JVM 是一个规范，其中的一种实现是 Java 运行时环境 JRE（Java Runtime Environment）。类似的有运行 Android 程序的虚拟机 Dalvik。

除了计算机硬件和操作系统构成的运行平台，运行软件还需要支撑环境，包括使用的数据库系统（如 Oracle、MySQL、SQL Server）、Web 服务器（如Apache、Nginx）、应用框架（如 Java 应用的基础框架 Spring MVC、大数据处理框架 Apache Hadoop、百度的 Paddel Paddel 深度学习平台）及使用的第三方库函数、类库、API 等。

本书除最后两章外，主要使用编程语言系统提供的基本功能。之后，使用了数据库和第三方类库。如果要运行开发的程序，则需要安装并初始化数据库以及第三方类库。

1.6.4 软件开发的最佳实践

合适的技术和方法能提高软件开发的效率与产品质量。软件工程及开发一直缺乏坚实的理论基础。软件行业借用了管理学的最佳实践（Best Practice）的概念来概括让用户满意的、可反复使用的软件开发的一切手段。最佳实践认为存在某种技术、方法、过程、活动或机制，可以使生产或管理实践的结果达到最优，并减小出错的可能性。

原则是一种已经接受或专业化的指导行动的最高准则或标准。人们总结并使用了软件开发的基本原则、面向对象原则等。原则必须通过某种途径体现出来才具有指导作用。机制指的是有机体的构造、功能及其相互关系、工作原理，如可视化编程的事件响应机制、类型的多态机制。技术是科学原理的应用，是具有技能特点的特殊的步骤或途径。软件开发技术是运用了计算机科学、数学、系统科学、管理科学的基本原理，研制和生产软件的方式。方法是获得一个客体（对象）

的步骤或过程。方法作为系统步骤、技术活动被特定的专业或艺术采纳，是技能或技术的全部。研究方法及其知识的活动称为方法学，在软件中出现了面向对象方法学、结构化方法学。工具指的是执行操作的器具，引申为达到、完成或促成某一事物的手段。软件工具指的是从编辑器、编译器、自动化测试框架到 IDE 的实用程序。

软件开发的技术实践十分丰富，按照开发活动划分为用户需求、软件设计、软件构造、软件测试、软件交付技术和方法。每个方面又可以细分，如软件设计技术包括软件架构设计、构件设计、算法设计、数据结构设计或功能设计、用户交互设计、数据库设计。它们适合某一个开发阶段或某个软件组成。也有一些成套技术，包含技术、方法和工具，主要供公司内部研制和使用（如微软开发方法与最佳实践 MSF）。又如，对于软件测试，有不同的测试用例设计方法，针对不同测试类型的技术和工具等。

软件开发范式有结构化开发、面向对象开发和新兴的面向服务开发等，侧重在软件工程活动的前期，以软件分析和设计或软件建模为主。结构化开发方法是用系统工程的思想和工程化的方法，按用户至上的原则，结构化、模块化、自顶向下地对系统进行分析和设计的方法。采用了不同的技术而出现了不同的结构化开发方法，例如，面向功能的软件开发方法、面向数据结构的软件开发方法。

面向对象方法是一种把面向对象的思想应用于软件开发过程中、指导开发活动的系统方法，是目前主流的开发方法。著名的方法体系有对象建模技术 OMT、面向对象软件工程 OOSE、Booch 面向对象分析与设计。对这三种方法的融合与提炼，集中体现在统一建模语言（UML）和统一过程中。针对面向对象，也有基于抽象、接口、多态、组合、责任链等单项编程技术。

软件开发最佳实践包括一些普遍适用的软件开发基本原则（抽象、模块化），针对某个方法的设计原则（开闭原则、最少知识原则），提供软件质量和生产率的复用技术、设计模式，支持工具如自动化测试、版本控制、缺陷追踪。敏捷开发提出了独特的技术实践，如代码重构、测试先行开发。

除结构化编程和面向对象编程技术外，还有通用的防御式编程、表驱动编程、状态驱动编程、事件响应编程等编程模式或机制。

本书的重点是软件构造中基础的、常用的技术和工具，主要用在程序的设计、编码、调试和测试活动中。在构造方面以软件的功能为核心，包括用户交互和数据处理的构造。

《软件工程最佳实践》一书的作者 Capers Jones 研究了全球超过 600 家知名软件公司和美国 30 余个大型政府机构软件项目，从软件工程的宏观层面，以专业的视角，用事实和数据对比分析了各种软件实践，针对使用达 25 年以上的大型软件总结出 50 条软件工程最佳实践，如表 1.3 所示。

表 1.3　50 条软件工程最佳实践

最大限度地减小裁员所带来的危害	软件项目的价值分析	软件质量保证
技术人员的积极性和动力	取消或拯救陷入困境的项目	审查及静态分析
经理和高管的积极性与动力	软件项目的组织结构	测试和测试库的控制
软件人才的选拔和招聘	培训软件项目经理	软件的安全性分析与控制
软件人员的考核及职业生涯规划	培训软件技术人员	软件的性能分析
软件应用早期的范围控制	使用软件专家	软件的国际标准
软件应用的外包	软件工程师、专家及管理人员的认证	软件中的知识产权保护
使用承包商和管理顾问	软件项目中的沟通	防止病毒、间谍软件及黑客
选择软件方法、工具及做法的最佳实践	软件的可重用性	软件的部署和定制
认证方法、工具及实践	可重用材料的认证	培训软件应用的客户或用户

（续表）

软件应用的需求	编程	软件应用部署后的客户支持
用户参与软件项目	软件项目管理	软件担保和召回
软件应用中的行政管理支持	软件项目的度量和指标	软件发布后的变更管理
软件架构和设计	软件的基准和基线	软件的维护和功能增强
软件项目规划	软件项目的里程碑和成本跟踪	软件应用的更新和发布
软件项目的成本估算	软件发布前的变更控制	遗留应用的终止或撤销
软件项目的风险分析	配置控制	

注释：大型软件的功能点数量大于 10000。功能点是衡量软件大小、工作量的单位，10000 功能点的软件约合 C 语言代码 99 万行、C++/Java/JavaScript 代码 53 万行、C#代码 59 万行。

Capers Jones 的最佳实践详解

需要指出的是，这 50 条软件工程最佳实践适用于大型软件，对于小型软件（小于 1000 功能点）不一定都适合。Capers Jones 还根据软件大小，给出了开发方法与质量实践的典型的开发路线，如图 1.8 所示。

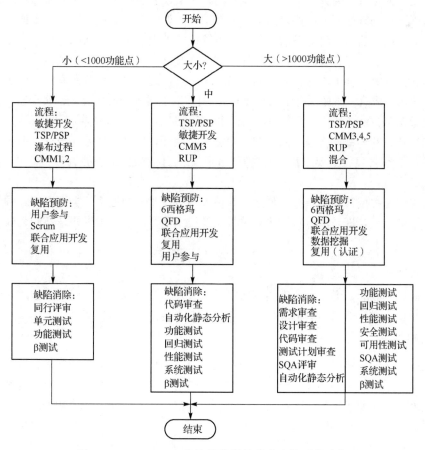

图 1.8　Capers Jones 建议的按照软件大小的开发路线

本书包含部分 Capers Jones 推荐的 50 条软件工程最佳实践，包含减少和控制复杂性、编写良好的代码和注释、使用可复用代码、代码评审、测试先行、静态分析，也包含其他公认的最佳实践。

1.6.5　开发过程与管理

软件开发不像计算机、手机的制造那样可以使用机器设备进行大规模的自动化生产，软件开发主要还是依靠人的智力活动，而且很多时候是一群人的开发活动。软件开发也具有桥梁铺设、楼宇建筑等工程项目的特点，要经过一系列可检查、可测量、可控制的工程活动才能造出最终的产品。

首先，软件开发是决策、权衡和选择的过程。抉策的内容除了上述技术方面，还包括工作步骤、工作方式、开发人员及其组织、结构等。其次，具有工程和产品生产特点的软件开发，需要良好的人员组织和管理、开发结果的管理及开发过程的管理。对于人员的组织管理，第一要识别出参与软件开发、与软件开发相关、受软件影响的软件干系人，并分析每个干系人对软件的诉求、期望、影响和作用。例如，可以将干系人分成开发者、用户和客户；开发者又可以根据分工进一步划分为设计者、程序员、测试员、运维者等。第二，把开发者组织成目标一致、分工合作的团队，包括确定职责、分配任务、明确规则等。第三，团队负责人要运用领导力，指导开发者各司其职，确保各类人员之间顺利地沟通和协调，同时要给予必要的培训、奖惩、激励，确保团队和个人高效工作。

软件开发作为项目，要评估成本、开发时间、质量、人员等因素，预先做出项目计划。首先确定项目范围，识别软件开发的所有活动、所有结果（如代码、测试、文档、数据、设计、配置文件）和所需资源。然后，将开发活动分解成可管控的工程活动，如问题分析、程序设计、编码实现等，结合人员、预算、时间等资源条件，制定开发进度和交付物，明确监控、检查和评估的时间点与内容。同时，要考虑软件开发的风险——不确定的、对软件开发有危害的潜在因素（如需求变化、技术不成熟、计算精度不满足要求），制订风险防范与应对计划。对于软件质量，要考虑采取的质量保障方法（如软件测试、代码评审、算法验证）、质量评估流程和标准，制订质量管理计划。软件开发的过程，就是按照计划调配资源、执行各项开发任务（设计、编码、调试、测试、集成等），确保开发按照要求和计划展开。必要时对计划做出适当的调整和变更，直至交付软件产品、完成项目。

本书的重点是传授开发高质量、可运行软件的构造技术。通过案例构造观察、领悟、学习和践行软件开发的过程管理与项目管理等有关知识及技术，有助于开发者快速成长为软件工程师。

1.7　案例导读

本书以问题为导向，通过一个完整案例的逐步开发，驱动学习和实践构造技术，辅助例子补充说明相关知识。贯穿全书的案例名称——50 道 100 以内的加减法口算习题。

1．案例描述

小明正在上小学一年级。他的父母工作很忙，经常加班，顾不上他的学习。爷爷奶奶没有多少文化，无法在学习上帮助小明。一天晚上，小明的父亲华经理下班后回到家，看到老人在为孩子的学习发愁。学校要求家长督促小明，除了完成学校布置的作业，还要额外地练习算术口算。华经理一听，简单，就和小明一起练习。他想出一题，孩子就口算出答案。一会就做完了学校要求的 50 道口算题。可是，华经理虽然每晚只花十多分钟，但他实在无法保证每天都有时间给孩子出题练习。他想到了正在大学学习计算机专业的侄子小强，请他帮忙写段程序。

华经理给小强打电话，要他编写一段程序，出 50 道 100 以内的加减法口算习题。这样，华经理就可以教会小明的爷爷运行程序，出题让小明练习。小强一听，小事一桩，很快就答应了下来。

第二天，华经理就收到了小强的程序，特意早点下班回家，在家里的计算机上安装一试，还真可以在屏幕上出现 50 道 100 以内的加减法口算习题。他手把手地教会了小明的爷爷如何运行程序，让他在计算机的帮助下，辅导小明完成口算练习。

这个看似简单的应用软件，实际上不是那么简单地就编码完成的。在随后的一段时间，华经理及其家人不断地提出新的需求，小强也就不断地修改程序、实现新的功能。

案例以讲故事的方式，逐步展开不断变化的用户需求、增多的软件功能。软件开发方式要适应变化，以满足用户需求为目标，不断地调整、改进和优化。

案例干系人：最终用户——小明的爷爷；客户——华经理；开发者——小强。随着开发的进展，可能还会有人员或角色变更，就如同实际的软件开发项目，来新员工或者有人离开公司或项目一段时间。

2. 构造过程

本书的目的是传授软件构造的技术、方法和相关知识，针对案例问题的软件开发不要求遵循任何严格定义的软件过程，也不要求规范的项目管理。开发过程以个体为中心，主要采取敏捷开发和增量迭代的方式。

敏捷开发：目的是围绕需求的演化，迅速交付一个可运行、可使用的软件；不追求全面、完备的需求分析，也不规定设计方法与表达。为简化过程，书中提出的需求相对简单明了。

增量迭代：针对用户提出的需求，每次都执行"分析-设计-编码-测试"的软件构造活动；迭代的次数、每个增量的规模及每次迭代活动的内容可以不一样，构造的重点有时在设计，有时在功能实现，有时在软件测试。

3. 问题和解空间

给定一个问题和用户需求，依据 1.6 节中提到的影响软件开发的各种因素，考虑每个因素不同的选择组合，会有不止一种开发软件的解。参考图 1.9 所示的问题的解空间，节点的外出连线表示对当前问题可能划分的子问题及其解。从问题（树的根）到叶子（最终可运行的软件）的连线所形成的路径（含内部节点）构成了对问题的一个解。所有不同的路径就构成了问题的解空间。例如，对于设计 21，可能会有 m 种不同的编码实现（如不同的数据结构、不同的算法，甚至不同的构造语言），而且每种编码实现都可能包含了不同的程序文件。

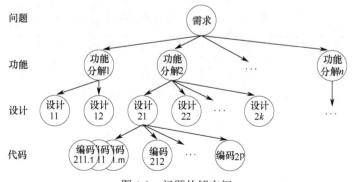

图 1.9　问题的解空间

如果再考虑不同的问题分解、开发过程、开发技术等，解空间可能会巨大。本书对案例开发过程中的每个需求和问题都提出并分析了几个典型的候选设计，然后构造一两个具体的编码实现。

4．版本控制与代码托管

软件开发在付诸实践后，会产生大量代码。尤其是经过多轮次迭代之后，会生成多个版本的代码。为避免造成混乱，在开发过程中应该进行有效的版本控制与代码托管。

版本控制系统是记录一个文件或多个文件的内容变化，自动生成版本编号，并可以查阅特定版本文件内容和追溯修改情况的系统。进行版本控制便于对数据进行备份，可以有效地提高协同效率，避免代码混乱。版本控制系统主要分为集中式版本控制和分布式版本控制。譬如 SVN（子版本 Subversion 的缩写，是一个开放源代码的版本控制系统）通过多人共同开发同一个项目，来实现资源共享，最终实现集中式管理。在 SVN 中，所有代码以服务器版本为准，一致性高，但是 SVN 中没有本地库的概念，其对服务器的依赖性较高，分支管理也不够灵活。和 SVN 不同的是，Git 是一个开源的分布式版本控制系统。Git 可以使开发者先将代码提交到本地，在本地仓库中合并分支、解决冲突后上传到服务器。

代码托管平台在开源时代逐渐成熟与完善，它允许开发者在云平台上创建公有或私有的代码仓库。GitHub 是一个面向开源及私有软件项目的平台，是目前规模最大的代码托管平台，它只支持 Git 作为唯一的版本控制系统。Coding.net 是基于 Git 的另一个代码托管平台，提供项目协同、软件测试及软件生存周期管理等多种功能，访问速度较快。

1.8 讨论与提高

1.8.1 案例的文档管理

软件是程序、数据和文档的组合。程序实现了软件的功能，数据提供了软件的驱动力，文档赋予了软件功能的可理解性、软件开发的高能见度和团队协作的沟通渠道。

在软件开发过程中，文档通常用来表示对活动、需求、过程或者结果进行描述、定义、规定、报告或者认证的书面或者图示信息。软件文档在软件开发过程中发挥了重要的作用，它提高了软件的可理解性，使得开发者能更准确地把握用户需求，使得用户能更加细致地理解软件功能；提高了软件开发过程的能见度，把开发过程以文字、图片等形式进行详细记录，作为检查开发进度和开发质量的依据，实现对软件开发的过程管理；提高了软件的开发和维护效率，软件文档的编制记录了开发人员各阶段的工作成果和结束标志，为团队协同开发提供沟通渠道，为软件运维提供了培训资料。主要的软件文档及其参与人如表 1.4 所示。

表 1.4 软件开发中的软件文档及其参与人

	软件文档	发起人	参与人	签收人	文档类别
软件开发前	可行性分析报告	分析人员	开发人员	管理人员	管理文档
	软件需求说明书	分析人员	开发人员、用户	开发人员	管理文档
软件开发中	概要设计说明书	开发人员	—	用户	管理文档
	详细设计说明书	开发人员	测试人员	开发人员、管理人员	技术文档
	项目开发计划	管理人员	—	开发人员	管理文档
	测试计划与报告	测试人员	开发人员	管理人员	管理文档、技术文档
软件开发后	用户手册	管理人员	开发人员	用户	管理文档

按照软件开发的流程，在进行软件开发之前需要明确软件可行性分析报告和软件需求说明书。其中，软件可行性分析是通过对项目的市场需求、数据模式、开发规模、技术选型、环境影响、

盈利能力等方面的研究。从技术、经济、工程三个主要角度对项目进行调查研究和分析比较,并对项目建成以后可能取得的财务、经济效益及社会环境影响进行科学预测,为项目决策提供公正、可靠、科学的软件咨询意见。软件可行性分析报告主要记录经济、技术、社会环境等方面解决方案的可行性。

软件需求说明书是指在完成可行性分析后,在用户需求的基础上,由软件工程师或软件分析员编写的说明书。软件需求说明书详细定义了信息流和界面、功能需求、设计要求和限制、测试准则和质量保证要求。它的作用是作为用户和软件开发人员达成的技术协议书,作为设计工作的基础和依据,在系统开发完成以后,为产品的验收提供依据。

在软件开发过程中,开发人员应按照项目开发、测试计划进行软件开发和修正,并按阶段完成概要设计说明书和详细设计说明书及软件测试报告。

概要设计说明书用来说明对程序系统的设计考虑,包括程序系统的基本处理流程、程序系统的组织结构、模块划分、功能分配、接口设计、安全设计、数据结构设计和错误处理设计等,为程序的详细设计提供基础,也为用户概述了软件开发全貌。

详细设计说明书用来说明软件系统各个层次中的每个程序或模块的设计考虑,包括详细的数据结构设计、算法选择与实施情况、关键代码注释等。详细设计说明书主要用于项目内部的技术交流、资料存档等,详细设计说明书中的关键性技术细节一般不会作为项目资料呈现给用户。

软件测试报告用来记录软件测试的全过程,包括鉴定软件的正确性、完整性、安全性和质量。一般的软件测试报告包括压力测试、功能测试、安全测试等主要部分。

软件开发结束后,在交付使用时应向用户提供用户手册。用户手册是详细描述软件的功能、性能和用户界面,使用户了解如何使用该软件的说明书。用户手册一般包括部署安装、软件介绍、功能说明、典型应用场景等主要部分。

本书将依据案例的迭代构造,引导读者逐步完善软件文档,讨论各软件文档在开发过程中所起的作用。

1.8.2　课程思政

本书将在每一章提供软件构造过程中的课程思政元素,内容涉及基础软件"卡脖子"难题、困在算法中的外卖骑手、CCF 终身成就奖、软件灾难、健康码及其数据处理、鸿蒙的突围、人工智能与脑机接口、国产数据库管理系统的发展、卓越工程师,通过阅读和讨论可以培养学生主动探索、追求卓越、立志高远、热爱国家的科学精神和家国情怀。

破解基础软件"卡脖子"难题

1.9　思考与练习题

1. 概念理解:程序,软件,软件生存周期,软件过程,需求定义,软件设计,软件实现,软件维护,CMMI,TSP,PSP,Scrum,IDE,软件构造,声明式语言,原则,机制,方法,最佳实践,问题空间,解空间。

2. 如何理解组成软件的程序、数据和文档的作用与用途?举例说明。

3．如何理解编写程序是艺术，软件开发是工程活动？

4．软件如何分类？举例说明一种分类。

5．什么是软件生存周期？作为软件开发者，你认为它主要包括哪些活动？

6．如何理解软件的工程性质？

7．你了解多少种高级编程语言？按照计算模型，它们各属于哪种类型？

8．深入理解软件开发过程，对比瀑布开发模型、敏捷开发的特点，说明各自适合的软件类型。

9．影响软件开发的因素有很多，除了书中讨论的，你觉得还有哪些方面和因素？

10．解释 IEEE 定义的软件构造及其主要内容。

11．对比程序设计与软件构造活动。

12．执行软件构造活动的前提条件有哪些？

13．查阅有关资料，理解以下技术：设计模式、结对编程、重构、持续集成、意图导向编程，并说明每种技术的特点。

14．SVN 和 Git 的异同是什么？

15．请查阅资料，学习使用 Coding.net。

第2章　模块化软件构造

主要内容

掌握函数级的结构化软件构造。理解如何运用模块化实现分解和细化，设计用函数组成的、具有一定结构的程序来分离不同的关注点，管理和控制程序的复杂性。能针对具体问题设计和选择合适的数据结构。初识软件测试及编程实现测试，初识调试程序。理解好的程序不仅是正确的，而且有好阅读、易维护、健壮性等质量性质，在构造实践中应用良好的编程风格。

故事 1

华经理给小强打电话，要他编写一段程序，可用此程序出 50 道 100 以内的加减法口算习题。这样，华经理就可以教会小明的爷爷运行此程序，用它出题让小明练习。小强一听，小事一桩，很快就答应了下来。

小强接到电话后马上着手编程。最简单直接的想法就是用 for 语句循环 50 次，每次随机生成一道口算题，然后打印输出。可以随机生成每道算式的两个运算数，配上加号或减号就是算式了。

问题看似简单，循环 50 次，每次产生一道算术题：随机地产生两个 100 以内的整数，随机地从两个运算符"加法"和"减法"中挑选一个，就可以生成一道口算题；然后打印输出，就产生了一套口算习题。下面就是根据这个想法编写的一个程序。

```java
//代码 2.1：一段 Java 程序，产生并逐行输出 50 道 100 以内的加减法算式
package cbsc.cha2;
import java.util.Random;
public class BinaryOperation_0 {
    public static void main(String[] args) {
        short m=0, n=0, ov=0;
        char o='+';
        Random random = new Random();
        for (int i=0;i<50; i++){
            ov = (short) random.nextInt(2);
            m = (short)random.nextInt(101);
            n = (short)random.nextInt(101);
            if (ov == 1){
                o = '+';
            } else {
                o = '-';
            }
            System.out.println(""+(i+1)+":\t"+m+o+n+"=");
        }
    }
}
```

经过简单调试，程序初步满足提出的要求，输出结果如下：

```
1:   0+11=
2:   60-19=
…
49:  99+0=
50:  74-1=
```

仔细阅读该程序，会发现一些问题和可改进之处。

（1）程序没有明确清晰的"算式""习题"的含义，没有使用相应的变量、数据结构等程序设计的方式表达。进一步分析和运行程序能够发现，最后一行的打印输出语句完成了一个算式构建、排版和输出。之外，没有任何变量或数据结构存储"算式"及由 50 道"算式"所组成的"习题"，这可能给程序的修改和维护造成困难。例如，如何知道在哪里存储每道算式的正确结果，如何确定 50 道算式中是否出现重复的算式。

（2）这段程序包含了产生 100 以内的两个整数、一个加法或减法运算符、打印输出运算式等内容，还特别包含了检查算式的结果是否满足 100 以内的条件。若干独立的功能集中在一个函数中不利于发现和修改程序中的错误，也不便于扩充程序的功能。修改一个错误或者对程序做一个微小的变动，都会导致整个程序的重新编译、链接等，例如，想改变输出形式为每行 5 列、共 10 行，或者想输出 60 道、70 道题。尽管改动只和打印语句有关，与算式的产生无关，但是仍需要重新编辑、编译、调试整个程序。对这样小的程序，程序员可以很快地完成程序构造。随着功能的增加和程序的增大，每次一点点的变动都要执行上述的编程活动，工作重复，费时耗力，而且容易出错。

（3）单纯的阅读程序代码无法确定程序是否正确，程序员通常需要运行程序几次，看看输出的结果是否正确、是否满足用户要求。如果修改了程序，那么每次都要重新设计一些检验的数据，运行程序、观察结果，判断修改过的程序是否正确。我们希望保留检测数据、运行结果及其判断，可无须改变地反复使用。

（4）编程缺乏规范。比如变量名简单、没有含义；程序中没有足够的注释，没有必要的空格；没有使用说明等，不便理解和维护程序。

（5）还有一些其他疑问：如何独立得到一套加法习题、一套减法习题，如何获得学生的口算结果，程序如何判定结果是否正确，如何统计一次练习的成绩，如何再次使用一套习题，等等。

从本章开始，我们将逐渐解答诸如此类的问题，构造良好的程序。

2.1　分解与模块化

2.1.1　分解

在面对一个较大的问题不能或不知如何直接解决的时候，可以采用分而治之的策略。①把问题分成两个或多个更小的子问题；②分别解决每个较小的子问题；③把各个子问题的解整合起来，得到原问题的解。通过分解，可以把一个大的、错综复杂的问题划分成一个一个相对简单、独立的子问题，用合适的方法分别解决。当然，上述步骤可重复，即可以一直分解问题，直至可解。在程序设计中，如果每次分解的子问题及其解与分解前的问题相似，就可以用递归方法（函数）。

例如，软件开发本身就是一个复杂的问题，对此，人们将其分解为若干方面，包括软件过程（选择、设计和采用软件开发活动的步骤）、项目管理（制订计划、组织和协调团队及其开发）、软件开发技术（如软件建模、设计模式、编程方式、测试工具）等。其中，进一步将软件开发活动细化为需求分析、系统设计、软件构造（编码-调试-测试-集成）、软件交付等活动。又如，对于一个要编程解决的问题，运用结构化设计方法可以把程序分解为若干函数，运用面向对象方法，程序的功能可以被分布到若干类或对象中。

分解的核心是将多个问题、难点或关注点分离。对于软件，关注点分离是对只与"特定概念、目标"相关联的软件组成进行"标识、封装和操纵"的能力。多个关注点混杂在一起会导致复杂性显著增加，所以把不同的关注点分离开来、分别处理就是处理复杂性的一个原则、一种方法。

关注点分离是面向方面（aspect-oriented）的程序设计的核心概念。关注点分离使得解决特定领域问题的代码从业务逻辑中分离出来，业务逻辑的代码中不再含有针对特定领域问题代码的调用，业务逻辑同特定领域问题的关系通过方面来封装和维护，原本分散在整个应用程序中的变动就可以更好地得到管理。

不同的技术、不同的问题、不同的应用等要求不同的分解方式。本书将通过案例学习软件开发技术中的分析原则、基本方法和最佳实践。例如，案例问题代码 2.1 的程序可以分解为 4 部分。

（1）增加一个程序头打印函数 void printHeader()，简单说明本程序的用途和使用。

（2）函数 void generateEquations()，产生加法或减法算式的符号串并存入一个数组。

（3）输出习题的函数 void printExercise()，它接收 generateEquations() 的结果，按照要求打印输出所有的算式。

（4）输出习题中每个算式的计算结果（使用 void printCalculations()）。

程序的实现方式有很多，代码 2.2 给出了主程序及其部分运行结果。它定义了两个全局变量，分别是存放算式符号串的数组和每个算式计算结果的数组。完整的代码留作练习。

```
//代码2.2：把案例问题分成4个函数的Java主程序，以及部分运行结果
public static void main(String[] args) {
        printHeader();
        generateEquations();
        printExercise();
        printCalculations();
}
-----------------------------------------------------
- 程序输出50道100以内的加减法算式的习题 -
- 每次运行程序都可得到一套50道题的习题及答案 -
-----------------------------------------------------
1:      3+40=
2:      80-9=
3:      81-78=
...
-----------------------------------------------------
- 下面是习题的参考答案
-----------------------------------------------------
1:      43
2:      71
3:      3
```

2.1.2　模块化

给定了问题，需要将其分解成计算机及其软件所能解决的子问题，直至能够编程实现。把现实世界的问题向计算机世界的解的转化过程，核心就是如何用计算机语言表示现实世界的数据和操作。模块化是把问题分解成容易理解、简化控制、易于实现的子问题的一种重要手段，是实现

控制复杂性的方式。模块化通过把一段程序分解成简单独立、互相作用的模块，对不同的模块设定不同的功能，从而实现大型、复杂的程序。在程序系统的结构中，模块是可组合、可更换的程序单元。良好设计的模块只完成一个特定的或一组相关的子功能。所有模块按某种方法组装起来，成为一个整体，完成系统所要求的功能。

　　软件模块是指具有相对独立性的、由数据说明、执行语句等程序对象构成的代码集合。程序中的每个模块都要单独命名，通过名字可实现对指定模块的访问。一个模块具有输入/输出（接口）、功能、内部数据和程序代码 4 个特征。输入/输出用于实现模块与其他模块间的数据传输，即向模块传入所需的原始数据、从模块传出数据结果。功能指模块所完成的工作、提供的服务。模块的输入/输出和功能构成了模块的外部特征。内部数据是指为了完成功能仅能在模块内部使用的局部量。

　　在高级程序语言中，软件模块的称呼出现过函数、例程、过程、方法等，譬如，C、C#、C++、Python、JavaScript 使用了术语"函数"，Java 语言对应的是"方法"，Ada、Pascal 语言中既有"函数"，又有"过程"这样的模块化程序单元。本章有时以函数作为这些模块单元的统称。

　　模块具有三大特征。

　　（1）独立性：可以对模块独立地设计、编码、调试、修改和存储。

　　（2）互换性：模块具有标准化的接口，容易实现模块的替换。

　　（3）通用性：模块具有的普遍的适应能力，实现跨系列产品中模块的互用。

　　模块化设计就是将产品的一些要素组合在一起，构成一个具有特定功能的、相对独立的子系统；将子系统作为通用模块与其他产品要素进行多种组合，产生多种不同功能或相同功能、不同性能的系列产品。

　　模块化是现代软件开发技术的一条基本原则。函数级模块化是实现软件模块的一种基本手段。无论使用哪种程序设计语言，都可以按照模块化原则设计出模块化的程序。即使用汇编语言，也可以设计、实现模块化的程序。但是，提供了函数等基本程序单元的程序设计语言，更容易实现具有良好结构的模块化的程序。

　　模块化有助于软件开发，使软件结构清晰、容易阅读和理解。程序的错误通常局限在有关的模块及它们之间的接口中，所以模块化使软件容易测试和调试，提高了软件的正确性。软件需求的变动往往只涉及少数几个模块，所以模块化能够提高软件的可修改性。模块化也有助于软件项目的组织管理，可以把软件分解的模块分配给程序员，分工构造，逐步合成，得到最终的软件。

　　图灵奖获得者 Wirth 提出的"结构化程序设计"（Structured Programming）的方法，可以简化为"算法+数据结构=程序"。该方法的重点是：不要求一步就编写可执行的程序，而是分若干步进行，逐步求精。第一步编写出的程序的抽象程度最高，第二步编写出的程序的抽象程度有所降低，直到最后编写出的程序即为可执行的程序。用这种方法编程可使程序易读、易写、易调试、易维护，也便于保证并验证程序的正确性。这种方法又称为"自顶向下"或"逐步求精"法，在程序设计领域引发了一场革命，成为程序设计的一种标准方法，在后来发展起来的软件工程中获得广泛应用。

　　增量迭代方法汲取了这些方法的精华，但有着不同的特点："增量"是少量可执行程序的功能及每次具体实现增量的过程，而不是从抽象到代码，可以视为"需求分析、概念设计、编码实现"的微构造过程。

2.2　数据结构与算法

　　在程序设计中，最基本的模块化是算法和数据结构的设计。

2.2.1　数据结构与算法的关系

数据结构是计算机存储、组织数据的方式，是相互之间存在一种或多种特定关系的数据元素的集合。数据结构为数据集提供独立于计算机内存的数据组织，并提供一组操作来访问其中的数据元素。常见的数据结构有数组、集合、栈、队列、堆、树、图、散列表等。

计算机算法以一步一步的方式来详细描述计算机如何将输入转化为所要求的输出的过程。描述算法的方式可以为用自然语言、程序设计语言，也可以是两者混合的伪代码。用计算机程序设计语言实现并在计算机上运行的算法就是程序，它是一个解决实际问题的程序语言的指令序列。基本的算法（类型）有查找（顺序查找、二分查找等）、排序（冒泡排序、快速排序、插入排序、归并排序等）、二叉树的遍历（前序遍历、中序遍历、后序遍历）、图的遍历（广度优先遍历、深度优先遍历）、最短路径算法。

计算机算法与数据结构密切相关，算法依赖于具体的数据结构，数据结构决定算法的选择和效率。一般而言，计算机算法和数据结构存在如下对应关系。

（1）一种数据结构，一种算法：它表示一种数据结构仅支持一种算法，或者一种数据结构只有一种算法能够操作。这种情形并不多见，通常是针对一种特殊的数据结构设计的特殊算法。例如，计算树的高度、树节点的层级，只有树这种数据结构才有意义。

（2）一种数据结构，多种算法：常见的对应关系。例如，操作数组这种数据结构的算法有很多，如各种常见的排序算法、查找算法、图类算法、矩阵类算法等。

（3）多种数据结构，一种算法：常见的对应关系。例如，折半查找可以用的数据结构有数组和二叉树，也可以使用链表。

（4）多种数据结构，多种算法：常见的对应关系，实际上就是将情形（2）和（3）合在了一起。例如，对数据结构数组和二叉树，基本的算法有遍历类、查找类、求最大值等。

在程序设计中，数据结构的选择是一个基本的考虑因素。软件的构造经验表明，软件实现的困难程度及其质量都十分依赖于是否选择了最优的数据结构。有时，一种数据结构与某种算法形成了最佳搭配，能产生最佳效果。有时事情会反过来，要根据特定算法来选择数据结构与之适应。不论是哪种情况，选择合适的数据结构都是非常重要的。要做出最佳选择，就要尽可能多地知道如何使用开发的程序：程序会使用哪种数据，产生哪些数据，数据量是否固定或在一个范围内，程序中的哪些操作最常用，一种数据结构对有些操作（如检查某个元素是否存在）提供有效的算法实现，对另外的操作（如删除某个元素）则不然。反之，一些算法要求数据特殊的存储方式或数据结构。还可能存在最有效的数据结构与算法受限于特殊任务，所以，选择它们会使得程序缺乏普遍适用性。

在软件开发的实践和理论中，出现过以数据为中心和以操作为中心的开发方法。如果开发者认为选择了数据结构，算法也随之确定，那么数据就是软件构造的关键因素。这种观点导致了以数据结构为核心的软件开发方法。特殊情况下，如果数据量很大、使用频繁、组织管理复杂，就应该考虑使用数据库系统，数据库的设计成为开发的核心。以操作为中心的观点认为，首先要把软件的功能划分成若干操作，然后设计这些操作使用、产生和传递的数据结构，形成了基于功能的结构化软件开发方法。逻辑式、函数式程序设计语言更多地支持操作功能及算法实现。更多时候，软件开发者在数据与算法之间寻找均衡的设计方法，同时兼顾数据结构与算法。面向对象方法就是综合了数据与操作，将其封装成一个软件实体——对象，完成软件的设计与构造的。

2.2.2　选择与设计数据结构

代码 2.1 中只有一个数据结构，即将算式表示成基本类型字符串，最大的益处是方便打印输出；代码 2.2 增加了一个存储算式的数组作为习题。这两个程序没有复杂的算法，只有产生、打印输出 50 道算式的基本循环。

这样的数据结构对前面提到的若干问题（比如处理重复的算式）没有为解答提供良好的支持。对算式重复的问题，需要一个容器存储产生的算式，然后才能检查是否出现过相同的算式。代码 2.2 用数组表示一定数量算式的习题是较为直观的设计。这样，当产生一个新的、合法（100 以内的加减法）的算式时，能否加入习题（数组），还要检查看它是不是第 2 次出现的算式。可采用查找算法，看新算式是否已经在习题中。最简单的算法就是从头到尾逐个比较数组中的算式。

如何定义两个算式是否相等？如果把算式表示成字符串，计算机判定字符串"□2+3="、"2□+3="、"2+□3="、"2+3□="（其中□表示一个空格）是不同的。但是，人们通常会认为它们是相同的算式。对此，可以有不同的处理方式。比如在比较之前都预处理算式——消除算式字符串中的所有空格。预处理之后上述 4 个算式字符串完全相等。但是字符串的预处理会占用计算资源，而且由于每当产生一个新的候选算式，都要对习题中的每个算式进行预处理，势必造成大量重复操作，因此，有必要考虑使用其他的数据结构和算法，来改善程序的质量。

代码 2.2 把程序划分出了三个功能相对独立的函数，共同完成了代码 2.1 的功能，使程序结构更加清晰。每个函数的功能内聚性更强、代码相对较少，便于发现错误、扩展程序。例如，若想改变习题的输出形式，每行输出 5 个算式，则只需更改函数 printExercise()。但是，从整体考虑，代码 2.2 对代码 2.1 做了组织结构的改良，没有改进程序中算式的数据结构与设计。

本案例的核心数据结构是算式。用数组表示一定数量算式习题的设计，简单、直观、易实现，方便了习题中重复算式的检查，也方便用其他方式或格式输出习题。

1．算式与习题的基本数据结构

设计 1：把算式理解成具有一定组成元素的结构——两个运算数、一个加法或减法的运算符，以及结果。C 语言用结构体表示（下一章讨论面向对象方法时，用类代替结构体）：

```
typdef struct equation {
    unsigned short int left_operand, right_operand;
    char operator;
    unsigned short int value;
}
```

程序设计的风格考虑如下。

首先是操作数的命名，number 的含义较广，没有准确地表达运算数，使用 operand 则准确地表达了要求的含义。可以用数字下标表示运算数的个数及位置，加上 left、right 则能更明确地表明运算数的位置信息。其次是运算符，简写成 op 有多种含义（如运算数），因而使用术语的英文单词 operator。最后，算式的运算结果可以选择 result 和 value，result 的含义更广泛，不如 value 明确。

进一步考虑，表示一个算式 Equation 运算结果的变量 value 不是一个独立量，它的值取决于其他三个独立的变量，可以通过一个函数计算给出，不必作为一个变量出现在数据结构中，避免产生不一致。

```
#define ERROR -32768
```

```
int calculate (Equation equation){
    if (equation.operator =='+')
        return equation.left_operand + equation.right_operand;
    else if (equation.operator =='-')
        return equation.left_operand - equation.right_operand;
    else return ERROR;
}
```

在显示或输出一个算式的数据结构时，需要把整型变量和字符型变量转换成字符串：算式 45+34 显示成"45+34="，算式 66-32 显示成"66-32="。可以定义一个函数 String toString() 完成。

一个结构体是否包含非独立变量，应该考虑下列因素。①获取非独立变量值的难易程度。如果比较简单，如本例所示的简单算式的运算结果，可以通过算术运算快速得出，则不必在结构体中定义。反之，如果某个值的计算过程复杂、耗时且占资源，则可以用一个变量存储该值。②使用非独立变量的频繁程度。如果变量的值使用频繁，而且值相对稳定，则考虑增设非独立变量。如果偶尔使用变量的值，或者变量的值经常变更、要频繁计算，则不宜包含一个非独立的变量。

在结构体中定义非独立变量要考虑：①占用空间，特别是当数据量较大时；②非独立变量的值可能与独立变量的值不一致，即某个独立变量的值变更了，非独立变量没有及时更新计算其值。

对于包含算式的习题，作为数据结构的数组看似一个自然的选择。数组是有限个同类型元素的有序集合。绝大多数高级程序设计语言都有内置数组。习题 Exercise 可以定义成以结构体的算式为元素的数组：

```
typedef Equation Exercise[50];
```

设计 2：使用一个包含三个成员的数组[operand,operand2,operator]表示算式 Equation。由于绝大多数高级程序设计语言要求数组成员属于同一类型，因此需要将算式中的运算符（Equation 的第 3 个元素）operator 的类型也定义成整数类型。可以用不同的数值对应不同的运算符，例如，0 表示"加法"，1 表示"减法"。习题 Exercise 仍然使用数组，可视为一个[50, 3]的二维数组。

```
typedef int [3] Equation
typedef Equation Exercise[50];
```

注：表达式形式采用了后缀式，即将运算符号放在了两个运算数之后，而不是通常的中缀式。设计 1 和设计 2 的编码实现留作练习。

2．比较

至此，程序的数据有三种设计，习题的数据结构都是数组，差别体现在算式，分别是字符串、结构体和数组。哪个设计更好呢？下面从不同的角度来进行比较，探讨如何设计和选择数据结构。考虑如下几个方面。

第一，数据结构的设计是否满足问题的解决，是否直接反映了问题本身。

第二，数据结构的设计是否容易编程实现。

第三，数据结构对解决问题的操作是否给予支持，即是否方便算法的设计与实现。

第四，设计的质量如何，包括可读性、易修改性、可扩展性、易维护性等。

算式数据结构的对比如表 2.1 所示。

表 2.1　算式数据结构的对比

比较的因素	代码 2.1 的设计	设计 1	设计 2
问题本身（映射）	对人直观、自然，对机器的计算需要转换	对人和机器都自然，输出显示要转换	对人和机器都需要转换（位置表示了含义）
对问题的解决	满足	满足	满足
编程语言的支持	支持，内置、简单	支持，简单的数据结构	支持，内置、简单
占用存储	没占用多余空间	没占用多余空间	用整型表示运算符，有些浪费空间
编程实现	容易	容易	容易
可扩展性	容易：表示的运算数和运算符的个数仅受字符串长度的限制	容易：可任意扩展运算数和运算符的个数、运算符的类型	容易：可扩展到任意的连续运算，新增运算符要编码
易修改性	较困难：字符串无含义，需要解析	容易：算式成员都有名称，与位置无关	中等：算式成员没有名称，与位置有关
可读性/理解性	高：自然地显示出人容易理解的形式	较高：算式成员都有名称	低：用位置理解转换成算式成员
算式的产生	产生的数值转换成符号串，符号串拼接	容易、直接，没有赋值之外的操作	运算符的转换，数组的检索
算式重复性检查	与算式比较有关	与算式比较有关	与算式比较有关
检索算式	与算式比较有关	与算式比较有关	与算式比较有关
两个算式的比较	符号串的比较：比较每个字符	结构体的比较：比较三个同名元素的值	数组的比较：比较三个相同位置的元素的值
显示算式和习题	最容易：直接	把结构体的成员拼接成可显示的符号串	把数值转换为运算符，再拼接成可显示的符号串

　　用符号串表示算式的主要优势：直接显示了易读的形式，节省存储空间。主要劣势：符号串内的符号没有计算机语言的含义（数据类型），需要解析。例如，算式"2+3"需要解析出整数 2、3 及加法运算符，才能算出结果 5，同一个算式的符号串表示可能不唯一，不能直接比较。

　　用结构体表示算式的主要优势：明确表示出算式的组成及数据类型，节省存储空间。主要劣势：要用转换函数才能显示并输出一个算式。

　　用数组表示算式的主要优势：可以任意表示复杂的算式；容易扩展到两个或多个运算符和运算数，节省存储空间。主要劣势：算式成分与数组的位置需要映射，要用转换函数才能显示并输出一个算式。

　　小结：

　　（1）对目前描述的需求，算式的三种数据结构都能满足，没有显著的差别。

　　（2）如果要扩展或改善程序，则要求代码易读、结构稳定，才容易理解、修改和扩充程序。例如，检查一个算式是否重复出现，或者在习题中查找一个算式，设计 1 和设计 2 就比代码 2.1 有明显的优势。再如，增加乘法、除法运算，三种设计的数据结构都不变，代码 2.1 的算式输出不变，但要增加解析操作，从字符串分解出乘法运算和除法运算，设计 1 和设计 2 需要增加乘法、除法运算符的显示方式，而设计 2 要增加两个映射（比如 3 对应乘法）。

　　结论：总体考虑，把算式成分明确表示出来的结构体是目前算式的最佳数据结构。

3．算法分析与其他数据结构

　　对于类型相同、数量固定的习题 Exercise，数组是最容易想到也是与问题最契合的数据结构。

数组对案例的其他功能也提供了方便、有效的实现。案例有一个隐含的条件值得讨论：一套习题中不允许出现重复的算式。在本章练习中要求考虑这个约束条件。

采用了数组，每次产生一个算式，在加入数组前，都要检查数组中的每个算式，看看是否和新产生的算式一样。所以，一个简单加入算式的操作实际上包含了算式的比较，而且每次加入算式时都要执行算式比较。对数组，程序员要实现算式比较的算法。

直觉上看，第一个算式无须比较就可以加入 Exercise。第二个算式要和第一个算式比较，如果相同，则继续生成一个算式，和第一个算式比较，直至它们不同。对第 k（$2 \leq k \leq 50$）个算式，它要和前面的 k–1 个算式都比较，直至和其中的每个算式都不一样，才能加入 Exercise。这样，产生 50 个算式的习题总共需要的比较次数是：$0+1+2+\cdots+49 = (0+49)\times50/2 = 1225$。

根据算法理论，产生有正整数 n 个不同算式的习题，算法的复杂度是 $O(n^2)$。简单地说，构造一道习题的算法按照所含算式个数的平方增长。如果不要求算式是否重复，构造一道习题的算法就是线性的。显然，线性算法比平方算法的执行效率要高。

有些高级程序设计语言内置了数据结构"集合"。集合的一条数学性质是集合中的元素是彼此不同的。这些语言实现了集合的基本操作，包括插入、判定一个元素是否在集合中。Pascal、Python、Ruby 等面向对象语言都提供了集合。而且，集合元素的数量可以动态变化，不需要一开始就明确集合元素的个数，便于扩展。如果使用的编程语言内设了集合，案例中的习题 Exercise 也可以设计成元素是 Equation 的集合。这样，在习题中加入一个算式就不需要程序员编程实现检查习题中是否存在相同的算式了，而是由语言内置的集合完成这个功能的。如此构造一道习题的算法就是线性的。

2.2.3 选择与设计算法

案例目前的要求虽然简单，但是，程序构造仍然有一些算法设计及模块化设计的考虑。

1. 习题与算式的分离

代码 2.1 的设计没有采用数据结构，把算式和包含算式的习题混在了代码中。实际上，算式与习题是两个完全不同的数据。算式是具有满足一定约束条件的组成元素和结构的数据，不是简单的字符串。习题包含了数目确定的不同的算式，它像一个容器把算式存储起来。它们的产生方式不同，操作和使用方式也不相同。

把习题和算式明确地从代码中抽出，并分别用合适的数据结构表示，有助于各自的设计与实现，也能实现不同的算式和习题的任意组合。假设算式有 3 种数据结构：结构体、一维数组和字符串；习题有 4 种选择：一维数组、集合、队列及不需数据结构（如代码2.1），则案例程序可以有 12 种数据结构的组合方式。

而且，不仅一个程序的数据结构具有不同的组合方式，如果把数据结构连同对它们的操作也都封装到一个模块——最简单的就是函数，那么，包含了数据与操作的这些函数可以作为程序的模块使用，从而可有效地改进程序的结构、提高程序的可维护性，如可以替换相同功能、不同实现的模块，而不影响整个程序的功能。

2. 算式产生与其约束条件的分离

表面上看，运算数的产生与其约束条件关系密切、不可分离。实际上，如果考虑到程序的可扩展性、可修改性，例如，如果允许不止一个加法或减法运算，或者将算式数值范围扩大到500、1000 等，则目前的设计中每次需求的变更都要更改较多的程序代码。而且，如果允许不同用户设置不同的约束条件，则需要重复或增加多个类似的处理代码。

可以分别定义运算数生成函数与约束条件检测函数，对满足一定条件的运算数才生成算式。这样，约束条件的任意变换都不影响算式生成函数，也支持用户灵活地设置约束条件。

进一步考虑，60 和 70 这两个运算数都满足"100 以内"的条件，但是无论用于产生加法算式还是减法算式，它们的结果都不满足条件。而且，两种算式约束条件的计算方式不同：对加法，要求其和不超过 100；对减法，则要求被减数不小于减数。所以，"满足 100 以内整数"的条件不仅适合两个运算数，也适用于其算式的结果。

3. 加减法算式的分离

案例要求没有明确提出一套口算习题中全部是加法算式、减法算式，还是既包含加法算式、又包含减法算式。对于混合了加减法算式的习题，用户也没有明确各自的数量或比例。为了能够产生上述三种类型的口算习题，应当为加法算式和减法算式分别编写函数，然后随机地选择这两种算式，以生成混合运算的习题。例如：

```
Euqation generateAdditionEquation();
Euqation generateSubstractEquation();
Euqation generateEquation(){
    随机生成运算符 operator;
    if (operator 是加号)
        return generateAdditionEquation();
    else
        return generateSubstractEquation();
}
```

考虑算式产生与约束条件的分类，部分代码如下，其中版本 1.0 没有检查算式的结果。容易改变程序，使算式的数值从–100 到 100，或者从 0 到 1000。

```
Equation generateAdditionEquation() { //version 1.0
    //生成两个满足约束条件的整数
    do {
        n1=generateOperand();
        n2=generateOperand();
    } while(!check(n1, 0, 100) || !check(n2, 0, 100));
    return 加法算式 equation;
}

bool check(anInteger,low, high) { //检查一个数 anInteger 是否在范围[low, high]
  return anInteger >= low && anInteger <= high;
}

Equation generateAdditionEquation() { //version 2.0
    //生成两个满足约束条件的整数，其结果也满足约束条件
    do {
        n1=generateOperand()
        n2=generateOperand()
    } while(! check(n1, 0, 100) || !check(n2, 0, 100) || !check(n1+n2, 0, 100));
    return 加法算式 equation;
}
```

2.3　模块化设计理论初步

设计好了数据结构与相应的算法，就要运用模块化设计的原则，将其整合在结构良好的程序中实现。

2.3.1　模块化原则

Bertrand Meyer 提出了 5 条标准来评价一种设计方法是否定义了有效的模块化系统的能力。

（1）模块可分解性。如果一种设计方法提供了把问题分解为子问题的系统化机制，那么它就能降低整个问题的复杂度，从而可以实现一种有效的模块化解决方案。

（2）模块可组装性。如果一种设计方法能把现有的（可重用的）设计构件组装成新系统，那么它就能提供一种并非一切都从头开始做的模块化解决方案。

（3）模块可理解性。如果可以把一个模块作为一种独立单元（无须参考其他模块）来理解，那么这样的模块是易于构造、易于修改的。

（4）模块连续性。如果对系统需求的微小修改只导致对个别模块，而不是对整个系统的修改，则修改所引起的副作用将最小。

（5）模块保护性。如果当一个模块内出现异常情况时，它的影响局限在该模块内部，那么由错误引起的副作用将最小。

模块的独立程度可以由两个定性标准来度量——内聚和耦合：内聚衡量一个模块内部各个元素之间相互结合的紧密程度；耦合衡量不同模块彼此间互相依赖（连接）的紧密程度。

2.3.2　模块的内聚性

内聚性是对一个模块内部各个组成元素之间相互结合的紧密程度的度量指标。模块中组成元素（语句、数据）结合得越紧密，模块的内聚性就越高，模块的独立性也就越高。理想的内聚性要求模块的功能应明确、单一，即一个模块只做一件事情。常见的 7 种内聚，由弱到强排列如下。

（1）偶然内聚。一个函数的代码包含了若干不同的功能，它们没有必然联系，偶尔放在一个函数内。代码 2.1 就是偶然内聚，包含产生运算数及算式、检查有效性、产生习题、显示排版及输出等不同功能。

（2）逻辑内聚。这种函数把几种相关的功能或数据组合在一起，在每次被调用时，由传输函数的参数来确定该函数应完成哪种功能。这种函数是单入口的多功能函数。类似的有错误处理函数，它接收出错信号，对不同类型的错误打印出不同的出错信息。

例如，函数 calculate 把加法和减法算式的计算放在一起，根据算式中的运算符号确定是两个运算数的加法还是减法，结果完全不同。这个函数具有逻辑内聚性，因为它的内部逻辑是由输入参数的外部控制标志决定的。

（3）时间内聚。把需要同时执行的几个动作组合在一起而形成的函数为时间内聚函数。一组不相关的变量在一起初始化，就是时间内聚的典型例子。

（4）过程内聚。指的是这样的构件或操作的组合方式，要求在调用前面的构件或操作之后，马上调用后面的构件或操作，即使两者之间存在数据的传递。注意与后面的顺序内聚进行对比。常见的例子有编程语言对文件的处理，必须先打开文件，对文件进行各种操作处理，最后关闭文件。

例如，代码 2.2 的算式产生函数，首先随机生成两个整数，检查它们是否满足约束条件，即是否在 0～100 范围内，然后生成一个运算符，最后才能生成一个算式。执行这个顺序的活动就完成了整个功能。

（5）通信内聚。指函数内所有处理元素都在同一个数据结构上操作（有时称为信息内聚），或者指各个处理使用相同的输入数据或者产生相同的输出数据。

例如，代码 2.2，输出习题 printExercise() 和输出答案 printCalculations() 这两个功能都要依据同一个数据结构——习题，所以，包含这些功能的函数具有通信内聚性。

（6）顺序内聚。指一个函数中各个处理元素都密切相关于同一功能且必须顺序执行，前一功能元素的输出就是下一功能元素的输入，即一个函数完成多个功能，这些函数又必须按序执行。比如，一个函数，产生两个整数、产生运算符、检测算式规则、把算式插入习题数组中。

（7）功能内聚。一个函数中的各个部分都是某一具体功能必不可少的组成，或者说该函数中的所有部分都是为了完成一项具体功能而协同工作、紧密联系、不可分割的，则称该函数为功能内聚模块，它是最强的内聚。代码 2.2 把程序分成 4 个功能独立的函数，每个函数都具有较强的内聚性。更进一步，按照 2.2.3 节的设计，把算式的产生分解成独立的整数产生、运算数约束条件检查、运算结果约束条件检查、合法算式的产生，每个函数的内聚性都很强。

2.3.3　模块的耦合性

在结构化程序设计中，函数之间的调用关系是反映模块间耦合性的最重要因素之一。其他因素包括：函数接口的设计，函数与大量数据（如文件、数据库）之间的关联。耦合性是一个模块与系统内其他模块及与外部世界的关联程度的度量。耦合的强弱取决于模块间接口的复杂性、调用模块的方式及通过界面传输数据的多少。

在软件开发中，应该追求尽可能松散耦合的系统。在这样的系统中可以研究、测试或维护任何一个模块，而不需要对系统的其他模块有很多了解。而且，由于模块间联系简单，发生在一处的错误传播到整个系统的可能性就很小，因此，模块间的耦合度会强烈地影响系统的可理解性、可测试性、可靠性和可维护性。

耦合度从低到高可分为 7 级。

（1）非直接耦合。两个函数之间没有直接关系，它们之间的联系完全是通过其他函数的控制和调用来实现的。例如代码 2.2，主程序 main 调用了两个打印函数 printHeader() 和 printExercise()，这两个函数的耦合就是非直接耦合，它们之间可以说没有任何关联，放在一起是因为它们受控于同一个主程序。由于这两个函数没有直接联系，因此可以任意更改其中的一个函数而不会影响另外一个函数。它们之间的前后顺序关系是由控制主程序 main 决定的，与两个函数本身无关。

（2）数据耦合。一个函数访问另一函数，彼此间通过简单数据参数来交换输入、输出信息。这里的简单数据参数不同于控制参数、公共数据结构或外部变量。普遍存在于各种高级程序设计语言中的传值调用是最简单的数据耦合的实现方式。

数据耦合保证了两个函数之间存在关联，表明既需要分工，又需要合作，表现出它们彼此间的不可或缺性，同时也最大程度地保护了它们的彼此独立性。在现代软件开发方式中，特别是在分布式系统、并行计算、云计算及 Web 应用中，主要依靠数据耦合来确保软件结构的稳定性、可靠性、可维护性和可扩展性。

算式中运算数 a 和 b 数值范围的检查函数 check(n, a, b)，通过三个传值参数使其独立于算式生成函数。如果函数隐含了运算数，设计成 check(n)，则该函数严重依赖于其调用者。

但是，若一个函数需要处理若干数据，而且这些数据之间有一定的联系，则通常不会把它们作为一个个独立的参数传入函数，在函数中还是要按照一定的结构处理这些数据的。

在生成、处理算式这样的数据时，我们不希望把左操作数、运算符和右操作数当成三个独立的数据，而是将它们设计成一个具有结构的整体，如上面讨论的结构体或者三个元素的数组 Equation。例如，不要把 insert 函数设计成 insert(n1,n2,operator,sheet)，而是设计成 insert(equation, sheet)。在这种情况下，从编程角度看，不得不放弃数据耦合，而是采用相对紧密的标记耦合。

（3）标记耦合。一组函数通过参数表传递记录信息，就是标记耦合。这个记录是某一数据结构的子结构，不是简单变量。这就要求这些函数都必须清楚该记录的结构，并按结构要求对此记录进行操作。

案例中，凡是传递了数据结构 Equation 的函数，都可以视为标记耦合。同样，以数组作为参数的函数也是标记耦合。如果改变函数代码 2.2 中的 printExercise()，使其接收含 Equation 类型的数组 Exercise（不是 C 语言中的传递数组首地址），而且让 generateExercise()返回 Exercise，那么，函数 generateExercise() 和 printExercise() 就属于标记耦合。改造后的 printExercise() 完全独立于 generateEquations()，可以在其他任何地方使用，只要访问者提供满足条件的一组数据即可。

能否进一步弱化 generateExercise()和 printExercise()之间的耦合关系，把 50 个数据作为参数传送给 printExercise()呢？

（4）控制耦合。是指一个函数通过传递开关、标志、名字等控制信息，明显地控制和选择另一函数的功能。控制耦合的实质是在单一接口上选择多功能模块中的某项功能，例如，一个函数运用多重 if 语句或开关语句 switch，依据参数的值做出相应的操作。对于控制耦合来说，一方面，它意味着控制模块必须知道所控制模块内部的一些逻辑关系；另一方面，所控制模块的任何修改都会对控制模块产生影响，从而都会降低模块的独立性。

例如，前面提到的计算算式 Equation 运算结果的函数 calculate()，它必须根据输入参数 Equation 中的成分 operator 是加号还是减号，对两个运算数进行加法或减法运算，然后返回值。函数 calculate()及其调用者形成了控制耦合的关系。

（5）外部耦合。一组函数都访问同一全局简单变量而不是同一全局数据结构，而且不是通过参数传送该全局变量的信息。

外部耦合还包括对系统之外其他模块的依赖，如操作系统、标准库、共享库或硬件。对 C 语言使用 include 引用标准库函数 random()，或者对面向对象语言（如 Java 或 Python）使用 import 而引入一个软件包时，就产生了外部耦合。

通过信息隐蔽可以减弱应用程序对硬件、操作系统的依赖关系。例如，C 语言中的文件类型 FILE，使应用程序减弱了对底层操作系统，甚至计算机硬件的依赖。Java 语言中的 GUI 类库，使得 Java 程序独立于运行平台。

（6）公共耦合。一组函数都访问同一个公共数据环境，该公共数据环境可以是全局数据结构、共享的通信区、内存的公共覆盖区等。公共耦合的复杂程度随耦合模块的个数、访问顺序和读/写的增加而显著增大。

另外，对于共享一个公共数据环境的一组函数，如果能够依据模块化原则，严格控制并协调这些函数对公共数据的访问，也能提高软件的执行效率，同时保障软件的稳定性、可读性与可维护性。例如，一种方式是指定一个函数生产、修改和管理公共数据，其他函数只能读取使用这个唯一的公共数据。例如，代码 2.2 中的函数 printExercise()对 generateEquations()强烈依赖，它们共享了一个全局数据结构 Exercise。但是，只有 generateEquations()产生 Exercise，而 printExercise()只读取使用 Exercise，从而保证了程序质量。

后面还将讨论良好设计的公共耦合，将生成 100 以内所有满足约束条件的加法算式和减法算式，集中地存储在一个算式基中，将从这个算式基中随机挑选产生一套习题。

（7）内容耦合。一个函数直接修改另一个函数的数据，或直接转入另一个函数，或者一个函数有多个入口。两个内容耦合的函数几乎无法分离，编写一个函数时一定要考虑另一个函数。试想，若 k 个函数 fun1,fun2,…,funk 之间彼此都是内容耦合，则这些函数之间共有多少个联系？

耦合是影响软件复杂程度的一个重要因素。一般而言，应该采取下述设计原则：应尽量使用数据耦合，减少控制耦合，限制外部环境耦合和公共耦合，杜绝内容耦合，减小接口的复杂度。

从松散耦合的设计原则上考虑，对于函数的参数传递，建议尽可能采用传值方式，避免传输地址或引用传递参数。引用传递参数可形成函数之间控制耦合、外部耦合、紧密的公共耦合等紧密型耦合方式。另外，现代程序设计语言实现参数传递时不仅倡导传值方式，而且设计接口时要求配对地传递参数名（含义）及其值，而不是依据参数的位置决定参数含义，不仅大大提高了程序的可读性，而且提高了程序的易用性。

模块的内聚性和耦合性是两个相互对立且又密切相关的概念。软件概要设计的目标是力求增加模块的内聚，尽量减少模块间的耦合。在程序结构中，各模块的内聚程度越高，模块间的耦合程度就越低。虽然这种关联不是绝对的，但是，增加内聚比减少耦合更重要，软件开发者应当把更多的注意力集中到提高模块的内聚程度上。

2.4   测试程序

编写的程序是否正确，需要软件测试来说明。IEEE 软件工程标准术语中给出软件测试的如下定义：使用人工或自动手段来运行或测定某个系统的过程，其目的在于检测它是否满足规定的需求或者是否弄清预期结果与实际结果之间的差别。测试是对程序或系统能否完成特定任务建立信心的过程。软件测试是说明程序是否正确的最基本的一种技术手段，其他技术如代码走查、静态分析等将在后续章节中陆续介绍。

对代码 2.1 所示的程序，可以通过多次运行，观察程序的运行结果是否正确——输出的习题是否满足用户要求。这些要求包括：

- 是否产生了 50 道算式；
- 每道算式是否正确，即有两个满足条件的运算数和一个运算符；
- 习题中是否有两个或多个相同的算式；
- 习题的输出格式是否满足要求。

执行程序测试时，要考虑下列因素。

首先，如何判定每次程序的运行结果是否满足要求？每个要求是否足够准确到可以判定对错？例如，产生了 50 道算式是否就算程序正确了？如果习题中有重复的算式，是否说明程序不正确？如果没有明确说明，同一个算式的间隔出现（比如，间隔 10 个算式）是否认为是正确结果？再如，什么是正确的算式？100+0、99+1、55+45、100−0、99−0、20−20 是否是正确的算式？而且，如果算式采用了 C 语言的结构体，如何说明打印输出或屏幕输出的字符串正确地显示了具有结构的算式？

其次，如何执行程序测试？是否需要记录测试？如何记录测试？记录什么？从定义可以看出测试的基本活动过程包括：对待测程序输入一些数据（测试数据），然后运行，同时观察程序运行和结果，与预期的结果进行比较，看是否一致。

通常，程序员在编写代码后，多次运行程序，认为结果正确了，就结束程序设计。这种方式适合在调试程序的过程中使用，目的是说明程序通过了编译，初步运行而且出结果了。这种程序验证方式存在一些问题。譬如，如果没有记录测试的运行过程、使用数据和运行结果，如何说明待测程序的正确性？为了向人们说明程序是正确的，每个人都要挑选测试数据、运行程序，然后判断程序的运行结果是否正确。如果某次运行程序的结果与预期结果不一致（程序出错），这种错误有可能与使用的数据、运行的环境有关，在其他的运行中不会出现。没有记录就难以重现这个错误，也就难以修改程序。例如，运行程序 2.1，如果出现了 100+1，但没有记录下来，由于程序 2.1 是随机地产生算式的，没有记录，就难以再现这个算式，从而说明程序有错。

因此，软件测试应该像自然科学的物理或化学实验一样，尽量详细、完整地记录下来。如实验目的、环境和条件、采用了什么材料、执行了哪些步骤、观察到了什么现象或结果、与预期是否一致、得出了什么结论等。测试执行与记录可以手工完成，也可以借助软件工具或框架完成，还可以通过编写测试代码完成。

最后，要运行程序多少次才能说明程序正确？程序测试可能要求不止一次地运行程序。代码 2.1 运行 1 次、10 次、50 次还是更多的次数，或者说，选择什么样的输入数据、涵盖了哪些程序范围就可以说明程序的正确性，是要考虑的问题。

本书将逐步学习和应用有关软件测试的知识与工具。

2.4.1　测试需求

用户需求是从软件使用者的角度描述的对软件的要求。程序员在理解用户需求、做出软件设计并编写程序的过程中，经历了多次思维变换和不同的表达方式，最后以特定的程序语言实现用户的需求。由于存在沟通方式、开发经验、程序语言、个人经历等诸多方面的差异，因此可能会出现理解和表达的差异，导致每次的思维变换可能出现前后不一致、遗漏或误解信息或增加信息。即使程序员正确无误地理解了用户需求，在设计、编程实现这些需求时，也可能无法完全正确地表达出来。其中的一个因素是，目前采用的用户需求、软件设计的表达方式基本都不够严谨，没有如同程序设计语言那样严格的语法结构，更缺乏严格的语义。

因此，要执行软件测试，实现测试目的（检测测试需求是否满足规定的需求），首要任务就是要仔细地分析用户需求和软件设计需求，梳理含糊不清、模棱两可、相互矛盾的需求，明确、细化和罗列出需求，并且将每个需求表示成可以检测的测试需求。

例如，要求运算数的数值范围是 0～100。运算数是否包含 0 和 100，准确度地说：①0 和 100 都不是合法的运算数；②还是允许包含 0、不包含 100；③还是不能包含 0、只能包含 100；④或者允许同时包含 0 和 100。如果是第①种情况，算式 100−1 就是非法的算式，不允许出现在习题中，如果是情况③和情况④，则算式 100−1 是合法的算式。

有时用户的要求难以精确地表示，用户在使用程序之后"感觉"没有问题了。譬如，案例要求输出 50 道算式，没有要求输出的格式，比如两个算式之间的间隔多大、是否每行输出固定个数的算式（如 5 道），在这种情况下，要求程序员具有一定的经验、与用户沟通交流的能力、对问题的深度理解、良好的软件设计及对编程语言的掌握程度等，才能开发出满足用户要求的软件。例如，经过试验，代码 2.2 采用了容易实现的习题输出方式，即每行输出 5 道算式，间隔一个 Tab 键的距离。

针对软件开发中用户需求的不确定性、经常变化等问题，出现了应用联合开发（Joint Application Development，JAD）方法。特别地，敏捷开发方法要求客户参与软件开发，与程序员一起组成开发团队，与程序员随时沟通，避免误解或猜测，确保开发的程序满足用户的需求。

其次，测试需求要求程序的预期结果和实际运行结果都明确、合理、可观察并可比较。案例要求 50 道算式的需求非常明确。比如预期 50 道算式，每道算式中两个运算数的值是[0,100]，而且运算符是"+"或"−"。运行程序后将打印或者在屏幕上输出的实际结果是可以观察到的，并与预期结果进行比较。但是，案例隐含了一个不确定因素：算式的随机生成。每次产生一道算式时，无法准确地预期每个运算数的值或运算符号，比如不能准确地预计生成算式 32+48 或者 100−1。合理的测试需求是每次产生的算式都符合要求：两个运算数的值是[0,100]，而且运算符是"＋"或"－"。下面的要求只要在设计、编码前提出，就可以通过测试明确说明程序是否满足习题中的加法或减法算式要均匀，或只练习加法运算的习题，或只练习两位数的加法或减法。

当然，如果用户一定要提出在一道习题中包含某个特定的算式（比如算式 32+48 这样特殊的需求），同样可以通过测试来验证程序是否满足用户需求。可以更改程序产生这道算式，然后直接把这个用户需求当成测试需求，以算式 32+48 作为一个预期结果，运行程序观察输出是否包含算式 32+48。

继续考虑这个问题，你是否会提出下列问题。

为了测试程序是否包含某道算式，一定要运行整个程序吗？代码 2.1 的大部分代码与这个测试要求无关。如果没有采取模块化技术将程序分解成不同模块（函数），就必须运行整个程序。

如同采用分解和模块化技术，分而治之地解决一个较大问题的软件开发，分解也同样适用于软件测试。为了方便、快速地检测一个用户需求或者特定功能是否得到满足，可以针对性地设计测试，或者测试程序的一部分。一种策略是分析用户需求，把它细化成一个个具体的、独立的、功能单一的测试需求。例如，将代码 2.1 的测试需求分解如下。

（1）程序是否正确地产生满足条件的加法算式（确定性）。

（2）程序是否正确地产生满足条件的减法算式（确定性）。

（3）程序是否正确地产生满足条件的加法或减法算式（随机性）。

（4）进一步，还可以继续分解测试需求：程序是否产生了[0,100]范围内的值，或者[1,100]范围内的值，或者（0,100）范围内的值。

2.4.2　测试设计与测试用例

严格地说，测试设计不同于测试用例设计。测试设计的内容包含设计测试用例，此外还包括决定是否实施所有层次的测试、是否采用测试工具或自动化测试框架、哪些测试采用哪些工具、如何组织人员进行测试等。

根据 IEEE 标准的定义，测试用例是一组输入、运行条件和通过或失败准则。简单地说，测试用例是一组测试数据和预期结果。大多数情况下，给定了测试数据和程序，容易得出预期结果；而且，通过测试结果和预期结果就能判断测试是否通过。程序的运行结果分为以下三类。

- 产生的值。如局部观察的输出（数值、文字、图片、声音等）或者操作、存储的输出。目前出现例子的输出结果基本都属于值，如函数calculate()的结果是一个算式结果的整数值，printExercise()的输出是一组字符串。
- 状态变化。如程序的状态变化、数据库的状态变化。
- 必须一起解释为输出才为有效的一个序列或一组值。比如，根据案例的要求，50 道 100 以内的加法或减法的算式作为一个整体，这才是一组测试数据及案例程序的输出结果。

因此，设计测试用例的核心就是设计测试输入，即测试数据。有时，随机产生数据进行测试是一种简单有效的方法。但是，如果要实现测试目标，则希望运用更有效、可追踪、系统化的测试方法。

【例 2.1】　一个生成整数减法的程序，输入是两个整数，要求输出它们的差，结果不能为负数。下面是其代码：

```
int substact (int a, int b){
    if (a < b)
        return -1;
```

```
    else
        return a-b;
}
```

表 2.2 给出了针对该程序的一组测试用例。注意：序号 6 和序号 8 的预期结果不正确。

表 2.2　例 2.1 的一组测试用例

测试用例序号	1	2	3	4	5	6	7	8	9	10	11
测试数据	98,2	92,8	83,7	84,15	77,19	60,12	55,27	42,36	8,8	4,8	−14,−3
预期结果	96	84	76	69	58	38	28	12	0	−1	−1

有了测试用例就可以运行待测程序。对每个测试用例，将程序运行结果与预期结果比较：若相等，则表示待测程序通过了测试数据；若不相等，则表示待测程序未通过测试数据，即测试失败。可能出现其他情况，没有执行所有的测试用例，比如因某个测试数据导致待测程序没能运行完而退出，或者程序异常退出，或者用户中断程序运行等。

一般情况下，对给定的测试数据，待测程序全部通过了测试，说明该程序在一定程度上满足了需求或功能要求。如果存在失败的测试，则说明待测程序可能存在错误。例如，若待测程序没有通过测试用例1，则说明该程序可能有错。是否真的存在错误，还需要进一步分析、测试和调试该程序。

测试结果的判定可能会存在误判和漏判。因测试数据或预期结果的错误而导致根据测试结果显示待测程序可能有误，称为测试误判。例如，运行测试用例 6 和 8，程序显示测试失败，但这并不表示待测程序出现了错误。对于失败的测试，测试人员要进一步仔细分析待测程序、测试数据及测试过程，检查哪里出现了问题。本例，出现测试失败的原因是测试用例中的不正确的预期结果。如果程序员没有记录测试的数据和执行，直接在程序中输入数据后，根据屏幕的程序运行结果进行判断，容易出现误判。但编码测试可以减少甚至杜绝测试误判。

如果待测程序有错，而测试没有发现错误，称为测试漏判。如何减少漏判，即如何通过测试发现程序中存在错误，实际上就是如何设计测试和测试数据，使该程序不能通过一些测试用例。理论上，软件测试不能证明程序中没有错误，通过测试发现了错误只能说明程序有错，不能说明程序无错。但是，一旦测试发现了程序中的错误，就能大大提高程序的正确性。有关测试数据的设计技术将在后续章节陆续介绍。

用测试数据作为被测程序的输入，执行测试，主要有 3 种方式：①程序员每次从键盘输入一个测试数据，观察测试结果并和预期值比较，记录测试通过与否；②程序员通过编写测试代码，存储测试用例，然后让待测程序逐个读取测试数据、运行、比较预期结果，同时记录测试结果；③使用软件测试工具完成测试的执行过程及其他更多操作。

为了能使测试用例更容易地复用，独立于某个测试程序或工具，可以将测试用例以文本、CSV、表单等格式保存在文件中，甚至保存在数据库，并由测试代码或测试工具读取、使用。

2.4.3　测试覆盖与黑盒测试

1．测试覆盖

测试是选择性地运行程序，不可能通过穷尽的测试说明程序正确。给定一个程序，测试多少次或者测试到什么程度，能够说明程序完全正确、满足了需求呢？即使是一个简单程序，要穷举测试程序的所有可能性，也几乎是不可能的事情。

【例 2.2】 一个整型加法函数。

```
int add (int m,int n) {
    return m+n;
}
```

如果把这个函数的所有输入都测试一遍，而且每次测试都成功，则可以说明该程序正确无误。考虑标准的 int 类型占 4 字节，即 32 位，每个参数的取值范围是-2 147 483 648～2 147 483 647，这个函数的加数与被加数的取值及它们的组合虽然有限，但数量巨大。如果随便选取两个整数，比如 100 和 10 000，测试成功，即 100+10 000 返回 10 100。但是这个测试并不能保证程序对数据 10 000 和 100 是正确的，也不能说明 100 与 10 000 这组测试数据也能成功。更一般地，即使测试通过了数据 n1 和 n2，也无法说明 n1+1 和 n2 这组测试数据也能通过测试。对于本程序，不能简单地运用数学归纳法来证明其正确性。

考虑到测试所耗费的时间、人员、环境和资金等因素，不可能彻底地测试程序。例如，案例要求的 100 以内的加法算式，两个运算数的取值范围是 0～100，加法算式的个数不超过 10 000。即便如此，也不能测试所有的算式。

由于不能穷尽测试，因此希望遵循软件测试的经济性原则，即用尽量少的测试、最小的消耗、最大程度地保证程序的正确性，使程序满足需求。在实际的软件开发中，通常对程序进行足够的测试，使之达到一定的测试要求。例如，如果要求对整型加法函数至少测试 50 次，就可以选择 50 个测试数据进行测试。如果全部通过测试，则满足或覆盖了这个测试要求。如果有 45 次测试成功、5 次测试失败，则可以认为这组测试数据满足了测试要求的 90%。当然，也可以选择更多的测试，比如 100 次，只要有 50 个或 50 个以上测试数据通过测试，则认为测试满足要求。

测试覆盖指的是测试所包含的软件的特征、元素、成分等方面的程度或范围。软件具有多样性，覆盖域也是多方面的，包括：用户需求、函数、类、数据流、数据结构、程序结构、程序执行路径等。通常，软件测试包含下列几种覆盖：功能覆盖、输入域覆盖、输出域覆盖、函数交互覆盖、代码执行覆盖和代码结构性覆盖。满足性条件可以测试覆盖率量化。例如，一个软件有 100 个功能，一组测试数据使其中的 90 个功能经过了测试，则认为该组数据满足了 90%的功能覆盖。又如，整型加法函数 add(m,n)只有一条语句 return m+n，测试数据 100 和 10 000 能够在测试过程中使该语句执行，则称测试达到了 100%的语句覆盖。

有关测试覆盖有如下使用原则。

（1）多覆盖域原则：满足一个测试覆盖不能为软件的正确程度提供充足的保证。通常要采用不同的软件测试技术和方法，以满足多个覆盖域条件。不同的软件具有不同的功能和结构，没有统一的标准来指导测试覆盖的选择。对有些程序，某个覆盖容易满足，其他覆盖则无法或不可能完全满足。例如，对整型加法函数 add(m,n)，容易实现 100%的语句覆盖和路径覆盖，但是几乎不可能实现对全部输入数据的测试覆盖。对于一个包含 while 循环语句的程序，由于不知道实际循环多少次，因此无论使用多少数据，都无法通过测试覆盖程序的所有路径。

有些测试覆盖存在包含关系：覆盖 A 包含覆盖 B，即存在一个测试，如果完全满足覆盖 A，则一定完全满足覆盖 B。覆盖包含关系同集合的子集关系类似。例如，条件覆盖包含语句覆盖。因此，如果有存在包含关系的两个覆盖域，而且测试可以实现包含覆盖域，则没有必要再设计测试来满足被包含的覆盖域。针对不同的覆盖，存在许多不同的测试设计方法。

（2）测试覆盖原则：度量测试覆盖率并针对不断增强的覆盖率来改进测试数据，就能改进被测软件。根据这一原则，测试应该如同增量式的开发软件，从少量的、实现覆盖率较低的测试开始，逐步增加测试来提高测试覆盖率、满足测试要求。不同的测试数据具有不同的覆盖能力，有的测试数据能够达到较大的覆盖，甚至超过其他若干测试数据的覆盖范围。

因此，设计和选择测试数据成为实现测试目标的一种重要并且基本的软件构造技术。下面，学习两种基本的测试（设计），不考虑程序内部结构和内部特性，以用户的角度、从输入数据与输出数据的对应关系角度测试软件，称为黑盒测试。

2．基于等价类划分的测试

【例 2.3】　对例 2.2 增加约束，要求两个输入参数值的范围为 0～100。

```
int add (int m,int n) {
    if (m > 100 || m < 0 || n > 100 || n < 0)
        return -1;
    return m+n;
}
```

如果彻底地测试这个函数，则要测试 10000 多次。有没有一种有效的方法，用较少的测试就能发现尽可能多的潜在缺陷，或者充分说明程序满足了用户的要求呢？

用户要求程序的两个输入值都是 0～100 的整数，返回的值也在 0～100 范围内。三个测试数据分别为<3,16>、<5,13>、<2,11>，它们的加数都是 10 以内的数、被加数都是 10～20 范围内的数，其结果不超过 30。根据经验，如果数据<3, 16>通过了测试或者发现了程序错误，另外两个测试数据也很有可能测试成功，或者发现程序中的错误。也就是说，这三个测试数据对这个程序的测试能力没有明显差别。因此，可以随机使用其中的一个测试数据代表其他两个测试数据。进一步地，它们中的任意一个测试数据都可以代表下面的一组数据：加数是 10 以内的数、被加数是 10～20 范围内的数。这样的一组数据称为等价类集合，其中的每个元素（测试数据）的测试能力类似、可替换，和其他等价类的数据不同、不可替换。比如，另外一个等价类：加数和被加数都是 10～20 范围内的数（<13,16>、<18,19>）。

基于等价类划分测试的基本思想：将程序可能的输入数据依据某一准则分成若干等价子集，其和覆盖了整个程序的输入域，然后从每个子集中都选取一个代表性的数据作为测试数据，这样既可以大大降低测试数量，又能在一定程度上保证通过了测试的程序的正确性。

按照加数和被加数都从 0 到 100，从 0 开始，以 10 为间隔，运算数分为 10 个等价子集。两个运算数都是从每个子集中任意挑选的一个数，构成了一组共 10 个测试数据，如表 2.3 所示。

表 2.3　例 2.3 的测试数据集 1

序号	1	2	3	4	5	6	7	8	9	10
测试数据	3,5	11,13	20,29	34,36	48,42	50,53	69,61	72,77	88,81	90,95

表 2.4 所示为依据不同挑选方式构成的另外一组 10 个测试数据。它和表 2.3 不同，但在等价类划分的条件下，这两组测试数据具有同样的测试效果。

表 2.4　例 2.3 的测试数据集 2

序号	1	2	3	4	5	6	7	8	9	10
测试数据	3,95	11,83	22,79	34,66	48,55	50,49	66,33	74,27	81,18	90, 5

对例 2.3 的程序，如果隐含要求两个数的和也在 100 以内，则凡是两个数相加的和超过 100 的测试数据，都是无效的。表 2.3、表 2.4 中有些测试数据是有效的，有些数据则是无效的。表 2.3 中序号 6～10 的测试数据都是无效的。表 2.4 中序号 3、5、8 的测试数据是无效的。

    等价类划分有两种不同的情况：有效等价类和无效等价类。有效等价类是指对于程序的要求来说是合理的、有意义的输入数据构成的集合。有效等价类用于检验程序是否实现了所要求的功能和性能。不满足有效等价条件的数据集合就是无效等价类。

    在设计测试用例时，要同时考虑这两种等价类。因为程序不仅要接收合理的数据，也要处理非法数据、无效数据，确保程序的稳定性、可靠性和安全性。详见第4章，应编写健壮的程序。

    例2.3中，合理的输入数据不仅是加数和被加数的值都在100以内，而且要求它们的和也在这个范围内。表2.4中的三个测试数据<22,79>、<48,55>、<74,27>都在要求的输入范围内，但它们的和都超过了100，对该程序而言是无效的。高质量的程序应该合理地处理非法数据或无效数据。案例的程序应该在计算和之后再检查和是否在允许的范围内，否则给出适当的响应。包括，返回输入数据错误信息，或者按异常处理，或者重新选择两个运算数与运算符。

    对同一个程序，存在不同的等价类划分方法。如果想增加测试数量、试图发现更多的错误或者提高程序的可信度，可以细分等价类。对例2.3，可以把间隔减小，改为5，增加测试数量。也可以把间隔改为20，减少测试数量。

    另外，也可以根据输出域划分等价类。例2.3的输出值的范围是0～100，同样以10为间隔建立10个等价类，每个类选取一个数作为函数的输出代表，为此选择两个有效数作为测试数。表2.5是一组有效的测试数据。

表2.5   例2.3的测试数据集3

序号	1	2	3	4	5	6	7	8	9	10
输出范围	1～10	11～20	21～30	31～40	41～50	51～60	61～70	71～80	81～90	91～100
测试数据	3,5	11,8	2,29	14,26	8,35	20,39	6,60	34,37	79,8	90,9
预期结果	8	19	31	40	43	59	66	71	87	9

    由于要求输出值是有效的，因此设计的测试输入数据不可能为无效值，否则测试数据就不满足测试的要求。依据输出域划分等价类之后，还要根据程序的功能和输出结果，反向确定满足等价类条件的输入数据，这个过程比直接依据输入域划分等价类、选择数据要复杂。所以，在基于等价类划分设计测试时，通常情况下应分析程序的输入域。

    划分等价类的基本原则如下。

- 按区间划分。若输入条件规定了取值范围或值的个数，则可确立一个有效等价类和两个无效等价类。例如，对数值范围[0,100]，满足条件 $0 \leqslant x \leqslant 100$ 的元素构成有效等价类，$x<0$ 和 $x>100$ 的元素分别构成两个无效等价类。
- 按数值集合划分。若输入条件规定了输入值的集合，并且每次处理都不同，则可为每个集合中的元素都确立一个有效等价类和一个无效等价类。特殊情况下，输入条件是一个布尔量，可确定一个真值、一个假值的等价类。
- 按限制条件划分。若规定了输入数据的一组值（假定N个），并且程序要对每个输入值分别处理，则可确立N个有效等价类和一个无效等价类。
- 按限制规则划分。若规定了输入数据必须遵守的条件，则可确立一个有效等价类（符合规则）和若干无效等价类（违反规则）。例如，如果定义标识符是以字母开头的字母数字串，以数字开头的字符串就构成了一个无效等价类，以字母或数字以外的其他符号开头的字符串就构成了另外一个无效等价类，凡是以字母开头的字母数字串就是合法等价类。
- 按输入方式划分。若处理每个合法输入的方式都不同，则为每个合法输入都生成一个等价类。例如，对于菜单中的每个项都定义一个等价类。

● 细分等价类。若已划分的一个等价类中的元素在程序中得到不同的处理，则应将该等价类进一步划分为更小的等价类。例如，继续考虑以上标识符的定义，如果程序区分字母大小写，则可以把有效等价类进一步细化为两个有效等价类：一个以小写字母开头，另一个以大写字母开头。

3.　基于边界值分析的测试

继续讨论例 2.3 的测试。如何理解运算数"100 以内"？运算数的最小值是否允许为 0、最大值 100？在前面几节的例子中，测试的主要目的是说明程序能够按要求运行，即正面性测试。高质量的程序不仅能正确地满足用户要求的每个功能，也能确保程序不包含多余的、用户没有提出的需求。如果不仔细分析需求，开发的程序可能就包含了那些模棱两可、含糊不清的需求。而错误恰恰最容易隐藏在程序的边界、输入/输出范围的边界。通过分析边界值来设计测试数据是发现程序错误的一种有效测试技术。同时也表明，测试能使得需求更加明确和细致。

对例 2.3 的程序，通过分析程序的输入/输出边界值、设计测试数据进行测试，可以准确地说明程序的功能，发现更多的错误。例如，如果程序通过了测试数据<1,99>和<99,1>，说明程序允许两个数之和可以达到 100，但没有说明程序是否允许取值 0 和 100。如果程序通过了测试数据<0,100>和<100,0>，则说明程序允许两个运算数的取值包含 0 和 100。这一组测试数据比上一组测试数据说明了程序具有更多的处理能力。但是，如果用户明确要求两个运算数及其之和的最大值小于 100，即 99，则程序对这两组测试数据将做出不同响应。若程序通过了第一组测试数据，则说明程序存在缺陷，即测试的实际结果与预期结果不一致，预期结果可能是"运算结果超出范围"，而实际结果是 100。若程序通过了第二组测试数据，则也说明程序存在缺陷，程序允许运算数及其和都可以是 100，这与要求不一致。

边界值分析法是对等价类划分法的补充。在这种情况下，测试用例来自等价类的边界。基于边界值分析和设计测试用例的基本方法是，首先确定程序输入或输出的（等价类的）边界，然后对边界的前后左右及边界本身选择测试数据。确定边界值的基本策略如下。

● 若输入条件指定了以 a 和 b 为边界的范围，则测试数据应该包括 a、b，略大于 a 和略小于 b 的值作为合法的测试数据，刚刚小于 a 的值和刚刚大于 b 的值作为非法的测试数据。

● 如果输入条件规定了值的个数，则用最大个数、最小个数、比最小个数少一、比最大个数多一的数作为测试数据。例如，要求生成 50 道算式，应选择 50 和 1 作为有效测试数据，0 和 51 作为无效测试数据。

● 如果程序要求输入域或输出域是有序集合，则应选取集合的第一个元素和最后一个元素作为测试边界的数据。例如，对 100 个元素的一个数组 array，应取 array[0]和 array[99]作为测试数据。

● 如果程序用了一个数据结构，则应当选择这个数据结构的边界上的值作为测试用例。

● 分析用户需求和软件设计，找出其他可能的边界值条件。例如，测试一个元素个数为 N 的排序程序，边界值条件包括：序列为空、序列仅有一个数据、允许的最长的序列、序列已经按要求排好序、排好序列的顺序与要求的顺序相反、序列中有相同的数据。

把等价类方法与边界值分析法结合起来能更有效地测试例 2.3 的程序。假设程序输入/输出的取值是 0～100，包含 0 和 100。按照从 0 开始、间隔为 10 的等价类划分，采取简单的边界值策略，不含无效数据，得到的一组测试数据如表 2.6 所示。

表 2.6　例 2.3 的测试数据集 4

序号	1	2	3	4	5	6	7	8
测试数据	0,0	0,8	1,9	10,9	11,10	20,5	21,9	30,7
序号	9	10	11	12	13	14	15	16
测试数据	31,6	40,19	41,29	50,39	51,49	60,11	61,8	70,30
序号	17	18	19	20	21	22	23	24
测试数据	71,29	80,19	81,18	90,9	91,9	99,0	99,1	100,0

2.5　调试程序

当编写的程序不能通过编译，或者测试发现了错误时，程序员要理解程序的行为，发现可能的错误并排除，这个过程称为调试debug。它是软件开发的重要活动，是程序员必须熟练掌握的软件开发技能。

2.5.1　缺陷的相关术语

通常所说的软件 bug，实际上包含了与错误有关的几个方面的含义。bug 的准确术语是缺陷（defect），指的是软件产品中存在问题，表现为用户所需要的功能没有完全实现，不能满足或不能全部满足用户的需求。从产品内部看，软件缺陷是软件开发或维护过程中所存在的错误、毛病等各种问题；从产品外部看，软件缺陷是软件所需要实现的某种功能的失效或违背。

软件的缺陷源自人的过失（mistake）活动产生的不正确结果，导致在软件及其模块等中出现了缺陷或故障（fault）。过失活动包括误解用户需求、遗漏需求、设计不合理等。引起故障的原因是程序中不正确的步骤、过程或数据定义，是过失发展的结果，它们可能导致软件失效（failure）。即使故障没有引起失效，它们也是在软件中客观存在的，测试的任务就是找出它们。缺陷若在软件的使用中引起软件失效，就表现出不正确的结果，是软件相对于需求或其他期望行为描述的外部的不正确行为。

所谓错误（error），就是导致不正确结果的全部。它展示了某个故障的不正确的内部状态。可以将 bug 理解为程序中引起错误的具体位置，因此，debug 就是找出并更改程序中的错误。

2.5.2　调试基础

1．科学的调试过程

调试是根据程序的出错情况，分析、猜测可能出错的程序区域，让程序运行，观察程序的变化来发现错误的根源。调试的基本活动包括隔离、定位和更正错误。

科学的调试过程

2．定位程序缺陷

要更正错误，程序员就要找到含有问题的代码，分析可疑代码段。理解并发现错误可能是一件非常困难的事情。简单的调试技术是在要观察的语句前后添加各种类型的打印语句，调试时可以看到程序是否执行了某条语句或执行到某语句，或者打印一个或一组变量的值，观察变量值的变化。第 3 章将学习调试技术与工具。

如何定位错误的建议

3. 更正缺陷

在调试中确定错误位置是最困难的任务，修改程序相对容易。然而，容易的事情有时也容易出错。一项研究发现，第一次更正缺陷有 50% 的可能性会产生错误。

减少程序更正时发生错误的一些建议

2.6　案例分析与实践

2.6.1　案例程序的初始构造

针对故事 1 程序的要求的构造任务 1：生成 50 道 100 以内加法或减法算式的习题，并输出。

分析

首先，如何产生 100 以内的随机数？现代程序设计语言都内置了随机数生成函数，有些能随机产生一定范围的值。Python 语言的 random 库中的函数 randint(a,b)，每次随机地返回 a 与 b 之间的一个整数；Java 类 Random 中的方法 nextInt(n) 随机地产生 $0,\cdots,n-1$ 中的一个整数。如果使用的构造语言中没有这样的库函数，可以用内置的随机数函数编写一个。

其次，如何表示一个算式？采用什么样的数据结构？小强想到一种简单办法：把两个 100 以内的整数视为字符串，中间添一个 "+" 或 "-" 就是一道算式，直接打印出来。本章已经讨论过其他两种数据结构：①C 语言的结构体；②长度等于 3 的数组。

构造

学完本章，小强决定尝试用模块化原则设计程序，分别产生加法习题和减法习题。程序命名为 "口算练习神器"。

输出 50 道加法习题的程序结构如下：

```
//代码 2.3:
generateExerciseOfAdditionEquations (){
    for(i=0, i<50, i++){
        n=generateOperand();
        m=generateOperand();
        print((i+1)+ ": "+n+" + "+m+" = "); //不同的语言实现不一样
    }
int generateOperand(){
//生成 100 以内的整数
    }
```

类似地，输出 50 道减法习题的程序 generateExerciseOfSubstactEquations，只需将加法程序中打印语句的加号改成减号就行了。

由于程序简单，因此小强很快编完、调试并运行了几次，输出了类似的结果：

```
------------------------------------------------------
- 程序输出 50 道 100 以内的加法运算的习题  -
------------------------------------------------------
1 :  48 + 7 =
…
50 :  41 + 5 =

1 :  17 - 55 =
…
50 :  39 - 43 =
```

请读者完成构造任务 1。

故事 2

第二天晚上，还在公司加班的华经理接到家里的电话，说"口算练习神器"给出的有些算式，小明不会做。而且，"口算练习神器"只给了习题，没有答案，爷爷要自己算出每道算式才能检查小明的练习，太费事了。华经理问，哪些题不会做，他回去以后再教小明。家里电话说，有些题目学校还没讲。一番电话交流后，华经理明白了，原来"口算练习神器"出了 88+23=、55+95=、3–6=这样的题目。小明还没有学过 100 以上的数，也没有学过负数。华经理把情况告诉了小强，要他修改一下程序。

分析

小强又和华经理交流了一番，整理出修改内容：

（1）每道算式还需要答案；

（2）加法算式的和不能超过 100；

（3）减法算式的差不能小于 0；

（4）每行整齐地多显示几道算式，不必频繁地下拉屏幕看算式。

从软件开发的角度看，（1）是新增的要求，（2）和（3）是明确了原先隐含的要求，（4）是更改的要求。

首先，如何处理每道算式的答案？可以接着算式直接打印出运算结果，如打印 48+7=55 或者单独打印一个习题答案。

其次，除每个运算数有 100 以内的约束条件外，还要约束它们的运算结果。对加法运算结果的约束是在程序中加一个条件 n+m < 100，并以此为条件循环，直至产生一道满意的加法算式。类似地，可以设计出减法算式结果的条件 n–m > 0。

最后，对于 50 道算式，每行显示 5 道算式，正好 10 行显示完。

构造

修改后的加法习题程序如下，不改动其余代码：

```
//代码 2.4:
generateExerciseOfAdditionEquations(){
    …
    for(int i=0;i<50;i++){
        do{
```

```
        n=generateOperand();
        m=generateOperand();
        v=m+n;
    }while (v >= 100);
    //每行打印 5 个含结果的算式, 如 48 + 7 = 55
  }
}
```

减法程序类似。此外, 小强在编程时, 把约束减法算式结果的条件改成了 n > m 或 n−m>0。经过几次调试和试运行, 输出了类似的结果:

```
1~5:     72+ 4=76   27+38=65   35+26=61   6+52=58   57+21=78
6~10:    10+32=42   12+33=45   3+36=39    31+25=56  57+ 6=63
…
```

小强觉得输出不太整齐, 又调整了程序的打印语句段。现在算式比较整齐地显示在屏幕上:

```
1~5:     72+4=76    27+38=65   35+26=61   6+52=58    57+21=78
6~10:    10+32=42   12+33=45   3+36=39    31+25=56   57+6=63
…

31~35:   73+16=89   5+24=29    3+14=17    65+12=77   18+32=50
36~40:   52+39=91   11+3=14    70+15=85   28+48=76   55+16=71
…
```

小强把修改后的程序给了华经理。之后, 回想了一下编程过程, 又看了看程序, 发现生成加法的练习函数和减法的练习函数的代码大部分相同, 只有两点不同: 算式的运算符号、算式结果的约束条件。他想, 等以后有时间了再调整、优化程序结构。

2.6.2 无相同算式的基础构造

构造任务 2: 生成 50 道 100 以内加减法算式的混合习题, 每套习题中不能有相同的算式。

故事 3

之后的几天, 小明的口算练习还算顺利。一天, 在外出差的华经理给家里打电话, 特意问了问小明练习口算的情况。小明的爷爷觉得那个"神器"挺有用的, 但几天下来, 发现了哪儿不对劲, 可电话又说不清楚。华经理就打电话要小强去家里一趟。小强去了, 问"神器"哪儿还有毛病。小明的爷爷说, 有几次练习的时候, 他觉得有些题的答案一样、眼熟。还说, 学校要求学生再加强一点, 每个周末练习一套加法和减法都有的题目。

分析

小强看看代码, 试着运行了程序, 发现: 有时生成的一套习题中, 偶尔会出现两个一样的算式, 比如 44+23=67, 还有一次相距一行就有 32+22=54 和 22+32=54 的题目。

第一个问题是如何让神器生成没有重复算式的习题。首先要明白"重复算式"的含义, 然后编程检测新产生的算式是否已经在习题中, 确保不把已有的算式重复地放在习题中。

第二个问题是新的要求, 习题中要有加法和减法的算式, 比如 88−21=67 和 44+23=67 要出现在一套习题中。但是没有明确要求一套习题的 50 道算式中, 加法算式和减法算式分别是几道, 是否前面全是加法题、后面全是减法题, 还是允许混合两种类型的算式。可以让"神器"随机产生加法或减法算式, 只要没有重复就行。

构造

小强意识到，很可能还要修改程序，须对之前的代码进一步优化改进。用若干函数表示了分解出的、相对独立的代码，如增加了算式生产的模块，循环调用它来构造习题。同时采用了较好的编程风格（如使用名称常量）。修改后的加法习题程序的结构如下：

```c
//代码2.5：构造任务2的C语言程序
#define EQUATION_NUMBER 50
#define COLUMN_NUMBER 50
typedef struct Equation_Stru {
…
} Equation;
typedef Equation Exercise[EQUATION_NUMBER];
//以下是函数原型，这部分与上方的结构体定义都应当放在头文件（.h）中
void ExerciseGeneratorOfAdditions ();
unsigned short int calculateAdditionEquation(Equation equation);
unsigned short int calculateSubstactEquation(Equation equation);
void generateExerciseOfAdditionEquations(Exercise equationArray, int number);
Equation generateAdditionEquation();
Equation constructAdditionEquation(unsigned short left, unsigned short right, char op);
int isEqual (Equation eq1, Equation eq2);
int occursIn (Equation anEquation, Exercise euqationArray);
void formateAndDisplayExercise (Exercise anExercise, int columns);
void asString(Equation eq, char * str);

//以下是函数定义，应当放到（.c）文件中，要include相应的头文件
//新增
void ExerciseGeneratorOfAdditions (){
    Exercise anExercise;
    generateExerciseOfAdditionEquations(anExercise, EQUATION_NUMBER);
        //格式化打印：每行打印5道含结果的算式
        formateAndDisplayExercise (anExercise, COLUMN_NUMBER);
};

//新增：计算算式的运算结果作为答案
unsigned short int calculateAdditionEquation(Equation equation){
    return equation.left_operand + equation.right_operand;
}
unsigned short int calculateSubstactEquation(Equation equation){
    return equation.left_operand - equation.right_operand;
}
//改写
void generateExerciseOfAdditionEquations(Exercise equationArray, int number){
    Equation equation;
    for(int i=0; i < number;  i++){
        do{
            equation = generateAdditionEquation();
        }while(occursIn(equation, equationArray));
```

```
            equationArray[i]= equation;
        }
    }
Equation generateAdditionEquation(){
    Equation anEquation;
    //…
    return anEquation;
};

//两个算式相等，当且仅当两个算式的每个成员都相等
int isEqual (Equation eq1, Equation eq2) {/*…*/}

//如果练习数组中有了算式，返回 1，否则返回 0
//提示：考虑当前数组中实际的算式个数
int occursIn (Equation anEquation, Exercise euqationArray ) {/*…*/}

//每行打印 N 个含结果的算式
void formateAndDisplayExercise (Exercise anExercise, int columns) {/*…*/}

//将算式转换成字符串形式（注意缓冲区是否足够大）
void asString(Equation eq, char * str) {/*…*/}
```

针对没有重复的、单纯减法算式的练习，编写了程序 ExerciseGeneratorOfSubstracts。

（1）类似地，改写函数 Exercise generateExerciseOfSubstractEquations(number)。

（2）再写返回减法算式的函数 generateSubstractEquation 和 constructSubstractEquation。

编写混合生成加法、减法算式的函数 generateEquation、constructEquation，只需再有一个范围是 2 的随机函数即可，返回 0 就是减法，返回 1 就是加法。程序框架如下：

```
//新增 1：随机产生加法、减法算式
//编写函数 nextInt(2)示意随机产生两个整数，表示加法、减法符号
Equation generateEquation(){
        if (nextInt(2) == 1 ) {
            rerurn generateAdditionEquation();        //新增 2
        } else {
            rerurn generateSubstractEquation();       //新增 3
        }
    }
Equation constructEquation(unsigned short left, unsigned short right, char op);
generateExerciseOfEquations (){
    …
    for(int i=0; i< EQUATION_NUMBER; i++) {
        equation = generatEquation();  //更改
        …
    }
…
}
```

2.6.3　编程实现测试

现代软件开发的一个最佳实践是，程序员编写程序，自己编写测试的代码，记录下测试数据、测试过程及结果分析。软件测试，特别是单元测试技术，已经成为程序员不可或缺的一种基本技能。而且，程序员完成测试有以下显著的优点。

（1）有助于编写正确的程序。程序中的每个功能都由测试代码来验证它的操作的正确性。代码测试还为以后的开发提供支持。无论何时在程序中添加功能或改变程序结构，都不会因为疏忽破坏了已有的功能而全然不知。测试代码会说明程序即使发生了变化，也有正确的行为。只有通过了测试的程序（单元）才能集成到一起，使得整个程序始终保持正确的状态。

（2）有助于提高程序质量。编写测试可以迫使程序员从不同的角度审视程序，使得程序设计易于调用、可测试、易修改、易维护。用户的需求和程序的功能更加清晰、明确，程序的模块化程度更高。程序必须和其他模块、周围环境松散耦合，从而迫使程序员解除软件中的耦合，为每个模块设计良好的接口，方便模块间的交互。

（3）测试代码是程序的重要文档。如果想知道如何调用一个函数、创建或使用一个对象，测试代码就像一个示例，帮助其他程序员了解如何使用待测程序。作为文档，测试代码与其他类型的文档（如代码中的注释、设计文件或用户需求等）相互补充。其他文档通过文字或图示方式说明程序的功能和使用方式，往往难与程序同步，而测试代码则与待测程序同步变更。通过编译、运行的测试与程序保持一样，它们之间不会出现差异。测试使得变化（用户功能、设计和实现）变得容易追踪，而且支持变化。

（4）提高了复用。测试代码包含测试用例、测试的功能及测试结果和统计分析，这些测试活动和记录可以反复使用，减少了大量、烦琐的手工记录和重复性工作。特别地，测试代码可以复用在程序变更后再次测试和验证程序，即回归测试中。

如何编写测试代码？它的基本结构如何？下面通过例子说明如何编码实现测试。

1. 可选的编程测试任务

为了让华经理放心，小强打算通过编码测试程序，说明程序满足了他的要求：

（1）50 道算术口算习题；

（2）每套习题中没有重复的算式；

（3）所有算式，无论是加法还是减法，两个运算数及其运算结果的范围都是大于或等于 0、小于或等于 100；

（4）每道习题的答案都正确；

（5）排列整齐地输出习题，每行 5 道算式。

看了程序和用户要求，小强发现，有些函数很简单，不必编程测试，如算式的字符串显示 asString；有些要求只要用户认可就行，难说对错，而且也不容易测试，如整齐的输出格式；有些函数是整个程序的核心，对程序能否使用起到关键作用，必须测试，例如，算式的产生、是否满足条件、答案是否正确、能否查出重复的算式。由于刚刚学习测试技术，因此他打算先从简单做起。

```
//伪代码 2.6：非可执行代码，可简单修改成 C、Java 等程序
//测试函数 constructAdditionEquation
void equationGeneratorTester () {
    bool equal;
    Equation testData[10] ;          //存放测试数据的数组
```

```
String expected [10] ;              //存放测试数据的期望结果
int succeed, failed, executed=0; //分别是测试通过、测试失败、未执行测试的数量

//建立 10 道加法算式作为测试数据
//9+90, 15+77, 21+79, 33+66, 47+35, 51+49, 63+17, 71+8, 84+16, 97+35
testData[1]= constructAdditionEquation (9, 90, '+');
expected [1]= "9+90="
…
//对每个测试数据产生一道算式，与期望的字符串比较
for (int i=0; i<10; i++){
    equal = asString(testData [i]) == expected [i];
    if equal {
        succeed ++;
    else {
        failed ++;
    }
    executed ++;
}
 //统计测试结果
print("测试结果如下：");
print("共执行了"+executed+"次测试数据，执行率是"+ executed/10);
print(succeed+"测试数据通过，通过率是"+succeed/10);
print(failed+"测试数据失败，失败率是"+ failed /10);
}
```

类似地，可对 constructSubstractEquation 和 constructEquation 编码测试。

```
//测试函数 bool isEqual (Equation eq1, eq2)
void isEqualTester (){
    bool equal;
    Equation testData [10] ;              //存放测试数据的数组
    Equation anEquation;
    int succeed, failed, executed=0;     //分别是测试通过、测试失败、未执行测试的数量

    //建立 4 道加法、减法算式作为测试数据
    //35+47, 47+35, 47-35, 47-34
    testData[1]= constructAdditionEquation (35, 47, '+');
     ……
    //测试 1
    anEquation = constructAdditionEquation (47, 35, '+');
    for (int i=0; i<10; i++){
        equal = isEqual (anEquation, testData[i]);
        if equal {
            print ("算式" +asString(anEquation)+"等于算式"+asString(testData[i])+":
                测试失败。");
        else {
            print ("算式" +asString(anEquation)+"不等于算式"+asString(testData[i])+":
                测试成功。");
        }
```

```
    }
    //测试 2
    anEquation = constructSubstractEquation (47, 35, '+');
    equal = isEqual (anEquation, testData[0]);
    if equal {
        // 同上
    }
    equal = isEqual (anEquation, testData[1]);
    if equal { … }
}


/* 测试函数 bool occursIn (anEquation, euqationArray)
 * 说明：
 * 1. 为便于生成数组参数 euqationArray，本例生成 7 道算式：
 * 25+35=，36-19=，98+1=，22+18=，71-19=，62-37=，44+52=
 * 2. 设计 4 次测试，使得要查找的算式 anEquation：
 * 2.1 在 euqationArray 的首部出现；
 * 2.2 在 euqationArray 的末尾出现；
 * 2.3 在 euqationArray 的中部出现；
 * 2.4 不在 euqationArray 中出现。
 */
void occursInTester (){
    bool equal;
    Equation eq, test_eq;
    Exercise eqArray;

    eq = constructAdditionEquation(25, 35, '+');
    eqArray[0] = eq;
    …
    //测试 1
    test_eq = constructAdditionEquation(25, 35, '+');
    equal = occursIn (test_eq, eqArray);
    if equal {
        print ("测试成功。");
    else {
        print ("测试失败。");
    }
    //测试 2
    test_eq = constructAdditionEquation(44, 52, '+');
    equal = occursIn (test_eq, eqArray);
    if equal { … }
    //测试 3
    test_eq = constructSubstractEquation(71, 19, '-');
    equal = occursIn (test_eq, eqArray);
    //测试 4
    test_eq = constructAdditionEquation(14, 5, '+');
    equal = occursIn (test_eq, eqArray);
```

```
if equal { … }
```

测试代码的基本组成如下：①建立测试环境，包括初始化测试用例、初始化统计变量；②执行测试，即把每个测试数据作为参数传入待测程序并运行，比较实际运行结果与预期结果，给出测试通过与否的判定，计算"通过""失败""未运行"等其他的测试数；③处理测试结果，主要是统计、分析、显示测试结果，并存储。

2．测试代码与被测代码同源

每个程序员最终提交的代码包括被测代码及其测试代码。测试代码的质量在很大程度上决定了测试结果的好坏，因而编写高质量的测试代码显得尤为重要。编写测试代码时也要遵循模块化原则。首先，将测试代码与被测代码分离，使得被测代码不使用、不知道测试代码的存在，只需要测试代码使用、调用被测代码。其次，运用模块化技术适当地分解测试代码，使得每个模块的功能单一、容易复用，比如，可以将测试代码划分为：生成测试数据，读取测试数据，执行测试，判断测试，记录测试结果，统计和分析测试，存储、显示测试分析。

通过实际动手测试，小强对软件测试有了进一步的认识。

（1）要说明程序是否有问题，选择好的测试数据很重要。

（2）手工执行测试较快，但容易忘记测试了什么、结果如何，也不能反复使用测试数据。

（3）测试作为开发程序正确性的佐证，在程序大致可以运行后再进行。

（4）开发的程序要便于测试，即程序的一个质量属性——可测性；同时，一定要像编写应用程序那样编写测试。

（5）编写的测试代码可能比被测对象的代码还要多。上面有很多重复、类似的代码，要是有工具辅助完成测试就好了。否则，这样的测试费时费力。

2.6.4　创建代码仓库

为了更好地管理项目开发、实现团队成员之间的高效沟通与代码共享，我们采用 DevOps 方式实现 Scrum 敏捷管理。DevOps 是 Development 和 Operations 的组合词，代表着重视"软件开发人员（Dev）"和"运维技术人员（Ops）"之间沟通合作的文化，通过自动化软件交付和架构变更的流程，使得软件构造、测试、交付更加有效、快捷。

CODING DevOps 是面向软件研发团队的一站式研发协作管理平台，提供从需求、设计、编码、构建、测试、发布到部署的全流程协同及工具支撑，实现代码的统一安全管控，实践敏捷开发与 DevOps，提升软件交付质量与速度，降低研发成本，实现研发效能升级。

在 CODING DevOps 上创建代码仓库

2.7　讨论与提高

2.7.1　软件质量

为了编写好程序，首先需要明确什么是好程序，即好程序的标准。比如用户认为好程序要正确，运行速度快，占用资源少，要有用，要易用。而程序员由于要编写、修改、调试程序，因此更习惯从程序本身判断程序的好坏，认为好程序要容易看懂、容易修改、容易扩展。不同的人对好程序及软件有不同的认识。

程序的好坏，概括地说是软件质量的优劣。按照国际标准组织（ISO，International Organization for Standardization）的定义，质量是反映产品或服务满足明确的和隐含的需要的能力特性总和。为了进一步说明质量，ISO 为程序质量定义了 6 个独立的质量特性，它们是：①功能性，软件是否满足了用户要求；②可靠性，软件保持规定的性能水平的能力；③可用性，软件有多容易使用；④效率，与软件运行时消耗的物理资源有关；⑤可维护性，软件是否容易修改；⑥可移植性，是否容易把软件移植到一个新的环境。

这些质量特性比较抽象，难以理解，不易在评价中使用。ISO 又将每个质量特性进一步细化为一组子质量特性。例如，功能性包含适合性：软件为指定的任务和用户目标提供一组合适功能的能力；准确性：软件提供给用户功能的精确度是否符合目标；互操作性：软件与其他系统交互的能力；保密安全性：软件保护信息和数据的安全能力；功能性的依从性：遵循相关标准。有些子质量特性可能影响不止一个质量特性，比如，每个质量特性都含有依从性。

例如，可维护性可以细化为 5 个子特性，它们是：

- 易分析性——提供辅助手段帮助分析缺陷的原因，找出待修复部分的能力；
- 易改变性——指定的修改容易实现的能力；
- 稳定性——避免由于修改而造成意外结果的能力；
- 易测试性——提供辅助性手段帮助测试人员实现其测试意图，使已修改软件能被确认的能力；
- 维护性的依从性——遵循相关标准。

软件质量是明确声明的功能和性能需求、明确文档化开发过程的标准，以及专业人员开发的软件所应具有的所有隐含特征得到满足。软件需求是对软件质量度量的基础。与需求不符就是质量不高。指定的标准定义了一组指导软件开发的准则。如果不遵守这些准则，就极有可能导致开发出质量不高的软件。软件通常有一组"隐含需求"是不被提及的（如对维护性的需求、案例中的重复算式）。如果软件满足明确的需求却没有满足隐含需求，那么软件质量仍然值得怀疑。

软件质量是许多质量属性的综合体现，各种质量属性反映了软件质量的不同方面。从认识和评估的角度，软件质量分为外部质量属性和内部质量属性。外部质量属性是用户可见的，是在使用软件过程中通过观察该软件的系统行为而得到的质量属性，主要包括正确性、健壮性、可靠性、性能、安全性、易用性、兼容性。内部质量属性是在软件开发过程中通过对中间产品的分析得来的。程序员更关心内部质量。内部质量属性包括易理解性、可测试性、可扩展性、可维护性、可移植性、可复用性等。内部质量属性影响外部质量属性；外部质量属性依赖于内部质量属性。

软件的最终目标是满足用户要求的、可见的外部质量属性。良好的开发是确保软件质量的唯一途径，包括采用良好的软件工程技术、过程和管理。本书从技术方面探讨如何提升软件，特别是程序的质量，主要包括：构造过程、设计技术、测试技术、代码分析、代码走查、编码风格、代码重构等。

2.7.2　软件测试的其他观点

针对软件测试，存在两种截然不同的典型观点：软件测试的正面观与软件测试的负面观。一部分测试专家认为，软件测试是为程序能够按预期设想那样运行而建立足够的信心。软件测试是一系列活动，以评价一个程序或系统的特性或能力，并确定是否达到预期的结果。测试是为了验证软件是否符合用户需求，即验证软件是否能正常工作。另一部分专家对测试持负面观点，认为测试就是为了证明程序有错，而不是证明程序无错。一个好的测试在于它能发现至今未发现的错误，一个成功的测试是发现了至今未发现的错误的测试。

现代软件开发理论与实践认为软件测试的目的和作用是多方面的。测试能验证软件产品是否正常，是发现软件缺陷的手段，同时测试为软件的质量测量和评价提供依据。

对软件测试的认识，还包括风险观点和经济观点。从软件风险的角度看，软件测试被认为是对软件中潜在的各种风险进行评估的活动。基于风险的软件测试可以被视为一个动态的监控过程，对软件开发全过程进行检测，随时发现问题、报告问题。从经济角度出发，测试就是以最小的代价获得最高的软件质量。经济观点也要求软件测试尽早展开，越早发现缺陷，返工的工作量就越小，造成的损失就越小。

测试的不同认识观导致了不同的测试技术。有些测试是为了说明程序可用，有些测试是为了发现错误，还有些测试则是为了说明程序的质量。

2.7.3　编程风格

程序从一开始的编写，到使用中的修改、更新、升级等维护，大部分时间是被人阅读的，而不是机器。比如经常出现下面的情形：程序员编码后过了一段时间又继续编写或修改自己的程序，一个项目中有多个程序员一起工作，程序员相互评审程序，程序员把程序交给其他人来修改和维护，等等。良好的程序排版、编写方式等，对程序员们尤为重要。

编程风格指的是如何命名标识符、注释程序语句、编排代码格式等。良好的编程风格不会改变程序的功能和性能，但能使程序更易阅读、更易理解，进而更易修改、测试、维护或移植，因而提高程序开发的整体质量。

本节介绍的编程风格基础，主要是与程序设计语言无关的、具有普遍意义的、良好的编程实践。建议读者选择、学习业界知名机构的良好编程风格，坚持使用，养成良好的编程习惯。

1．标识符的命名与使用

命名标识符的首要原则是要完全准确地表达所代表的事物或动作，即名称要有意义，最好是顾名思义。好的命名说明问题，而不是方案。

关于语言。名称可以用拼音或英语，但应避免两种方式的混合使用，基本原则是一致。不论是使用拼音还是英语，都要避免使用密码般的缩写。

名称长度。名称太短不足以表示含义，太长则难以输入，还会破坏程序的视觉结构。建议使用约定俗成的、短的变量名，如下标变量 i 或者坐标变量 x、y、z，特别是当这些短的变量名只在几行代码中使用时。

要使名称更加准确、有意义，必须使用一组词语。当由多个单字连接在一起构成一个长的标识符时，有两种常用的命名法：骆驼式法和下画线法。在骆驼式法中，第一个单词以小写字母开始，从第二个单词开始首字母大写，或者每个单词的首字母都采用大写字母，例如，generateAdditionEquation 或 GenerateAdditionEquation。在下画线法中，每个单词都是小写字母，单词之间用一个下画线来标记，例如，generate_addition_equation。

变量、类、类型、文件名等使用名词或名词词组。函数名、方法名通常是动词或动宾结构。规范的命名还要：区别变量名与函数名；区别类名与对象名；明确全局变量；明确（结构体、类的）成员变量；明确类型定义、类定义；明确常量名，等等。

特殊名称的使用举例

2. 注释

在学习编程语言时，大多都被提倡尽量给程序多加注释。我们的建议是，要学习写足够的注释，而不是更多的注释，要重视质量，而不是数量，花时间编写不必使用大量注释去解释的代码，而不是花时间写注释。比如，下面程序中的所有注释都没有意义。

```
//The class definition of Account
class Account {
public:
//constructor
Account();

//Set the profit member to a new value
void SetProfit(double profit);

//Return the profit from this Account
double GetProfit();
}
```

下面从四个方面讨论代码注释。

第一，什么不是一个注释——或者应该避免什么注释。第二，应该注释什么。第三，从读者角度注释程序。第四，如何注释程序。

代码注释

3. 排版与布局

代码的编排是区别代码好坏的一个关键特性。良好的软件构造要以优雅的排版与布局呈现，它们不仅给人美感，还能展现出程序的逻辑结构。优美的代码呈现表达代码的含义，而不是掩盖它。良好代码呈现的三个基本原则是一致、符合常规和简明。

- 一致：个人的代码布局方式要一致，一个组织的代码呈现策略要一致。
- 符合常规：首先要采用符合常规、约定俗成的最佳实践，而不要自己发明一些规则。
- 简明：呈现代码的策略简单明了，无须过多地解释和说明。

代码的排版与布局

说明：本书尽量提供体现良好编程风格的代码。但是由于篇幅限制及为了节省空间，有些代码片段中的注释、排版可能与良好的编程风格不符。

2.7.4　撰写软件需求说明书

软件需求说明书是在用户需求的基础上，由软件工程师或软件分析员编写的说明书。需求说明书详细定义了信息流和界面、功能需求、设计要求和限制、测试准则和质量保证要求。一般的软件需求说明书可以从任务概述、性能描述、运行需求等几个方面撰写。在这一章中，故事 1 说明了软件的第一个需求，即"出 50 道 100 以内的加减法口算习题"。这个用户需求可作为"功能描述"的一部分。

软件需求说明书的撰写

2.7.5　课程思政

困在算法中的外卖骑手

2.8　思考与练习题

1．名词解释：分解，模块化，逐步求精，软件测试，测试需求，测试设计，测试覆盖，软件调试，缺陷，软件质量，编程风格。

2．分析教材中算式的三种数据结构的特点，对比其优缺点。

3．针对算法和数据结构的 4 种关系，除了本书给出的例子，你还能分别为 4 种情形举出若干例子吗？

4．了解其他编程语言中的数据结构"集合"，讨论 Exercise 采用集合的优缺点，并与采用数组的 Exercise 进行比较。

5．模块化的基本原则是什么？如何评价程序的模块化？

6．解释模块内聚性的含义，对不同的内聚举例说明。

7．解释模块耦合性的含义，对不同的耦合举例说明。

8．针对 Java、C 或 Python 语言，分别查找两个知名的编程风格指南，讨论、分析并选择一个作为本课程的编程指南。

9．按照任务 1 的设计和输出完成程序编写，并输出加法习题和减法习题各两套。

10．完成代码 2.2 的编写，并输出一套 50～100 以内的加减法口算习题。

11．针对 2.2.2 节的设计 1，编写完整的程序，并给出一套习题的输出。

12．针对 2.2.2 节的设计 2，编写完整的程序，并给出一套习题的输出。

13．如果要求习题中不允许有相同的算式，①请修改代码 2.2.2 节设计 1 的代码，以及 2.2.2 节设计 2 的代码，并分别输出；②思考：如何确定写出的程序能满足这个要求呢？

14．用 C、Java、Python 等语言采用结构化编程完成任务 1 的程序，并输出两套习题。

15．用 C、Java、Python 等语言采用结构化编程，①完成任务 2 的程序，分别为加法、减法、混合加减法输出两套习题；②完成任务 2 的测试编程：补充测试数据和程序，执行测试。

16．如何改变案例程序，使其可以产生任意整数数值范围、任意个二元运算的习题？实现程序，并测试：①产生 50 道[0,200]的加法或减法的二元运算；②产生 50 道[-100,100]的加法或减法的二元运算。

17．如何改变案例程序，使其可以产生最多 3 个数值的[0..100]的二元算式？编程实现，尽可能整齐打印输出，每行 5 列算式。测试数据：习题中算式的数量分别是 10，11，19，50，55，59，61，100，101，119，120。

18．进一步考虑，如何设计产生 n（$n \geq 2$）个数值的整数加减法算式？

19．如何改变案例程序，使其输出任意列数 n（$n \geq 1$）算式的习题？

20．针对约束条件的题目：100、0 的边界 0+100，100+0，99+1，1+99，55+45，50+50，100-0，100-100，24-24，24-23，100-99，100-1，8+93，56+55，101+3，108-9，20-21。运行程序得到的是什么结果？

21．修改案例程序，要求尽可能整齐打印，输出每行 5 列算式。测试数据：习题中算式的数量分别是 10，11，19，50，55，59，61，100，101，119，120。

22．修改案例程序，要求尽可能整齐打印输出，每行 4 列算式。测试数据：习题中算式的数量分别是 5，7，8，19，20，21，39，40，41，99，100。

23．修改案例程序，要求尽可能整齐打印输出，每行 6 列算式。测试数据：习题中算式的数量分别是 5，6，7，23，24，25，59，60，61，119，120。

24．针对 100 以内加减法运算约束条件的题目：0+100-0，100+0-0，99+1，1+99，98+1+1，99+1-1，50+45+5，50+50+0，100-0，100-100-0，24-24+24，24-23-1，100-99-2，100-1-99，8+90+5，56+55，101+3，108-9，20-21。用你的程序运行这些数据的结果是什么？

25．建立一个敏捷开发项目，创建迭代并以"故事 1"为用户需求来建立第一个 backlog。

第3章　面向对象的软件构造

主要内容

学习如何应用面向对象方法管理和控制软件的复杂性。分析案例代码，继续探讨分解和模块化，学习把抽象和封装的原则表示成数学模型——抽象数据类型，并用面向对象的技术实现。应用软件的设计符号、设计原则、设计模式等最佳实践，实现案例的面向对象设计和编码。使用调试的技术和工具，初识软件测试框架。本章实现的案例的类是后续章节的基础。

故事 4

小强要离校外出实习，找了好友小雨帮忙，并告诉了华经理。小强简单介绍了"口算练习神器"开发的背景和进展，把程序都给了小雨。特别告诉小雨，华经理对程序也没有清晰、完整的想象，经常增加新的功能，有时也改变之前的想法。小雨正好在学习面向对象技术，很想操练一下，就根据小强的描述和程序，重新编写了口算产生程序。

3.1　抽象与封装

3.1.1　模块产生与合成

第 2 章运用模块化分解方法，把实现用户要求的一个较大的程序分解成了一些相互交互的较小的函数。在分解时采用了模块化原则，函数之间尽可能通过参数传输数据从而相互交流和协作，实现了函数间的松散耦合。有些函数对某个数据的处理较多，或者以数据作为输入/输出参数，或者直接把它当成非局部变量使用，因而比其他函数的联系更为紧密。图 3.1 示意了完成案例任务 2 的程序结构，主要是函数之间的调用、数据流及数据之间的关系。

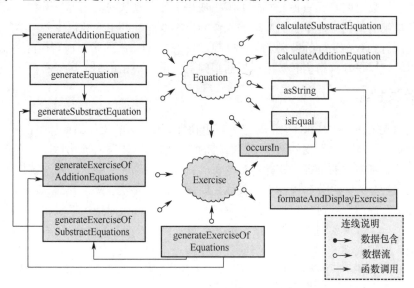

图 3.1　任务 2 的程序结构——函数调用、数据流及数据之间的关系

分析任务 2 中那些操作算式 Equation 的函数：算式产生的函数 generateAdditionEquation、 generateSubstractEquation，计算结果的函数 calculateAdditionEquation、calculateSubstractEquation，比较两个算式的函数 isEqual，把算式转换成字符串的函数 asString。实现这些函数需要知道 Equation 的结构和组成元素。Equation 的结构、成员发生的任何变化都会影响这些函数。这些函数通过数据 Equation 建立了关联，比其他函数的联系更加紧密。相对于其他函数，它们构成了 Equation 函数簇或 Equation 模块。

同样，那些围绕在数据 Exercise 周围的函数构成了 Exercise 函数簇或 Exercise 模块（灰色部分的数据和函数）。其中，判定一个算式是否出现在 Exercise 中的函数 occursIn 要使用两个数据 Equation 和 Exercise，特别是需要遍历 Exercise，因而与 Exercise 的关联更加密切。

函数簇包含了对核心数据的产生、变更和使用的操作函数。函数簇之外的其他函数通常不能产生、变更函数簇内的核心数据，仅仅可以使用数据的值。按照模块化概念，一个函数簇实现了一组围绕核心数据的功能，具备通信内聚和功能内聚，属于强内聚。数据传递、通过函数调用对另一个函数簇核心数据进行操作是两个函数簇之间的主要联系。例如，分别以 Equation 和 Exercise 为核心的两个函数簇之间的关系有：数据 Exercise 包含了 Equation，格式化显示 Exercise 时要调用 Equation 函数簇内的函数 asString。

局部化，如函数的内部变量、复合语句的内部变量，是实现模块化的一种重要机制。面向过程的语言（如 C 语言）主要通过数据的作用域、文件包等方式保护数据，不让程序的其他部分随意改动内部数据、数据结构中的成员。有些语言如 Pascal，允许在函数内嵌套定义函数，实现层次结构的局部化。函数簇可以被视为对传统函数提供的数据局部化的扩展，成为包含更复杂结构和更多成分、类似模块的程序单元。但是，函数簇不是模块。

函数调用是模块组合的一种机制，把若干函数关联起来，构成更大规模的程序（单元）。Python 等语言提供了模块机制，允许把一组函数和数据（结构）打包成一个模块文件，允许其他函数、模块使用，构成更大的模块或程序。函数类型的编程语言 Lisp、Haskel 则采用了另一种模块化构造机制。这些编程语言允许函数作为参数传递，形成函数嵌套函数的高级函数、复合函数，从而构成更大的模块或程序。

数据结构（如数组或 C 语言的结构体）为组成更多、更复杂的数据提供了具有层次结构数据的构建方式。单纯的数据结构不含对数据的操作，也不能保护其中的数据元素。例如，缺乏严格定义的函数簇没有为数据 Equation 提供保护机制，阻止 Exercise 簇的函数或其他函数变更 Equation 成员变量的值。可以在数据结构和数据类型的基础上实现模块化机制，这就需要抽象与封装。

3.1.2　抽象与封装

抽象是处理复杂问题的一种手段，是分离对象特性、限制对它们在当前环境关注的一种机制。抽象是指对一个过程或一件事物的某些细节有目的地隐藏，以便突出其他特性。它从众多的事物中抽取出共同的、本质性的特征，舍弃其非本质的特征。抽象的主要目的是通过把相关的属性和其他不相关的属性分开——分离关注点，关注主要属性，进而处理复杂的问题。抽象的使用者不必理解所有细节，仅需理解对当前任务或问题的相关部分，就可以使用对象。

例如，一个教学管理系统，将学生抽象成具有符号串（姓名、学号、学院、专业、课程）、数字（出生日期、课程成绩）等用数据类型或数据结构表示的属性，查找一个学生的信息可通过一个检索函数实现，使用者不必关心使用了什么检索方法。又如，本书案例把算式抽象成有两个运算数、一个运算符及一个运算结果的符号串或数据结构，而不考虑算式表示的物理属性、表现形式等。

程序抽象分为两类，即过程抽象（函数抽象）和数据抽象。过程抽象是在使用一个函数或方法时知道它能做什么，而不知道它是如何完成的。数据抽象是将一个数据类型的特性（值及其运算）与其实现分离。例如，程序员知道数据结构栈 Stack 的使用，但不知道栈的内部结构，以及操作 push、pop 等的实现方式。在软件构造中，需要一种机制来实现程序抽象，呈现关注点，隐藏其他细节。封装的概念和机制由此产生。

封装有两个含义：①把描述一个事物的性质和行为结合在一起成为构件，对外构成该事物的一个界限，使构件能集中而且完整地描述具体的事物，体现了事物的相对独立性；②信息隐蔽，即外界不能直接存取构件的内部信息，只能使用提供的数据操作，使用者不必知道操作的内部实现细节，信息隐藏强制封装。

在软件开发中，封装具有如下优势。

- 构件的外部不能随意访问构件的内部数据和操作，只允许由构件提供的可用的操作来访问其内部，这就降低了构件间的耦合，还可以避免外部错误造成程序其他部分的"交叉感染"。
- 构件内部的修改对其外部影响变小，因而减少了因修改引起整个程序范围的"波动效应"。
- 更容易快速开发正确的程序，因为程序员在编写一个构件时考虑的因素减少。这对团队开发项目特别有用：一旦程序员确定了构件间的交互，每个人就都可以独立地开发和测试分配的构件。事实上，没有封装和信息隐藏，编写、调试和维护大型程序非常艰难。
- 改善通用性和维护性，因为要复用构件来组合软件，需要构件尽可能通用、正确；理解一个构件无须理解整个程序，就可以自由地改进构件的内部实现和结构，这有助于维护程序。

但是，严格的封装也会带来诸如编程麻烦、执行效率的问题。有些语言不强调严格的封装和信息隐藏，而采取可见性控制来解决这些问题。例如，C++和 Java 语言通过定义对象的属性与操作的可见性，规定了其他对象对其属性与操作的可访问性；另外，一个对象也可以通过把相应的可见性指定为受保护的或私有的，而提供仅局限于特定对象的属性和操作。

【例 3.1】 通过一个普通商店的例子来解释这些概念。一个商店中可能有一个人负责货架（保管员），一个人负责进货（采购员）。对保管员，货架是存放商品位置的抽象，只需关注货架的位置信息（如行、列、层等），而不必关心货架的材质、色彩等。同样，采购员对饮料进行抽象，他只需知道饮料的名称、编码、价格、供应商等有关信息，而不必关心饮料容器的大小、材料、色泽等。而保管员则必须知道这些信息，以便把商品放到正确的位置。抽象使二者只关注特定信息。

封装隐藏了问题的一些细节，分离了不同人员的关注点，减少了不同人员解决问题的必要信息，方便各行其责。当保管员注意到库存的饮料少了时，就通知采购员订货，无须知道饮料的价格和来源。采购员只管进货，不关心饮料在货架的具体位置。封装使得商店的工作更容易、更安全。譬如，保管员不知道付款的银行信息，也就避免了他对来货付款（采购员可能已经付款），或者他不必知道采购员何时已经订购了更多的饮料。同样，根据封装，采购员不掌握运货叉车的钥匙，从而避免了保管员不在时，采购员试图驾驶叉车卸货或移动货物，从而造成意外的窘况。

当然，保管员和采购员相互独立的职责有可能造成"采购员本周休假，饮料缺货"的情形，或者保管员不在，仓库有货却无法上架的情形。

下面，讨论抽象和封装在程序设计语言中的发展，用面向对象实现案例的构造。

3.1.3　抽象数据类型

数据类型是一个值的集合和定义在这个值集上的一组操作的总称，它明显或隐含地规定了数据的取值范围、存储方式及允许进行的运算。数据类型可分为两类：原子类型、结构类型。每种高级程序设计语言都有基本的数据类型，如整型、浮点型、布尔型、字符、数组、结构体等。在这些语言中，每个数据都属于某种数据类型。对复杂的信息，编程时仅仅使用基本的数据类型是不够的。比如，教学系统中的学生，包含姓名、性别、学号、出生日期、入学时间、所属学院、专业、课程及其得分，等等。有的信息可以使用基本类型表示，如姓名、学院、专业、课程名称等表示成字符串，学号表示成整数类型，课程得分表示成浮点型，出生日期表示成日期类型等。每个基本类型都有规定的操作，如日期可以相加，但是两个日期的加法不同于两个浮点数的加法。查找一个学生可以通过学号、姓名等，有多种实现方式，因而，对"学生"这个数据也可以定义或规定一组操作。能否把"学生"的取值集合与其关联的一组操作当成一种数据类型呢？

　　一种称为抽象数据类型的数学模型允许定义"学生"这种复杂的数据类型。抽象数据类型（Abstract Data Type，ADT）是与表示无关的数据类型，是一个数据模型及定义在该模型上的一组操作。定义一个 ADT，必须定义其名字及各操作的名称，并且规定这些函数的参数性质。一旦定义好了一个 ADT 及具体实现，就可以在程序设计中像使用基本数据类型那样方便地使用 ADT。譬如，定义学生 ADT，包含上述各种属性，每个属性都有取值范围，然后为这个 ADT 定义一组操作，如按照不同属性查询学生的信息、更改一些信息（增加课程及其成绩、更改联系方式）。

　　一个程序员定义的 ADT 要通过编程语言中已有的数据类型和数据结构来实现。利用基本的数据结构可以构造一些复杂的数据结构，如栈、队列、树、图等，对数据集进行抽象而不必让使用者（程序员）关心实际数据的存储细节（ADT 的数据结构）。

　　【例 3.2】　一个 ADT Stack 提供如下操作。

Stack()：创建一个新的空栈。

push(item)：把参数 item 放在栈顶。

pop()：把栈顶元素从栈中移出并返回，若栈为空，则出错。

top()：返回栈顶元素，但不移出，若栈为空，则出错。

isEmpty()：若栈为空，返回真值，否则，返回假值。

size()：返回栈的元素的个数。

　　无论如何实现该栈，它都只提供这 6 个操作，除此之外没有其他操作。使用者不知道、也不必关心它是用数组、还是用通用表等基本类型实现的。虽然可以用数组实现 Stack，但只能抽象地使用，比如不能访问第 2 个元素或者在位置 2 插入一个元素。

　　ADT 把定义与其实现分离，通过封装隐藏了 ADT 的实现细节，使用者只关注如何通过 ADT 的接口（操作集的定义）使用 ADT，而不必关注它的实现。这样就能使程序员在更抽象层面构造软件时，专注于 ADT 提供的功能，而不必理解实现它们的细节。通过封装实现细节，就要求通过接口访问 ADT，使得程序员能使用抽象进行编码，专注 ADT 提供的功能，而不必理解这些功能的具体实现。

　　在面向对象语言出现之前，已经有一些语言实现了 ADT。尽管可以使用过程式语言（如 C 语言的结构体）模拟实现 ADT，但是，由于缺乏语言实现和保护机制，模拟实现的 ADT 可以作为一个整体使用，也允许程序员使用其中的成员，因此失去了 ADT 的封装和信息隐藏的作用。

　　例如，Python 语言既提供面向过程的程序设计方式，也具有面向对象的类、继承等特点。用 Python 的函数和文件机制可以实现一个 ADT，使得它作为一个整体对外提供它的操作。但是，Python 语言没有机制可以阻止外部访问、更改组成 ADT 的成员数据。

　　【例 3.3】　第 2 章的设计把 Equation 当成一个整体，包含左运算数、右运算数、运算符和运算结果。如果 Equation 的结构体定义包含运算结果——变量名是 value，按照 ADT 的概念，这个变量 value 是 Equation 的一个成员，使用 Equation 的程序（函数）是不允许访问它的。但是，C 语言没有这样的机制，对一个 Equation 的变量 equation，可以通过 equation.value 访问，包括更改它的值。这样，就会导致 equation 不一致：算式实际的运算结果与存放结果 value 的值不一样。为避免这个问题，在定义类型 Equation 时没有包含它的运算结果，而是用一个函数动态地计算，才能使得一个算式保持一致。但是，计算结果显然要占用资源。而且，每次在使用一个算式的值时，都不能忘记这个计算函数。

面向对象为实现 ADT 提供了良好机制。类可以视为 ADT 的一种实现方式。加上继承、聚合、多态等特性，不仅提高了软件开发效率，还能提高软件产品的质量，使得面向对象的程序设计获得普遍应用。尽管面向对象语言（如 C#、Java、C++、Objective-C、Python）提供了良好的编程机制，但是语言本身并不保证能开发出高质量的程序，因而还要学习和运用设计、编码、测试等软件构造的基本原理，以便更好地用面向对象语言的特性来构造高质量的程序。

3.2　认识面向对象

3.2.1　软件设计

随着要解决的问题越来越多，程序不断增大、变复杂，在编码前要考虑在一些原则指导下把程序功能（用户需求）分解到模块，考虑各个模块之间的交互、每个模块的数据结构与算法等，称之为设计（动词），结果称为方案或设计（名词），凸显这种开发活动的重要性。

传统工程的设计目标是创作出坚固、适用和赏心悦目的模型或设计表示。设计师必须首先获得多种设计信息和方案，然后将其汇聚，从中精心挑选各种设计元素，得到某种特定的配置，最终形成满足设计目标的产品或系统的设计。对软件而言，坚固或称为可靠，是指程序不含任何妨碍其功能使用的缺陷。适用是指程序要满足用户需求，符合开发目标。赏心悦目则是指程序具有友好的界面，具有使用程序的快乐体验。

与经典的工程设计学科相比，软件设计的理论基础不足，当前的大多数软件设计方法普遍缺少深度、灵活和度量。然而，不断发展的软件设计方法、设计质量标准、设计表示支撑了复杂软件的开发。软件的多样化和易变性特别要求软件设计师具有直觉和判断力。软件的质量取决于开发类似软件的经验、一系列指导面向演化的原则和启发、一系列质量评价标准及最终设计表示的迭代过程。软件设计在软件开发过程中处于关键位置，其技术与软件过程无关，因而具有普遍性。

软件工程的一个特征是从分析到设计、再到程序的从抽象到具体的变迁。软件设计使得我们能在高于语句、数据结构的抽象层面上开发更大、更复杂的软件。之前的模块化在函数级，通过函数间的交互表示程序结构、分配程序功能，暂时忽略了函数的内部实现。面向对象把数据及其操作封装在一个对象中，把具有相同属性（数据名称）和方法（函数）的所有对象抽象成类，使得能在比函数更抽象、更大程序单元粒度的层次上进行软件开发。

本章假设读者用过面向对象编程语言（如 C++、Java、Python），从设计的角度认识面向对象。

3.2.2　设计类

用面向对象开发软件时，类可以理解为软件的模块，类封装了属性及其操作的方法。决定一个类知道什么、做什么，就是抽象出一个类。设计一个类如何做，就是把操作封装起来。良好设计的类限制访问其属性与操作，实质上就是隐藏了信息及其处理方式。

抽象是设计类的基本方法，使我们专注关心问题而忽略其他。对同一个实体或概念，在不同的应用中有着不同的抽象。例如，一个学生（人），在教务系统中抽象成姓名、性别、电话、学号、所属学院、专业等属性，但不会关注他的身高、肤色、血型等。但是，学校的医疗管理系统中则需要后面的信息。

形象地说，抽象是在某个东西周围画上一个白盒子的动作，识别出它做什么、不做什么。抽象是对某个东西定义接口的动作。面向对象系统仅仅抽象出它们要解决的当前问题。无论如何，在开发软件时都要确定类知道什么、干什么。

　　抽象告诉我们需要存储学生的姓名、学号，也能让学生选课，但是，抽象不告诉我们是如何做到这些的。封装确保如何将这些特性模块化。封装解决的是如何划分一个系统的功能的设计问题，使得不必理解某个东西的实现就能使用它。例如，会开车的司机不一定要懂汽车原理和构造。这意味着，封装可以使你以任意方式建造想要的东西，之后可以改变实现而不影响系统中的其他部件及系统的功能（只要不改变类的接口）。

　　另一方面，封装是在某个东西周围画上一个黑盒子的动作：它明确某事能完成，但是不告诉是怎样做到的。换句话说，封装对类的使用者隐藏了实现细节。

　　为了使应用程序容易维护，要限制访问类的数据和操作。基本思路是：如果一个类想要另一个类的信息，就要请求它，而不是取它。仔细想想，现实世界正是这样。例如，你想知道同学的姓名，你是直接问其姓名？还是打开他的书包，取出他的身份证（学生证）看看？

　　模块化原则——紧内聚、松耦合同样适用于评价面向对象程序。包括类的内聚、方法的内聚，不同类之间的耦合，同一个类不同对象之间的耦合，以及同一个类内函数之间的耦合。类的模块化准则要求一个类应当是完整的、原始的、充分的。

　　完整的含义是，类的接口表达所有有意义的抽象特性。一个完整的类，它的接口对所有的使用者足够使用。完整性具有主观性，容易做过。为一个特殊的抽象提供所有有意义的操作会使用户倍感压力，通常不是必要的，因为高层的操作由低层操作构成。因此，一般建议类是原始的。

　　原始操作是那些仅仅可以访问当前抽象的表示就能有效实现的操作。例如，往队列中加入一个元素就是原始操作，但是，加入 4 个元素就不是原始操作。以牺牲更多重要计算资源为代价、基于现有原始操作而实现的操作，也可以当成原始操作。

　　充分则意味着最小的、完整的接口涵盖抽象的所有方面，允许类之间实现有意义的、有效率的交互，否则，提供的类就没有用处。在实际开发过程中，通过使用一个类就容易发现是否违反了这些准则，而且越早发现越好。及时的测试是发现设计缺陷的有效手段。所以，在面向对象开发——特别是敏捷方法中，要尽早测试，甚至是测试驱动、测试先行（第 6 章学习）。

3.2.3　设计操作

　　一个类的设计要尽量使其所有的操作都是原始的，每个操作仅提供简单、良好定义的行为。根据松散耦合的原则，也倾向于分离操作、减少它们之间的沟通。这样，就容易设计子类，再通过抽象定义超类的行为。这会导致矛盾的设计：把复杂的行为集中在一个方法中，简化了接口，但实现的代码复杂了；把行为分配在多个方法中，每个方法的实现简单了，但由于增加了方法，要在多个方法间更多地传输信息，通过协作完成一个行为，方法间的交互及每个方法的接口变得复杂了。一个好的设计者要知道如何在这些矛盾中找到平衡。通常在面向对象开发中，把类的方法作为整体来设计，所有这些方法的合作构成了抽象的全部协议。设计时建议考虑如下问题：

- 复用：这个行为在更多的环境中更有意义吗？
- 复杂：实现这个行为有多难？
- 适应：这个行为与其置身的类有多少关系？
- 实现：实现这个行为要依赖于类的内部细节吗？

　　多态是类型理论的一个概念，一个名字可以表示多个不同类的实例，只要它们具有某个共同的超类而且相关。所以，被这个名字表示的任何对象都能以不同的方式对一组相同的操作做出响应。利用多态，一个操作就能在层次结构中的所有类以不同方式实现。这样，子类就能扩展超类的能力或者覆盖超类的操作。

　　不同的面向对象语言提供了不同的多态实现方式。几乎每种面向对象语言都支持多态方法或函数。有些语言（如 C++、C#和 Python）允许运算符重载，以重载方式对符号"+"定义不同的意义，比如字符串的连接、有理数的加法等。Java、Objective-C 等语言则不允许重载运算符。

在很多类具有相同协议时，最好用多态。否则，程序中会出现大量的 if 或 switch 语句。

【例 3.4】　一个几何图形类 Geometry 有子类 Rectangel、Segment、Triangle 和 Circle，对显示图形的抽象方法 display，每个子类都有自己的实现。当一个图形编辑 GraphicsEditor 要显示一个 Geometry 对象时，不用多态的代码结构可能是：

```
//例 3.4 基于类型判断的几何图形 geObject 的显示
show(geObject) {
    if (geObject isInstanceOf(Rectangel))
        调用 Rectangel 的 display;
    else if (geObject isInstanceOf(Triangle))
        调用 Triangle 的 display;
    else if (geObject isInstanceOf(Segment))
        调用 Segment 的 display;
    else if (geObject isInstanceOf(Circle))
        调用 Circle 的 display;
}
```

如果使用多态，则代码精简：

```
//例 3.4 运用多态的几何图形 geObject 的显示
show (geObject) {
    geObject.display();
}
```

用了多态，新增一个子类 Polygon、重新实现 display，无须改变程序的其他部分，尤其不用改变使用 Geometry 的 GraphicsEditor。但是，不用多态，例 3.4 就要增加一条 else if 语句，并且重新编译整个类 GraphicsEditor。

3.2.4　分类

用面向对象开发软件时，通常先设计一个包含基本属性和方法的类。然后，随着类的使用，会发现需要补充、修改甚至细化类及其接口。最后，会发现操作的模式或抽象的模式，引导创建新的类，重新组织类之间的关系。

关键抽象是构成问题域术语的一个类或对象，其价值在于确定问题的核心与边界，识别在系统中出现的与问题直接相关的类（领域类）。机制用于描述通过对象的协作提供满足问题需求的某种行为的任何结构。因为类的设计具体表达了单个对象行为的知识，机制就是一种关于一组对象如何协作的设计决策，此时的机制就是行为模式。

分类是整理知识的一种手段。识别类及其对象是面向对象开发的一个挑战。识别包含发现和发明。通过发现，我们认识到构成问题域词语的关键抽象和机制。通过发明，设计出一般化的抽象和机制，说明对象是如何协作的。发现和发明都是对问题进行分类，其核心就是发现问题的共性。分类就是试图把具有共同结构或表现出共同行为的事情分为一组。

分类有助于我们识别类的各种关系，指导我们做出模块化设计的决定。分类是循序渐进完成的。这个性质隐喻了复杂软件系统的面向对象开发方式。一开始先设计一个类的结构，然后不断调整这个结构。在设计的后期，一旦有其他类使用了这个结构，就能完美洞察到分类的质量。这时，可能会从已有的类创建子类，把一个较大的类分解成若干类，或者创建一个更大的类来容纳更多的小类。偶尔还会发现之前没有认识的共性，进而设计一个基类。

1. 类之间的关系

在类之间建立关系的原因，首先是一种类的关系会指出某种共享。例如，加法和减法都是一种二元算式，都有两个运算数、一个运算符。其次，一种类的关系会指出某种语义联系，例如，"……比……更像"。面向对象中有三种类的关系。第一种是普通与特殊（继承），即"是一种"关系，例如，加法算式是一种二元算式。第二种是整体-部分（聚合），即"是成员"关系，例如，算式是习题的一部分。第三种是关联，表示没有其他关系的类之间的某种语义依赖，例如，"习题"与使用习题的"练习"是两个独立的类，"练习"就是程序员们所说的有 main()方法的测试类。

在这三种类的关系中，关联最普通，语义也最弱。识别类之间的关联也是循序渐进的过程。随着设计和编码的不断进行，会把这种弱的关联细化成一个或多个更具体的类的关系。

面向对象软件还有一种常见的关系——依赖。依赖表示关系一端的成员以某种方式依赖于关系另一端的成员。它告诉开发者，如果这些元素发生了变化，会影响其他成员。例如，仍然以几何图形的显示 display 为例，除了显示图形的形状，还可以显示图形的颜色和线条，类 Geometry 则依赖类 Color 和 Style（粗细、实线、虚线）。

2. 接口与实现

Bertrand Meyer 认为程序设计在本质上是契约。程序中的元素之间通过契约——规定的权利和责任，协作完成程序的功能，同时确保程序的正确性。这个观点使我们可以从内部和外部视角区分类。类的接口提供了外部视角，重在抽象，同时隐藏了类的结构和组成。接口由包括所有适用于类的操作的声明、其他类的声明、变量的声明，以及要完成抽象的异常的声明。类的实现是其内部视角，包含其行为，主要由所有定义在类接口操作的实现组成。按照作用域，类的接口可以进一步分成以下 4 类。

- 公共的：对所有用户可访问的声明；
- 保护的：仅允许类本身及其子类访问的声明；
- 私有的：仅允许类本身访问的声明；
- 包：仅允许和类在用一个包的声明。

狭义地说，接口是一些面向对象语言的基本元素，如 Java 语言的接口 Interface，必须有具体的类才能实现接口定义的操作。

3.3　面向对象的设计

随着程序的不断增大和复杂，开发者的关注点从编程角度的数据结构和算法的设计，转向在编程前如何准确表示模块并运用模块构建更大的程序。本节通过案例，由浅入深地讨论如何运用面向对象的原则和原理设计程序。根据上述分析，可以初步识别出案例的两个类，分别是加法或减法的二元运算的算式及存放算式的习题，分别命名为算式类 BinaryOperation 和习题类 Exercise。本节提供两个案例设计。案例设计一借鉴第 2 章构造的代码，用面向对象语言再次实现程序。案例设计二运用面向对象的设计原则和实现机制，重新实现第 2 章要求的程序。

3.3.1　面向对象的设计符号

软件工程师使用比编程语言更抽象的软件设计语言或符号，包括可视化图形设计符号，表达软件设计。敏捷方法的面向对象设计，普遍采用描述程序静态结构的类图、描述程序动态行为的交互图。它们掩藏了类中方法的实现细节，突出了类的组成和类之间的关系，简洁清晰地表达设计意图和内容。要设计复杂的算法、对数据结构的操作，仍然使用代码和伪代码补充说明。本书将使用可视化的统一建模语言（Unified Modeling Language，UMI）来描述类图和交互图。

在 UML 中，类用一个带有类名、可选属性和操作的矩形表示（参考图 3.2）。分隔线用来分离类名、属性和操作。类名在矩形的最上方，随后是属性，最后是操作。约定具体类的名称正常书写，抽象类在类名加上 abstract 前缀，或用斜体书写。Java 等语言的接口也可以用类符号表示，接口名加前缀 interface，属性空着。属性类似程序语言中的声明——可见性、变量名、类型、初始值，用前缀表示可见性："+"表示公用的，"–"表示私有的，"#"表示保护的。静态变量或常量用大写字母的标识符，成员变量允许有初始值。操作用签名表示——可见性、返回类型、操作名称、参数及类型，可见性符号与属性的相同。有时，为了表示程序中类之间的关系，可以只用一个标示类名的矩形表示类（如图 3.3 所示）。

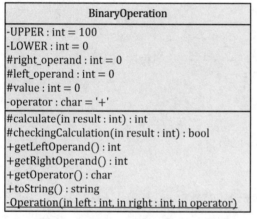

图 3.2　BinaryOperation 的 UML 类图

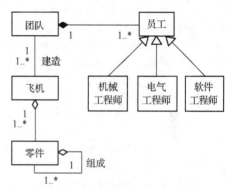

图 3.3　一个 UML 类关系图

类之间的关联用一根线表示，可以包括每个关联类的角色名、数目、方向和约束。泛化关系是一端带空心三角形的连线，绘制时从子类到父类，空心三角形一端是父类。有两种表示"整体-部分"的特殊关联——聚合和组合。聚合用来描述一个元素（整体）包含另外的元素（部分），部分可以脱离整体以一个独立个体存在。组合是一种语义更强的聚合，表示部分组成整体，不可分割，整体消失，部分也跟着消失，部分不能脱离整体而独立存在。在 UML 符号中，聚合的整体端用空心菱形表示，组合的整体端用实心菱形表示。图 3.3 的解释：机械工程师、电气工程师和软件工程师都属于员工，他们组成一个飞机建造团队来建造飞机。飞机由零件组成，零件还可以（递归）包含零件。

UML 不仅能使软件设计或建模可视化，还有助于分析、评估和验证软件设计，还支持从 UML 自动产生部分代码，指导产生测试用例。

3.3.2　案例设计一

1. 算式类 BinaryOperation

下面是在构造任务 2 的基础上，根据图 3.2 编写的算式类的部分代码。

```
//代码 3.1.1：用 Java 语言的面向对象方式重新实现的代码 2.5
import java.util.Random;
public class BinaryOperation_3_1 {
```

```java
static final int UPPER = 100;
static final int LOWER = 0;
private int left_operand=0, right_operand=0;
private char operator='+';
private int value=0;
//不是构造器
private void construct (int left, int right, char op) {
    left_operand = left;
    right_operand = right;
    operator = op;
    if (op=='+'){
        value = left + right;
    }else {
        value = left - right;
    }
}
//实际产生对象的三个方法
public BinaryOperation_3_1 generateAdditionOperation() {
    Random random = new Random();
    int left, right, result;
    left = random.nextInt(UPPER+1);
    do {
        right = random.nextInt(UPPER+1);
        result = left + right;
    } while (result > UPPER);
    BinaryOperation_3_1 bop = new BinaryOperation_3_1();
    bop.construct(left, right, '+');
    return bop;
}
public BinaryOperation_3_1 generateSubstractOperation(){…}
public BinaryOperation_3_1 generateBinaryOperation() {…}


//实例变量访问器
public int getLeftOperand(){…}
public int getRightOperand(){…}
public char getOperator(){…}
public int getResult(){…}


public boolean equals (BinaryOperation_3_1 anOperation) {
                            //要使用 getOperator()
    return  left_operand == anOperation.getLeftOperand() &
            right_operand == anOperation.getRightOperand() &
            operator == anOperation.getOperator();
}
public String toString(){…}      //示例：对运算 32+5 返回字符串 "32+5"
public String asString(){…}      //示例：对运算 32+5 返回字符串 "32+5="
public String fullString(){…}   //示例：对运算 32+5 返回字符串 "32+5=37"
}
```

与面向过程编程相比,面向对象程序多两类代码:对象构造器和实例变量访问器。

本例的构造器比较特殊。案例要求生成 100 以内的加减法算式,隐含要求结果也是 100 以内。在面向过程编程时,用三个函数实现加法算式、减法算式及随机产生加法或减法算式。多数面向对象语言允许方法重载,即允许一个类有多个同名方法,只要参数个数或类型有区别就行(有些语言还允许返回值的类型不同)。在面向对象程序中,构造器主要是供类或对象本身之外的使用者创建对象的。但是,本例没有提供重载的、含参数的构造器,如 BinaryOperation (int left, int right, char op),而是使用了系统默认的构造器,无参数且方法体中不含语句。同时,借鉴面向过程的程序,分别编写了三个产生满足算式要求的公共方法和一个实际产生 BinaryOperation 对象的私有方法 construct。为什么这样编码呢?留做思考。

一个实例变量通常有两个访问器:取值和赋值。本例中,算式的组成成分在生成之后不能改变,所以构造不提供实例变量(两个运算数和一个运算符)的赋值访问器。

与第 2 章不同,类 BinaryOperation 包含了运算结果的值 value。这是因为,通过面向对象的封装与信息隐藏,可以在构造一个算式对象时,计算得到算式的结果并保存到私有变量 value 中。类只提供读访问 value 的方法。这样,其他对象只能读取一个算式的计算结果而不能改变其值,从而避免了第 2 章中顾虑的 value 值的不一致问题。

由于面向对象开发也是面向复用的开发,即每个类都可以像库函数一样,在其他程序中通过公共成员方法向对象发送消息来使用,因此,一个类应尽可能提供全面的接口,即全体公共成员方法。所以,考虑到算式的显示要求,代码 3.1.1 为算式提供了三个字符串转换方法。

2. 习题类 Exercise

习题类 Exercise 的主要作用就是存放算式的容器,用数组表示。

```java
//代码 3.1.2:
public class Exercise_3_1 {
    private static final short OPERATION_NUMBER=50;
    private static final short COLUMN_NUMBER=5;
    private BinaryOperation_3_1 operationList[] = new BinaryOperation_3_1
            [OPERATION_NUMBER];

    //在数组中增加算术运算题前先检查是否已经在数组中,以避免重复
    public void generateBinaryExercise() {
        BinaryOperation_3_1 anOperation, opCreator = new BinaryOperation_3_1();
        for(int i=0; i < OPERATION_NUMBER; i++){
            anOperation = opCreator.generateBinaryOperation();
            while (contains(anOperation,i-1)){
                anOperation = opCreator.generateBinaryOperation();
            }
            operationList[i]= anOperation;
        }
    }

    public void generateAdditionExercise(){…}
    public void generateSubstractExercise(){…}
    //只要产生的算式不在当前习题中,就加入尾部
    private boolean contains (BinaryOperation_3_1 anOperation, int length){
```

```
        boolean found=false;
        for(int i=0; i <= length; i++) {
            if (anOperation.equals(operationList[i])){
                found = true;
                break;
            }
        }
        return found;
    }
    void formateAndDisplay (){…}
}
```

讨论与分析

（1）为避免两个相同的算式出现在同一习题中，在把一个新的算式放进习题前，都要检查习题中是否已有同样的算式。这个过程是渐进的，每次随机产生一个算式，就检查它是否已在当前的习题中，如果存在，则继续随机产生一个算式，直至这个算式不在习题中再次出现，然后把新算式加在习题末尾。

（2）对比面向过程程序，面向对象程序封装了数据及对数据的操作，函数调用称为消息传递，或向对象发送（方法名称的）服务请求，名称及其参数也发生了变化。例如，第 2 章中检查一个算式是否在一个习题（数组）中的函数 occursIn(anEquation, euqationArray)有两个参数。现在这个操作分配给习题 Exercise，它包含了一个私有的数组。实现检测功能时只需一个算式对象作为参数，改名为 constains(anOperation)，含义是向习题 Exercise 询问是否包含一个算式 anOperation。

如果要沿用第 2 章的名称 occursIn 及两个参数，要在哪个类实现这个方法呢？若在 Exercise 中实现，另外一个参数就多余了，因为存放算式的数组是 Exercise 对象的一个成员变量。若在 BinaryOperation 中实现，则可以省去一个 BinaryOperation 类型的参数。但是，一个算式对象如何知道存放它的容器的存储结构（如 Array 或其他容器类）呢？如果类 Exercise 开放其数据结构，则 BinaryOperation 可以实现 occursIn(anExercise)。但是，这样的设计违背了信息隐藏和模块松散耦合的原则，将给程序的修改和维护造成困难。例如，以后如果更改习题中算式的个数，或者换成队列 Queue 来存放算式，则类 BinaryOperation 因为这一个方法就要改写、重新编译。但是，类 Exercise 包含的数据结构等信息本质上是其自身的事，与任何使用者无关。

事实上，可以让 Exercise 对外开放其容器的操作，同时保密容器的数据结构。对本例，仍然定义 Exercise 的成员变量及其他数据是私有类型，但提供下列公共方法：

```
public boolean hasNext();       //若 Exercise 还有元素，则返回 true,否则返回 false
public BinaryOperation next();  //返回类 Exercise 的下一个元素
```

编程实现留做练习。案例设计二将更详细地讨论类封装的数据集及其处理。

细心的读者会发现，类 Exercise 中的方法 constains 要使用 BinaryOperation 的方法 equals，它比较两个 BinaryOperation 对象是否相同。这正是面向对象技术的优点：两个对象协同工作。一个 BinaryOperation 对象向另一个 BinaryOperation 对象发送 equals 消息，请求它完成一个任务或提供一个服务。被请求者 BinaryOperation 执行它的操作——消息 equals 的方法，给请求者返回结果（equals 的返回值）。请求者不必知道消息 equals 如何实现了操作。

3.3.3　案例设计二

案例设计一使用了面向对象程序设计语言重新实现案例程序，体现了抽象、信息隐藏等良好软件的特点。然而，从软件的可扩展、易更新、稳定性等质量属性看，案例设计一没有体现出面向对象方法的独特优势。另外，案例设计一还有一些其他缺陷，如不便于调试和测试。

我们将通过案例设计二学习和运用面向对象的设计原则与技术，进一步改进软件质量。案例难以体现的或者比较复杂的部分设计原则，将在 3.7 节"讨论与提高"中介绍。

1. 算式类 BinaryOperation

软件设计中的单一职责原则（Single Responsibility Principle，SRP）是最容易理解和运用的。单一职责原则实际上是内聚原则在面向对象方法中的具体表现，含义是就单个类而言，应该只有一个引起它变化的原因。

首先考虑类 BinaryOperation。目前的设计包含了较多内容，既要产生和处理加法算式，又要负责减法算式的生成和处理，这不符合软件的强内聚原则。一旦一个算式发生了变化，整个类就都跟着改变。两种运算式的关联性（耦合性）太强，而且，BinaryOperation 有很多相近的代码，如方法 generateAdditionOperation 和 generateSubstractOperation 中的大部分代码都一样。可以把其中的公共部分抽象出来，把差异部分细化成 BinaryOperation 的两个子类：加法算式 AdditionOperation 和减法算式 SubstractOperation。每个类只负责完成各自单一的功能，两个子类相互独立。这样的程序结构还便于程序扩展，如增加乘法、除法子类，而不影响现在的类。以图灵奖获得者 Barbara Liskov 命名的里氏代换原则（Liskov Substitution Principle，LSP）是设计类的层次结构的基本原则，它要求子类型必须能替换其基类型。就面向对象技术而言，程序中所有的基类对象都可以用其子类对象替换。使用里氏代换原则的两个要点如下。

（1）子类的所有方法都必须在基类中声明，或子类必须实现基类中声明的所有方法。根据里氏代换原则，为保证系统的扩展性，在程序中通常用基类提供定义，如果一个方法只存在于子类中、在基类不提供相应的声明，则无法在基类定义的对象中使用该方法。

（2）尽量把基类设计为抽象类或接口，让子类继承基类或实现父接口，并实现在基类中声明的所有方法。在运行面向对象程序时，子类实例动态替换基类实例。这样无须修改原有子类的代码就可以方便地扩展系统的功能，新增的功能可以通过增加一个新的子类来实现。

根据里氏代换原则，尽可能继承抽象类，而不是具体类，我们把 BinaryOperation 设计成抽象类。基类 BinaryOperation 比子类 AdditionOperation 和 SubstractOperation 抽象，它需要算式的计算结果，但是不知道子类是如何计算的。同样的两个运算数，加法和减法的计算结果截然不同，位于低层的子类比基类清楚如何计算。我们在基类中增加一个抽象方法 int calculate()，它返回算式的计算结果，两个子类分别实现具体的计算。

如此设计的一个优点是容易扩展程序，能简便地产生乘法、除法等其他二元运算。只需对基类 BinaryOperation 新增加子类，并实现 calculate 即可。

进一步考虑两个子类的差别，除计算结果不同外，对结果的约束条件实际上也不相同。两个正整数加法的和不会减少，只能增大数值，即要求不能超过上界 UPPER（目前是 100）。两个正整数减法之差不会超过任何一个运算数，只能减小数值，即要求不能低于下界 LOWER（目前是 0）。同样地，可以把运算结果的条件检查 boolean checkingCalculation() 放在子类中实现，在基类 BinaryOperation 中定义一个抽象方法 checkingCalculation()。

另外，由于 BinaryOperation 是抽象类，不能生成实例，因此其使用者（如 Exercise）必须决定是产生一个加法算式还是减法算式。图 3.4 是案例设计二的类图，在抽象类 BinaryOperation 中列举了全部属性和大部分方法，据此写出如代码 3.2.1 所示的部分代码。

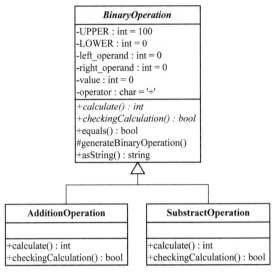

图 3.4　类 BinaryOperation 及其子类

```
//代码3.2.1：抽象基类BinaryOperation及两个子类AdditionOperation和SubstractOperation
import java.util.Random;
abstract class BinaryOperation_3_2 {
    //同代码 3.1.1 的对象变量说明
    //调用了两个抽象方法,生成合法的算式成分,调用者负责输入合法的参数
    protected void generateBinaryOperation (char anOperator) {
        int left, right, result;
        Random random = new Random();
        left = random.nextInt(UPPER+1);
        do {
        right = random.nextInt(UPPER+1);
            result = calculate(left,right);
        } while (!(checkingCalculation(result)));
        left_operand = left;
        right_operand = right;
        operator = anOperator;
        value = result;
    }
    //子类必须实现的两个方法
    abstract boolean checkingCalculation(int anInteger);
    abstract int calculate(int left, int right);

    public boolean equals (BinaryOperation_3_2 anOperation) { …}
    //算式的成员变量访问方法、字符串显示方法同案例设计一
}
class AdditionOperation extends BinaryOperation_3_2 {
    AdditionOperation() {
```

```
            generateBinaryOperation('+');
        }
        public boolean checkingCalculation(int anInteger){
            return anInteger <= UPPER;
        }
        int calculate(int left, int right){
            return left+right;
        }
    }
class SubstractOperation extends BinaryOperation_3_2 {… }
}
//检测代码
public class BinaryOperationTester {
    public static void main(String[] args) {
        BinaryOperation_3_2 bop;
        for (int i=0; i<10; i++){
            bop = new AdditionOperation();
            System.out.println(bop);
        }
        …
    }
}
```

代码说明：

（1）算式分成了三个类：具有共同属性和操作的基类，两个具体的子类。

（2）基类 BinaryOperation 设计为 abstract 抽象类。它不能是具体类，也不能是 interface。其中 generateBinaryOperation(anOperator)不能是抽象方法，calculate(int left, int right)和 checkingResult (int result) 则必须是抽象方法。

（3）在用 BinaryOperation 创建加法、减法算式（如测试类 BinaryOperationTester）时，运用了面向对象的上转型对象的概念：声明的变量 bop 是基类 BinaryOperation，生成一个加法算式，引用赋给 bop，称 BinaryOperation 对象是 AdditionOperation 对象的上转型对象，可以说"加法算式是算式"。对象的上转型对象是子类对象的简化，它不关心子类的新增功能，只关心子类的继承和重写功能。子类负责创建上转型对象的实例。BinaryOperation 对象可以访问子类继承或隐藏的成员变量，也可以调用子类继承或隐藏的方法或子类重写的实例方法，但它不能访问子类新增的成员变量，也不能调用子类新增的方法。

（4）构造加法算式对象的过程。首先，BinaryOperation bop 声明了一个基类对象，赋值语句 bop=new AdditionOperation 创建加法算式对象：AdditionOperation 类使用默认无参构造方法 AdditionOperation()，调用一个从基类继承的方法 generateBinaryOperation(OPERATOR)，把自己的运算符号作为参数。然后运行基类的 generateBinaryOperation，随机产生两个符合约束条件的运算数，再调用基类定义、自己实现的 calculate 计算结果，checkingCalculation 检查结果是否满足约束，完成给 AdditionOperation 对象的成员变量赋值从而构造一个 AdditionOperation 对象。最后，通过赋值语句让 bop 指向这个 AdditionOperation 对象。

（5）由于 BinaryOperation 是一个抽象类，因此不能如案例设计一那样可以随机产生一个加法算式或减法算式。这个任务可以由类 Exercise 完成。

2．抽象类 abstract 类和接口 interface 的比较

抽象类 abstract 类和接口 interface 的比较

3．依赖倒转原则

具体类 AdditionOperation 和 SubstractOperation 都是抽象类 BinaryOperation 的子类，必须实现抽象基类定义的抽象方法才能生成对象，即低层的子类依赖高层的、抽象的基类。这种设计思想运用了面向对象中的依赖倒转原则（Dependence Inversion Principle，DIP）：高层模块不依赖于低层模块，两者都依赖于抽象。抽象不依赖于实现，实现依赖于抽象。换言之，就是高层模块定义接口，低层模块负责实现。高层模块包含了一个应用程序的重要选择和功能呈现，使应用程序有所区别。上转型对象是面向对象方法中实现依赖倒转原则的有效技术。

经典的计算机系统，从计算机硬件、操作系统到数据库系统，再到应用程序和用户，按照抽象程度从低到高构成了层次结构。其中，低层为高层提供服务，高层调用低层的功能。例如，应用程序和计算机的操作系统在整个计算机系统的层次结构中分别在不同的抽象层级，操作系统屏蔽了计算机硬件信息，应用程序要使用计算机的处理器、存储、文件等资源，就必须通过操作系统提供的服务。结构化分析和设计方法倾向于创建一些高层模块依赖于低层模块、抽象依赖于细节的软件结构，就是从抽象到具体地定义程序层次结构，确定高层模块如何调用低层模块。面向对象技术强调抽象和复用，希望抽象层定义接口，不同的低层按照接口（约定）完成实现。这种依赖关系的程序结构相对于传统的过程式设计的程序结构而言就是"倒转"了。

4．习题类 Exercise

分析案例设计一中的习题类 Exercise。它实际上有两个不同的职责：一个职责是产生一组算式作为习题，另一个职责是使用习题，包括把习题中的算式以一定的格式呈现出来。这两个职责出现在一个类中，任何一个职责的改变都可能引起整个类的改变。例如，要在一个习题中包含 60 道算式，或者希望每行显示 5 道算式，整个类都要跟着变化，包括重新编译和链接整个程序。

一般而言，一个类的职责越多，引起它变化的原因就越多。而且，一个类为了完成多个职责，势必会减弱类的其他职责的实现。按照单一职责原则，把类 Exercise 的产生职责和使用职责分离出来，使类 Exercise 仅仅作为一个存储和管理一定数量的算式的数据集容器，再建立一个使用习题的新类 ExerciseSheet。这种职责划分为后续章节使用文件、数据库存储习题奠定了基础。

能否仿照上面对类 BinaryOperation 的处理，把 ExerciseSheet 设计成 Exercise 的子类呢？这显然违背了里氏代换原则。类 ExerciseSheet 只使用 Exercise，不必继承 Exercise 的方法，如构造器、算式存储操作等。这两个类之间是依赖关系：ExerciseSheet 按照 Exercise 提供的方法使用它，当然受其影响。

这样，案例设计二的 UML 类图如图 3.5 所示：类 ExerciseSheet 使用类 Exercise，不知道类 BinaryOperation，它组合封装在类 Exercise 中。

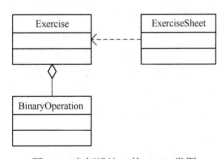

图 3.5　案例设计二的 UML 类图

在面向对象技术中，依赖关系可以视为具有特殊语义的关联。UML 类图用带箭头的虚线连接两个有依赖关系的类：虚线起端表示使用、受影响的类，带箭头的末端表示产生影响、被使用的类。

截至目前，案例设计中 Exercise 的使用十分简单：格式化输出算式。这一功能的实现分配在哪个类呢？有两种选择：ExerciseSheet 和 Exercise。在 Exercise 中实现 formattedDisplay()，直截了当，几乎可以沿用案例设计一的实现，代码结构如下。

```
//代码 3.2.2：类 Exercise 负责产生习题，由 ExerciseSheet 使用
public void generateBinaryExercise(int operationCount){
        BinaryOperation_3_2  anOperation;
        while (operationCount > 0 ){
            do{anOperation = generateOperation();
            }while (contains(anOperation));
            把 anOperation 加入 Exercise;  //不同的数据结构有不同的实现，见后面的讨论
            operationCount--;
        }
    }
//辅助方法，随机产生加法算式或减法算式，主要供 generateBinaryExercise 使用
private BinaryOperation_3_2 generateOperation(){
        Random random = new Random();
        int opValue = random.nextInt(2);
        if (opValue == 1){
            return new AdditionOperation();
        }
        return new SubstractOperation();
    }
public void generateAdditionExercise(int operationCount){…}
public void generateSubstractExercise(int operationCount){…}

public void formattedDisplay (int columns){…}
                                //针对不同的数据结构有不同的实现，讨论见后
```

为提高程序的灵活性，可以根据参数值，生成不同算式数量的习题，格式输出方法可以输出参数要求的列数。如果采用这个设计，类 ExerciseSheet 的编码则十分简单，即生成一定数量算式的习题并输出，实际上就是调用 Exercise 提供的服务。例如：

```
//代码 3.2.3：
public class ExerciseSheet_3_2_2 {
    public static void main(String[] args) {
        Exercise_3_2_2 exercise = new Exercise_3_2_2();
        exercise.generateAdditionExercise(60); //生产 60 道加法算式的习题
        exercise.formattedDisplay (6);          //每行显示 6 道加法算式
    }
}
```

这个代码结构同时也确定了 Exercise 的使用：ExerciseSheet 等客户程序只能按照 Exercise 的实现显示习题。如果某个客户程序想要其他的习题输出形式，如增加方框，以便批改：

1. 70+22=　　□　 2. 94+2=　　□　 3. 5+22=　　□　 4. 8+51=　　□　 5. 81+4=　　□

则仅仅为满足这一个特殊要求，就要更改类 Exercise。

　　进一步地，若每个客户程序都提出自己的输出要求，可以在 Exercise 实现所有的公共基础服务，客户程序继承，选择使用。不足是继承了不用的、多余的操作（如图 3.6(a)所示）。另一个设计方案：基类 Exercise 不提供公共服务，使用者自己实现（如图 3.6(b)所示）。这个设计也有缺陷，客户程序在遍历算式时，不仅要使用 Exercise，还要向 BinaryOperation 请求其显示。相比前一个设计，BinaryOperation 隐藏在 Exercise 中，不与其客户程序交互。

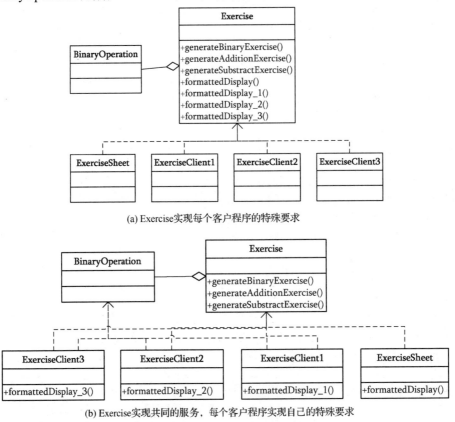

(a) Exercise实现每个客户程序的特殊要求

(b) Exercise实现共同的服务，每个客户程序实现自己的特殊要求

图 3.6　案例设计二的两种不同设计方案

下面讨论如何实现图 3.6(a)所示的案例构造。

5．数据集的数据结构

　　由于 Exercise 和 ExerciseSheet 是两个独立的类，它们之间的关系就是普通的关联。如果继续使用案例设计一中的类 Exercise，由于它定义了一个 Array 类型的私有成员 operationList 来存放算式，因此 ExerciseSheet 无法访问 operationList 的数据结构。要 ExerciseSheet 输出习题中的每道算式，就不能简单地使用 for 循环语句遍历 Exercise 中的每道算式。为了能让其他对象使用 Exercise 中存储在 Array 中的算式，Exercise 必须提供公共操作，如检索、遍历等。

　　事实上，还可以为类 Exercise 选择其他数据集的数据结构来存放算式。面向对象语言的系统库提供了很多经典的容器型数据结构，如 List、Queue、Stack 等。Java 语言的 Collection（C#的 ICollection）类层次结构提供了丰富的管理数据集的数据结构、接口和（抽象）类。下面讨论实现 Exercise 存储算式的三种数据结构。

策略 1：实现接口。队列接口 Queue 的操作如 contains、isEmpty、iterator 等，完全满足案例目前对 Exercise 的要求，可以让 Exercise 实现接口 Queue，即：

```
class Exercise implements java.util.Queue <BinaryOperation>
```

要在 Java 语言中使用队列 Queue，除了要实现这 4 个方法，还必须实现接口 Queue 及其继承的所有其他方法，否则不能构造对象实例。但是，目前案例的 Exercise 暂时不需要其中的很多方法，如访问第一个元素、删除一个元素。这一要求违背了接口隔离原则（Interface Segregation Principle，ISP），根据该原则，不应强迫客户程序依赖于它们不用的方法，接口属于客户程序（如 ExerciseSheet），不属于它所在的类层次结构。这是 Java 等语言中接口的共同问题，不能选择性地实现接口中的方法。使用语言的其他接口（如 Stack、List）也面临同样难题。

策略 2：运用继承。让 Exercise 继承一个容器数据结构，如能动态改变容器元素数量的 ArrayList。

```
class Exercise extends ArrayList<BinaryOperation>
```

ArrayList 可以视为动态数组，即数组大小随需增长。ArrayList 提供了普通数组的操作，如按下标添加、插入、查询、删除及迭代遍历数据成员等丰富的方法，涵盖了 Exercise 的设计要求。但是，这一设计策略暴露了存储算式的内部数据结构，使得其用户（即 ExerciseSheet）能在 Exercise 不知道的情况下，操作其中的元素——BinaryOperation，因而违背了信息隐藏的基本原则。另外，同接口一样，Java 等大多数面向对象语言不能选择性地继承操作或属性，Exercise 继承了 ArrayList 中一些不需要的操作。

说明：使用了诸如 ArrayList 的容器类，要注意它们在 contains 等方法中要求 BinaryOperation 实现的比较 equals 等方法，否则就使用了 Java 语言系统默认的 equals 方法。

策略 3：封装结构。类 Exercise 把语言系统内置的容器类数据结构（如 Array、ArrayList、Queue、List）作为私有成员变量封装在内，提供访问容器数据集的 next、hasNext 等方法，以便 Exercise 的客户（如 ExerciseSheet）能够实现遍历等操作。不同的应用要 Exercise 提供的操作可能不完全一样。例如，目前的案例不需要从习题中删除算式，就可以不实现删除操作。而且，不同的容器类数据结构（如 Array 和 ArrayList）对这些操作的实现也不同。用 Array 作为内部存储算式的容器，实现上述操作要编写较为复杂的代码。ArrayList 则能方便地提供包含上述要求的操作。

下面代码按照策略 3，把 ArrayList 类型的 operationList 封装成 Exercise 的私有成员。

```
//代码 3.2.4：把 ArrayList 类型的 operationList 封装成 Exercise 的私有成员
public class Exercise_3_2_3 {
    private ArrayList<BinaryOperation_3_2> operationList = new ArrayList
        <BinaryOperation_3_2>();
    private int current=0;  //用于遍历数据集

    public void generateAdditionExercise( int operationCount) {…}
    public void generateSubstractExercise(int operationCount) {…}
    public void generateBinaryExercise(int operationCount) {…}
    private BinaryOperation_3_2 generateOperation(){…}

    //下面两个方法用于实现遍历数据
    public boolean hasNext(){          //若有元素,则返回 true,否则返回 false
```

```
        return current <= operationList.size()-1;
    }
    public BinaryOperation_3_2 next(){  //若有元素,则返回当前元素,移动到下一个元素
        return operationList.get(current++);
    }
}
```

最后，使用者 ExerciseSheet 可以按照格式化要求，使用 Exercise 的 next 和 hasNext 遍历每个习题中的算式，实现 formattedDisplay，示意代码片段如下。

```
//代码 3.2.5: 新增的类 ExerciseSheet 使用类 Exercise,打印输出其中的每道算式
public class ExerciseSheet_3_2_3 {
    private static final short COLUMN_NUMBER=5;
    public void formattedDisplay (Exercise_3_2_3 ex, int columns){
        …
        while(ex.hasNext()){
            每行打印输出 columns 道算式 ex.next()
        }
    }
    public void formattedDisplay (Exercise_3_2_3 ex){  //默认:每行打印 5 道算式
        formattedDisplay (ex,COLUMN_NUMBER);
    }
    private static void print(String str){
        System.out.print(str);
    }
    //一次应用
    public static void main(String[] args) {
        ExerciseSheet_3_2_3 sheet = new ExerciseSheet_3_2_3();
        Exercise_3_2_3 exercise = new Exercise_3_2_3();
        exercise.generateAdditionExercise(28);
        System.out.println("---- generate and display add exercises ----");
        sheet.formattedDisplay(exercise,4);
    }
}
```

3.4   调试的基本技术

编程语言的开发工具包通常都提供基本的调试器，现代的集成开发环境 IDE（如 Eclipse 和 Visual Studio 等）都包含交互式的调试工具。本节以 Eclipse 包含的调试工具为例说明调试技术和过程，详细的使用请参阅手册或其他资料。

在 Eclipse 中，Java 视图中选择要调试的函数/类并右击，选择 Debug As→Java Application，出现 Debug 视图，如图 3.7 所示。

启动调试程序的两种方式：（1）选择菜单 Run→Debug As；（2）选择 Debug 的图标 ❄ 。

使用调试器的基本模式如下：首先设置（若干）断点，启动运行调试器，遇到一个断点时停下，通过单步调试一段代码，可以检查、改变断点的程序状态和行为。然后恢复，让调试器继续执行程序，直到遇到下一个断点或执行到程序的结束。调试可在任何时刻终止。

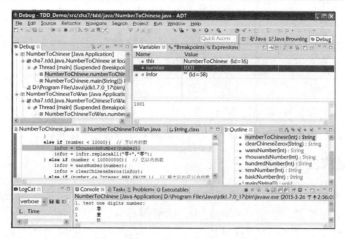

图 3.7 Eclipse 的 Debug 视图

3.4.1 单步调试源程序

运用调试器可以让程序在执行过程中暂停，以便观察程序的变化和状态，获得程序错误所在位置的线索。以下是调试器让程序暂停执行的一些基本方法。

1. 设置断点

程序员可以在要检查的语句上设置断点，程序执行到断点处会暂停。程序员可以通过窗口来观察当前程序中变量的值，检查程序的运行情况；也可以改变变量或表达式的值，让程序继续运行。Eclipse 中在代码行左边的页边空白处双击完成，显示断点标记。设置断点如图 3.8 所示。

2. 单步调试

利用单步命令，从断点处开始一次处理一条语句。变量值有助于程序员仔细观察程序的执行流程、了解程序变量值的变化、观察可疑代码。在 Debug 视图中有三种方式执行：视图中的图标（ ）、右击出现的选择（含图标）及快捷键。单步调试的几个主要操作如图 3.9 所示。

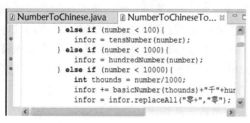

图 3.8 设置断点

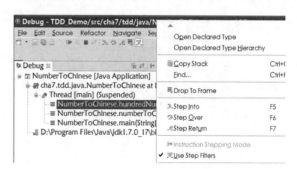

图 3.9 单步调试的几个主要操作

Step Into，快捷键 F5，遇到方法时进入方法内部。

Step Over，快捷键 F6，遇到方法时跳过该方法，执行下一条语句。

Step Return，快捷键 F7，从当前方法跳出，即如果当前已经在某个方法的内部，就跳转到该方法的结尾代码处。

Resume，快捷键 F8，恢复操作。跳出单步调试方式，让程序继续运行到下一个断点或执行完。

Drop To Frame，使调试器跳到当前方法的开始处重新执行，所有上下文变量的值也恢复。这样就可以在关注的状态下反复调试，而不用重新启动调试器。

3. 临时断点

有时需要在显示的代码中临时设置有期限的断点，以便细致观察程序。在 Eclipse 中，突出显示源码窗口中要设置临时断点的代码行，然后右击并选择 Run to Line。

3.4.2 检查或更改变量的值

在调试器暂停了程序运行后，可以执行一些调试命令来显示、改变程序变量的值。这些变量可以是全局变量、局部变量、数据结构的元素（如数组元素、C 语言的 struct、Java 类中的成员变量）等。如果发现某个变量的值超出预料，那往往就是找出程序错误的位置和性质的重要线索。如果不使用调试器，那么在程序中增加打印语句显示程序变量值的变化，也可以起到这一效果。在图 3.10(a)中选中变量右击并选择 Change Primitive Value，出现图 3.10(b)所示的对话框。

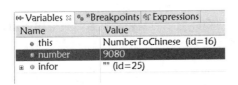

(a) 更改变量值

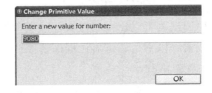

(b) 更改变量值的窗口

图 3.10　更改变量的值

3.4.3 设置监视点观察变量

多数调试器允许设置监视点来应对变量值的变化。监视点（watchpoint）结合了断点和变量检查的概念。最基本的监视点形式就是通知调试器，当指定变量的值发生变化时，都暂停程序的运行。监视点对局部变量的用途一般没有对作用域更宽的变量的用途大，因为一旦变量超出作用域（如在其中定义变量的函数结束），在局部变量上设置的监视点就会被取消。然而，main()中的局部变量是个例外，因为其中的变量要等到程序执行结束时才会被释放。

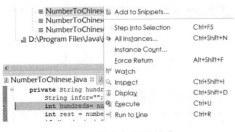

图 3.11　更改变量值的窗口

在 Eclipse 中设置监视点的方法：在源码窗口中右击，选择 Watch，然后在对话框中输入适当的表达式，如图 3.11 所示。代码的执行结果将显示在 Expressions（表达式）窗口中。选择一句或一段代码并右击，在弹出的菜单中选择 Inspect（检查）项，可以直接显示表达式的值。

3.4.4 上下移动调用栈

在函数调用期间，与函数关联的运行时信息存储在称为帧（Frame）的内存区域中。帧包含了函数局部变量的值、形参，以及调用该函数的位置的记录。每次函数调用时，都会为它创建一个帧，将帧放在系统维护的一个运行栈上；运行栈的最上面的帧表示当前正在运行的函数，当函数退出时，这个帧就退出运行栈并释放所占的内存。运用调试器可以观察运行栈，追踪函数之间的调用关系和变量值的来源、变化等信息。在 Eclipse 中，运行栈在 debug 透视图本身连续可见。

3.5　软件的自动化测试

在第 2 章，我们了解到如何编程实施测试，即编码执行和记录测试。这通常要编写大量的测试代码，有时，测试代码比待测程序的代码还要多。分析软件的测试活动可以看出，测试的实施占据了测试的大部分工作和时间，而这些相对测试设计具有重复性和机械性，容易实现自动化。例如，可以编写程序选择一个测试数据，调用待测程序运行测试数据，比较运行结果和预期结果，如果相同，则通过测试，否则，测试失败，记录并显示测试结果。

另一方面，现代软件开发的一条基本原则是：尽早测试代码、尽早提供可运行的软件。因此，程序员的任务不仅仅是编写通过编译的程序，还要确保提交高质量的代码。只有这样，才能保证所有的代码可以整合在一起，成为可交付、可运行的程序。确保代码质量的一种重要技术就是测试，特别是对程序的基本组成——函数、方法、类的单元测试。在增量迭代的软件开发过程中，每增添一个特性（功能）或改变一小段代码，都要经历编码、调试、测试的构建过程。每日的微循环构建已经成为软件开发的最佳实践。合适的工具——包括测试工具和构建工具，可以提高构建效率，是现代软件开发的基础。

本节初步介绍开源软件测试框架 JUnit（准确说是版本 JUnit 4），理解自动化测试。JUnit 已经成为现代软件开发方法和工具的核心组成，如极限编程、测试驱动开发、代码重构、Eclipse。JUnit 是 Java 语言的测试框架，实质上就是包含测试用例、测试执行、测试记录等的 Java 类和接口。程序员通过编码继承其中的类或实现其中的接口、抽象类，就可以实施应用程序的测试。JUnit 因简单、实用、易用，特别适用于自动化的单元测试和回归测试。现在几乎所有的编程语言和软件形态都有基于 JUnit 设计的测试框架，如 C++语言的 cppUnit、C 语言的 cUnit、支持.Net 的 NUnit、支持 Web 应用的 HttpUnit、支持数据库测试的 DBUnit。

3.5.1　初识 JUnit

JUnit 已经成为 Eclipse 的标准插件，安装成功后，可以在 Java 视图中看到图标 。使用 JUnit 进行测试的基本步骤如下。

（1）为待测软件（类）建立一个测试类，命名规则：待测类名+Test，如 BinaryOperationTest。在该类的前面用@RunWith 指定测试运行器，不写注解时，JUnit 选择默认的 JUnit 4。

（2）通常在用@Before 注解的 setUp()方法中编写为测试做的必要的准备（JUnit 称测试装置 fixture），如创建待测类的实例、初始化变量、打开测试数据文件、建立数据库连接等。

（3）为待测类的成员方法/函数编写测试方法，命名规则：test+待测方法，以@Test 注解这个待测方法，其中务必包含测试断言。每个测试用例都对应一个测试。

（4）运行测试，查看运行结果，修改代码。

（5）每增加一个方法或修改代码时，重复执行（3）和（4）。

下面以一个简化版的 BinaryOperation 类为例，说明如何使用 JUnit 进行测试。首先，建立 Java 项目（JUnitDemo），创建待测类 BinaryOperation 及必要的方法，要测试的第一个方法代码如下。

```java
//JUnit 例子代码：输入两个运算数和一个运算符,如果它们及其运算结果在[0..100 范围]
//就创建一个算式,返回算式的运算结果,否则抛出异常
public int construct(int left, int right,char op) {
    if (!(0 <= left && left <= 100)) {
```

```
        throw new RuntimeException ("左运算数不在 0~100 的范围");
    }
if (!(0 <= right && right <= 100)) {
        throw new RuntimeException ("右运算数不在 0~100 的范围");
    }
        int result=0;
if (op == '+') {
        result = left+right;
        if (!(0 <= result && result <= 100)) {
            throw new RuntimeException ("加法结果不在 0~100 的范围");
        }
    } else if (op == '-') {
        result = left-right;
        if (!(0 <= result && result <= 100)) {
            throw new RuntimeException ("减法结果不在 0~100 的范围");
        }
    } else {
        throw new RuntimeException(op+"不是加号或减号运算符！");
    }
leftOperand = left;
    rightOperand = right;
    operator = op;
    value = result;
    return value;
}
```

　　然后，为这个待测类建立测试类。在文件视图中选择类 BinaryOperation，右击，选择 New→
JUnit Test Case，出现：(1)选择 New JUnit 4 test；(2)使用默认待测试类的名称 BinaryOperationTest，
JUnit 通常在类名后加上 Test 作为测试类名，也可以使用其他任何名称；(3)选择 setUP，它允许
用户进行测试前的准备，通常是搭建测试环境，本例用于建立一个待测类的实例，如图 3.12 所示。

　　单击 Next 按钮后，出现选择待测方法的对话框（图 3.13），其中列出待测类的方法及其基类
的方法。选择待测类的方法 construct，单击 Finish 按钮后出现对话框（图 3.14），询问是否把 JUnit 4
加入构建路径。选择加入，单击 OK 按钮，系统把测试类 BinaryOperationTest 加入项目包，显示测
试类的界面（图 3.15），即包含测试类及其方法的模板。

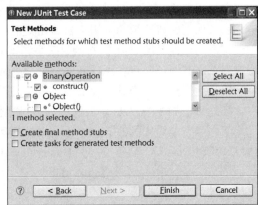

图 3.12　为待测类创建 JUnit 测试类　　　　　　　　　图 3.13　选择待测方法

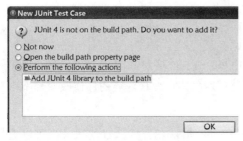

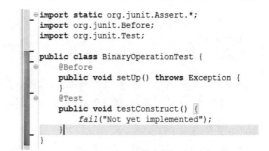

图 3.14　增加 JUnit 库

图 3.15　创建的测试类模板

JUnit 4 使用注解 Annotation 简化了测试编程。下面是用到的部分 JUnit 注解。

@Test：定义之后的方法是测试方法，否则后面的方法不是测试代码。测试方法必须是 public void，即公共、无返回值，可以抛出异常。可为@Test 增加注解属性，比如使用@Test(expected =异常类名.class)，表示可以测试异常，使用@Test(timeout=时间量)给测试方法传入一个时间（毫秒），如果测试方法在指定的时间之内没有运行完，则测试失败。

@Before：用该注解的方法在每个测试方法执行前都要执行一次，主要是一些独立于测试用例之前的准备工作，比如创建一个对象，或者打开文件，或者连接数据库。注意：方法必须是 public void，不能为 static。

@After：使用该注解的方法在每个测试方法执行之后都要执行一次，与@Before 对应，比如关闭打开的文件、断开数据库，这个方法不是必需的。

@Runwith：执行测试的运行器。放在测试类名之前，用来确定测试类是怎样运行的。在不指定这个注解时，默认使用 Runner 来运行测试代码，即@RunWith(JUnit4.class)。@RunWith(Parameterized.class)表示要使用参数化运行器，配合@Parameters 使用 JUnit 的参数化功能。

@Ignore：它标记的测试方法在测试中会被忽略而不执行。当测试的方法还没有实现，或者不想进行回归测试，或者在某种条件下才能测试时，可用该注解来标记这个方法。可以为该注解传递一个 String 的参数，表明为什么会忽略这个测试方法，比如：@Ignore("本次不执行该测试方法")。

3.5.2　编写 JUnit 测试代码

1．基本测试

JUnit 把任何用@Test 注解的方法都当成一个测试。测试方法可以随意命名，它们既没有参数，也没有返回值。测试代码的核心是调用待测程序得到实际的运行结果，用断言 assertEquals 把待测程序的运行结果与预期结果比较是否相等，进而指出测试是否通过。通过记录断言的真假，统计测试运行的成功与失败次数。

此处为 construct()设计了 3 个测试用例。

序　号	测试数据	预期结果	实际结果	测试成功/失败
1	70,30,'+'	100	100	成功
2	100,1,'-'	99	99	成功
3	100,0,'-'	99	100	失败

然后编写 3 个测试方法：testConstruct1、testConstruct2 和 testConstruct3，每个方法都使用一个测试用例（图 3.16(b)）。为了使用 JUnit，需要引入有关的类库包，比如：

```
import static org.junit.Assert.assertEquals;
import org.junit.Before;
import org.junit.Test;
```

JUnit 实施测试时，创次测试间的独立性，然后调用每个@Test 注解的测试方法。每次创建一个测试对象都确保了各次测试间的独立性，这意味着测试对象成员变量内容的任何改变都不影响测试。

在 BinaryOperationTest 类上右击，选择 Run As→1 JUnit Test 就开始运行测试（也可以选择运行图标，直接运行测试类）。测试结果视图（图 3.16(a)）显示了测试结果。当进度条是绿色时，表示测试全部通过，否则表示存在失败的测试。进度条上面显示了测试总数与成功运行的测试数 Runs（3/3）、测试代码错误数 Errors（0）及测试失败数 Failures（1），同时显示了测试运行的时间（单位为秒）。Error 指的是测试程序没有考虑到的情况，在断言之前测试程序就因为某种错误引发例外而终止。Failure 指的是在测试用例中给出的预期结果与实际运行结果不同所导致的测试失败。选择 Failure 的测试，Failure Trace 下面显示出期望值和实际运行的值：第 3 个测试用例的预期结果是 100，运行结果是 99，表示测试失败。这个失败不是待测程序的错误，而是测试用例中给出的预期结果不正确，即误判。

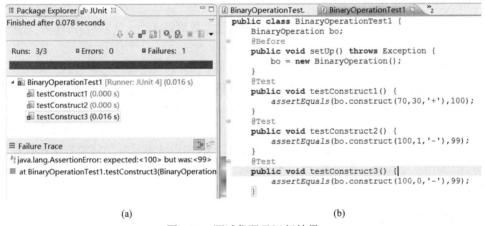

(a)　　　　　　　　　　　　　　　　(b)

图 3.16　测试代码及运行结果

2. 追踪失败的测试

继续测试第 2 个方法 toString()，它输出运算式的显示形式。对一个运算式对象，如(23,45, '+')，toString()应该输出：23+45=68。增加一个测试函数，断言比较字符串是否相等：

```
@Test
    public void stringTest(){
        bo.construct (23,45,'+');
        assertEquals (bo.toString(),"23+45=68");
    }
```

测试没通过（如图 3.17(a)所示），在 Failure Trace 下面可以查看错误，还可以深入探究失败的原因。选择一个失败的测试并右击，选择"Compare Result"，可以查看预期结果与实际结果的比较。注意：图 3.17(b)中"Expected"是待测程序运行的结果，"Actual"是测试用例中给出的预期结果。

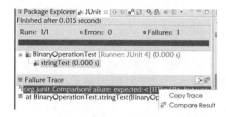

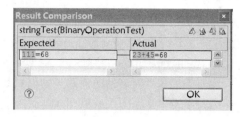

(a) 测试 toString()失败 (b) 追踪测试失败的原因

图 3.17 测试失败及追踪

检查 toString()的实现代码，它把"="之前的加号视为加法运算符，显示的运算结果 111 是 23、"+"的 ASCII 码值、45 这三个数值的和。

```
public String toString(){
        return leftOperand+operator+rightOperand+"="+value;
    }
```

将代码修改如下后，再次运行，就能通过测试。

```
public String toString(){
        return ""+leftOperand+operator+rightOperand+"="+value;
}
```

更多 JUnit 的使用和建议，将在后续章节学习。

3.6 案例分析与实践

3.6.1 分析

可以根据本章的设计，实现案例的面向对象程序。由于整个程序比较大，因此依据程序结构，任务依然被分成两个子任务。

构造任务 3.1：实现 BinaryOperation 及其子类。

构造任务 3.2：实现 Exercise 和 ExerciseSheet。

程序构造过程遵循分而治之、循序渐进的策略。案例目前设计的模块化程度较高，特别是两个子任务内部的类联系紧密，但是两个子任务之间的类的耦合性很低，只有 Exercise 包含了类 BinaryOperation，两个子任务内的其他类之间关联松散。这样，子任务 1 和子任务 2 的开发方式有多种选择：（1）顺序，即在完成子任务 1 的程序后开始子任务 2 的编程；（2）并行，同时开始子任务 1 和子任务 2 的编程。在子任务 2 编程期间，可以使用简单的算式类代替 BinaryOperation，再用编写好的 BinaryOperation 替换，完成整个任务。

如果有两位程序员合作开发，比如小强和小雨，那么他们俩人的合作方式可以是：（1）两人分别执行一个子任务；（2）两人协作执行一个子任务，一个人编写程序，另一个人设计测试，等程序完成了就立刻执行测试。整个开发期间两人可以交换工作。合作方式（2）蕴含了敏捷开发方法中两种实践的基本思想——测试驱动开发与结对编程。

3.6.2 构造

设计一的构造过程简单、直接，选择的一条构造线路如下。

1．设计一的构造

构造任务 3.1.1：实现 BinaryOperation 类

1．编写 BinaryOperation 类

1.1　编写类的属性及属性访问器，本例只写读取访问器，即类似 getXX() 的方法。

1.2　编写字符串显示方法 toString()。

1.3　编写方法 construct()。

1.4　编写测试类 BinaryOperationTester。

1.4.1　测试 BinaryOperation 构造方法，主要测试访问器，测试算式显示，直至通过测试。

1.5　编写 generateAdditionOperation()，类似 1.4.1。

1.6　编写 generateSubstractOperation()，类似 1.4.1。

1.7　编写 generateBinaryOperation()，类似 1.4.1。

1.8　编写比较函数 equals()，在测试类中增加测试函数，测试 equals() 直至通过测试。

1.9　编写其他方法，直至通过测试。

构造任务 3.1.2：实现 Exercise 类

2．编写 Exercise 类

2.1　编写类的属性。

2.2　编写默认构造方法 Exercise()。

2.3　编写测试方法 exerciseTester，测试构造方法 Exercise()，直至通过测试。

2.4　编写查询方法 contains()，测试，直至通过测试。

2.5　编写习题生成方法 generateAdditionExercise()，测试，直至通过测试。

2.6　编写习题格式化显示 formateAndDisplay()，测试，直至通过测试。

2.7　编写习题生成方法 generateSubstractExercise()，测试，直至通过测试。

2.8　编写习题生成方法 generateExercise()，测试，直至通过测试。

在构造过程中，使用基本的调试技术分析、发现、更改出现的错误。对较为复杂的操作实现，比如 generateSubstractOperation()、contains()、generateExercise()，建议使用调试工具及基本调试技术，如断点设置、步进执行、检查变量等。对用随机数的 generateBinaryOperation() 和 generateExercise()，可以通过改变随机值来改变程序执行路径，使用调试器实现并观察。

对实现 contains() 的代码，尝试等价类测试和边界值测试，确定代码无误。尝试用 JUnit 完成测试。

完成构造后，应该产生如下类似的输出：

```
屏幕显示 50 道加法算式：
1.   70+22=   2.   94+2=    3.   3+22=    4.   8+51=    5.   81+4=
6.   59+17=   7.   72+25=   8.   2+55=    9.   52+11=   10.  87+12=
...
屏幕显示 50 道减法算式：
...
21.  37-19=   22.  25-20=   23.  40-20=   24.  4-2=     25.  76-33=
26.  76-57=   27.  72-38=   28.  88-69=   29.  76-55=   30.  44-25=
...
屏幕显示 50 道加法或减法算式：
...
41.  95-64=   42.  78+3=    43.  92+8=    44.  89-3=    45.  19+24=
46.  70+11=   47.  42-21=   48.  24-17=   49.  36-19=   50.  57+17=
```

2．设计二的构造

在设计二中，每个子任务都有不同的设计方案，两者结合能构造出若干代码不同、功能一样的程序。案例构造的类结构如下。下面用一条程序构造线路说明构造过程。

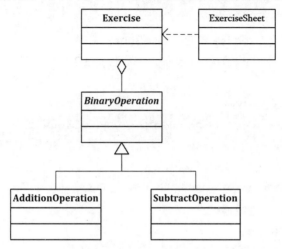

图 3.18　案例构造的类结构

构造任务 3.2.1：实现 BinaryOperation 及其子类

按照图 3.4 构造 BinaryOperation 及其子类。由于 BinaryOperation 是抽象类，因此即使完成它的编码也不能生成实例、进行测试。可采取的一种策略是，暂时把 BinaryOperation 声明为具体类，用子类 AdditionOperation 要实现的方法 calculate 和 checkingCalculation 代替 BinaryOperation 中定义的抽象方法，在完成 BinaryOperation 的基本测试后，再把 BinaryOperation 改回抽象类。然后，分别构造子类 AdditionOperation 和 SubstractOperation，并完成测试。

1. 编写 BinaryOperation 类

步骤 1.1～1.4 同构造任务 3.1.1。

1.5　编写实现加法运算的 calculate，测试，直至通过。

1.6　编写实现加法运算的 checkingCalculation，测试，直至通过。

1.7　编写 generateOperation(anOperator)，用"+"作为参数，测试，直至通过。

1.8　编写比较函数 equals()，测试，直至通过。

1.9　将 BinaryOperation 改回抽象类。

2. 编写子类 AdditionOperation

2.1　编写默认构造方法 AdditionOperation()。

2.2　编写 calculate 和 checkingCalculation。

2.3　编写测试：在 BinaryOperationTester 中增加一个测试方法 additionOperationTester，编写如下类似代码，执行测试：

```
BinaryOperation bop;
bop=new AdditionOperation();
```

3. 编写子类 SubstractOperation

3.1　编写默认构造方法 SubstractOperation()。

3.2　编写 calculate 和 checkingCalculation。

3.3　编写测试：在 BinaryOperationTester 中增加一个测试方法 substractOperationTester，编写如下代码，执行测试：

```
BinaryOperation bop;
bop=new SubstractOperation ();
```

构造任务 3.2.2：实现 Exercise 和 ExerciseSheet

为方便实现，采用设计二构造类 Exercise，完成代码 3.2.2，扩充代码 3.2.3。

4. 编写类 Exercise

4.1　采用设计二编写 Exercise。

```
class Exercise extends ArrayList<BinaryOperation>{
}
```

4.2　编写产生一定数量加法算式的方法。

```
public void generateAdditionExercise( int operationCount){…}
```

测试一定数量的算式，直至通过。

4.3　编写格式化显示方法。

```
void formateAndDisplay (int columnsPerRow) {…}
```

测试一定数量的加法算式，直至通过。

4.4　编写产生一定数量减法算式的方法。

```
public void generateSubstractExercise ( int operationCount){…}
```

测试一定数量的减法算式，直至通过。

4.5　编写产生一定数量加法或减法算式的方法。

```
public void generateBinaryExercise ( int operationCount){…}
```

测试一定数量的算式，直至通过。

4.6　编写类 ExerciseSheet，编写测试方法。

（1）产生 50 道加法算式，格式化显示，直至通过测试。

（2）产生 50 道减法算式，格式化显示，直至通过测试。

（3）产生 50 道加法或减法混合算式，格式化显示，直至通过测试。

3.6.3　代码托管

构造任务 3.1 和 3.2 的引入使得口算练习软件的代码量逐渐增大。为更好地管理和控制代码版本，可以将所有代码推送到云端的代码仓库。一个典型的版本控制与代码托管过程如下：

（1）在 PC 端安装 Git 程序；

（2）初始化 Git 环境，创建.git 文件；

（3）克隆远程项目；

（4）上传本地代码库到托管平台。

详见二维码。

Git 的安装与初步使用

3.7　讨论与提高

3.7.1　进一步认识调试

1．调试与测试

调试与测试都分析程序代码、选择性地运行程序，观察程序的结果或运行过程。测试分析程序是为了有效地设计测试，运行程序是为了显示程序有错误、没按照预期执行或产生预期的结果。调试分析和运行程序的目的是发现程序出错的根源和位置，以便修改程序，运行是让错误重现。测试与调试的目标不同，采用了不同的技术、方法和工具。在软件构造过程中，开发者交替进行测试与调试：测试发现程序可能存在错误，然后通过调试来修改错误，之后再通过测试确认程序错误得到了修改。

调试的本质即确认的基本原则：修正具有错误的程序，就是逐个确认你自己认为正确的事情与对应的代码确实是正确的。当发现其中某个假设不成立时，就表示已经找到了关于程序错误所在位置（可能并不是准确的位置）的线索。这些错误正是通过测试而呈现的。

2．不调试就是最好的调试

精通程序调试不仅要掌握专门的调试器和调试技术，还要充分利用其他编程辅助工具。最好的调试就是一开始就不要错误地编程。

首先，要熟练掌握编辑器的使用。充分利用支持编程语言的编辑器是最容易忽略的"预调试"方式。无论是集成化开发环境（IDE）中内置的编辑器，还是 emacs 等通用编辑器，都有编程辅助功能（语法突出显示、括号匹配等功能）。无论现代开发工具或 IDE 如何发展，编辑器对于程序员，就好比乐器对于音乐家，最大限度地学习使用编辑器可以更好地编写程序，更有效地领悟他人的代码，减少调试代码时要执行测试、编译和运行的次数。

其次，充分利用编译器。所有编译器都有能力扫描代码并发现常见的基本错误。这通常需要通过调用适当的选项来启动编译器的错误检查。应该经常使用编译器的错误检查选项，逐渐养成良好的编程习惯。

最后，使用静态代码检查器。它无须编译运行程序，就能发现代码中可能的错误、不规范的编码，甚至是具有安全隐患的代码或第三方函数。最早的 lint 用于检查 C 语言的函数调用。目前也有类似的开源工具支持其他语言，如 C#、Java、Python 等，请参考第 5 章。

3．调试的智力活动

调试是一项高智力的活动

3.7.2　设计原则与设计模式

前面介绍的模块化、信息隐藏、单一职责等软件设计原则，为设计良好的软件提供了指南和准则。原则能让我们判断什么是好的软件，什么是应该避免的设计。但是，原则不会告诉我们如何解决问题、得到良好设计，我们还要一些经过实证、满足良好设计原则的技术、机制等。

软件开发过程中经常会出现一些可反复使用、解决实际问题的解决方案，称为设计模式。一个设计模式针对一个具体问题，用抽象方式描述解决一类特殊问题的、通用的设计方案及其元素。设计模式的核心元素包括：标示模式的名称，适用环境的场景，描述设计的模板。面向对象技术通常使用类图描述设计模式的结构，用交互图描述设计模式的行为。

尽管设计模式最早出自面向对象，现在已经应用在其他的软件开发范式，甚至应用到软件的其他组成成分中，出现了算法模式和软件架构模式。

本节结合案例，从问题分析、设计思路、设计结构、模式特点、案例研究 5 个方面，介绍两种设计模式：策略模式和迭代器模式。

1．策略模式

（1）问题分析。在设计软件过程中，某些对象使用的算法可能是多种多样、经常改变的，如果将这些算法都编码到一个对象中，会使对象变得异常复杂。而且，为便于复用，有时要支持其他类不使用的算法也是一种性能负担。如何在运行时根据需要透明地挑选对象的算法，将算法与对象本身解耦，从而避免上述问题呢？

（2）解决思路。让应用程序使用一种抽象的策略算法，然后用子类继承这个公共的抽象类，定义一个个具体的策略算法，把它们封装起来，通过实现抽象类的抽象算法使它们可互相替换。该模式使得算法可独立于使用它的应用客户而易于变化和扩展。

（3）设计结构。有三个参与者。应用场景 Context 使用具体策略 ConcreteStrategy 提供的算法，维护一个抽象策略 Strategy 实例，负责动态设置运行时 Strategy 具体的实现算法及 Strategy 间的交互和数据传递。Strategy 定义一个公共接口，各种不同的算法以不同的方式实现这个接口。Context 使用这个接口调用不同的算法。ConcreteStrategy 实现 Strategy 定义的接口，提供具体的算法实现。图 3.19 显示了解决这个问题的策略模式，它同时实现了依赖倒转原则。

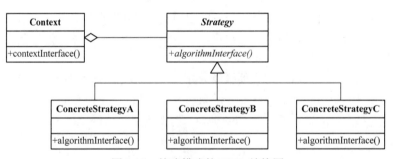

图 3.19　策略模式的 UML 结构图

（4）模式特点。策略类及其子类为应用提供了一系列可重用的封装算法，通过面向对象的多态、动态绑定技术，可使得对象在运行时方便地根据需要在各算法之间进行切换。该模式为条件判断语句的实现提供了另一种选择，它可以消除条件判断语句，实质就是在解耦。含有许多条件判断语句的代码通常都可用策略模式。但是，客户端必须知道所有的策略类，并自行决定使用哪个策略类。而且，每个具体策略类都会产生一个新类，策略模式容易造成很多的策略类。

（5）案例研究。案例设计二之前的代码，包括设计一的类 BinaryOperation 有加法运算和减法运算，它们的运算规则和约束是不一样的，产生算式时要使用分支语句根据运算符，分别产生加法运算和减法运算。设计二定义了一个抽象的策略类 BinaryOperation，包含两个抽象方法 calculate 和 checkingCalculation，两个实现具体策略的子类 AdditionOperation 和 SubstractOperation 分别实现了这两个方法。

2．迭代器模式

（1）问题分析。在软件构建过程中经常要处理集合结构的对象，它们的内部结构变化各异。对这些集合对象，希望在不暴露其内部结构的同时，让外部客户代码透明地顺序访问其中的每个成员对象，同时也为同一种算法在多种集合对象上进行操作提供可能。

（2）解决思路。提供一种方法有效地按顺序访问一个聚合对象中的各成员对象，而又不暴露该聚合对象的内部表示。

（3）设计结构。有 4 类参与者。迭代器接口 Iterator 定义实现迭代功能的最小方法集，比如提供 add()、hasNext()、next()等方法。具体迭代器 ConcreteIterator 是实现 Iterator 的类，根据具体情况实现。容器接口 Aggregate 定义创建相应迭代器对象的接口。容器 ConcreteAggregate 实现创建相应迭代器的类，返回迭代器实现类一个适当的实例。迭代器模式的 UML 结构图如图 3.20 所示。

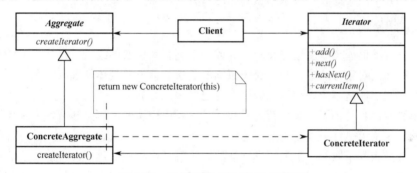

图 3.20　迭代器模式的 UML 结构图

（4）模式特点。迭代抽象——访问一个聚合对象的内容而无须暴露它的内部表示。迭代多态——为遍历不同的集合结构提供一个统一的接口，从而支持同样的算法在不同的集合结构上进行操作。健壮性考虑——遍历的同时有可能更改迭代器所在的集合结构，导致问题。

（5）案例研究 1：Java 语言的 Collections Framework 是迭代器模式的典型实现，它的接口 Collection 和 Iterator 分别对应模式中的 Aggregate 和 Iterator。Java 使用方法 iterator()要求容器返回一个 Iterator。iterator()方法是 java.lang.Iterable 接口，被 Collection 继承。第一次调用 Iterator 的 next()方法时，它返回容器中的第一个元素。

案例研究 2：案例设计二中策略 3 的封闭结构可以视为迭代器模式的（变形的）应用。Java 中的确存在名为 Iterator 的迭代器接口。类 ArrayList 有一个方法 iterator()就用来创建一个 Iterator 接口。Exercise 封装了 ArrayList，BinaryOperation 是 ArrayList 泛型的具体类型。客户 ExerciseSheet 直接使用了 Exercises 提供的 Iterator 的接口 next()和 hasNext()。

3.7.3　面向对象的设计原则

前面介绍的模块化、信息隐藏、抽象等是软件开发普遍接受的基本原则。针对面向对象开发范式的特性，人们经过反复的实践和总结，提炼出了面向对象的 5 条基本原则。

（1）单一职责原则（Single Responsibility Principle，SRP）。就一个类而言，应该仅有一个引起它变化的原因。指一个类只有一种单一功能，不要实现过多的功能。该原则可以视为面向对象程序具体落实了低耦合、高内聚的原则。

（2）开放封闭原则（Open Closed Principle，OCP）。软件实体（模块、函数、类）应该可以扩展，但是不可修改，即继承或合成。对扩展开放，对修改封闭。它是面向对象所有原则的核心。

（3）依赖倒转原则（Dependence Inversion Principle，DIP）。抽象不应该依赖细节，细节应该依赖于抽象。该原则与传统的结构化分析与设计方法对立。

（4）里氏代换原则（Liskov Substitution Principle，LSP）。子类型必须能够替换它们的基类型。这一思想体现了对继承机制的约束规范，只有在子类能够替换基类时，才能保证系统在运行期内识别子类，保证了继承复用的基础。违反里氏代换原则必然导致违反开放封闭原则。

（5）接口隔离原则（Interface Segregation Principle，ISP）。不应强迫客户依赖于它们不用的方法。接口属于客户，不属于它所在的类层次结构。

敏捷方法推荐 11 条面向对象的设计原则，包含上述 5 条基本原则。此外，还有一些其他基本原则，如最少知识原则（Principle of Least Knowledge，PLK），也称为迪米特法则，尽量减少类之间的依赖关系。在应用中最直接的实现就是在两个类中间创建一个中介类，以解脱两个类之间的联系。目前大量广泛使用的中间件可以视为迪米特法则的应用。

下面将分别介绍一条面向对象基本原则和敏捷方法的面向对象设计原则。

1．开放封闭原则

程序的一处改动可能会产生连锁反应，导致一系列相关模块的改动。松散耦合的作用就是避免这种现象。在面向对象方法中，开放封闭原则就是松散耦合的具体体现：它允许程序通过类的继承、合成而扩展，但是不允许或尽量减少改变已经编译好的类。

程序的模块应该容易扩展，满足新的需求。扩展程序模块时，不必改模块的源代码或二进制代码。模块的二进制可执行版本无论是可连接的库、DLL，还是 Java 的 jar 文件，都无须改动。这两个特征好像是相互矛盾的：扩展程序行为的方式就是修改程序代码。不能修改的程序代码被认为具有固定的行为。解决程序修改问题的核心是模块化。通过修改模块（类）而实现程序的开放封闭原则。

例如，案例用户目前的要求是 100 以内的加法或减法运算，如果今后想把数据扩大到 500，或者要求加法是 200 以内、减法是 100 以内，目前的设计把规则隐含在 BinaryOperation 及其子类中，必须修改它们才能满足新的要求。如何才能不用更改 BinaryOperation 的代码，又能扩展它呢？

可以采用开闭原则，运用策略模式改进 BinaryOperation 的结构，分离算式产生与算式的约束或规则，并且也分离运算数的约束和运算结果的约束，新建一个抽象约束类 Constraints，让类 BinaryOperation 使用它的操作 checkRange 和 checkCalculation 分别检查运算数和运算结果是否满足约束条件。针对不同运算类型要求的不同约束，增加 AdditionConstraint 和 SubstractConstraint 两个子类，分别实现检查两个运算数的约束 checkRange、之和或差的约束 checkCalculation。重新构造设计后，与算式相关的类结构如图 3.21 所示。

这样，若想改变约束条件，则只需更改约束类 Constraints 的方法，无须改动其他类的源码，也无须重新编译。又如，如果今后想增加其他二元运算，比如乘法运算，只需分别在抽象类 BinaryOperation 和 Constraints 下面添加子类 MuliplcationOperation 和 MuliplcationConstraint（开放），分别实现 calculate 及 checkRange 和 checkCalculation 即可。之前编译好的可运行代码不必变动（封闭）。不管具体的子类有多少、如何实现、甚至何时做了变更，都不影响抽象类，也不影响整个应用程序的运行。面向对象的多态性与动态绑定的机制，使得程序可以在运行时才决定方法的具体行为。这些机制不仅使得程序的扩展、维护变得更加容易，也为大型软件的异地、分布、协作式开发提供了支持。

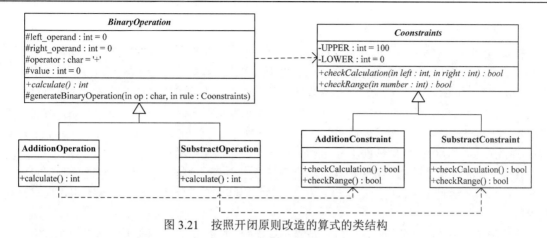

图 3.21　按照开闭原则改造的算式的类结构

下面是按照图 3.21 的设计，类 BinaryOperation 变动较大的部分代码。

```
//代码 3.4.1: 类 BinaryOperation 部分代码，放在 package cbsc.cha3.exercise;
public abstract class BinaryOperation {
    …
    private int getValidOperand(Constraints rule){…}
    protected void generateBinaryOperation(char anOperator, Constraints rule) {
        int left, right;
        left = getValidOperand(rule);
        do {
        right = getValidOperand(rule);
        } while (!(rule.checkCalculation(left,right)));
        …
    }
    abstract int calculate(int left, int right);
    //属性访问器、equals、asString 等
}
class AdditionOperation extends BinaryOperation {
    AdditionOperation() {
        generateBinaryOperation('+', new AdditionConstraints());
    }
    int calculate(int left, int right){
        return left+right;
    }
}
class SubstractOperation extends BinaryOperation {…}
}
```

　　实现开闭原则的核心是共性和个性分析，关键是抽象。要从不同状态和行为中梳理出共性和个性，然后对应用软件进行抽象化设计。首先为整个软件设计一个相对稳定的抽象结构，提供充分的接口，保障可扩展性；然后把不同的行为放在具体的实现层。Java、C#、Objective-C 等面向对象编程语言都提供了接口、抽象类等机制，支持抽象层的设计，个性行为通过具体类实现。如果要修改应用软件的行为，无须改动抽象层，只需对抽象层的接口或继承的抽象增加具体的实现类即可，从而达到了在不修改已有代码的基础上扩展应用的功能，满足开闭原则的要求。最后，里氏代换原则是开闭原则的具体实现手段之一。

2. 合成复用原则

模块间的耦合同样适用于面向对象程序。类之间的耦合与对象之间的耦合同样重要，但是，耦合的概念与继承有些冲突：继承违背了松散耦合原则。继承把基类与其子类紧密联系起来，提高了子类与基类的耦合度，也破坏了信息隐藏的封装性。基类的成员变量、成员方法都要对子类开放，子类才能复用，或者子类要覆盖基类的一些操作实现。既要表示一般-特殊关系，实现代码的复用，又要降低耦合性。合成也是实现复用的另一种途径。合成复用原则（Composite/Aggregate Reuse Principle，CARP）是指尽量使用组合/聚合关系，而不使用继承。

该原则就是在一个新的对象里面通过组合/聚合关系使用一些已有的对象，使之成为新对象的一部分，新对象通过委派调用成员对象的方法达到复用其已有功能的目的，实现复用，同时又满足松散耦合的基本原则。

合成和继承都能实现复用。类的继承是紧密耦合的"白箱复用"。合成是弱耦合，通过委托使用成员对象的方法达到"黑盒复用"，即整体只能通过成员对象的接口要求其提供功能或服务，而对成员对象的实现细节一无所知。而且，成员对象可以在运行时动态地更换。使用合成时要求成员对象具有良好定义的接口。

根据合成复用原则，只有当以下的条件全部被满足时，才使用继承关系。

（1）子类是基类的一个特殊种类，而不是超类的一个角色，即要区分"是……一部分"和"是……的一种"。只有"是……的一种"关系才符合继承，"是……一部分"关系应当使用合成。

（2）永远不会出现需要将子类换成另外一个类的子类的情况。如果不能肯定将来是否会变成另外一个子类，就不要使用继承。

（3）子类具有扩展基类的责任，而没有置换或注销基类的责任。如果一个子类需要大量地置换基类的行为，那么这个类就不应该是这个基类的子类。

（4）只有在分类学角度有意义时，才建议使用继承。

考查设计二中存储算式的容器的数据结构和其中算式元素的关系。策略 2 让类 Exercise 继承 ArrayList，显然不满足上面建议的使用继承关系的 4 个条件。策略 3 让 Exercise 包含 ArrayList，则较好地体现了合成复用原则。

3.7.4　课程思政

淡泊名利、奉献一生的计算机学家——CCF 终身成就奖

3.8　思考与练习题

1. 概念解释：抽象，封装，信息隐藏，抽象数据类型，分类，多态，接口，聚合，组合，UML，上转型对象，单元测试框架，设计模式，设计原则。

2. 用 C、Java 等编程语言，

（1）定义 ADT Stack、ADT Queue、ADT List；

（2）编程实现上面定义的 ADT ；

（3）设计测试用例，并用 JUnit 测试。

3．用 C、Java 等编程语言，定义 ADT BinaryOperation。

4．如何理解软件设计？研究其他工程领域（如建筑、电力、桥梁、计算机硬件），它们对设计与制造或建造的区别，讨论软件开发中的设计与编程的差异，以及软件设计与工程设计的异同。

5．简单说明软件调试和软件测试的区别与联系。

6．为什么说调试是一项智力活动？

7．面向对象的 5 条基本原则是什么？分别举例说明。

8．什么是 Java 的注解？解释 JUnit 基本注解的含义。

9．JUnit 断言的作用是什么？解释 JUnit 基本断言的含义。

10．针对下面的需求描述，运用面向对象方法设计软件，并用 UML 表示类之间的关系：一个网上购物系统，客户（Customer）可以从商品目录（Category）中浏览商品（Item），把挑选的商品放进购物车（Shopping_cart），并且可以说明同一商品的数量。如果不如意，可以随时从购物车拿出一件或若干商品。客户付款（Payment）时，系统计算购物车中所有商品的价格，让客户选择 E-bao、Bank_card 或货到付款（Cash）等付款方式。系统根据付款方式和金额为客户增加积分（Reward），并根据年度消费总金额把客户划分成三类：Type_A、Type_B 和 Type_C，以便提供针对性的服务和营销。客户能浏览自己的积分、一年采购的所有商品，但是不知道自己在网站的客户分类。

11．请解释下面用 UML 类图表示的设计。

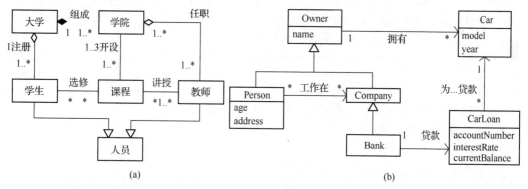

图 3.22　题图

12．案例设计一采用了面向对象的设计，请考虑如下问题：

（1）二元算式类为什么没有提供构造方法（构造器）？

（2）构造方法能否继承？

（3）教材提供的方法 construct 是 private，原因是什么？

（4）实际产生对象的方法 generateAdditionOperation 不是 public，与使用 public 的方法有什么区别？

13．运算式 BinaryOperation 可以分为加法算式 AddOperation、减法算式 SubOperation，可以把 BinaryOperation 设计为抽象的基类，其他的作为其子类。另外一种策略是，把 BinaryOperation、AddOperation 和 SubOperation 都设计成普通类，让后面的两个类作为 BinaryOperation 的成员。请根据面向对象的概念及从软件的构造、扩展、维护等角度，对比这两种设计策略。

14．画出设计二完整的UML类图。如果要新增乘法算式MulOperation和除法算式 DivOperation，请再次画出软件的UML类图。

15．在 3.3 节面向对象设计一的代码中，没有提供含参数的构造器如 BinaryOperation (int left, int right, char op)，而是使用了系统默认的构造器。同时，借鉴面向过程的程序，分别编写了三个产生满足算式要求的公共方法和一个实际产生算式 BinaryOperation 对象的私有方法 construct。请解释原因。考虑若有含参数的 BinaryOperation 构造方法，它能保证一定产生合法的 BinaryOperation 对象吗？方法 construct 能公开吗？

16. 在 3.3 节面向对象设计一的方案中，关于检测相同算式的讨论，若在 Exercise 实现公共方法：

```
public boolean hasNext();        //若 Exercise 还有元素,则返回 true,否则返回 false
public BinaryOperation next();  //返回类 Exercise 的下一个元素,若没有下一个,则返回 null
```

则可以不在Exercise中提供constains(anOperation)，而在BinaryOperation实现成occursIn (anExercise)，请编程实现，并分别给出下面测试的结果：

（1）练习题 Exercise 为空，BinaryOperation 对象是 45+33，它发出请求 occursIn(exercise)；

（2）练习题 Exercise 有 5 道算式 33–23、45+3、92–18、71+18、62+15，BinaryOperation 对象 55+8 发出请求 occursIn(exercise)；

（3）练习题 Exercise 同（2），BinaryOperation 对象 33–23 发出请求 occursIn(exercise)；

（4）练习题 Exercise 同（2），BinaryOperation 对象 62+15 发出请求 occursIn(exercise)。

17. 对 3.5.1 节的类 BinaryOperation 中的方法 construct，运用等价类结合边界值、使用 JUnit 进行测试，并分析测试错误和测试失败。要求考虑程序的有效数据和无效数据。

18. BMI（Body Mass Index，身体质量指数）是用体重千克数除以身高米数平方得出的数字，是目前国际上常用的衡量人体胖瘦程度的一个标准，如下所示。

BMI 值的范围	20 以下	20～25	25～30	30～35	35～40	40 以上
输出	偏瘦	正常	偏胖	肥胖	重度肥胖	极度肥胖

下面是实现 BMI 的一个类，请学习使用 JUnit，分别：

（1）输出域等价类方法；

（2）输入域等价类方法；

（3）结合输入域的边界值方法，测试该程序；

```
public class BMI {
    public String toString(double weight, double height){
        double bmi = weight/(height*height);
        if(bmi < 20)
            return "偏瘦";
        else if (bmi < 25)
            return "正常";
        else if (bmi < 30)
            return "偏胖";
        else if (bmi < 35)
            return "肥胖";
        else if (bmi < 40)
            return "重度肥胖";
        else
            return "极度肥胖";
    }
}
```

（4）讨论自然语言中的范围，如 20～25，是否包含 20、25，请用数学符号（如区间、集合等）给出代码中范围表示的准确含义；

（5）假如范围 20～25 理解成[20,25]或（20,25），如何通过测试发现程序的缺陷？

（6）继续（5），如果不给上面的程序代码，而提供 BMI.class，如何设计测试用例，通过测试发现程序的缺陷？

19．完成案例设计一的构造，并输出与教材类似的结果。

20．完成案例设计二的构造，并完成下面的测试，其中<习题算式数量, 每行输出算式数量>分别是：{<40,5>,<40,6>,<40,7>,<40,4>,<40,3>,<41,5>,<42,5>,<43,5>,<44,5>,<20,−1>,<20,0>}。

21．完成图 3.6(a)的程序，并用上一题的测试数据显示输出的习题。

22．根据图 3.6(b)的设计，修改代码，用 ArrayList 自定义的方法 iterator()在 ExerciseSheet 中实现 formattedDisplay()。用上一题的测试数据显示输出的习题。

23．对于案例设计二的构造，使用调试程序，单步执行一个 AdditionOperation 的产生过程，理解面向对象的方法调用过程，理解依赖倒转等面向对象的设计原则。

24．案例设计二的类 Exercise 中有个方法能产生一定数量的混合加减法的算式习题。

（1）请在类 Exercise 中添加 2 个方法，产生一定数量的混合加减法的算式习题，同时要求加法算式的数量或者占比数，实现如下接口的方法并测试，如 generateBinaryExercise (60, 0.45)，generateBinaryExercise (60, 35)。

```
public void generateBinaryExercise ( int opCount, float addRatio){…}

public void generateBinaryExercise ( int opCount, int addCount){…}
```

（2）如何正确处理如下的测试例子：generateBinaryExercise (60, 1.45)，generateBinaryExercise (60, 75)？

25．理解 BinaryOperation 的策略模式和开放闭合原则。

（1）完成图 3.21 设计的类 BinaryOperation 的构造。

（2）与设计二中的一个 Exercise 结合，完成下面的测试，其中<习题算式数量，每行输出算式数量>分别是：{<40,5>,<40,6>,<40,7>,<40,4>,<40,3>,<41,5>,<42,5>,<43,5>,<44,5>}。

（3）如果允许加法运算数及其和的范围是[0,200]，给出两套 40 道算式的加法习题、两套混合加减法的 30 道算式的习题。

第 4 章　数据处理的软件构造

主要内容

讨论数据处理及其构造，目标是把算式和习题从程序变量的值转化成可共享、持久性的数据文件。理解文件的产生、存储和读取并能编程操作，重点使用一个特殊的文本文件格式 CSV。要能在案例构造中使用本书定义的算式基，应用正则表达式、表驱动编程模式和防御性编程技术，以及白盒测试的基本方法，熟练使用 JUnit 实现自动化测试。

故事 5

使用"口算练习神器"一段时间以后，华经理邀请小强和小雨见了面。华经理讲了以下情况，希望小强继续帮忙。小明的爷爷有事要离开一段时间，小明的妈妈负责他的口算练习。她是公司文秘，工作忙，晚上回家忙完家务后，就没有太多精力看管小明练习口算、再批改。家里有计算机，但是现在不想让小明用。老师发现小明每天的练习很有成效，希望能保持下去。华经理作为职业经理人，善于精细、量化、目标导向的管理。比如，他发现，有些口算题目小明出错较多，想让他重点练习，特别是再做一遍较差的习题。另外，他可以在上班休息时间抽一点空，使用"神器"做点事，比如选择算式组成习题、批改习题、查看小明的练习成绩、挑出小明做过的习题让小明再做，等等。

小强和小雨回去查阅资料，讨论出具体做法：让"神器"产生一批习题，华经理每天各选择一套加法习题、减法习题和混合加减法习题，打印出来；小明做习题，把答案写在纸上；小明的妈妈把答案用办公软件输入计算机，传给华经理；他再用"神器"读入习题和答案，让程序自动判题、打分并保存起来。这样，华经理就可以分析小明每天的练习，给予针对性的指导。

小强把上述想法告诉了华经理。华经理感觉有些不顺畅，梳理了流程，并用业务流程图表示了"口算练习神器"的使用。

案例程序的交互流程图

案例的软件是一个包含程序、数据和用户的计算机系统。一个软件可以提供若干功能或模块，不同的用户可以仅使用其中的模块——若干函数、类或类定义的方法。一个用户可以用其他用户使用软件产生的结果（如算式、习题），继续使用软件完成其他任务（如批改习题）。不同用户应该可以在不同的时间产生和使用结果（数据）。如此使用软件的一个条件是能够持久地存储运行程序产生的结果，它的生存时间超过程序运行的时间，即存储一次程序运行的结果，在程序退出、再次启动后，程序或其他模块能获取并使用存储的结果。

更进一步，一个计算机系统甚至允许两种不同语言编写的程序能够异步地交换数据。实现数据持久性最基本的途径是文件和数据库。

本章讨论使用文件实现图 4.1。首先，讨论案例有

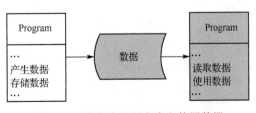

图 4.1　两个程序分别产生和使用数据

哪些量大的数据需要存储。其次，简单解释文件及 Java 的输入/输出流。然后讨论持久性数据的编程与相关的技术。最后是案例的分析与实现。

4.1　数据及其持久性

　　计算机编程语言都有内置的容器类的数据结构，可以用来存储一定数量的数据或数据集，常见的如数组，也包括表、队列、栈、树、图等。程序中存储在数组变量中的数据是瞬时的，只有当程序在内存中运行时才能使用它们。变量离开了作用域或者程序停止了，其值（即数据）就丢失。计算机用文件长期保留大量的数据，即使创建数据的程序停止了，数据也还存在。我们每天都在使用文件，如编写的文稿、程序。保存在程序之外（如文件、网络）的数据称为持久数据，因为它们的生存时间超过了程序执行期，在程序的两次运行之间存活。计算机用二级存储设备（如硬盘、光盘、磁带等）持久地存储文件。文件处理是编程语言支持应用程序存储和处理大量持久数据的一种重要能力。Java 等编程语言通常都提供了文件处理和输入/输出流的功能。

　　计算机处理的数据设计成了数据层次结构，随着从比特到字符到字段等，数据变得越来越大、越来越复杂。比特组成字符；一组字符或字节组成字段，它传递特定的含义。例如，包含了大写小写字母的字段可以用来表示一个人的姓名。若干字段构成记录（如 C 的结构体、面向对象语言的类）。例如，在一个学生管理系统中，学生记录可以包含下列字段：

字段名	姓名	性别	学号	身高	体重	学院	出生日期	电话
类型	String	Boolean	int	double	double	String	Date	int

　　记录是一组有关系的字段。一个文件就是一组相关的记录。一般而言，一个文件包含任意格式的任何数据。有些操作系统把文件当成一组字节。一个文件中字节的任何组织（如把数据组织成记录）都是程序员创建的一个视图。学生管理系统通常为每个学生都保存一个记录，所以，在规模小的学校，学生管理系统可能包含 400 个学生记录，大的学校可能有 40000 个学生记录。一所学校有很多文件，如学生文件、教师文件、课程文件、教学文件等，有些文件可能包含千万甚至数十亿字符的信息，也就不足为奇了。组织文件中的记录有多种不同的方式，最常见的方式是顺序文件，其中的记录是按照关键字的顺序或存入的顺序存储的。一组相关的文件可以组成数据库。专门用于创建、处理和管理数据库的一组程序称为数据库管理系统（DBMS，Database Management System）。

　　一个应用程序选择数据的存储、管理和处理方式，要考虑下面的因素。

- 数据的持久性和使用频次：是否仅在程序运行期间使用数据，程序停止后是否使用数据，数据是否需要持久存储，使用相同数据的程序的运行次数是否频繁。
- 生产和访问数据的难易程度：产生数据的程序或过程是否复杂，每次是否都要产生或使用相同的数据，数据产生程序的运行效率如何，是否容易访问到数据。
- 共享与传输：是否允许不同的程序共享同一个（组）数据，是否允许在不同环境下使用数据，是否要在不同程序、不同机器甚至不同的物理位置之间传输数据。
- 数据的规模及管理：数据量如何，管理它们是否复杂，编写和使用管理数据的程序是否复杂。
- 数据的操作方式：是否要查询、更改、增加、删除数据，每种操作的频次如何。

　　还有其他因素，如并发性、可靠性、安全性。很多因素是定性的，难以给出明确的选择，需要程序员根据应用要求选择合适的方式。

　　一般而言，程序设计语言数据结构的数据集依附于应用程序，数据结构改变时，程序必须改变。程序直接面向存储结构，数据的逻辑结构与存储的物理结构没有区别。数据只在内存，不能持久存储，也无法共享和传输，适合在结构简单、数据量少时使用。其他情况，特别是数量较大、需要持久和共享数据时，应该使用文件和数据库。本章学习文件，把产生的算式习题、练习解答用文件保存起来，其他时间再用同一个程序读入这些数据文件并处理。

4.2　文件与输入/输出流

4.2.1　文件

案例的持久性问题，本质上是程序间的一种交互，即一个程序产生数据，另一个程序读取并使用这些数据。程序通过多种方式输入/输出。例如，人们用键盘向程序输入数据，程序通过屏幕显示运行结果。程序之间可以通过文件实现输入或输出。在操作系统中，文件是组织和管理数据的基本单位，也是对物理输入/输出设备的抽象，使用者不必关心文件及其内容的存取方式、存储位置、结束标志等。

1．字符文件与字节文件

文件的种类按照存储形式，可分为字符（文本）文件和字节（二进制）文件。在字符文件中，字节表示字符，使人们可以查看、编辑文件（如 Java 源程序）。在字节文件中，字节不一定表示字符，字节组还可以表示其他类型的数据，如整数、浮点数或汉字字符。

实际上，任何文件都是以二进制格式存储的，而且以字节作为最小单元存储。在读/写文件（包括文本文件）时，都是逐个字节地读/写，然后形成字节序列。即使是字符文件，在磁盘上保留的也不是文件的字符，而是先把字符编码成字节，再把这些字节存储到磁盘。

字节文本的存储无须任何编码，而使用文本文件时要考虑字符编码。例如，整数1234以二进制格式存储时，是一组字节序列 00 00 04 D2（十六进制）；按照 UTF-16 格式，字符串"1234"的编码是 00 31 00 32 00 33 00 34（十六进制）；按照 ISO 5585-1 编码格式，字符串"1234"的编码是 31 32 33 34。编程语言使用了不同的编码格式，共享文本文件时要注意采用的编码格式。

可以使用文本编辑器查看文本文件，如 C、Java、C#等程序。二进制文件难以被人看懂，主要是被程序读取和使用，或者由程序转换为人可阅读的格式。例如，二进制的 PDF 文件由特殊的文字处理软件读取、转换、显示成可阅读的文本。如果试图用普通的记事本查看 Java 编译后的字节码，会立刻发现它是二进制文件。

2．记录文件和流式文件

文件分为物理文件和逻辑文件。物理文件是与存储介质性能有关的，在外存上存储的组织形式由操作系统负责组织和管理。程序中使用的文件是用户视角下的逻辑结构。逻辑文件从结构上分成两种形式：一种是无结构的流式文件，文件内信息不再划分单位，由一串字符流构成文件；一种是有结构的记录文件，即用户把文件内的信息按逻辑上独立的含义划分信息单位，称为一个逻辑记录（简称记录）。记录可有相同或不同数目的数据项，有定长和不定长记录这两类。选择哪种逻辑结构才能更有利于用户对文件数据的操作呢？

无结构的流式文件，查找文件中的基本信息单位（如变量名、float 数）比较困难，但管理简单，方便用户操作。所以，那些对基本信息单位操作不多的文件较适合采用字符流的无结构方式，例如，源程序文件、目标代码文件等。有结构的记录文件可把文件中的记录按不同的方式排列，构成不同的逻辑结构，方便用户对文件中的记录进行修改、追加、查找和管理等操作。

4.2.2　输入/输出流

　　程序不直接操作存储器中的数据，必须借助一个连接内存中的程序和外存设备的通道。术语流表示任意输入的源或任意输出的目的地。许多小型程序（如之前的案例程序）都是通过一个流（通常和键盘相关）获得输入，再通过另一个流（通常和屏幕相关）写出全部输出的。大型程序还会需要额外的流，它们常表示存储在不同介质（如硬盘、CD、磁带、闪存）上的文件，也可以和非存储文件设备（如网络端口、打印机）相关联，甚至还可以是不关心存储介质、非存储设备的云存储。流的概念使我们能对各种不同的物理设备（如磁盘、键盘、打印机、网络）从逻辑角度以相同的方式传输数据。可以把流想象成传输数据的管道，让外部输入设备或存储器上的文件数据流入内存或让程序中的数据流出，如图 4.2 所示。

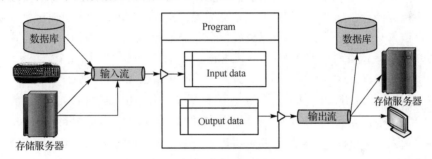

图 4.2　内存数据、I/O 传输通道及文件

　　如果数据从某个外部源传入程序，称为输入流；反之，称为输出流。外部源通常是文件，也可以是输入设备、网络上的数据，或者读/写内存的区域，或者命名的管道。如果写出或读入的外部源是文件，就称为文件流。流不假设任何外部数据源的性质和结构，外部源甚至可以是程序中的变量。这种技术常用于转换数据类型，例如，C 语言中的打印函数 printf，把整数类型转换成字符串或格式化字符串。

　　为了使程序独立于物理设备或操作系统，应该使用一个独立的对象（流）来传输数据，而不直接使用被传输的数据。传输数据与某个特殊数据的这种概念分离更容易包装数据。有些对象本身包含许多和数据在外部源与代码中变量有关的通用代码。将这些代码与一个特殊数据源的任何概念分离，能使代码更容易在其他环境中复用。

　　在程序中，可以把文件理解成物理概念，流是逻辑概念。程序的输入/输出操作是针对抽象的流来定义的，前提是把该文件与一个（对象）流联系起来。高级程序设计语言（如 C、C++、C#、Java 等）保留了操作系统中的文件，同时引入了流，执行对文件的读/写操作。例如，Java 的文件类（如 File、Directory、Path）对计算机中目录和文件信息提供操作，包括文件的删除、增加、移动、信息访问等，而文件内容的读/写则由各种类型的流完成。

　　Java 提供了丰富的输入/输出流，包括文件字节输入/输出流、文件字符输入/输出流、具有结构的数据流、对象流及缓冲流、随机流等。而且这些流可以通过组合构成更复杂的流，请读者查阅有关资料，理解和掌握 Java 流的应用。

　　Java 等编程语言没有机制定义文件结构，即记录的概念在编程语言中不存在，所以，程序员必须设计文件结构来满足应用的需求。

4.2.3　数据序列化

1．编写数据序列化代码

在系统化的序列化方法出现之前，程序员如果想要将自定义的一个数据结构的数据持久化地保存下来或传输，应自己实现"线性化"函数与"结构化"函数。"线性化"函数将结构化数据转换为字符串类型的数据。有些系统以二进制字节码的形式存储或传输。当程序再次需要原来的结构化数据时，要通过"结构化"函数把线性化的数据按照原先的数据结构恢复成结构化数据。结构化数据的例子如 C 语言的 struct、面向对象的类。

如何读/写对象，程序员要把对象转换成字符串，如同 Java 中的方法 toString。首先要把具有结构的数据元素分解，转换成字符串，再用特殊分隔符隔离。每个数据对象还要再以分隔符隔离。

【**例 4.1**】　校医院想存储一个学生对象的数据，学生有姓名、性别、学号、身高、体重、生日、学院、手机等信息。首先，要把这 8 个数据元素转换成字符串，姓名可以用拼音或中文，生日中的年月日作为一个数据元素，也可以分成三个数据元素（年、月、日），中间也需分隔，比如用下画线1995_02_25 或者斜线 1995/02/25，其他的可以当作一个整体，这 8 个数据元素之间用"?"分隔，每个学生数据占一行，或者用逗号、分号等不同于数据元素的分隔符。

```
Xiaoqiang male 1.78 80.5 1995/05/12 Software_Engineering 12345678901
Xiaoyu male 1.75 69.0 1995/02/25 Computer_Science 12345678902
```

从文件中读入学生数据时，要根据换行符读入一个学生的所有数据，再析取每个学生的数据元素，转换成基本的数据类型。对 C 语言，可能要转换成结构体struct。对面向对象语言Java，要用这些数据构造成一个对象，因而需要类对外提供所有成员变量的构造方法。

2．对象序列化

如果对象中成员变量也是一个类的对象实例，即两个类之间的关系是聚合关系，那么线性化整体对象时首先要线性化成员对象。可以想象，如果一个程序中有很多要存储或传输的类或者类的层次结构的复杂关系，线性化一个对象，之后在程序中再将一个二进制的数据恢复成对象，这一工作不仅烦琐，而且容易出错。程序员自己实现保存结构性数据的功能，还有下列问题。

（1）编程工作量大，通用性不高。

（2）如果具有多种层次的数据结构，代码的编写将更复杂、更烦琐且更易出错。

（3）仅能实现将对数据转换成文本或二进制格式保存或传输，缺乏灵活性。

（4）将数据转换为 char 类型进行传输，可能会引起字节序问题，若源机器与目的机器的CPU字节序不同，则会造成读到的数据无法恢复。

例如，从文件中读出"80"，没有任何信息告诉程序员它是 int、double 还是 string。在磁盘上只有字节或字符，没有类型信息。如果读取这个数据的程序知道数据对应的数据类型或对象所属的类，就可以把数据读入那个类型的对象。有时需要准确地知道存储在文件中完整的对象数据。Java、C#等面向对象语言都有实现对象序列化的类或接口（如 Serializable），把对象数据转换成（二进制）字节序列的形式，与外部源共享或传输数据。程序员不必准确知道系统是如何表示对象的字节序列的。

序列化（Serialization）是将对象的状态信息（成员变量）转换为可以存储或传输形式的过程，而它的逆过程就是反序列化（Deserialization）。在序列化期间，将对象的当前状态写入临时或持久性存储区。以后，可以通过从存储区中读取或反序列化对象的状态，来重新创建该对象。序列化的对象是对象的字节序列，包含对象数据及其中数据的类型信息。这些信息可以用来再创建内存中的对象。

深入理解面向对象的序列化

4.2.4 CSV 格式的文本文件

逗号分隔值（Comma-Separated Values，CSV）以纯文本形式存储数字和文本。CSV 文件由任意数目的记录组成，记录之间用换行符分隔，每条记录由字段组成，字段间的分隔符是其他字符或字符串，最常见的是逗号或制表符。通常，所有记录都有完全相同的字段序列。

CSV 是一种通用的、相对简单的文本文件格式，在电子表单和数据库中广泛应用。许多表格处理软件、移动应用 App、数学处理软件及数据库系统都可以读取 CSV 格式的数据，也可以把数据按照 CSV 格式存储到文件中。一些程序设计语言（如 R、Go 和 Python）都内置了读/写 CSV 格式文件的函数或类。

CSV 没有单一的、明确定义的格式，在实践中，CSV 泛指具有以下特征的任何文本文件：

- 纯文本，使用某个字符集，如 ASCII、Unicode、EBCDIC 或 GB2312；
- 由记录组成（典型的是每行一条记录）；
- 每条记录被分隔符分隔为字段（典型的分隔符有逗号、分号或制表符，有时分隔符可以包括可选的空格）；
- 每条记录都有同样的字段序列。

下面示意的是 CSV 格式的习题，每行 5 道算式，算式之间用分号分隔，可用文本或电子表单程序打开文件查看：

```
51+1=;19-5=;92-81=;80+9=;23+0=
81-41=;0+59=;2+98=;47+51=;47+37=
…
```

4.3 编写健壮的程序

程序员在编写程序时通常都会做出很多假设。例如，在案例程序读/写文件时，假设了正确的文件名、正确的文件格式与内容；格式化显示习题类 Exercise 中的函数 formateAndDisplayExercise (anExercise, COLUMN_NUMBER)，假设 anExercise 不是空，内容是结构体的算式 Equation 或类 BinaryOperation 及 COLUMN_NUMBER 是非负整数等。如果要求的输入不正确，会导致整个程序出错。例如，从三个参数输出运算式及计算结果的代码，假设了参数 left 和 right 都在 0～100 范围内，同时假设了 op 是 "+" 或 "−"。

```
//代码 4.1：不安全的 BinaryOperation 的对象产生方法
String generateOperation(int left, int right,char op) {
    int value = 0;
    if (op == '+'){
        value = left+right;
```

```
    } else {
        value = left-right;
    }
    return "算式"+left+op+right+"的运算结果是"+value;
}
```

但是，如果参数分别是(150,20,'+')、(10,20,'-')、(50,20,'@')，程序的输出显然不是预期的：

算式 150+20 的运算结果是170
算式 10-20 的运算结果是-10
算式 50@20 的运算结果是30

有时，产生错误输入的代码可能离使用这些输入的代码很远，发现程序出错了，也难以追踪错误的来源。例如，如果函数 generateOperation()返回了一道算式，只有在格式化输出习题时才有可能出现类似的不正确的显示，或者更复杂一些，从文件中读出"150+20"，解析并试图转换成一道算式 BinaryOperation 时，才发现算式结果 150 超出范围，导致程序中断或崩溃。

健壮性（robustness）是指程序对于要求之外的输入进行判断并处理、使程序保持运行状态，即使有时可能导致不准确的结果。程序的正确性指的是程序绝不产生不准确的结果。有时更希望程序健壮，例如，互联网搜索程序，人们期望一次检索有点什么结果——即使显示的结果不准确，也比程序没有任何反应或崩溃要有用。本节将提供学习健壮性编程的一些最佳实践。

4.3.1 防御性编程

防御性编程借喻了防御性开车：作为司机，你一定要时刻保持警觉，预计随时可能出现的交通变故，确保如果路上行人或其他司机做了什么危害交通的事情，你也能保证自身安全。即使可能是他人的过错，你也有责任保护自己。回到程序设计上就是，如果无效数据传入了函数或方法——即使是调用者或消息发送者的过错，函数或方法也不能受到破坏。防御性编程的基本思想是：程序员要预计其他程序员的过错、无效的输入，甚至有害的数据及使用者的过失，采取适当措施保护自己的程序正常运行。

保护程序不被无效输入破坏的基本原则：检查每个输入参数的数据。特别要检查所有从程序外部源进入程序的数据，如从用户交互、文件、数据库，甚至从网络得到的数据。一旦发现了无效数据，就要决定处理的方式，比如直接处理错误或者使用异常。

1. 处理错误

错误处理的方式会影响软件满足正确性、健壮性及其他非功能性需求的能力。它们通常是软件体系结构或高层设计的决策问题。无论采用哪种错误处理方式，都要在整个程序中一致地小心处理无效数据和错误。下面是数据错误出现时的一些建议。

（1）继续运行程序、返回中性无害的数据。譬如数值计算返回 0，字符串操作返回空，指针操作返回空指针，面向对象操作返回空对象。

（2）用最接近的有效数据替换无效数据。若处理数据流，则可以返回下一个有效数据；若在访问数据库时遇到了一个损坏的记录，则可以继续读取，直到下一个有效的记录出现；或者若读取了一个人的年龄数小于 0，则可以用 0 替换。

（3）在日志中记录警告信息并继续运行程序，可与上述方式一同使用。使用日志时要考虑日志能否安全地访问，或者要加密，或以其他方式保护日志。

（4）调用错误处理程序或对象。编写一个集中的错误处理模块或对象，方便调试。但是，既要确保整个程序都知道这个错误处理中心的能力，也要使程序耦合性降低。

（5）屏幕显示错误信息。该方法减少了错误处理的负担，但是，也可能在整个程序中到处都出现用户接口消息，对设计一致的用户接口是挑战，如把用户接口和程序的其余部分分离。第 5 章将讨论用户接口的设计。

（6）尽可能在局部处理错误。这种方式给开发者最大的灵活，但同时也带来极大的风险：程序的整体效率可能无法满足正确性或健壮性的需求。而且，这种错误处理方式也会出现与方式（5）类似的问题：处理错误的用户接口代码遍布整个程序。

（7）返回一个错误编码，让特定程序处理这个错误。例如，设置一个状态变量的值，把状态作为函数的返回值，使用语言内置的异常机制抛出异常。在这种情况下，特殊的错误处理机制就不重要了。更重要的是要决定程序的哪些部分直接处理错误，哪些程序仅仅报告出现的错误。

2．使用异常

异常是处理错误的一种特殊方式，出现了错误或异常行为的程序能把错误传递给程序的调用者，让它处理。现代程序设计语言，特别是面向对象编程语言（如 Java、C++、C#、Python）都有异常处理类，提供了异常处理机制。异常处理的代码结构大致如下：

```
try {
包含可能发生异常的语句
}
catch ( Exception e) {
处理异常的语句
}
finally {
类似分支语句中 case 的缺省情况 default
}
```

异常处理一般有两种模式：终止模式和恢复模式。

（1）终止模式假设错误非常关键，导致程序无法返回到异常发生的地方继续运行。一旦抛出异常，就表明错误已无法挽回，也不能回来继续运行。

（2）恢复模式认为异常处理程序的工作就是修正错误，重新尝试调动出问题的方法，并认为再次处理能成功。恢复模式通常希望处理异常后程序能继续运行。在这种情况下，抛出异常更像是对方法的调用。例如，在 Java 程序中使用这种方法进行配置，可获得类似恢复的行为，即程序不抛出异常而是调用方法修正错误，或者把 try 块放在 while 循环中，不断进入 try 块尝试修正，直到得到满意的结果。

异常使用得当，能降低程序的复杂性，同时提高程序的健壮性。

使用异常的部分建议

3．应用举例

除采用合适的错误处理、异常机制提供程序的健壮性外，程序设计语言还有其他的机制有助于开发健壮的程序，如数据类型、私有性、层次结构的局部化等。

回顾前面章节的程序，都没有提供从三个参数构造算式结构或算式对象，即类似 constructEquation(int left, int right, char operator)的函数。特别是在第 3 章的面向对象的软件构造中，类 BinaryOperation 的构造器 private BinaryOperation (int left, int right, char op)是私有方法，只能由类本身使用，为什么呢？

BinaryOperation 的对象是运算式，有两个运算数和一个运算符。假如使用者给出三个类型正确的实参，但是值不正确，例如，第三个实参是 "@"，这个操作产生的对象是什么呢？构造器的实现方法没有检查参数，就让它赋给 BinaryOperation 对象的变量 operator。这显然不是期望的 "+" 或 "−"，因而导致显示不正确、运算结果错误等。其他不合法的输入实参包括运算数的值不在 0～100 范围内。一旦创建了具有不合法值的对象，就可能产生错误结果，甚至使整个程序崩溃。把该方法定义为私有，确保只有开发者知道，仅在参数合法的情况下才使用该方法。如果允许该方法在类之外使用——公有化，由于使用该类的程序员可能看不见这个操作的具体实现，因此很有可能不检查提供的参数，产生错误的调用。

但是，本章要把算式以文本的方式存储起来以便数据的持久、共享和复用，任何程序使用它们时都要再从文件中读入，构造算式结构或算式对象。这就要使用函数/方法从三个参数中构造算式。防御性编程提供了避免类似情况发生的良好编程风格。

为了避免在 BinaryOperation 的构造器中处理异常，同时又允许通过两个运算数和一个运算符创建一个运算式，可以在类 BinaryOperation 中增加一个方法 generateOperation()，使用语言系统提供的异常类和异常处理机制，检查参数的合法性，类似如下代码。

```
//代码 4.2：输入三个有效参数,如 23、45、'+',返回一个 BinaryOperation 对象；否则抛出异常
public BinaryOperation generateOperation (int left, int right, char operator)
throws IllegalStateException {
    int result;
    if (checkingOperand(left) && checkingOperand(right) {
        if (operator == '+'){
            result = left + right;
            if (checkingSum(result)){
                return new BinaryOperation(left, right, '+');
            } else {
                throw new IllegalStateException("加法之和超出范围.");
            }
        } else if (operator == '-'){
            result = left - right;
            if (checkingDifference(result)){
                return new BinaryOperation(left, right, '-');
            } else {
                throw new IllegalStateException("减法之差超出范围.");
            }
        } else {
            throw new IllegalStateException("无效的运算符.");
        }
    } else {
        throw new IllegalStateException("运算数超出范围.");
    }
}
```

4.3.2　使用断言

断言是让程序在运行过程中自我检查的代码。若断言为真，则意味着程序如期望般正常；否则，则表示在代码中发现了意外。例如，可以在 100 以内的算式产生函数中插入断言：

```
public construct(int left, int right,char op) {
    int value=0;
    assert 0 <= left && left <= 100 :"左运算数不在 0~100 的范围。";
    …
}
```

运行程序，如果 left 或 right 的值小于 0 或大于 100，它就"断言"程序出错了，否则断言什么也不做。例如，运行 construct (10, 20, '+')，系统中断并显示下面的信息：

```
Exception in thread "main" java.lang.AssertionError: 左运算数不在 0~100 的范围。
    at cbsc.cha4.s3_2.JavaAssertions. construct(JavaAssertions.java:8)
    at cbsc.cha4.s3_2.JavaAssertions.main(JavaAssertions.java:33)
```

编写代码的程序员总会做出一些假设，断言就是在代码中捕捉这些假设。可以将断言视为异常处理的一种高级形式，可以使用断言在代码中记录一些假设，例如：

- 输入参数的值在预期范围内；
- 程序运行时文件流已经打开或者在起始位置；
- 指针非空；
- 输入参数的数组、表或其他容器已经包含数据。

断言的显示形式是一些布尔表达式，程序员相信在程序中的某个特定点该表达式值为真。基本的断言分为如下三类。

- 前置断言：代码执行之前必须具备的特性。
- 后置断言：代码执行之后必须具备的特性。
- 不变断言：代码执行前后不能变化的特性。

C、Java、.NET 断言使用的比较

断言的基本用途是调试和测试程序。通常要在编译器启动断言检查后才能在程序中使用断言。程序部署完之后就关闭断言。使用断言可以创建更稳定、质量更好且不易出错的代码。断言在单元测试框架（如 JUnit）中得到了充分使用，并发挥了重要作用，向"契约式编程"（参阅提高部分）更近了一步。下面是使用断言的一些建议。

- 对预计出现的条件使用错误处理，对不应当出现的条件使用断言。错误处理用于检查不合理的输入数据；断言则用于检查代码中的错误。
- 避免在断言中放置可执行的代码。因为关闭断言后，编译器可能会删除这些代码。
- 用断言来记录与验证前置条件和后置条件。这样，每个模块都和其使用模块具有了契约。可以用注释来记录前置条件和后置条件。但是，断言还可以动态检查这些条件是否满足。
- 对健壮性要求非常高的程序使用断言和错误处理。一般情况下只建议使用其中的一种。

4.4　字符串处理与正则表达式

在操作文本文件时，读取的数据都是字符串的形式。无论是基本类型（如 32.5），还是结构化的数据（如 32+5），存储在文本文件中时都是字符串，分别是"32.5"和"32+5"。通常的编程语言都有把基本类型的数据转换为字符串的内置机制。用户定义的数据类型或对象，则需要用户自己编写转换的程序。例如，面向对象语句 C#、Java 等需要为自定义的类编写对象的字符串显示方法 toString()，覆盖从根类继承而来的默认显示。字符串作为编程语言基本的内置类型，具有基本的字符串操作，如查找一个字符、查找一个字符串、置换一个字符串、合并两个字符串、字符串复制等。可以使用编程语言提供的基本的字符串操作完成用户自定义数据的构造。

下面以 CSV 格式的习题文件为例，说明字符串的处理。

```
51+11,19+45,92+8,80+19,73+10
…
33+45,19+11,37+60,25+57,13+64
```

从这个 CSV 格式的文件中得到算式并存入一个一维数组，可以做以下工作：

（1）先把一行字符串读入一个数组（类似 readLine()的文件操作），如 equationLine；

（2）识别 equationLine 中以逗号和换行分隔的算式符号串，并存入 String [] stringEquations；

（3）识别字符串"51+11"中的三个成分，把数字转换成整型数值，存入变量left 和right，把运算符存入字符变量 operator；

（4）调用算式构造函数 Equation constructEquation (int left, int right, char operator)或类的方法 BinaryOperation generateBinaryOperation()。

继续细化工作（2）和（3）。可用 Java 代码实现类似的识别和分隔，得到算式符号串如"51+11"，然后继续分隔得到算式的三个成分，再用语言系统提供的数字字符串到数值的转换方法函数得到运算数，最后构造对象。

```java
//代码 4.3：只使用基本的字符串处理函数从文本数据构造算式
public String [] getStringEquations (String equationLine){
    String equationString="";
    String [] equations = new String[5];
    int pos=0,header=0,tail=0, index = 0;
    int length = equationLine.length();
    while (pos < length ){
        header = pos;
        tail = pos;
        while ((tail < length) && (equationLine.charAt(tail) != ',') ){
            tail++;
        }
        equationString=equationLine.substring(header,tail);
        equations[index] = equationString;
        index ++;
        pos = ++tail;
    }
    return equations;
}
//constructing Equation from string such as 51+11
```

```
public Equation constructEquation(String eqString){
    int opPos=0;
    int length=eqString.length();
    //try to locate the position of the operator either '+' or '-'
    opPos=eqString.indexOf("+");
    if (opPos <= 0){
        opPos=eqString.indexOf("-");
    }
    return new Equation (eqString.substring(0,opPos),
                    eqString.substring(opPos+1,length),
                    eqString.charAt(opPos));
}
```

其中，类 Equation 要提供构造方法

```
public Equation (String left_str, String right_str, char op){
        left = Integer.parseInt(left_str);
        right= Integer.parseInt(right_str);
        operator = op;
        value = op == '+'? left+right : left-right;
}
```

这一系列操作对算式的文本格式要求严格：字符串不能含任何多余的字符，也不能有空格等。例如，若一行字符串是"51+&11,□□19+45, 92□+a8,80+19,73!+10□"，则上述程序将出现运行错误。否则，程序员要仔细编写烦琐的程序，预处理每种特殊情况，使字符串满足构造算术的要求。

现代编程语言提供了更丰富的字符串处理方法，其中重要而又易用的是正则表达式。下面的代码使用正则表达式及 String 的相关方法，取代 getStringEquations()，可以处理上面的数据。

```
//代码4.4：使用正则表达式处理算式
public String [] getEquationString (String equationLine){
    String temp = equationLine.replaceAll ("[\\s\\D\\p{Punct}&&[^\\,+-]]+", "");
    return temp.split("\\,");
}
```

第一条语句中的符号串"[\\s\\D\\p{Punct}&&[^\\,+-]]+"就是正则表达式，它把输入字符串中除数字、"+"、"−"和","之外的字符全部删除。第二条语句的字符串函数split()按照正则表达式"\\,"的模式以逗号为分隔符，把输入的符号串分成一组符号串，上面的数据得到以下数组：

"51+11"	"19+45"	"92+8"	"80+19"	"73+10"

正则表达式（Regular Expressions）是计算机科学的一种经典技术，最初应用在编译程序，用于描述和识别计算机语言的单词符号。现在的面向对象语言（如 Java、C#、C++、Python 等）都实现了正则表达式，方便符号串的处理。尽管每种语言的实现细节有所区别，但基本原理都是一样的。简单地说，正则表达式是一串字符，它定义的模式可用来查找、显示或修改输入序列中出现的某个模式的一部分或全部。

Java在String类中提供了 boolean matches (String regxep)、void replaceAll (String regxep, String replacement)和 String [] split(String regxep) 三种基本方法，它们的作用分别是匹配、替换全部匹配内容和分割。参数都包含正则表达式 regxep。matches 方法接收一个正则表达式样式的字符串

regxep，与自身的内容比较，若与参数样式相匹配，则返回true，否则返回false。replaceAll把所有满足正则表达式regxep的字符串用一个字符串replacement替换。split以正则式regxep作为分隔符，把字符串分割成一组子字符串。

【例 4.2】 根据定义，计算机语言标识符是以字母开头的字母和数字的符号串。如 A、z26、name、student2，而 2score、student_2 则不是标识符。标识符的正则表达式定义：[A-Za-z][A-Za-z0-9]*，其中方括号[]选取表示其中的任何一个符号，[A-Za-z]就表示任何一个（大写或小写）字母，[A-Za-z0-9]则增加了数字，其中的星号表示符号出现 0 次或多次。测试代码如下：

```
//代码 4.5：测试标识符的基本定义
String [] testCases = {"A","z26","name","student2","2score","student_2"};
    boolean right;
    for (String str: testCases){
    right = str.matches("[A-Za-z][A-Za-z0-9]*");
    if (right) {
        System.out.println (str+" 是一个标识符.");
        } else {
            System.out.println (str+" 不是一个标识符! ");
        }
    }
```

如果定义标示符允许含下画线，但不能以下画线结束，尝试运行测试用例和语句：

```
testCases = {"A","z","name","student2","2score","st_udent_2","_in","out_"}
str.matches("[A-Za-z][A-Za-z0-9_]*") && !str.endsWith("_");
```

【例 4.3】 下面的程序打开一个文本文件，统计包含字符串 str 的单词数，不区分 str 的大小写。词法分析器 Scanner 可以用正则表达式分隔字符串，程序中的语句 sc.useDelimiter("[^\\w]+")表示任意以一个数字字母和"_"作为分隔符。然后，在语句 if (reg.matches("\\w*[sS][tT][rR]\\w*"))中比较输入串是否匹配正则表达式 "\\w*[sS][tT][rR]\\w*"。

```
//代码 4.6：识别文件中所有包含 str 单词（不分大小写），输出个数
File file = new File("RegularExpressions.txt");
    String aStr;
    int count = 0;
    try {
        Scanner sc = new Scanner(file);
        sc.useDelimiter("[^\\w]+");  //分割字符串的正则表达式
        while (sc.hasNext()){
            aStr = sc.next();
            if (aStr.matches("\\w*[sS][tT][rR]\\w*")) { //要匹配的正则表达式
                count ++;
            }
        }
        System.out.println("文件中共有 "+count+ " 英语单词包含 str.");
    } catch (Exception e){
        System.out.println(e);
    }
```

4.5 持久使用程序中的数据集

4.5.1 算式基

截至目前，案例的算式及习题都是在使用时由程序随机产生的，即数据是按需生成和使用的。而且，产生的算式、习题数据都以程序变量的值出现在计算机的内存中，一旦程序结束，数据就立即丢失，不具备持久性。数据的这种处理方式有局限性。

（1）效率。每当程序使用数据时才产生它们，不仅重复计算，而且产生大量的数据要占用计算资源，也会降低程序的执行效率。

（2）复用。如果程序每次产生的数据不能存储起来，或者如本书案例中的数据是随机产生的，就无法反复使用已经产生的数据。譬如无法重复练习某套习题或特定的算式，或者让用户挑选一些算式或习题。

（3）共享。案例产生的算式及习题都是非持久性数据，无法让其他程序使用这些数据。

本节用简单的数学知识解决前两个问题。4.5.2 节将讨论第 3 个问题的解决方式。

案例要求随机产生一道加减法算式，两个运算数及其和或其差的范围是[0,100]，算式的个数有限，可以生成全部有效的算式并存储起来，在使用时随机地取出一定数量（如 50）的算式组成一套习题。进一步地，还可以把组成的多套习题持久地存储起来供以后反复使用。那么，一共有多少道满足条件的加法算式和减法算式呢？

两个运算数的取值范围是[0,100]，加法和减法的算式最多都只有 101×101=10201 个。再分别考虑加法之和、减法之差的约束，这两种类型的算式总数都比这个数小。如果用行表示加数，用列表示被加数，下面的斜三角形示意了所有满足条件、有效的加法算式：

```
        0        1        ...              99        100
--------------------------------------------------------------------
0   |   0+0      0+1      ...              0+99      0+100
1   |   1+0      1+1      ...              1+99
...
99  |   99+0     99+1
100 |   100+0
```

本书把所有满足加法条件的算式定义为加法算式基，用一个二维数组AdditionBase[101,101]来存放，设计一个函数 generateAdditionBase()产生加法算式基。

类似地，所有满足约束条件的减法算式定义为减法算式基，构成如下的斜三角形：

```
        0        1        ...              99        100
--------------------------------------------------------------------
0   |   0-0
1   |   1-0      1-1
...
99  |   99-0     99-1     ...              99-99
100 |   100-0    100-1    ...              100-99   100-100
```

同样可以设计一个函数 generateSubstractBase()，产生一个二维数组 SubstractBase[101,101]保存减法算式基。

二维数组的算式基存放的是有效算式的运算结果，若算式无效，则填写空或–1。算式基具有如下特性。

（1）算式及其约束条件隐含在二维数组中。只要元素 AdditionBase[i, j]或 SubstractBase[i, j]不是空或–1，就表示 i+j 或 i–j 是有效算式，而且 AdditionBase[i, j]存放的是算式 i+j 的计算结果，SubstractBase[i, j]存放的是算式 i–j 的计算结果。

（2）两道算式不一样，当且仅当算式基的两个数组元素对应的行或列的下标不等。

算式的产生简化成随机地生成两个整数 i 和 j，0≤i, j≤100，然后从加法基或减法基中选择一个数组元素[i, j]就可以构成算式。

习题的创建与算式基的创建是两个独立的活动。算式基实现了按需选择数据和重用数据，并为共享数据提供了支持。如果能持久地、以通用的格式存储算式基及产生的习题，就可以在不同程序、甚至不同语言的程序之间实现数据共享。

4.5.2　表驱动编程

算式基的设计把加法、减法算式的约束条件，以及算式产生的信息都放在了一张表中，使程序在表中通过选择条件而非使用逻辑语句（if 或 case）得到算式及其运算结果。如此编写程序的方式称为表驱动编程。理论上，任何使用逻辑语句的情况都可以用存储了信息的表及读取操作替代。若条件简单，则逻辑语句直截了当、易读易用。若逻辑链复杂，则表驱动编程更具吸引力。只要使用得当，表驱动编程就能把复杂的逻辑编织在表中，不再编织在代码中，使得程序结构精简、逻辑清晰、容易修改和扩展。下面通过例子说明表驱动编程方式。

【例 4.4】 把输入的一个符号分成字母、标号或数字种类，通常可使用下面的程序结构：

```
//代码 4.7：可以考虑写出数组，用 return 或简单变量
if ((( 'a'<= inputChar) && (inputChar <= 'z')) ||
(( 'A'<= inputChar) && (inputChar <= 'Z'))) {
charType = "Letter";
}
else if (( inputChar == ' ') || ( inputChar == ',' ) ||
    ( inputChar == '.' ) || ( inputChar == '!' ) || ( inputChar == '(' ) ||
( inputChar == ')' ) || ( inputChar == ':' ) || ( inputChar == ';' ) ||
( inputChar == '?' ) || ( inputChar == '-' )) {
charType = "Punctuation";
}
else if (( '0' <= inputChar || ( inputChar >= '9' ) ) {
    charType = "Digit";
}
```

如果先把每个字符的种类都存入以字符码作为下标的数组，即把字符类型的知识放入表中，那么可以用下面一条简单的语句代替上面复杂的程序段：

```
charType = charTypeTable[ inputChar ]
```

表驱动编程是解决复杂的判断逻辑、面向对象继承结构的一种简单方式。请注意以下两点。

（1）表项的内容。查询得到的可以是直接结果，也可以是动作。对于后者，就是在表中存放描述动作的代码，或者对某些语言可以存放引用实现动作的函数。在表中存放动作使表的内容及其处理变得复杂，第 5 章将示意在案例构造中的应用。

（2）表项的查询。有三种基本的查询方式：直接访问、阶梯访问和索引访问。

1. 直接访问

表中的项表示一个结果或动作，通过数组下标（一维表）或矩阵下标（二维表）直接访问表。例如，给定月份计算该月的天数，可以用下标是 1～12 的数组存放每个月份的天数，用月份作为数据直接得到当月的天数。要注意处理闰月的特殊情况。

2. 阶梯访问

表中的项表示一个数据范围而非单个数据，而且数据的排列按照一定的顺序，这样就避免了显示的比较，实际上是隐含了比较。

【例 4.5】　考虑编写一个按照输入的分数输出成绩等级的程序。

输　入	输　出
90～100 分	优秀
80～90 分	良好
70～79 分	中等
60～69 分	及格
<60 分	不及格

请读者完成使用 if 语句的 Java 代码。

使用表驱动编程，将成绩等级按照上升方式存入数组 String []grades，程序代码如下：

```
//代码 4.8a:
public void stairAccess (int score) {
    String []grades = {"不及格","不及格","不及格","不及格","不及格","不及格",
            "及格","中等","良好","优秀","优秀"};
    String grade = "优秀";
    //把输入的分值转换成 0～10 的值，对应表的下标值
    int index = score / 10;
    grade = grades[index];
    System.out.println(score+"分对应的成绩是"+grade+"。");
}
```

注意表中多次填写的"不及格"。

表的设计影响程序的设计。下面的代码对应另外设计的一种表。

```
//代码 4.8b:
public void stairAccess2(int score) {
    String []grades={"不及格","及格","中等","良好","优秀"};
    int []ranges = { 60,70,80,90,100 };
    int maxLevel = grades.length-1;
    int gradeLevel = 0;
    String grade = "不及格";
    while ( gradeLevel <= maxLevel && score > ranges[gradeLevel] ) {
        gradeLevel++;
    }
    grade = grades[ gradeLevel ];
    System.out.println(score+"分对应的成绩是"+grade+"。");
}
```

阶梯访问方式的一个优点是容易处理不规则的数据。在分数等级的例子中，"不及格"对应了 59 个数，"优秀"对应 11 个数，其他都对应 10 个数。容易修改程序，使它能处理不含"中等"

的分数等级，即 60～79 分都是"及格"，请读者尝试编码。

3. 索引访问

首先为查询的数据建立一个检索表，用索引数据在索引表中得到关键字。然后用该值在另一表（主表）中检索感兴趣的主数据。散列表或哈希表（Hash Table）是索引访问的一个例子。

索引访问的优势如下。（1）节省空间。如果主表项的内容很大，通过建立索引表可以显著地节省空间。例如，主表的每一项占 100 字节，索引表的每一项占 2 字节。有 100 个项的主表共占 10 000 字节，不使用索引表，共占 1 000 000 字节。使用索引表，它共占 20 000+10 000=30 000 字节。（2）操作检索表项要比操作主表项简单。例如，为学生信息分别建立姓名、学号、手机号的检索表，就可以分别通过姓名、学号、手机号快速地访问学生信息表。

4.6 基于程序结构的测试

程序结构主要包括控制结构和数据结构。本节以产生 0～100 的算式为例说明如何测试程序的控制结构。

【例 4.6】代码接收三个参数，输出算式等式的符号串，如输入 57、35 和"+"，输出"57+35=92"；输入 57、35 和"−"，输出"57−35=22"。代码简化了错误处理，只是返回错误码字符串，如"Error_2"表示减法算式结果超出 0～100 的范围。

```
 1  public String generateOperation (int left, int right, char operator) {
 2          int value=0;
 3          if (0<=left && left<=100 && 0<=right && right<=100) {
 4              if (operator == '+'){
 5                  value = left + right;
 6                  if ( value <= 100){
 7                      return ""+left+operator+right+"="+value;
 8                  } else {
 9                      return "Error_1";
10                  }
11              } else if (operator == '-'){
12                  value = left - right;
13                  if (value >= 0 ){
14                      return ""+left+operator+right+"="+value;
15                  } else {
16                      return "Error_2";
17                  }
18              } else {
19                  return "Error_3";
20              }
21          } else {
22              return "Error_4";
23          }
24  }
```

```
//简单的测试代码,看输出和预期结果是否一致
public static void generateOperationTester() {
        WhiteBoxTester wbt = new WhiteBoxTester();
        String result="";
        result = wbt.generateOperation(67,25,'+');
        System.out.println(result);
}
```

4.6.1 语句覆盖测试

良好编程的一条基本原则是，程序的每个组成（语句和变量等）都有用，即完成指定的功能，

不多也不少。结构性测试试图证实这条原则是否得以落实及其程度。一般的编译程序能检查程序的语法错误，有些编译还能检查程序的语义错误，甚至逻辑缺陷。例如，程序是否使用了未赋值的变量，或者定义了但未使用某个变量。测试程序更关注语句、语句的组成及语句之间的关系。

我们要设计测试，检测程序的每条语句是否都被执行。如果一个测试用例没有使所有的语句都得到执行，就增加测试，试图增加执行的语句数量，直至每条语句都至少被执行一次。否则，要么测试用例不够，不能使所有语句都执行；要么程序有缺陷，出现了不可能执行的语句。这种测试称为语句覆盖测试。前面学习的黑盒测试技术无法实现语句覆盖测试。

先要明确语句的概念。计算机程序的语句一般分为简单语句和复合语句。简单语句包括变量等的声明语句、赋值语句、表达式语句、打印语句、基本的文件操作语句、goto 语句、break 语句、continues 语句等。循环语句、分支语句、语句块（如用{}括起来的语句）等属于复合语句。函数或方法调用可以视为一条简单语句。

语句覆盖的基本准则：设计测试用例，使得程序的每条基本语句都得到执行。例如，测试数据(57,35,'+')，在 generateOperationTester()中使用后，运行下列语句（行号）：{1,2,3,4,5,6,7,24}。

分析例 4.6 的程序，要想执行语句 8，输入的运算数之和要大于100，所以，增加一个测试数据(57,55,'+')，覆盖了下列语句：{1,2,3,4,5,6,8,9,10,24}。

继续增加测试数据(77,35,'−')、(17,35,'−')、(47,35,'#')、(−17,35,'+')。这样，这组的 6 个测试数据就能使得函数 generateOperation()的所有语句得以执行，即这组测试数据 100%地覆盖了语句。当然，还可以继续增加测试数据。但是从语句覆盖角度看，增加测试不会起到实质性的测试效果，因为目前的测试用例已经把所有语句都执行了至少一次。可以设计其他测试数据，同样实现100%覆盖方法 generateOperation()的所有语句，例如：

(18,45,'+')，(77,45,'+')　，(18,101,'+')，(18,92,'-')，(66,33,'-')，(17,33,'=')

用语句覆盖的测试目标是，使用尽可能少的测试用例，实现最大的语句覆盖，用语句覆盖率来量化：

$$语句覆盖率 = 覆盖的语句数/语句总数$$

即使是100%的语句覆盖测试，也不能保证程序正确无误。例如，如果例 4.6 的语句 3 中的条件 0<=right 被误写成0<right，那么上面两组测试用例都不能发现这个错误。和后面介绍的其他覆盖准则相比，语句覆盖是最容易实现、也是最弱的覆盖准则。程序并非简单的语句堆积，各种程序元素之间存在着有机联系。而且，程序并非只是静态的结构，还有通过运行不断改变的复杂的状态。

4.6.2　程序控制测试

为了方便测试的设计，通常使用程序控制流图（Control Flow Graph，CFG）来表示程序的运行流程。控制流指的是运行的程序从一条指令到另一条指令的控制流动。控制流动的方式多种多样，如按照指令编写顺序的执行、函数调用、消息传递或中断的跳转。条件语句也能改变程序的控制流动。CFG 用图表示程序的控制流，主要用于分析一个函数或方法。CFG 的画法如下。

（1）节点：圆圈表示一条可执行的基本语句，可以增加标记，如语句号或节点顺序号。

（2）控制线或弧：用带箭头的有向线表示连结的两条语句的执行顺序。

（3）用节点表示程序执行（控制流）的分叉或交汇处。

（4）每个函数或程序都有唯一的开始节点和结束节点。

（5）不含执行程序不可达到的语句或不能使程序停止的语句。

（6）控制线必须连接两个节点，开始节点和结束节点除外。

图 4.3 所示为例 4.6 的程序控制流图，节点中的数字是语句标号。

4.6.3 逻辑覆盖测试

研究程序控制流图可以发现，语句覆盖实际上是覆盖了图的节点。本节将讨论与节点分支有关的两个逻辑覆盖：判定覆盖和条件覆盖。

1. 判定覆盖

判定覆盖测试的含义是，设计测试用例，使得程序中的每个判断的分支都至少被执行一次。由于一个判定往往代表着程序的一个分支，因此判定覆盖也称为分支覆盖。例如，测试数据(12,48, '+')使语句 3 中的判定为真值，分支 3-4 得以执行；测试数据(102,48, '+')使语句 3 中的判定为假值，分支 3-22 得以执行。而且，测试数据(12,48, '+')还使语句4和6的判定为真值，程序分别执行了分支 4-5 和 6-9。可以继续增加测试数据，直到每个判定的每个分支都至少经历一次。例如，补充下面 4 个测试数据：

(88,45,'−'), (77,45,'? '), (38,81,'−'), (18,92,'+')

可以看到，这组数据不仅 100%地覆盖了所有的判定分支，还覆盖了所有语句。一般而言，判定覆盖比语句覆盖要强，既可以设计满足判定覆盖的最少的一组测试用例，也能满足语句覆盖；反之也成立。但是，判定

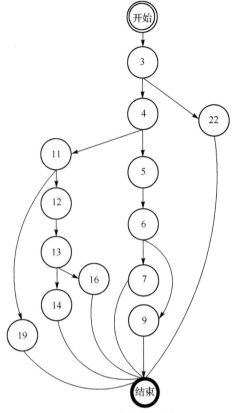

图 4.3 程序控制流图

覆盖还是没能发现上面提到的潜在错误。这是因为，判定覆盖仅考虑了整个判定条件的两种外部出口，没有考虑条件的内部结构，还需要更强的逻辑覆盖准则来检查布尔条件的内部。

2. 条件覆盖

布尔条件分为简单条件和复合条件。简单条件指的是布尔变量或原子布尔表达式，即不含布尔运算的布尔表达式。复合条件则是至少用一个布尔运算连接简单条件而得到的布尔表达式。条件覆盖的准则是：设计测试用例，使得程序中的每个简单布尔条件的所有可能的值都至少满足一次。一般的布尔条件都有真值和假值。有些布尔条件可能只有一个值，如3 >= 30，总是得到假值。表 4.1 示意了一组测试数据，能覆盖所有的布尔条件，表中的空白处表示无关的条件。

表 4.1 条件覆盖的测试数据

测试用例	布尔条件							
	0<=left	left<=100	0<=right	right<=100	operator=='+'	operator=='−'	value<=100	value >=0
12,48, '+'	true	true	true	true	true		true	
18,92,'+'	true	true	true	true	true		false	
88,45,'−'	true	true	true	true	false	true		true
38,81,'−'	true	true	true	true	false	true		false
−12,38,'+'	false							
120,48,'+'	true	false						
10,−48, '+'	true	true	false					
12,148,'+'	true	true	true	false				

条件覆盖更细致地检测条件的内部结构，有可能发现更多的错误。例如，如果例4.6程序中的条件 0<=right 被误写成了 0<right，测试数据(12,0, '+')的预期结果是12+0=12，实际执行这个测试数据时，条件 0<right 不满足，使程序的控制转移到语句 22，输出 Error_4。这个结果与测试用例的预期不一致，从而可以发现条件 0<right 的错误。

这组测试用例比之前的测试用例都多，满足了条件覆盖，却没能满足判定覆盖，比如没有覆盖分支 13-16。一般而言，测试的判定覆盖和条件覆盖有重叠，彼此之间有差别，不能相互取代。还有一种覆盖准则，叫判定-条件覆盖，是判定覆盖和条件覆盖设计方法的交集，即设计足够的测试用例，使得判断条件中的所有条件的可能取值至少满足一次，同时，所有判断的可能结果至少被执行一次。

4.6.4　路径覆盖测试

满足判定-条件覆盖的测试能力比较强，需要较大数量的测试。即便如此，这种测试有时可能也无法彻底地测试程序中的组成及其有机联系。即便是在简单的赋值语句 value=left+right 中，left 和 right 的不同值及其组合都有可能影响程序的其余部分；同时，该语句也受到之前语句的影响。例如，如果输入的运算符是减号，程序的控制就不会到达这条语句，这条语句不会得到执行，如果该语句的值在 0～100 范围内，控制发生转变，编号 8 之后的语句不都会被执行。就是一个只有一条赋值语句的简单程序，它的执行可能包含许多状态，导致程序控制流多变。正如不能彻底测试一个程序那样，让其全部变量的所有可能的值都尝试一次，也不可能实行让程序中所有的执行路径都至少被执行一次的测试。

程序的执行路径可以抽象成语句序列，即从进入程序的第一条语句到程序停止之间的、一次运行的语句序列。对于函数而言，停止语句可以是自然的最后一条语句，也可以是一条 return 语句。例如，语句编号序列 1-2-3-22-23-24 和 1-2-3-4-5-6-7-24 都是例子函数的执行路径。

可以再次简化 CFG 来表示抽象程序的执行路径。用图的路径表示程序的执行路径：一条路径是从 CFG 的开始节点经过连线到达结束节点的节点序列或控制线序列。上面的语句序列对应在图 4.3 中的路径是 3-22（省略了开始节点和结束节点）。

为方便基于图的测试设计，对 CFG 再做如下两个处理。

（1）分解复合条件：分解出程序内复合条件节点的简单条件，每个都用一个节点表示，并调整控制线。例如，节点 3 分成 4 个节点，分别表示 0<=left、left<=100、0<=right 和 right<=100。

（2）合并简单的顺序语句：赋值语句、打印语句等不含条件，如果是顺序排列的，它们的执行不会改变程序的控制顺序，即不会产生新的路径，可以将它们合并在一起，用一个节点表示。例如，执行语句 5 后就顺序执行语句 6，可以合并。其他可合并的节点是 12 和 13。

最后得到的 CFG 如图 4.4 所示（节点 6 代表之前的 5 和 6，节点 13 代表之前的12和13）。

路径有长有短，如果有循环语句，一条路径可能会出现在每一次的循环路径中。按照等价类的思路，我们希望测试的每条路径都有所不同，但又尽量包含可能多的路径，这就是基本路径覆盖的思路。简单地说，一条基本路径是指，和其他基本路径相比，至少引入一个节点或一条新的控制线的路径。

一个程序的基本路径的数量是其CFG中G的圈复杂数，由 $V(G) = e-n+2$ 给出，其中 e 是 G 中的边数，n 是 G 中的节点数。本例的圈复杂数=23-16+2=9，也就是说有 9 条基本路径。

如何找出基本路径呢？运用一个数据结构栈，可以辅助系统地找出基本路径。

（1）首先，在栈底放入CFG的开始节点作为栈顶。

（2）从栈顶节点开始，按 CFG 连线，选择下一个节点。如果一个节点的出度 outDegree（外

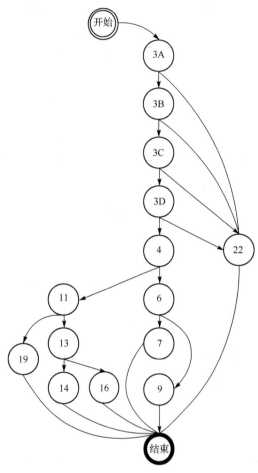

图 4.4 简化后的 CFG

出连线的个数）大于 0，那么任意选择一个还没有选择过的后继节点，outDegree−1。

（3）重复（2）直至栈顶是 CFG 的结束节点，这时就找到一条基本路径：从栈内输出节点，其逆序就是一条基本路径。

（4）寻找下一条基本路径，从栈顶逐个退出节点：如果遇到一个节点的出度大于 1 且当前 outDegree 大于 0，则重复步骤（2）～（4）；如果最后一个节点是开始节点，则查找结束。

下面为产生 9 条基本路径的算法过程，因篇幅关系，将栈横了过来。

（1）3A   22-3A

（2）3A，3B-3A，22-3B-3A

（3）3A，3B-3A，3C-3B-3A，22-3C-3B-3A

（4）3A，3B-3A，3C-3B-3A，3D-3C-3B-3A，22-3D-3C-3B-3A

（5）3A，3B-3A，3C-3B-3A，3D-3C-3B-3A，4-3D-3C-3B-3A，6-4-3D-3C-3B-3A，9-6-4-3D-3C-3B-3A，

（6）3A，3B-3A，3C-3B-3A，3D-3C-3B-3A，4-3D-3C-3B-3A，7-4-3D-3C-3B-3A，9-7-4-3D-3C-3B-3A

（7）3A，3B-3A，3C-3B-3A，3D-3C-3B-3A，4-3D-3C-3B-3A，11-4-3D-3C-3B-3A，13-11-4-3D-3C-3B-3A，16-13-11-4-3D-3C-3B-3A，

（8）3A，3B-3A，3C-3B-3A，3D-3C-3B-3A，4-3D-3C-3B-3A，11-4-3D-3C-3B-3A，13-11-4-3D-3C-3B-3A，14-13-11-4-3D-3C-3B-3A

（9）3A，3B-3A，3C-3B-3A，3D-3C-3B-3A，4-3D-3C-3B-3A，11-4-3D-3C-3B-3A，19-11-4-3D-3C-3B-3A

表 4.2 所示为覆盖 9 条基本路径的测试数据。同样，在测试第 6 条基本路径时，有可能发现 0<right 的错误。

基本路径覆盖测试的步骤如下。

（1）绘制待测程序的 CFG。

（2）计算 CFG 的圈复杂数。

（3）找出圈复杂数的基本路径作为一个测试基本集。

（4）设计测试数据，使其覆盖测试基本集中的每条基本路径。

最后，几点说明如下。

（1）圈复杂数是代码逻辑复杂度的度量。

表 4.2 条件覆盖的测试数据

序号	基本路径	测试数据
1	3A-22	−10,48, '+'
2	3A-3B-22	111,48, '+'
3	3A-3B-3C-22	10, -48, '+'
4	3A-3B-3C-3D-22	10, 148, '+'
5	3A-3B-3C-3D-4-6-9	70,48, '+'
6	3A-3B-3C-3D-4-6-7	10,0, '+'
7	3A-3B-3C-3D-4-11-13-16	10,48, '-'
8	3A-3B-3C-3D-4-11-13-14	70,48, '-'
9	3A-3B-3C-3D-4-11-19	10,48, '@'

圈复杂数越大，程序的复杂度越高，出错的概率越大。

（2）每个程序的基本路径的数量一样，基本路径不唯一，测试基本集也不唯一。

（3）基本路径测试并不测试所有路径的组合，它仅仅保证每条基本路径被执行一次。

（4）面向对象技术倡导复用和单一职能，成员方法的圈复杂数通常都很小。

（5）基本路径测试主要被用于单元测试。

本节学习的结构测试又名白盒测试，主要目的是发现软件编码过程中程序语句和结构的错误。与黑盒测试不同，白盒测试能够审阅软件源码，分析软件内部的逻辑、结构与特性，测试软件。

4.7 运用 JUnit

本节将继续 3.5 节的例子，深入运用 JUnit。

4.7.1 异常测试

异常处理是提高程序可靠性的一种重要机制，需要时应该给程序编写异常抛出和处理。那么异常测试的含义是什么呢？如果一个程序应该抛出异常，但是运行时没有抛出，那么这就是一个错误。JUnit4 通过@Test 注解中的 expected 属性来测试异常。expected 属性的值是一个异常类。3.5 节例子代码的方法construct()检查输入的参数值和运算结果，若不在[0,100]范围内，则抛出异常。现在增加两个测试，第一个通过了异常测试（测试数据应该抛出异常），第二个测试异常失败（测试数据不应该产生异常）。

```java
//异常测试成功,第一个参数是 110,程序抛出异常
@Test(expected=RuntimeException.class)
public void testException1(){
        bo.construct(110,2,'+');
}
//异常测试失败,测试数据符合要求,不是异常
@Test(expected=RuntimeException.class)
public void testException2(){
        bo.construct(10,2,'+');
}
```

如果不想执行测试方法toString()，可在前面用注解@Ignore。测试运行结果中的斜线表示不执行的测试，代码要引入 org.junit.Ignore 注解包。异常测试和忽略的一个测试如图 4.5 所示。

图 4.5 异常测试和忽略的一个测试

4.7.2 参数化测试

为了尽量全面地测试一个程序，通常要运用不同的测试技术设计测试数据（边界分析、等价类测试、基本路径测试等），也就要编写更多的测试函数。它们的代码结构基本相同，不同的仅仅是测试数据和期望值。为了简化测试编码，JUnit 4 提供了参数化测试，即只写一个测试方法，把测试用例作为参数传递进去，循环执行多个测试数据，完成测试。下面示意了参数化测试的代码。

```
import …
//参数测试运行器,必须放在测试类的前面
@RunWith(Parameterized.class)
public class BinaryOperationGroupTest {
    private int expect;                    //测试的预期结果
    private int operand1,operand2;         //2 个参数——左、右运算数
    private char operator;                 //第 3 个参数——运算符
    BinaryOperation bo;
    @Before
    public void setUp() throws Exception {
        bo = new BinaryOperation();
    }
    //存放一组测试数据
    @Parameters
    public static Collection<Object[]> data(){
        return Arrays.asList (new Object[][] {
            {0,100,'+',100},    //0: 三个参数,预期结果。加法运算正确的测试用例
            {99,1,'+',100},     //1: 加法运算正确的测试用例
            {100,1,'-',99},     //2: 减法运算正确的测试用例
            {100,0,'-',99},     //3: 减法运算错误的测试用例——预期结果错误
            {99,1,'+',98},      //4: 加法运算错误的测试用例——预期结果错误
            {110,2,'+',55},     //5: 加法运算错误的测试用例——加数超出范围
            {10,29,'-',10},     //6: 减法运算错误的测试用例——结果超出范围
            {10,9,'$',10},      //7: 错误的测试用例——无效的运算符
        }) ;
    }
    //测试类构造器
    public BinaryOperationGroupTest(int left, int right, char op, int exp) {
        expect=exp; //预期结果
        operand1=left; //第 1 个参数,左运算数
        operand2=right; //第 2 个参数,右运算数
        operator = op;  //第 3 个参数,运算符
    }
    //对一组测试数据循环执行测试
    @Test
    public void groupTets(){
        int result = bo.construct(operand1,operand2,operator);
        assertEquals (expect,result);
    }
}
```

测试代码共执行了 8 个测试数据，有 3 个测试错误、2 个测试失败。测试错误的原因是测试数据不在要求的范围内而使程序抛出异常（如图 4.6(a)所示的一个测试错误）。测试失败的原因是期待的结果与运行待测程序得到的结果不一致（如图 4.6(b)所示的一个测试失败）。

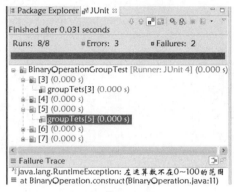
(a)一个测试错误

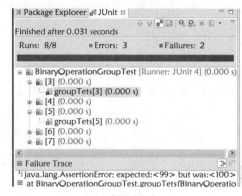
(b)一个测试失败

图 4.6 测试错误和测试失败

可以把参数化测试理解成测试一个数据集合。编写参数化测试的代码需要 6 个基本步骤。

（1）为参数化测试编写一个独立的测试类，它不能与其他测试公用同一个类。本例新建了一个测试类 BinaryOperationGroupTest。

（2）用语句@RunWith(Parameterized.class)为测试类指定 org.JUnit.runners.Parameterized 作为特殊的测试运行器，注解必须放在测试类的前面。

（3）为测试类声明若干变量，分别用于存放期望值和测试数据。本例定义了三个参数和一个期望值。

（4）为测试类声明一个带有参数的公共构造函数，为（3）中声明的变量赋值。

（5）为测试类声明一个使用注解@Parameters 修饰的、返回值为 java.util.Collection 的公共静态方法。在该方法中列出测试用例，即测试数据和期望值。该方法没有参数，名字没有特殊要求（本例是 data）。测试用例是一个二维数组，其中数据的一部分是与测试类的变量相同的数据，另一部分是预期结果。测试数据及预期结果的个数和顺序要与（4）的构造函数中的参数完全一致。

（6）编写测试方法，使用定义的测试用例作为参数进行测试。

4.7.3 测试套件

截至目前可以看到，即使是一个简单的程序，也不可能只写一个测试类。实际上，在 3.5 节中，我们已经为 JUnit 例子代码中的方法 construct()和 toString()分别构造了测试，本节又实现了异常测试和参数化测试。JUnit 提供了测试套件作为容器，把所有需要运行的测试类集中起来，一次性运行，提高了测试的效率。具体代码如图 4.7 所示。

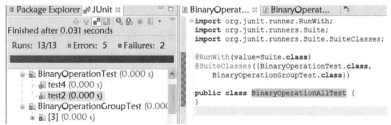

图 4.7 测试套件

可以看到，测试套件使用了一个特殊的运行器 Runner，要向注解@RunWith 传递一个参数 Suite.class，然后使用另一个注解@Suite.SuiteClasses 来表明一个独立的测试类（容器类）是一个测试套件，在其中把需要一起测试的类作为参数传递给该注解——实际上就是列举每个测试类。容器类的名字无关紧要，甚至内容也可以为空。

4.7.4　JUnit 断言

断言是 JUnit 测试中最基本的组成部分，它们实际上是 Java Assert 类的一些静态方法。前面的例子使用了断言 assertEquals，其他的测试断言参见二维码。

JUnit 常用的断言及含义

4.7.5　JUnit 使用指南

JUnit 使用指南

4.8　案例分析与实践

1. 分析与设计

仔细分析故事 5，小强和小雨把工作分成两步：第一步，随机生成多套习题，保存起来，华经理每天选择并打印三套习题；第二步，程序读入小明的练习结果，判题、打分并保存起来。小强和小雨列出了一些问题，实际上就是功能责任在代码的划分，以及防御性编程的具体应用。

（1）这些功能或任务如何分配到现有类，如何尽可能减少对现有类的改动呢？

（2）是否增加类？如果增加，新增类与现有类之间有何关联？

（3）如何关联习题与练习结果，即如何明确一个以文件存储的练习结果所对应的以文件存储的习题？

（4）如何存储各种文件？采用文本文件、字节文件、流式文件或对象文件。

考虑的设计如下。

1. 随机生成多套习题，保存起来。

增加操作：在前一章有关算式类的基础上，把产生的习题用 CSV 的格式存储起来，对应地增加一个操作把 CSV 格式的习题读入程序。这个操作可以分配在类Exercise 或ExerciseSheet 中，方法命名为 writeCSVExercise(File aFile)或 writeCSVExercise(Exercise anExercise,File aFile)。增量迭代式构造软件过程，每次新增的一个或几个方法，可以分配在不止一个类。遵循的基本原则是：模块化、信息隐藏、关注点分离、合成复用等软件设计原则。把习题 Exercise 以 CSV 格式存储，或者以其他格式存储，职责可以分配给 Exercise。更好的设计是新增一个类 Practice，它产生各种习题 Exercise，包括从本章的算式基产生习题，存储成 CSV 格式的习题文件，以及读取习题 Exercise 文件的方法，如 readCSVExercise(File aFile)。

2．增加操作和类，完成对练习的批改。

小明做习题的练习过程依旧是在打印出的纸张上填写每道算式的结果。现在，新增操作：①有人把练习结果输入计算机、存成文件；②案例程序读入这个文件及相应的习题，然后依次逐个比对每道算式的结果，统计判题结果，如正确的、错误的算式数量等。

一种设计是，假如练习结果用文本编辑器或电子表单程序以 CSV 格式存储好了，在类 Practice 中添加一个方法ArrayList<Integer> readCSVExerciseAnswers(File aFile) 读取这个文件。再新增一个自动判题的类 Judgement，包含练习批改方法 evaluate(File anExerciseFile, File resultsFile)，以及其他辅助方法，如从习题答案文件中得到正确答案的方法 Integer[] getResults (File anExerciseFile)、批改结果的统计输出 statisticsReport()。

注意：

（1）要在算式类 BinaryOperation 中增加一些方法，比如把可靠的符号串"3+5"转换成算式对象。如果 Exercise 采用了封装 ArrayList 等数据结构的设计，就要实现 add、contains、hasNext、next 等方法。

（2）仔细考虑和设计存储习题的文件命名。

（3）广义"接口"、约定或协议的设计。例如，习题文件和练习文件的名称应该采用相同或类似的命名规则，以便顾名思义，能够表明练习文件的算式数量、类型等；再如，算式的计算结果是整数，那么从CSV格式的练习文件得到的结果是存入ArrayList<Integer>[]、Integer[]还是int[]，它们在 Java 中被视为两个不同的类型。随着软件的增大、包含模块（类、函数、方法、子系统等）的增加，各个模块之间需传递数据，协同完成一些功能。这时，模块间的交互，特别是对数据的约定越来越多、越来越复杂。另外，类、程序库等软件复用的广泛应用，使得设计"接口"成为软件设计的一项重要且关键的工作，甚至软件构造的重心也移到了"接口"和交互的设计。方法中的参数、返回值及其类型与名称是一种接口，在程序设计语言中称为签名（signature），如ArrayList<Integer> readCSVExercise (File aFile)。类中所有 public 方法的签名共同组成类的对外接口。文件名也可以认为是持久数据的接口。

3．字符文件还是字节文件。

案例的算式对象比较简单，要求的输出可以是文本形式。所以，以 CSV 格式存储数据特别符合这个应用。但是，文本文件的一个弊端是：允许任何人使用简单的文本或电子表单程序打开文件，阅读、更改文件内容。误操作有可能损坏文件格式或数据，使其他程序无法读出，或者读入无效的数据。二进制文件则可以避免这些问题，将在第 7 章采用。

2．一般性建议

本章扩展了案例程序，特别是使用了文件存储算式基和习题。建议学习运用防御性编程的原则，对涉及文件的操作（如从文件得到算式或练习的代码）使用异常等机制处理可能的错误。

如果使用的编程语言支持断言，建议在开发期间开启编译的断言参数，用断言帮助调试程序，并作为程序的技术文档。

建议选择性地用基于程序结构的测试。如果一个方法的圈复杂数大于 9，说明其内聚性较弱，应当考虑将它细分。对圈复杂数大于 5 的模块，建议采用基本路径覆盖测试。

完成本章案例，得到的类结构如图 4.8 所示（不含测试类），其中阴影部分表示新增的 3 个类。

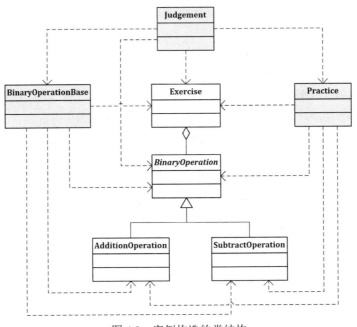

图 4.8　案例构造的类结构

4.8.1　批量生成 100 以内算式

对不同的实现技术和策略，有不同的构造策略，可细分为构造任务 4 和构造任务 5。

构造任务 4：批量产生习题并用文件存储。

构造任务 5：生成 100 以内加法/减法的算式基。

下面是完成构造任务的几条构造线路，下面给出其中部分的构造，读者还可以设计并实现不同的构造。

- 构造任务 4.1：以第 3 章面向对象的版本为基础，使用 CSV 文件，完成构造任务 4。
- 构造任务 5.1：以第 3 章面向对象的版本为基础，完成构造任务 5。
- 构造任务 4.2：使用算式基（以构造任务 5.1 为基础）和 CSV 文件，完成构造任务 4。
- 构造任务 5.2 和 4.3：以第 3 章面向对象的版本为基础，用编程语言的对象序列化机制，实现构造任务 5 和构造任务 4。

1．文件命名规则

案例产生并使用三种文件：习题文件、练习文件、批改文件。所有文件都从习题文件开始，一套习题可以练习多次，但是一次练习只能对应一套习题。一个批改对应唯一的练习。目前，简单认为这三种文件都是一一对应的，以便简化文件的命名。

首先，三种文件都以类名开始，考虑只有加法算式的习题、只有减法算式的习题、混合加减法算式的习题。其次，习题中可以不止 50 道算式，需要一个数量值。最后，随机产生的每种类型、一定数量的习题外加从 0 开始的整数作为流水号。用文法符号定义文件名称，"::="表示左侧的由右侧定义或表示，此处的"+"表示连接，"|"表示枚举选择。

文件名称 ::= 文件类型 + '_' + 算式数量 + '_' + 流水号 + '.csv'

文件类型 ::= 习题文件 | 练习文件 | 批改文件

习题文件 ::= exercise_add | exercise_sub | exercise_mix

练习文件　::= practice_ae | practice_se | practice_me

批改文件　::= checking_ae | checking _se | checking _me

算式数量　::=　50 | 60 | 70 | 80 | 90 | 100

流水号从 000 到 999。它的正则式留做思考与练习。

例如，文件名 exercise_add_50_001.csv 表示第 2 个 50 道的加法习题。文件名 checking _me_80_019.csv 表示对含有 80 道混合算式的第 20 套习题练习的批改结果文件。

2. 构造任务 4.2

在类 Practice 中增加方法，批量产生和存储习题，步骤如下。

1. 构造加法习题。

1.1　编写函数 void writeCSVAddtionExercise(int count)，把包含 count 道算式的习题以 CSV 格式写到一个文件，文件名格式如"addition_exercise_count_001.csv"，文件内容参考格式如下：

```
51+11,19+45,92+8,80+19,73+10,33+45,19+11,37+60,25+57,13+64,…
```

由于人可阅读 CSV 文件，因此存储时可以整齐地规定每行输出的列数（如 5、10）。或者用记事本打开文件，自己调整方便阅读的格式。

1.2　编写一个测试类 PracticeTester，编写测试函数 void testWriteCSVAddtionExercise。或者用写字板或表单程序打开一个文件，看格式、内容是否正确。

1.3　编写函数 void readCSVAddtionExercise(File csvFile)，读入一个 CSV 格式的习题文件 csvFile 并返回一个 anExercise 对象。

注意：由于 CSV 文件具有可阅读性，也容易改动，因此最好用正则表达式预处理读入的符号串。

```java
public Exercise_3_2_3 readCSVExercise(File aFile){
    Exercise_3_2_3 exercise = new Exercise_3_2_3();
    String eqString;
    BinaryOperation_3_2 op;
    try {
        Scanner sc = new Scanner(aFile);
        sc.useDelimiter(",");
        while(sc.hasNext()){
            //处理任意的\t,\f, \n 等
            eqString = sc.next().replaceAll("\\s", "");
            op = new AdditionOperation();
                //增补的函数:把"3+5"转换成算式 3+5
            op.unsafeConstructor(eqString);
            exercise.add(op);
        }
    }
    catch(IOException e){
        System.out.println("ERROR: "+e);
    }
    return exercise;
}
```

1.4　在测试类 PracticeTester 中编写测试函数 void testReadCSVAddtionExercise。简单情况下，屏幕显示读入文件的结果。

1.5　编写函数 void writeCSVAddtionExercises(int number, int count)，生成 number 套习题，每套习题按命名规则存入一个文件，要调用之前的 writeCSVAddtionExercise(int count)。

2. 类似地，构造减法习题。

3. 类似地，构造混合加减法习题。

4.8.2　构造并应用算式基

1. 构造任务 5.1

根据4.3节定义的算式基，可用多种方式设计加法算式基AdditionBase[101,101]和减法算式基SubstractBase[101,101]。方式一，把它们定义为全局变量，然后分别用函数 produceAdditionBase() 和 produceSubstractBase()填写二维数组的内容。方式二，不用任何变量，直接构造加法算式基和减法算式基并返回，如 AdditionOperation [][]produceAdditionBase()。

下面给出方式二的参考构造过程，可以分阶段完成。

1. 新增类 OperationBase。

2. 首先构造加法算式基 AdditionBase，步骤如下。

2.1　实现加法算式基产生方法 AdditionOperation [][]produceAdditionBase()。

```java
public class OperationBase {
    static final int UPPER = 100;    //测试时选择如 10
    AdditionOperation[][] produceAdditionBase(){
        AdditionOperation[][]base = new AdditionOperation[UPPER+1][UPPER+1];
        AdditionOperation ao;
        for(int i=0; i<=UPPER; i++) {        //运算数约束条件
            for (int j=0; j<=UPPER; j++) {  //运算数约束条件
                if (i+j<=UPPER){        //运算结果约束条件
                    ao = new AdditionOperation();
                    ao.unsafeConstructor(i,j, '+');
                    base[i][j]=ao;
                }
            }
        }
        return base;
    }
    ...
}
```

2.2　编写显示斜三角形的函数 void displayBase(BinaryOperation base)，它也可以用于测试。注意，这个方法适合加法算式基和减法算式基。

```java
public void displayBase(BinaryOperation_3_2[][] base){
    for (BinaryOperation_3_2[] row: base){
        for (BinaryOperation_3_2 operation:row){
            if (operation != null ){
                System.out.print(operation.fullString()+"\t");
            }
        }
        System.out.println();
    }
}
```

2.3　编写测试类 OperationBaseTester。先用较小范围的数值，如确保生成 10 以内正确的加法算式矩阵、显示出斜三角形；再测试 100 以内的算式基。例如，算式基 AdditionBase[11,11]显示如下：

0+0=	0+1=	0+2=	0+3=	0+4=	0+5=	0+6=	0+7=	0+8=	0+9=	0+10=
1+0=	1+1=	1+2=	1+3=	1+4=	1+5=	1+6=	1+7=	1+8=	1+9=	
2+0=	2+1=	2+2=	2+3=	2+4=	2+5=	2+6=	2+7=	2+8=		
3+0=	3+1=	3+2=	3+3=	3+4=	3+5=	3+6=	3+7=			
4+0=	4+1=	4+2=	4+3=	4+4=	4+5=	4+6=				
5+0=	5+1=	5+2=	5+3=	5+4=	5+5=					
6+0=	6+1=	6+2=	6+3=	6+4=						
7+0=	7+1=	7+2=	7+3=							
8+0=	8+1=	8+2=								
9+0=	9+1=									
10+0=										

3. 构造减法算式基 SubstractBase 的步骤类似。

2.　构造任务 4.3

1. 由加法算式基批量构造习题。尝试运用防御性编程，处理文件操作过程中可能的输入错误。

1.1　编写一个从算式基构造给定算式数量的习题。

```
private Exercise_3_2_3 generateExercise(int count,BinaryOperation_3_2[][] base){
        //当心：没有检查 count 的范围！可能引起异常
        BinaryOperation_3_2 anOperation;
        Exercise_3_2_3 anExercise = new Exercise_3_2_3();
        Random random = new Random();
        int row, column;
        while (count > 0 ){
            do {
                row = random.nextInt(UPPER+1);
                column = random.nextInt(UPPER+1);
                anOperation = base[row][column];
            } while (anOperation == null || anExercise.contains(anOperation));
            anExercise.add(anOperation);
            count--;
        }
        return anExercise;
    }
```

1.2　编写函数，真正产生加法算式习题。

```
public Exercise_3_2_3 generateAdditionExercise( int operationCount){
    //当心：没有检查 operationCount 的范围！可能引起异常
    OperationBase ob = new OperationBase();
    BinaryOperation_3_2[][] base = ob.produceAdditionBase();
    return generateExercise(operationCount,base);
}
```

1.3　在 OperationBaseTester 中编写测试：生成 50 道加法算式的习题，格式化输出。

2. 把由算式基构造的习题存入文件。代码类似构造任务 4.2。

3. 由减法基构造习题并存入文件，步骤类似 1 和 2。

4. 由加法算式基和减法算式基构造习题并存入文件，步骤类似 1 和 2。

3．构造任务 5.2

以第 3 章面向对象的版本为基础，使用编程语言提供的序列化机制实现算式基、练习题的存储。算式 BinaryOperation 等类需要实现序列化，如 Java 语言版本需改变类的说明：

```
BinaryOperation implements Serializable
```

具体留给读者探讨、实现。

4.8.3　批改练习并存储

构造任务 6 是批改练习并保存。家长负责将小明的练习结果以 CSV 格式写入一个练习文件；程序读入该文件，与相应习题中的每道算式的答案比较，统计批改，屏幕显示批改报告，并把它存入 CSV 格式的批改文件。练习结果文件的参考格式：

```
练习：addition_exercise _50_019
76,65,61, 58,78,42,45,-1, 56, 63,…
```

要求练习答案的顺序和数目与对应的习题一致。如果算式没有做出计算，在录入 CSV 文件时，用–1 表示。批改、统计练习后，存储在批改文件的参考格式：

```
答案：practice _ae_50_019
算式总数：50
正确：45
错误：5
得分：90
```

练习结果的文件可以不含第一行。批改结果首先实现屏幕输出，然后写入批改文件。

1. 在类 Practice 中新增生成练习题答案的方法 saveCSVExerciseAnswers(Exercise exercise, String fileName)，它读入一个练习文件，把每道算式的结果作为答案顺序存入一个文件，当作测试数据。

2. 新增类 Judgement，完成练习的批改，核心处理如下。

（1）方法 evaluate(File anExerciseFile, File resultsFile)分别从习题文件得到每道算式的正确答案 answers，从练习文件得到练习结果 results。由于这两个文件都是 CSV 格式，因此最好采用正则表达式，滤掉文件中的其他符号，仅保留必要的算式和整数结果。

（2）比较 results 和 answers，比较对应位置的值是否一样，统计批改结果。

（3）编写函数，在屏幕上报告练习批改的统计。

（4）编写函数输出批改结果到 CSV 文件。

要求和建议：运用可健壮性编程指南，适当增加错误处理或异常处理，可能的情形包括：（1）练习结果的文件不存在，格式不符合约定，无法读入或读入不全；（2）练习文件不存在，格式不符合约定，无法读入或读入不全；（3）练习的答案数目与习题的数目不等；（4）批改报告不能写入批改文件的错误。

关于批改的统计：最简单的实现方案是声明两个变量 correct 和 wrong，分别记录正确运算和错误运算的数量。但是，这种编程没有记载是哪道算式计算错误、哪道算式计算正确，不能供华经理有针对性地指导小明学习。方案二，用一个和练习的算式数量相等的一维数组 checkingList 记录每道算式的批改：正确的写入 1，不正确的写入–1。或者，分别记载布尔值 true 和 false。第 7 章利用内嵌类扩展了习题类 Exercise。

如下是 Judegement 的程序结构和部分代码。

```java
public class Judgement {
    private int correct = 0;
    private int wrong = 0;

    public void evaluate(Integer[] answers, Integer[] results ){
        //get the small length of both lists
        int length = answers.length < results.length?answers.length:results.length;
        for(int index=0; index < length; index++ ){
            if (answers[index] == results [index]){
                correct++;
            }else{
                wrong++;
            }
        }
        //if the two lists are not of the same length
        wrong += Math.abs(answers.length-results.length);
    }
    public void evaluate(File aFile, Integer[] results ){…}
    public void evaluate(File exerciseFile, File resultsFile){ {…}
    private Integer[] getResults(File anExerciseFile){
        String eqString;
        BinaryOperation_3_2 op;
        ArrayList<Integer> opResults = new ArrayList <Integer>();
        try{
            Scanner sc = new Scanner(anExerciseFile);
            sc.useDelimiter(",");
            while(sc.hasNext()){
                //处理任意的\t, \f, \n 等
                eqString = sc.next().replaceAll("\\s", "");
                op = new AdditionOperation();
                op.unsafeConstructor(eqString);
                opResults.add(op.getResult());
            }
        }
        catch(IOException e){
            System.out.println("ERROR: "+e);
        }
        Integer[] b = new Integer[opResults.size()];
        return opResults.toArray(b);
    }

    public void statisticsReport(){…}
    public void writeCSVReport(File aReportFile){…}
}
```

4.8.4 管理测试

使用 CODING DevOps 的测试管理工具能更好地管理测试用例、有效地实施自动化测试。基本步骤包括创建测试分组、创建测试用例、执行测试步骤，详见二维码。

用 CODING DevOps 实现测试管理

4.9 讨论与提高

4.9.1 应用表驱动编程

1. 合并加法算式基与减法算式基

在 4.5 节中，我们把 100 以内所有的加法算式和减法算式分别放在了两个二维数组——AdditionBase[101,101]和 SubstractBase[101,101]中，它们实际上只用了一半，形成了斜三角形。

```
            0        1        ...            99       100
     ------------------------------------------------------------
0    |      0+0      0+1      ...            0+99     0+100
1    |      1+0      1+1      ...            1+99
...
99   |      99+0     99+1
100  |      100+0
```

```
            0        1        ...            99       100
     ------------------------------------------------------------
0    |      0-0
1    |      1-0      1-1
...
99   |      99-0     99-1     ...            99-99
100  |      100-0    100-1    ...            100-99   100-100
```

仔细观察这两个斜三角形，可以发现以下几点。

（1）加法算式基的对角线恒等于 100。若令 i、j 分别表示行和列的值，则它们满足条件 $0 \leqslant i, j \leqslant 100$ and $0 \leqslant i+j \leqslant 100$。

（2）减法算式基的对角线恒等于 0。行、列的值满足条件 $0 \leqslant i, j \leqslant 100$ and $0 \leqslant i-j \leqslant 100$。

若以第 50 列为轴，将减法算式基的矩阵反转，则得到：

```
            0        1        ...      50      ...     99       100
     --------------------------------------------------------------------
0    |                                                          0-0
1    |                                                 1-1      1-0
50   |                                 50-50           50-1     50-0
99   |             99-99     ...       99-50           99-1     99-0
100  |   100-100   100-99    ...       100-50          100-1    100-0
```

　　除左下至右上的对角线外，这个斜三角形与加法算式基构成一个完整矩阵 OperationBase[101,101]。仍用 i 和 j 分别表示行和列的值，减法的算式变成：$0 \leqslant i, j \leqslant 100$ and $0 \leqslant i-(100-j) \leqslant 100$，化简得到：$0 \leqslant i, j \leqslant 100$ and $100 \leqslant i+j \leqslant 200$。最终可以从这个矩阵得到 100 以内所有的加法算式和减法算式，算式基 OperationBase 的左上部三角形是有效的加法算式，右下部三角形是有效的减法算式。

```
          0        1       ...      50      ...     99       100
     ---------------------------------------------------------------
     0  |  0+0      0+1     ...              ...    0+99      0+100
     1  |  1+0      1+1     ...              ...    1+99      1-0
     ...|                   ...      ...
     50 |  50+0             ...     50+50    ...    50-1      50-0
        |                            ...
     99 |  99+0     99+1    ...     99-50    ...    99-1      99-0
     100|  100+0   100-99   ...    100-50    ...   100-1     100-0
```

　　这样，只要给出满足 $0 \leqslant i, j \leqslant 100$ 的行 i 和列 j，就能从算式基矩阵 OperationBase 得出加法或减法的算式。

● 当 $i+j \leqslant 100$ 时，在矩阵 OperationBase [i,j]中得到加法算式 i+j。
● 当 $i+j \geqslant 100$ 时，在矩阵 OperationBase [i,j]中得到减法算式 i–(100–j)。
● 特殊情况：左下至右上的对角线，加法算式 i+j 恒等于 100，减法算式 i–j 恒等于 0，两者只能取其一。可以存放加法算式 i+j=100 或者减法算式 i = 100–j，恒等于 0。

2．测试数据结构——算式基的测试

　　表驱动编程把复杂的判断条件放在了表中，简化了程序本身，测试的重点就在测试数据结构了。可以把测试代码的技术运用到数据结构的测试。对于案例，彻底测试算式基就是测试表的每个项，共 101×101 个测试数据。结合等价类和边界值测试，可以减少测试，选择测试数据如下。

● OperationBase 的第 0 行、第 0 列、第 100 行、第 100 列（边界值）。
● OperationBase 中第 1~99 行中的任意一项（每行的等价类代表）。
● OperationBase 中第 1~99 列中的任意一项（每列的等价类代表）。

　　这个测试组共有 602 个数据，进一步简化测试数据，如下。

● 选择矩阵的 4 个角作为边界值的代表，即 OperationBase 下标[0,0]、[100,0]、[0,100]和[100,100]的值；
● 选择矩阵中心 OperationBase [50,50]，即加法算式和减法算式的交汇处。
● 再选择 97 个数组项，涵盖剩余的 97 行和 97 列的元素。例如，选择左上右下的对角线，除去两个端点和中点，共 97 个数据项，每个数据项同时涵盖相同的行、列下标。

　　这样，一共有 102 个测试数据。这个简化的测试数据设计使用了组合测试的方法。

3．表驱动测试

　　又称数据驱动测试，它是用一个测试代码重复地使用不同的输入和响应数据的测试技术。这些数据来源于一个预定义的数据集，通常以表的形式呈现。它们可以在测试执行前存放在文件中。

　　因为数据从测试代码中分离出来了，所以可以在不影响、不更改测试代码的情况下，修改测试数据，添加新的测试数据，并在多个测试之间共享测试数据。

　　数据驱动测试在自动化测试领域的地位非常重要，可用来实现更加高效和准确的测试。

4.9.2　使用文件还是数据库

使用文件还是数据库

4.9.3　契约式编程

契约式编程源于 Meyer 提出的契约式设计或 Design by Contract。因为Design by Contract 是一个属于 Eiffel Software 的注册商标，人们用契约式编程来指代这种方法。此外，可以把契约式编程理解成将契约式设计原理应用到程序设计的层面，并通过编程实现。

契约式编程要求软件开发者为软件模块定义正式的、精确的且可验证的接口，这是对使用前置条件、后置条件和不变式定义抽象数据类型ADT 的扩展。这种方法的名字中用到的"契约"是一种比喻，借鉴了商业契约的概念。所谓契约（或合约），规定了两个交互物件上的权利和责任。契约式编程的核心思想是对软件中的元素之间相互合作及"责任"与"义务"的比喻。类之间的关系就是客户与供应商的关系，函数与调用者之间的关系也是功能与服务的关系。

如果程序设计中的一个模块（函数、类等）提供了某种功能，那么它要：

（1）期望所有需要它的客户模块都满足一定的进入条件，即函数的前置条件——客户的义务和供应商的权利，这样它就不用处理不满足前置条件的情况；

（2）保证退出时给出特定的属性，这就是函数的后置条件——供应商的义务，也是客户的权利；

（3）在进入模块时假定、在退出模块时保持一些特定的属性——不变式。

契约就是这些权利和义务的正式形式。可以用三个问题来总结契约式编程：对一个软件模块，它期望的是什么？要保证的是什么？要保持的是什么？

契约式设计认为契约对于软件的正确性至关重要，它们应当是设计过程的一部分。提倡首先写断言、再写设计或程序。这种思想与测试驱动开发类似：先为程序编写测试，再编写程序满足测试。

断言可以视为契约式编程的一部分，它为契约式编程提供了语言基础。Eiffel、Clojure、D 等语言内含了契约式编程机制，C、C++、Java、Python 等语言可以用宏和条件编译实现契约式编程，也有第三方的软件包如.NET 4.0 引入了契约式编程库，简化和规范了契约式编程。

契约式编程不仅是系统化的断言，而且其包含的设计思想给软件开发带来了深刻影响。

深入理解契约式编程

4.9.4　撰写设计文档

小雨和小强的开发工作逐渐深入，面临的需求逐渐增多，除要不断梳理需求之外，还要及时记录构造过程和设计思路。应该伴随构造过程逐步撰写软件概要设计文档和详细设计文档，及时记录软件结构、开发过程、重要代码、调试过程等。

概要设计的主要阅读者是华经理，主要描述案例开发的结构、思路。主要内容包括对用户需求的解决方案、软件使用流程、软件的功能设计、数据设计、使用说明等。

　　详细设计的主要阅读者是小雨和小强，主要记录软件开发过程、开发方法和技术方案。内容主要包括软件框架、数据获取与预处理、函数与模型创建、算法设计、接口设计等。

撰写概要设计与详细设计文档

4.9.5　课程思政

软件灾难——阿丽亚娜五号运载火箭首发爆炸

4.10　思考与练习题

　　1．概念解释：数据持久性，文件，输入/输出流，测试覆盖，语句覆盖，路径覆盖，判定覆盖，条件覆盖，契约式编程。

　　2．什么是表驱动编程？主要技术有哪些？

　　3．什么是防御性编程？它有哪些基本技术？

　　4．JUnit 中的参数化测试和测试套件是什么？它们的区别和作用是什么？

　　5．JUnit 的开发者给这个测试框架确定了哪三个目标？

　　6．为 4.4 节的代码 4.4 编写一个测试代码并运行程序，给出下面作为输入符号串的运行结果。

　　（1）51+11, [19+□□A 45,□92+8,?80+19,73+10;□

　　（2）对这个奇怪的字符串 51+11,

　　　　　　　　[19+□□A 45,

　　　　　　　　□92+8,　　　　　　　　?80+19,　　　　　　　　73+10; 你能得到正确结果吗？

　　7．完成 4.4 节中例 4.3 的代码 4.6。编写一个类 RegularExpressions，可以只有一个 main 方法，主要代码就是例 4.3 的代码。运行程序得到的结果是什么？

　　8．使用正则表达式编写程序，读入一个 CSV 格式的文件，输出其中所有数及其平均值。例如，文件内容如下：

　　学生成绩统计

　　丁一 89，王二 95，张三 69，刘四 75，章五 80，云六 98，田七 77

　　9．编写程序，识别一个任意的符号串，如果它是 000～999（含）范围内的整数，就返回真值，否则返回假值。要求：说明（1）使用的正则表达式；（2）采用的测试方法；（3）测试用例及结果。

　　10．编程实现 4.5.2 节中例 4.5 的三种代码，调试直至通过。对测试数据：10,0,10, 59,60,69, 70, 79, 80, 89, 90, 99,100，结果分别是什么？

　　11．CFG 练习：对代码 2.1，计算圈复杂性，给出一组基本路径，使其满足测试的路径覆盖。

　　12．CFG 练习：对代码 3.5，计算圈复杂性，给出一组基本路径，使其满足测试的路径覆盖。

　　13．测试 4.3.1 节的代码 4.2。要求：（1）测试覆盖每条路径；（2）使用 JUnit，包含异常测试、参数化测试。

14．对 3.6.1 节的类 BinaryOperation，用 JUnit 与基本路径覆盖进行测试，并分析测试错误和测试失败的原因。为下列情况分别编写一个测试类：（1）测试 construct 的正常路径；（2）测试 construct 的异常路径，（1）和（2）要求其中的一个测试类使用参数化测试；（3）测试 equals 方法；（4）把上述所有测试装入一个测试套件。

15．输入年和月两个数值，输出相应的天数。（1）使用条件语句编写程序，并根据白盒测试的语句覆盖、路径覆盖、判定覆盖和条件覆盖分别设计测试数据，完成测试；（2）运用表驱动编程方式重新实现程序，运用输入域的等价类结合边界值分析方法设计测试用例，完成测试；（3）重新用单元测试框架完成上面两个任务的测试，并分析如何测试表（数据结构）。

16．按照国家规定，个人收入所得应该交税。中国公民的工资、薪金所得的交税计算公式如下：应纳个人所得税税额=应纳税所得额×适用税率−速算扣除数，其中，应纳税所得额=每月收入金额−起征点（5000 元）。下表是 2022 年我国个人所得税税率表：

级数	应纳税所得额(含税)	税率	速算扣除数/元
1	不超过 3000 元的	3%	0
2	超过 3000 元至 12000 元的部分	10%	210
3	超过 12000 元至 25000 元的部分	20%	1410
4	超过 25000 元至 35000 元的部分	25%	2660
5	超过 35000 元至 55000 元的部分	30%	4410
6	超过 55000 元至 80000 元的部分	35%	7160
7	超过 80000 元的部分	45%	15160

（1）使用分支语句或者运用表驱动编程方式实现个人所得税计算程序，该程序的输入是工资、薪金所得（元），输出是应纳税所得额。

（2）按照边界值分析方法，设计测试数据：4999，5000，5001，7999，8000，8001⋯继续完成剩余的测试数据，并检验运行程序的结果是否正确。

（3）使用 JUnit 的参数化测试，完成（2）的所有数据的测试。

（4）修改程序 1：增加程序的健壮性，检测输入数，若输入数是负数，则抛出异常。增加输入为负数的测试用例，用 JUnit 的异常测试执行测试。

（5）修改程序 2：增加一个计算税后收入所得的方法，并用（2）的数据进行测试。

（6）使用 JUnit 的测试套件，完成整个程序的测试。

17．练习断言。对下面的 Java 程序

```java
public class TryAssertions {
    public String construct(int left, int right,char op) {
    int value=0;
    assert 0 <= left && left <= 100 : "左运算数不在0～100 范围内。";
    assert 0 <= right && right <= 100: "右运算数不在0～100 范围内。";
    if (op == '+'){
        value = left+right;
        assert 0 <= value && value <= 100: "加法运算结果不在0～100 范围内。";
    } else if (op == '-'){
        value = left-right;
        assert 0 <= value && value <= 100: "减法运算结果不在0～100 范围内。";
    } else {
        assert false: op+"不是加号或减号运算符！";
```

```
        }
        return "算式"+left+op+right+"的运算结果是"+value;
    }
    public static void main(String[] args) {
        TryAssertions try_assert = new TryAssertions();
        System.out.println("正常的加法运算:");
        System.out.println(try_assert.construct(50,20,'+'));
        System.out.println("正常的减法运算:");
        System.out.println(try_assert.construct(50,20,'-'));
        System.out.println("试验断言:");
        System.out.println(try_assert.construct(50,20,'@'));
    }
}
```

（1）不打开编译的断言开关，运行结果是什么？

（2）打开编译的断言开关后，运行结果是什么？

（3）分别将 System.out.println("试验断言：")后面语句调用的参数改为(150,20,'+')、(90,20,'+')、(10,20,'–')，重复（1）和（2），运行结果分别是什么？

18．如果一道加法算式的两个运算数、其和的取值范围都是[0,100]，一共有多少道合法的加法算式？说明计算过程。

19．如果一道减法算式的两个运算数、其差的取值范围都是（0,100），一共有多少道合法的减法算式？说明计算过程。

20．用一个二维数组 AdditionBase[101,101] 存储加法算式基，即所有满足约束条件（两个运算数、其和的取值范围都是 [0,100]）的加法算式，编程实现产生加法算式基的函数 int[][] generateAdditionBase()，打印输出算式基的斜三角形 displayBase(int[][] base)。给出取值范围是[0,30]时的输出。

21．用一个二维数组 SubstractBase[101,101] 存储减法算式基，即所有满足约束条件（两个运算数、其差的取值范围都是 [0,100]）的减法算式，编程实现产生减法算式基的函数 int[][] generateSubstractBase()，打印输出算式基的斜三角形 displayBase(int[][] base)。给出取值范围是[0,25]时的输出。

22．完成构造任务 5.1，打印输出 SubstractBase[11][11]和 SubstractBase[51][51]的结果。

23．完成构造任务 4.3，并且（1）产生一套 30 道加法算式的习题，每行 5 道算式格式化输出；（2）产生一套 34 道减法算式的习题，每行 6 道算式格式化输出；（3）产生一套 39 道加减法混合算式的习题，每行 7 道算式格式化输出。

24．完成构造任务 4.2，运行程序，实现一个 Exercise 文件的读/写。

25．按照 4.9.1 节的设计，编程实现算式基产生方法 int[][] generateOperationBase()，它把 100 以内所有的加法算式和减法算式都放在一个二维数组中。分别给出取值范围是[0,25]和[0,39]时的输出。

26．完成构造任务 6，运行程序，报告统计结果。其中，作为 evaluate 的一个参数，可以先用记事本或电子表单程序编写一组练习成绩，或者把一套习题中算式的结果写成 CSV 文件，然后打开文件做一些改动（改变值、改换格式、减少练习数、增加练习数）作为测试数据。

第5章 用户交互的软件构造

主要内容

学习以键盘为输入设备、屏幕为输出设备的用户交互的软件构造，目标是将多个程序整合到一个程序、将多个功能用一个界面呈现出来。通过构造一个交互式语音应答系统及其层次结构的菜单交互界面，理解用户功能与其实现代码的关联机制，以及用户交互的基本概念、设计原则和相关的静态测试。应用用户交互的原型开发、软件集成及其测试策略和回归测试，构造基于文字菜单结构实现的用户交互的案例软件。针对软件交互的复杂性，探索软件建模和基于模型的测试。

故事 6

过了一段时间，华经理给小强打电话，说"口算练习神器"能批量产生练习题，让他挑选，还可以让程序批改小明的练习并统计报告，他用起来没有太多的困难。但是，家里其他成员感觉使用了太多的程序，记不住程序功能，也不知道先使用哪个程序、再启动哪个程序。能不能把所有的程序整合起来，只运行一个程序呢？还有，小明每次练习完后要有人把答案输入一个文本文件，才能批改。现在，可以让家长看着小明，让他自己在计算机上练习，程序直接批改练习。

小强和小雨分析了华经理的想法，梳理出如下新的需求：

（1）程序集成，把已经编写的代码整合到一个程序，即只有一个主程序 main()。

（2）程序界面，把程序的所有功能都放在一个界面上，让用户选择功能并执行。

（3）交互练习，用户在计算机上用程序做口算练习，并完成批改。

他们和华经理一起勾勒了几个界面，最后，华经理说感觉大致就是图5.1所示的形式。前5项是给华经理用的，小明主要使用最后一项。

小强和小雨认为，华经理要求的就是把之前开发的程序整合起来，统一放在一个界面，让用户选择执行，直至用户自己决定退出。为了避免让用户输入得太多，可以让每个功能对应一个数字，用户通过键盘输入数字，执行相应的功能。很快，他们就完成了程序界面框架的代码，用户界面显示如图 5.2 所示。

图 5.1 用户界面草图

图 5.2 编程显示功能选择的用户界面显示

当然，目前实现的仅仅是程序界面，选择的一项功能还不能真正执行，主要目的是让华经理看看是不是想要的界面。一旦界面确定了，就可以按照增量模式一个一个地添加功能，再把实现功能的代码和界面联系起来。在继续开发程序前，他们遇到了一些疑问。

（1）正确选择并执行了功能后，程序的界面是什么？可能的设计包括：①执行完一个功能后，程序退出，这显然违背设计用户界面的目的；②执行完一个功能后，允许用户继续选择，但是，仅仅显示"请选择……"，就要求用户记忆序号对应的功能。

（2）何时如何结束程序运行？

（3）要是用户不小心输错了数字怎么办？

（4）功能 2 如何实现选择练习题？还要进一步说明是加法题、减法题还是混合题，是否还要用户输入选择，即通过二级菜单，比如：

2.1 选择加法算式 [输入 1]
2.2 选择减法算式 [输入 2]
2.3 选择混合算式 [输入 3]

进一步，这个二级菜单是显示在主菜单中，还是进入功能后再显示？在低层功能完成后，直接显示当前层的菜单还是回到主菜单？

本章首先解释相关的概念，然后学习解决这些问题的一些基本技术和方法。

5.1 程序及其功能的使用

5.1.1 程序的两个观察视角

可以从两个角度观察和理解程序。程序员是程序的产生者，他们看到程序的内部组成——变量、语句、函数、类及其关联所形成的结构。程序员通过编写函数、方法、类等程序单元，实现用户的要求。例如，针对"打印一套 100 以内的 50 道加法式习题"的要求，程序员要编写方法 print_exercise(numberOfOperations) 及其他直接联系的程序单元。另外，对用户而言，程序实现其需求。用户通过使用程序完成所要求的功能。对于案例，用户希望看到的是"口算练习神器"提供的多种功能，通过单击表示一个程序及其功能的数字或菜单选项，执行程序实现要求。用户和程序员视角下的程序如图 5.3 所示。

不论是传统的命令行、菜单选择的程序输入/输出，还是流行的图形用户界面 GUI、触摸式，以及声控、手势或脑控制操作程序方式，都是用户使用程序、与程序进行交互的形式。程序员都应该理解和掌握用户与程序交互的基本原则及编程实现技术。程序最终要把用户的要求或指令转换成相应的代码。例如，一般的编程语言都用 aFile.open() 打开文件。无论是 GUI 方式用鼠标单击一个文件图标，或者是在触摸屏上用手指双击一个文件图标，或者是对具有语音识别能力的程序说出"打开文件"，在程序中都要通过包含类似打开文件的操作语句 aFile.open() 实现用户的操控意图。当然，用户的操作和

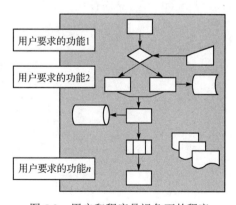

图 5.3 用户和程序员视角下的程序

程序之间的关联机制有所不同。例如，如何把一个图标与程序关联，单击图标就能启动程序执行，或者，如何关联一个数字与程序，用户在选择一个数字后就执行相应的程序。

5.1.2 多个功能程序的整合

C、Java、Python 等程序通常有一个主程序来启动运行。一个 C 语言程序只有一个主程序 main()。

Python 语言有默认的主程序，也可以自定义任何一个函数作为主程序。面向对象语言（如 Java）的每个类都可以编写一个主程序 main()，但是一个文件中只能有一个 public 类有主程序 main()。随着程序的增大，程序实现的功能也在增加。显然不能要求用户执行一个应用功能时都要在操作系统或 IDE 开发环境中单击或输入"run"来启动每个程序，而是希望启动一个程序使用一些功能。

假如一个程序有 k 个功能，分别在函数 fun1,fun2,$\cdots$,fun$k$ 中实现，如何运行程序使用这些功能呢？可以在主程序 main() 中顺序调用函数 fun1,fun2,$\cdots$,fun$k$，逐个运行后，程序结束运行。有时不希望按照顺序逐个使用程序提供的功能，可能会打乱顺序，比如执行功能 4、功能 2……有时不希望执行所有功能，只使用其中的部分功能，如功能 3 和功能 1。另外，也不希望选择性地使用一个或多个功能就要重新编写主程序 main()，启动程序运行，特别是要考虑普通用户不具备软件构造能力。

当一个程序有不止一个功能（用户视角）或者一个程序包含多个函数（程序员视角）时，如何呈现并执行这些功能涉及两个方面的问题：（1）如何把若干功能合理地呈现出来，便于用户操作；（2）如何把若干函数整合起来，便于程序执行。第一个问题是用户界面或用户交互的设计，第二个问题是程序的集成。用户界面可以视为集成程序的一种方式。

5.1.3　多个功能的组织与呈现

用界面集成程序实质上就是把一组功能合理地组织并呈现给用户使用。如果不考虑文字或图形的方式，则可以把功能以某种顺序全部罗列出来，或者把所有功能按照某种规则分组、分层地呈现。例如，在操作系统中，一个目录下的文件可以按照文件的创建时间或文件名的字典顺序排列。更常见的方式是把相关的文件放在一个目录下，然后按要求的顺序罗列。目录还可以包含目录，形成递归结构，合理组织众多的文件，方便查找和使用。

类似地，可以把程序的众多功能划分成组（抽象），按照层次结构，从抽象到具体直至每个功能，为用户提供方便易用的界面。这种用户与程序交互的方式无论是采用文字还是采用图形，基本原理都一样。图 5.4 所示为一个 IDE 的图形用户界面，其中抽象的 File 功能组包含了 New、Open File...等功能或功能组，New 功能组又包含了 Java Project 等功能。用户可以用鼠标等连续选择 File→New→Java Project，从而打开一个 Java 工程。

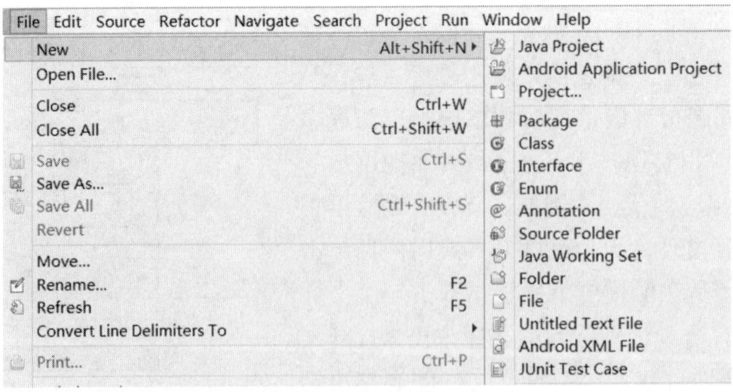

图 5.4　按照层次结构组织的软件功能

目前的移动应用 App 众多，手机屏幕的大小有限，有两种基本方式组织 App：一种方式是以屏为单位连续放置 App 图标，排满后增加一个屏幕，继续顺序放置；另一种方式是使用文件夹，它可以按照顺序放置一定数量的 App。图形化界面可以通过单击表示功能组的图标进入下一级菜单，或者直接打开应用程序。

菜单类似文件夹，菜单中可以包含（子）菜单，构成层次结构。菜单结构像一棵树，叶子节点表示独立的、具体的用户功能（原子功能），是提供给用户的服务或操作。树根和内部节点是一个子菜单，表示一组抽象的功能（功能组），用户必须从中继续选择，直至原子功能。

菜单的设计可以采用自顶向下的方式，即从抽象的主菜单（根）逐步具体到子菜单，直至原子功能，也可以采用自底向上的方式，把具体的功能逐步抽象、分组成子菜单，直至主菜单。无论哪种方式，都要运用抽象和分类的基本原则。例如，在图 5.4 所示的 IDE 界面中，有关文件的操作——如打开一个文件、创建一个新文件、保存文件或者打印文件等，都划分在一组并抽象成"File"，创建不同类型的文件则划分在子菜单"New"，它包含了最终要求的文件创建。

5.1.4　基于菜单式功能选择的用户交互

菜单选择用层次化结构组织把程序的多个功能组织并呈现出来，是用户交互的一种基本方式。它可以在键盘、触摸屏、鼠标、声音等多种输入/输出设备中使用。菜单式功能选择的用户交互在智能化系统（如自助服务、自动语音应答系统）中不可或缺。

在自动语音应答系统或交互式语音应答（Interactive Voice Response，IVR）系统中，用户通过拨打指定的电话号码，根据系统的语音提示收听所需的语音信息或服务，或者参与聊天、交友等互动式服务。IVR 系统的应用领域包括银行（为储户提供账户查询、各类卡激活、报失、基金查询、利率查询、姓名/住址变更、转账、营业网点查询等）、保险公司（为保户提供索赔/资格认证、投保信息查询、赔付信息、受益人信息、保单申请、健康咨询等）、航空公司（航班离港/到港时间查询、顾客信息、订票信息、预定机票座位确认、自动取消航线通知、营业网点查询、在线值机等）、电信（账单查询、费用查询、套餐查询、余额查询、消费查询、姓名/住址变更、缴费）、旅游（住——按区域、按星级，行——火车、市内公交、飞机、长途车，食——特色小吃、中餐、西点、西餐，购——特产、超市、商场，玩——按区域、按星级、按点评，医疗健康）及政府、医疗、健康、保险、教育和其他金融服务等。

IVR 系统通常把服务功能与数字、若干特殊符号（如井号#和星号*）关联起来，让用户输入数字或特殊符号获取相应的功能或进入某个子菜单（功能组）。例如，拨打某银行的 IVR，连通后听到语音：账户查询请按 1、各类卡激活请按 2、利率查询请按 3、基金查询请按 4、转账请按 5、个人信息变更查询请按 6、信用认证请按 7、返回上级菜单请按 9、重听请按 0。用户选择数字后则进入相应的服务。如果选择 1，系统进入查询账户的功能组，用户可能听到：请输入账号，以#键结束。用户输入后，系统会调用实现的函数，以用户输入作为参数在后台数据库中查找输入的账号。如果输入正确且系统中存在输入的账户，则系统提示进一步的用户操作，用户会听到：请输入密码，以#键结束。之后，系统调用实现的函数，在后台数据库中比较用户输入的密码。如果输入正确，则继续，可能听到：查询当月交易请按 1、查询前半年交易请……

下面以智慧城市中便民服务子系统的部分 IVR 系统为例，说明基于菜单式功能选择的用户交互界面的设计与实现。

【例 5.1】某智慧城市软件要求提供如下的便民服务：生活缴费、预约挂号、公交服务、违章查询、天气预报、常用电话、航空服务、铁路服务、长途车服务、社保服务、公积金服务等。生活缴费包括：自助缴纳有线电视费、水费、电费、燃气费、手机费、一卡通费；公交服务主要包括：实时查询和换乘查询。常用电话包括：日常生活、交警大队、快递服务、网购电话、各区街道、各派出所、公交咨询、医院电话、银行保险、铁路、长途、航空、家政服务、出入境、投诉举报等。

特点：用户需求对功能进行了初步划分和分层，菜单结构应该尽可能地与用户要求的结构一致。但是，从设计和实现的角度，要对一组或一层中较多的功能进一步划分，以便每个菜单项能在电话（含手机）上便捷地被选择。

第一级菜单，即主菜单包含 11 个功能。在 IVR 系统中通常使用数字 0～9 对应某个功能，此外还应有返回上一层菜单、直接返回主菜单的功能，有时还提供重听的功能。一般的电话都还有*键和#键。这样，主菜单及任何一级菜单中的功能选项不能超过 9 个，否则就要把相关的功能抽象地组成一个组，放在下一级菜单中。分组原则一：按照分类法，把相似、相近或相关的功能放在一个组里。分组原则二：应用最少的交互次数完成最常用的功能，即把最常用的功能尽可能地放在高层菜单中。这样，最少应该把主菜单 11 个功能中的两个功能放到其他组，就能用数字 0～9 对应剩余的 9 个功能和 1 个功能组。例如，建一个"交通服务"功能组，包含航空服务、铁路服务、长途车服务和公交服务，也可以建一个"社保服务"功能组，包含社保服务和公积金服务，也可以同时建这两个功能组，但这违反了分组原则二。常用电话的查询服务也应该细分。图 5.5 是为该便民服务 IVR 系统设计的交互菜单的树结构，其中的数字对应相应的功能。

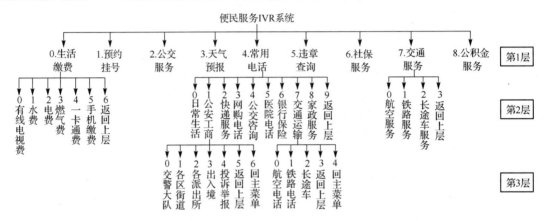

图 5.5　便民服务 IVR 系统的交互菜单的树结构

下面是该菜单结构的模拟实现，以便让用户体验界面是否合适。所谓模拟，指的是没有实现菜单项功能，而用简单的、通常只包含一条打印语句的模拟函数执行菜单项的功能。模拟的主要目的是检验菜单结构、菜单项的访问及菜单之间的跳转。最终，程序要经过集成的策略和步骤，用实现的菜单项功能换回每个模拟函数。

```java
//代码 5.1：实现便民服务 IVR 系统的交互菜单的部分代码
public class IVR_CS_Center {
    static final String[] MENU_0 = {"生活缴费","预约挂号","公交服务","天气预报",
            "常用电话","违章查询","社保服务","交通服务","公积金服务","","退出程序"};
    static final String[] MENU_0_7 = {"航空服务","铁路服务","长途车服务","返回上层"};
    static final String[] MENU_0_4_7 = {"航空电话","铁路电话","长途车电话",
            "返回上层","回主菜单"};
    …
    public void menu_0(){
        //以下应该是语音录音
        System.out.println("\n 智慧城市的便民服务");
        drawLine();
        drawUesrSelection();
        drawLine();
        for (int i=0; i < MENU_0.length;i++){
            System.out.println(""+i+". "+MENU_0[i]);
```

```
        }
        drawLine();
        userPrompt();
}
public void menu_0_4_7(){
        //以下应该是语音录音
        System.out.println("\n \t 智慧城市的便民服务"+"-"+MENU_0[4]+"-"+MENU_0_4[7]);
        drawLine();
        drawUesrSelection();
        drawLine();
        for (int i=0; i < MENU_0_4_7.length;i++){
            System.out.println(""+i+". "+MENU_0_4_7[i]);
        }
        drawLine();
        userPrompt();
    }
//以下三种辅助方法是通过代码重构 extract method 后得到的。代码重构见第 6 章
    private void userPrompt() {
        System.out.println("请选择……");
    }
    private void drawUesrSelection() {
        System.out.println(" 功能列表（请输入功能前面对应的数字,按回车键执行）:");
    }
    private void drawLine() {
        System.out.println("-------------------------------------------");
    }
```

第一，构造菜单式用户界面的框架。每个菜单都有显示和用户选择菜单后的交互处理。本例有 6 个菜单，菜单命名的基本规则是 menu 后跟下画线 _、后跟菜单项的编号，允许递推。例如，显示主菜单的函数是 menu_0（主菜单只有一个，每层的菜单项从 0 号开始），显示"生活缴费"的菜单显示函数是 menu_0_0，与其同级的"常用电话"的菜单显示函数是 menu_0_4，其子菜单中的"公安工商"的菜单显示函数是 menu_0_4_1。交互处理函数名是在菜单显示函数名后跟"_UI"。例如，"公安工商"菜单的交互处理函数是 menu_0_4_1_UI()。

```
public void menu_0_UI(){
    Scanner sc = new Scanner(System.in);
        int choice = 0 ;
        String exit = "n";
        boolean running = true;
    while (running){
    menu_0();
        try {
            choice = sc.nextInt();
                //简答的打印语句模拟执行了选择项或功能
            System.out.println("你选择了功能"+choice+",执行: "+MENU_0 [choice]);
            if (choice == 0 || choice == 4){
                running = false;
            }else if (choice == 9 ){
                System.out.println("你确定要退出程序吗?[y/n]");
                exit = sc.next();
```

```java
            if (exit.matches("[yY]")){
                running = false;
            }else {
                System.out.println("你选择了继续执行程序。");
            }
        }
    }catch (InputMismatchException e){
            System.out.println("输入不合法：只能输入1~9的数字.");
            sc.next();
    }
    }
    System.out.println("退出主程序。\n");
    if (choice == 0 ){
        menu_0_0_UI();
    }else if (choice == 4 ){
        menu_0_4_UI();
    }
}
public void menu_0_4_1_UI(){
Scanner sc = new Scanner(System.in);
    int choice = 0 ;
    boolean running = true;
    while (running){
    menu_0_4_1();
    try {
        choice = sc.nextInt();
        System.out.println("你选择了功能"+choice+",执行："+MENU_0_4_1[choice]);
        if (choice == 5 || choice == 6){
            running = false;
        }
    }
    catch (InputMismatchException e){
        System.out.println("输入不合法：只能输入1~5的数字.");
        sc.next();
    }
    }
    System.out.println("退出程序: menu_0_4_1_UI \n");
    if (choice == 5 ){
    menu_0_4_UI();
    }else if (choice == 6 ){
    menu_0_UI();
    }
    }
    }
}
```

第二，菜单导航。每次处理完用户输入后，要显示当前的菜单或转入的菜单。只有在主菜单（0层）才允许退出程序。在其他层次的菜单中，可以返回上一层，也可以直接返回主菜单。

第三，集成程序、实现模拟。IVR系统中的用户界面全部以语音形式向用户（打电话的人）传递功能选择。作为模拟，在屏幕上输出用户的选择及功能。用户选择某个数字后，简单一个打印语句，如"执行：生活缴费"，同时显示"生活缴费"功能组的菜单，表示系统在主菜单接收用户输入数字 0 后，执行"生活缴费"的功能组，即进入它的下一级菜单，等待用户输入。在"生活缴费"功能组，如果用户输入数字 0，则系统打印输出"执行：有线电视缴费"，表明执行了该功能。有时，也有更有意义的输出以表示功能执行，例如，"常用电话"中选择查询"出入境"的电话后，可以返回一个真实电话号码（至少号码个数正确）。

第四，扩充程序、处理用户输入。程序接收用户输入后，要解析成数字或特殊符，调用对应的程序，或者执行用户功能，或者进入下一级菜单。用户输入解析包括把用户输入的数字符号转换成计算机内的数值（如把"1"转换成 1）或把特殊符号（"#"）转换成计算机的字符类型'#'。如果解析结果不是菜单功能所对应的数字或特殊符号，则系统应提示出错，如果出错次数超过规定的次数（如三次），则系统提示并退出。

图 5.6 显示了程序的运行结果：主菜单、模拟执行一个功能、进入一个功能组的操作。图 5.7 显示另一组选择的结果：一个三级菜单、返回上层（二级）菜单及返回主菜单的操作。

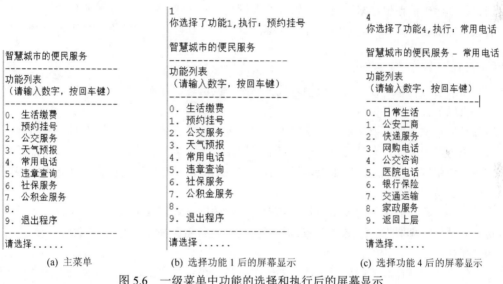

(a) 主菜单　　　　(b) 选择功能 1 后的屏幕显示　　　　(c) 选择功能 4 后的屏幕显示

图 5.6　一级菜单中功能的选择和执行后的屏幕显示

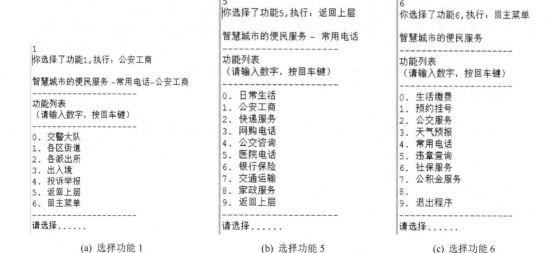

(a) 选择功能 1　　　　(b) 选择功能 5　　　　(c) 选择功能 6

图 5.7　在二级菜单操作后的屏幕显示

5.2　用户交互概述

5.2.1　基本概念

用户交互或人机交互是有关交互式计算机系统的设计、评估、实现及与之相关现象的学科。人机交互不只研究传统的桌面计算机系统，也研究诸如手机、微波炉等嵌入式计算机系统。可以把人机交互理解为关于可用性的研究与实践，是关于理解和构建用户乐于使用且易于使用的软件和技术。人机交互的目的是开发及提高计算机相关系统的安全性、效用、效率和可用性。与人机交互的概念类似的还有交互设计，它定义了交互系统的结构和行为，交互设计人员致力于改善人与产品或人与服务之间的关系，如计算机、移动设备及与其他物理交互设备等。随着计算机软件在人们日常生活中的地位越来越重要，软件的人机交互性（包括易学习性、易使用性等）极大地影响着软件的使用，研究者开始将交互设计等同于交互式软件系统的设计，即人机交互。

5.2.2　交互设备

用户借助交互设备对计算机系统输入数据、指令或信息，并从系统获得反馈。一个计算机系统通常提供以下几种交互设备。

键盘是文本输入的主要设备，也是应用最广的输入设备。键盘的形式和布局多种多样，有机械键盘，也有虚拟键盘，有手写键盘，也有语音键盘。无论是单键还是组合键，一次都只能输入一个字符，使用键盘的输入速度很慢。目前的计算机系统都支持键盘的用户界面。本章构造程序的用户输入设备就是键盘。

定位设备允许在屏幕上通过指点物体实现对物体的操作或完成某项功能。定位设备的类型包括鼠标、光笔、触摸屏/板、轨迹球、操纵杆等。定位设备能提高操作速度、减少错误，同时更容易学习和操作。

显示器是用户从计算机得到反馈的主要输出设备。显示技术和材料的发展为显示器的实现提供了丰富的空间。传统的CRT（光栅扫描阴极射线管）基本消失，取而代之的是LCD（液晶显示器）、LED（发光二极管）、OLED（有机发光二极管）、PDP（等离子体显示器）。新型显示技术使用电子墨水技术来获得像纸一样的分辨率。微型投影机、大信息显示墙、头盔显示器及移动显示器等开始获得广泛应用。

此外，输入设备还包括语音、听觉、图像等多媒体形式设备。

5.2.3　交互风格

设计者在完成任务分析并识别出任务对象和动作时，可以选择以下5种交互风格：直接操纵、菜单选择、表格填充、命令语言和自然语言。在实际的软件系统中，通常混合使用这些交互风格。

（1）直接操纵。主要针对可视化的用户交互，用户通过单击可视化对象快速执行任务，并观察到结果（如把某个图标拖放到回收站中）。它无须用户用键盘输入命令或选择菜单项，用指点设备从对象和动作的可见集合中选择执行。精心设计的能直接单击运行的图标，其对应的功能容易记忆，操作快捷。这种交互是现代软件的主要使用方式，包括桌面隐喻、绘图工具、股票交易。

（2）菜单选择。在菜单选择系统中，用户阅读选项列表，然后选择能完成任务的选项，系统分析和处理输入，调用相应的程序模块。如果菜单选项的术语和含义是可理解的、独特的，则用户几乎不用学习和记忆，使用几个动作就能完成任务。设计的关键是清晰的层次结构、精细选择的规范术语及良好的划分。菜单的选择可以通过鼠标、数字键、字母键或方向键实现。

（3）表格填充。用户要输入数据时，菜单选择通常不易处理，用表格填充更合适。用户看到适当的提示，在需要的地方输入数字，系统分析和处理输入、转换成内部程序的参数。用户要了解输入数值的范围、输入方法，并能够响应出错消息。这种风格适合文字与图形界面。

（4）命令语言。是能被计算机系统和人理解的一组命令，用户把它输入给系统来完成特定的操作。计算机系统简单识别命令，执行命令赋予的功能，并把系统的回答传输给用户。对一些用户，命令语言可提供强烈的掌控感。但是，用户必须经过培训才能熟练地掌握命令及其选项。这类交互风格主要由专业用户使用，如 Linux 操作系统。这种风格只适合文字形式。

（5）自然语言。人们用熟悉的自然语言（如汉语）发出指令来操作计算机（软件），同命令语言类似，但是用户不必学习命令语言的语法，更加灵活。自然语言的交互方式有很多难点，如机器难以理解自然语言（文字、声音）、不同用户完成的任务具有多样性、用户对任务的理解和表示不同等。在特定的领域（如驾驶汽车、操控家居），如果能确定精确、简洁的指令（如驾驶汽车的启动、加速、减速、停车、左转、右转、倒车等），则用自然语言交互操纵计算机会非常吸引人。

5.2.4　交互界面

交互界面是人和计算机进行信息交换的通道，用户通过交互界面向计算机输入信息、实行操作，计算机则通过交互界面向用户提供信息，以供阅读、分析和判断。用户界面是实现用户交互、使用程序的手段，用户交互是使用程序的本质。人机交互只能通过特定的界面才能让用户更好地体验程序。以下是几种常见的基本人机交互界面。

命令语言用户界面。如果读者使用 DOS（用 cmd 进入）或 Linux 操作系统，或者任何通过输入执行命令才能运作的界面系统，都属于人机交互的较初级阶段。这种交互手段要求惊人的记忆和大量的训练，并且容易出错，对初学者来说非常不友好，但操作过程比较灵活和高效，适合于专业人员使用。

图形用户界面（GUI，Graphical User Interface）。用户通过图形识别与控制交互元素，可进行有目的性的操作。这种形式是目前用户界面设计的主流，广泛应用于具有屏幕显示功能的电子设备，包括大量的手持移动设备，如大家熟知的 Windows 操作系统、移动应用及各种 IDE 等。由于文化差异和图形理解存在误区，因此很多操作被演化为尝试。基于 GUI 的人机交互过程极大地依赖于视觉和手动控制的参与。

直接操作用户界面。使用一个软件时，用户最关心的是想操作的对象，他只关心任务的含义，而不应被计算机的语义和句法分心。比如 Windows 的桌面系统模拟了物理环境中的桌面方式，文件夹的分类让用户感觉只要操作文件夹便可找到需要的资料，而不用关心文件夹与系统的信息处理过程。

多媒体用户界面。多媒体技术引入了动画、音频、视频等交互媒体手段，特别是引入音频和视频媒体，极大地丰富了表现信息的形式，提高了用户接收信息的效率。在手机上，人们能够在发送短消息的同时，听到发送成功的提示音，能够在不观察屏幕的情况下，了解系统任务的完成情况，这使人能从单次操作中解放出更多时间。

多通道用户界面。为了消除当前 GUI 和多媒体用户界面通信宽带不平衡的瓶颈，综合采用视线、语音、手势等新的交互通道、设备和交互技术，使用户利用多个通道以自然、并行、协作的方式进行人机对话，通过整合来自多个通道的输入信息来捕捉用户的交互意图，提高人机交互的自然性和高效性。主要研究键盘、鼠标之外的信息输入通道，包括语音、语言、手势、眼动以及脑电波所表达的信息。

虚拟现实技术。在虚拟现实中，人是主动参与者，复杂系统中可能有许多参与者共同在以计算机网络系统为基础的虚拟环境中协同工作。虚拟现实系统的应用十分广泛，几乎可以用于支持任何人类活动和任何应用领域。虚拟现实技术比以前任何人机交互形式都有希望彻底实现以人为中心的人机交互界面。

5.2.5　交互设计的原则

人机交互涉及心理学、认知科学、计算机科学、产品设计、图形设计等。人们提出了不同的原则和规则用于指导人机交互的设计。本章介绍 3 组，以便应用在案例构造的交互设计中。

1．3 条基本原则

（1）学习性，是指新用户能用它进行有效的交互并获得最大的性能。
（2）灵活性，是指用户和系统能以多种方式交换信息。
（3）健壮性，是指在决定成就和目标评估时对用户提供的支持程度。

2．8 条黄金规则

（1）尽量保持一致。在类似的环境中要求一致的动作序列，使用一致的术语、字体、颜色、布局等。异常情况，诸如要求确认、删除命令或密码口令要求的反馈，应该容易理解且数量有限。这条规则简单且重要。

（2）满足普遍可用性。设计的界面要尽量考虑用户的年龄范围、身体状态、操作的熟练程度等因素，譬如为新用户提供引导性的帮助信息，为专家用户提供缩写或快捷方式（快捷键）。

（3）提供信息反馈。对每个用户动作都要有反馈。对常用操作，反馈信息可以减短；对少用的操作，反馈信息应当丰富。界面对象可视化表现的变化应该能够清醒地提供这一反馈。

（4）设计对话框显示结束信息。设计能够终止的交互会话，使用户知道什么时候完成了任务。应当把交互的操作分成动作序列，包括开始、中间和结束三个阶段。每组动作结束后应该告诉用户系统已经准备好接收下一组动作。这不仅给予操作者完成任务的满足感和轻松感，也有助于让用户放弃临时计划和想法。例如，上网订购火车票时，网站用一个明确的确认页面或对话框告知用户完成了一次交易。

（5）预防并处理错误。要尽可能设计不让用户犯错误的交互系统。例如，将不可用的菜单项变灰、不允许在数值输入域中出现字母。如果用户犯错，界面应能检测错误并提供简单、有建设性的和具体的指导来帮助用户恢复。例如，在填写个人信息时，如果用户输入了无效的身份证号、手机号、电子邮件地址等，系统应该指出错误并引导用户修改。

（6）允许撤销操作。应该尽量让操作容易撤回，以减轻用户的焦虑情绪，并鼓励用户尝试新的选项。撤销的操作可以是一个动作、一次数据输入或一个完整的操作序列，例如，编辑器中常见的"撤销输入"或"Undo"。

（7）支持内部控制点。有经验的用户强烈渴望那种他们掌控界面并且响应他们动作的感觉。他们不希望熟悉的行为发生意外或改变，对要求乏味的冗长的数据输入、很难或无法得到反馈信息或没有生成期待的结果，会感到焦虑和不满。

（8）减轻短时记忆负担。根据心理学的经验法则，人凭借短时记忆存储的信息是有限的，即 7 ± 2 个信息。这就要求界面显示尽量简单，不同界面的显示风格应该一致。例如，手机应用不应要求重新输入电话号码、网站位置要保持可见，给复杂的动作序列和操作方法学习的时间。

3. 菜单设计的一般指导原则

下面的指导原则适合文本菜单和 GUI 菜单，其中的不少原则体现了上述的基本原则。

菜单设计的一般指导原则

5.3 用户交互的开发

用户界面与交互方式是软件的重要组成，也是软件质量的关键因素，有时可能是唯一的因素。用户交互的评价和开发有其特殊性。用户交互的好坏大都是由最终用户凭感性决定的。符合用户习惯、能快速实现要完成的任务、不让他们花费时间去猜测软件的功能或使用等，就容易得到用户的认可。近年来，出现的以用户体验为中心的设计，不断追求应用软件的好玩、新颖、探究等方面的用户体验。让用户参与设计或开发已经成为现代软件开发方法的基本原则，以真实用户和用户目标作为产品开发的驱动力而不仅仅让技术驱动。设计良好的软件应能充分利用人们的技能和判断力，与用户的要求直接相关，支持用户的使用，而不是限制用户。

5.3.1 交互设计的基本过程

交互设计的基本过程模型如图5.8所示，它体现了"迭代"和"以用户为中心"的特征。

（1）交互设计以标识和建立用户需求开始。用户需求包括：功能需求，如何帮助用户使用程序完成什么任务；数据需求，程序需要处理、输入/输出哪些数据，数据的类型、大小/数量、持久性、准确性及来源等；使用环境，程序运行的操作环境、用户交互的手段；可用性需求，包括可行性、有效性、安全性、实用性、易学性和易记性。

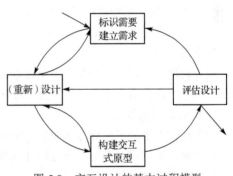

图 5.8 交互设计的基本过程模型

（2）提供满足需求的候选设计方案。可以细分为两个子活动：概念设计和物理设计。概念设计就是构思出软件交互的形式、手段、外观、步骤或流程等概念模型。物理设计考虑实现的技术手段，如命令的组成、菜单的结构、图形的设计等。

（3）构建交互式版本。开发出用户交互的模型，通常是可运行的原型软件，包含用户交互的主要界面、交互形式、完成任务的基本流程等（如例 5.1）。通过角色模仿或用户直接体验和感受，提出改进意见和建议，尽早有效地发现不足、改善软件的用户交互。

（4）设计评估。主要是评估交互设计的可运行和可接受性。要用各种评估标准，包括用户使用时的出错数、软件是否易学易用、完成应用任务的操作数（最少、平均和最大操作数）等。通过评估，从若干设计中选出最优方案，有助于开发者发掘需要、改进设计。许多评估活动都与质量保证、软件测试有关，用来保证软件最终能满足用户需求、达到目标。但是，评估不能取代质量保障和软件测试，是和它们互补的方式。

在交互设计活动中，设计与重新设计、构建原型及评估是交织在一起的。通常要用实现设计的交互原型版本来评估候选设计方案，反馈改进和建议，优化设计。

5.3.2　快速原型法

原型（Prototype）是目标系统的一个初步的形态、形式或实例，为目标系统的后续开发或最终版本当作模型。原型制造（Prototyping）是软件或硬件的开发技术，它先开发目标系统的部分或全部的一个初级版本，以便让用户试用、决定可行性或了解开发进度等，支持开发过程。快速原型（Rapid Prototyping）是原型制造的一种类型，重点是在开发过程的早期开发原型，尽早获得反馈和分析来支持开发过程。简而言之，快速原型是快速建立起来的可以在计算机上运行的程序，不是最终的软件，只是实现了最终软件的一部分、要求功能的子集。

使用快速原型的目的是：在获得用户交互基本需求说明的基础上，快速建立一个可以运行的软件，使用户及时运行程序，直观地看到软件交互的形式和使用效果，以便明确、补充和精细化交互的需求，开发人员进一步修改完善，如此循环迭代，直到得到一个用户满意的模型为止。

快速原型的开发过程如下。

1. 功能选择

要恰当地选择原型实现的功能（例 5.1 就是用户交互的需求）。根据用户对交互的基本需求，给出初步的交互设计。用户的基本需求包括各种功能的交互方式、设备及菜单、报表内容和格式等要求。这些要求虽是概略的，却是最基本的，易于描述和定义。原型和最终的软件不同，两者在功能范围上的区别主要有以下两个方面。

- 最终系统是软件需求全部功能的实现，而原型只实现所选择的部分功能。
- 最终系统对每个软件需求都要真实地实现，而原型仅仅是为了试验和演示用的，部分功能需求可以忽略或者模拟实现。

2. 构造原型

根据用户初步需求，开发出一个可以运行的、主要包含用户界面的软件，它应满足用户提出的基本要求。在构造一个原型时，重点放在预期的设计评估，而不是为了原型正规地长期使用。

3. 运行和评价原型

用户在试用中能亲自参加和面对一个可以实际运行和操作的模型，能较为直观和明确地进一步提出需求，提出修改意见。通过运行原型对软件需求规格说明进行评价和确认。

4. 修改和完善原型

根据试用和评估的反馈，修改系统的原型，再试用和评价，如此经过有限次的循环迭代，逐步提高和完善、直到得到一个用户满意的模型为止。根据原型实现的特点和环境，可以把原型作为试验的工具，用完就丢弃（抛弃型原型）。也可以保留原型的全部或部分，逐渐完善成为最终软件的组成部分（渐进式原型）。

从原型法的基本过程中可以看到，用户能及早看到软件的模型，在迭代递进的修改和完善过程中，能让用户的需求日益明确，从而消除了软件需求的不确定性。同时，从软件的设计到模型的生成，周期短、见效快，可以边开发边使用，对环境变化的适应能力较强。但是开发软件采用原型法，要有交互式开发环境、可复用代码框架及自动编程系统的支持，最初的原型设计较为困难，开发过程要具备相适应的人员、过程和代码的管理。

例 5.1 所示的代码可以理解为软件的一个简易的快速原型，主要实现了文字版菜单式用户界面的框架，可以通过运行看看软件能提供哪些功能、它们的组织结构、导航方式等。

5.4　静态测试

软件的用户界面与用户交互有时只有设计的模型或原型，还不是最终的软件，验证用户的交互需求、测试程序的可用性等，可以采用称为静态测试的方法、技术和工具。

5.4.1　程序的可用性与静态测试

程序的可用性指的是程序是否有用，核心是用户界面是否易用，主要有三个特征：有效性、效率和主观满意度。有效性指的是用户完成特定任务和达成特定目标所具有的正确与完整程度。效率是用户正确完成任务的程度与所用资源（如时间）的比例。主观满意度是用户在使用产品过程中所感受到的主观满意和接受程度。一般认为可用性的指标主要如下。

- 易学性——产品难以学会的程度。
- 交互效率——用户使用软件完成具体任务的效率。
- 易记性——用户搁置某软件一段时间后是否仍然记得如何操作。
- 容错性——错误操作出现的频率和严重程度。

软件只有在每个指标上都达到很高的水平，才具有高的可用性。总体而言，可用性直接关系到软件是否能满足用户的功能性需要，是用户体验的一种工具性成分。可用性是交互式产品的重要质量指标，如果用户无法或不愿意使用某个功能，那么该功能的存在也就没什么意义了。

测试程序可以发现潜在的误解或功能在使用时存在的错误。但是，仅仅让程序运行起来，还不足以发现程序是否可用。一类称为静态测试的方法可被用于评测软件的可用性，同时也能发现软件的其他错误。

根据是否运行待测程序，软件测试分为动态测试和静态测试。动态测试通过设计有效的测试用例，运行观察程序的动态行为、状态变化及输出来判断软件是否存在缺陷。静态测试则不运行程序，而通过阅读和分析代码及相关文档，发现软件缺陷的活动。静态测试又称为人工手动测试，是动态测试和自动化测试的补充，也是软件质量保障的重要组成。和动态测试相比，静态测试的主要作用如下。

- 发现程序在功能、逻辑构造方面的缺陷。
- 验证实现的程序在需求和设计方面是否符合用户的要求。
- 确认程序是否符合预先定义的开发规范和标准。
- 保证软件开发过程的规范性。
- 有助于程序员之间相互学习。

静态测试常见的类型有桌面检查、代码走查、正式审查、同行评审。

5.4.2　基本的静态测试

1. 桌面检查

桌面检查（Desk Checking）是程序员个人模拟计算机"阅读"程序，发现代码错误的方法。从早期的机器语言编程开始，程序员们就主动对纸带或卡片（穿孔信息）进行人工检查，避免程序在计算机执行期间出现错误。特别是在硬件资源严重缺乏的时代，这种方法可以节约大量的计算机资源。随着计算机的普及，程序员的不良习惯开始出现——急于编程或完全依赖编译器发现代码中的缺陷，导致了后期更多的返工和程序代码质量的下降，因为编译器不可能检查出代码的逻辑和算法设计方面的深层次错误。

仅仅依靠程序员本人检查自己的代码，很难发现其中的错误。对此，杰拉尔德·温伯格在他的《程序开发心理学》提出了"无我编程"，表现为技术团队通过同级评审的方式来发现软件中的缺陷。目的是让所有人（包括作者）都参与寻找缺陷，而不是证明程序里没有缺陷。程序员们交换各自手上的代码，相互评审。大家都有这样的共识：代码的作者会犯错误，而作为评审者，他们会找出这些错误。最后的结果是，每个人都从自己的错误及别人的错误里有所长进。

代码走查和正式审查是指组织其他程序员共同参与，团队检查，是对传统桌面检查的改进。

2. 代码走查

代码走查（Walk-through）至少由两人组成，其中一人协调走查，另一人扮演测试者。在走查过程中，由测试者提出一批测试用例，在走查会议上对每个测试都用头脑模拟来执行程序，在纸上或黑板上演变程序的执行状态，从而发现程序的错误。在这个过程中，测试用例用作怀疑程序逻辑、计算或控制缺陷的参照，测试用例本身并不重要。代码走查主要检查和发现的程序错误有：数据引用错误、数据声明错误、逻辑错误、计算错误、判断错误、控制流程错误、接口错误、输入/输出错误等。代码开发者对照讲解设计和实现的程序，特别是对有异议之处进行解释，有助于避免并发现误解、验证设计和实现之间的一致性。

3. 正式审查

正式审查（Inspection）比代码走查在形式上更加正式，是一种正式的结构化检查和评估方法，一般有计划、流程、结果和追查。审查小组至少有 4 人：一人负责协调、分发材料、安排进程、确保错误随时可得到改正，被审查程序的开发者，其他程序开发人员，一名测试人员。另外，审查小组最好包括丰富经验的程序员、编程语言专家、未来的代码维护人员、其他项目组成员，以及同组的程序员。代码审查通过会议实施，基本过程如下。

- 协调人在代码检查前几天给参会者分发程序清单、编码规范和检查清单。
- 开发者讲述程序的逻辑结构，其他人员提问题并判断是否存在错误。
- 对照编码规范、检查清单分析程序。
- 审查人员的注意力集中在发现错误而非纠正错误上（非调试）。
- 会议结束后，程序员会得到一份发现的错误清单。对发现的重大缺陷，在修改后还要重新召开会议审议。

采用正式审查时要注意以下几点。

- 以会议形式审查，要制定会议目标、流程和规则，结束后要写报告。
- 按缺陷检查表逐项检查，避免漫无目标地检查。
- 适当记录发现的问题，避免现场讨论和修改。
- 对发现的重大缺陷，改正后要再次开发复审。
- 检查要点是缺陷检查表，根据不同的项目，该表要不断积累和完善。

4. 同行评审

同行评审（Reviewing）是对代码的全面质量评审，包括代码的可维护性、可扩展性、可使用性，以及安全和编程规范是否得到遵守，它是软件开发队伍对程序质量和信赖性开展的自我评估。评审时，一般挑选一个程序员作为组织者，他再选择若干同行参加评审。同行必须是真实的，即有与被评审者相同的背景（例如，都是 Java 程序员）。每个评审者都要挑选两段程序进行评审，比较给出这两段程序在质量上的优缺点。同行评审时可以定义更详细的评价标准，例如，对发现缺陷的严重程度进行分级或加权，以便能定量地说明代码的质量和可信赖程序。

在软件开发的过程中，通常交替使用各种评审方法。针对不同的开发阶段和场合，要选择适宜的评审方法。另外，这些评审方法不仅适用于检查代码，还可以用于评审用户需求、软件设计、测试用例等。表5.1 是它们的异同点比较。

表 5.1　代码走查、正式审查和同行评审的异同点比较

角色/职责	正 式 审 查	同 行 评 审	代 码 走 查
主持者	评审组长	评审组长或作者	作者
材料陈述者	评审者	评审组长	作者
记录员	是	是	可能
专门的评审角色	是	是	否
检查表	是	是	否
问题跟踪和分析	是	可能	否
产品评估	是	是	否
计划	有	有	是
准备	有	有	无
会议	有	有	有
修正	有	有	有
确认	有	有	无

5.4.3　检查表

正式审查和同行评审都要缺陷检查表或检查清单。它们列出了容易出现的典型错误，以便让程序员和评审人员集中精力，依据代码检查单列出的问题检查程序，记录代码中的错误，以便总结和统计错误的类型、原因等，从而避免和预防代码错误。例如，Myers 从数据引用错误、数据声明错误、计算错误、判断错误、控制流程错误、接口错误、输入/输出错误等方面给出检查单。

代码检查单

5.4.4　静态程序分析

静态程序分析通过扫描源程序而发现可能的故障或异常。它不要求运行程序，因而属于静态测试。通过分析程序正文，可识别出程序中语句的差异，检测语句的构造是否规范，推测程序的控制流，在很多场合计算出程序所有可能的值。静态程序分析补充了语言编译器提供的错误检测功能。

静态分析的目的是引起程序员对程序中异常（如未初始化的变量、未使用的变量、数值超出范围）的警觉。尽管这些异常不一定是错误，但它们经常是由程序设计的错误、遗漏或疏忽所造成的，可能是程序缺陷的起源。静态程序分析能发现的故障如表 5.2 所示。

表 5.2　静态程序分析能发现的故障

故 障 类 型	静 态 程 序 分 析
数据故障	初始化前使用变量，未使用过的变量，变量在两次赋值之间未使用，可能的数组越界，不可达的变量
控制故障	不可达的代码，无条件分支进入循环
输入/输出故障	同一变量值输出两次
接口故障	参数类型不匹配，参数数量不匹配，函数结果未使用，没有调用函数
存储管理故障	未赋值的指针，指针参与算术运算

　　静态程序分析最好有自动化工具支持，可为审查者提供更多的信息，更好地支持代码审查工作。静态程序分析器不仅可以检测代码的故障，也可以用来检查代码是否遵循了编码规范或风格。图 5.9 所示为 Java 静态程序分析工具 Checkstyle（图 5.9(a)）和 PMD（图 5.9(b)）的使用截图，如：避免使用引入 import 星号（*），避免使用短名称的变量（如 h），建议变量为私有且为其编写访问方法，不要直接使用字符常量。用户可以为这些工具预先选择或自定义编码风格或检查规则。

图 5.9　Java 静态程序分析工具 Checkstyle 和 PMD

5.4.5　代码覆盖率与工具

　　前面章节学习了利用测试技术提高程序质量的一条基本原则：提高程序构造的覆盖率。代码覆盖是软件测试中的一种度量，描述程序中源代码被测试的比例和程度，所得比例称为代码覆盖率。它作为一个指导性指标，在一定程度上可反映测试的完备程度。一方面，程序员要通过不断增加测试用例来提高代码覆盖率，直至 100%的代码覆盖。另一方面，100%覆盖的代码并不意味着程序 100%无错。

　　EclEmma 是 Eclipse 的免费 Java 代码覆盖工具。它无须修改项目或执行任何其他设置，就可以直接分析代码覆盖率，以可视化和数据统计展示结果。执行代码覆盖后，代码编辑器中用不同的色彩标示了源代码的执行覆盖情况：绿色的行表示该行代码被完整地执行，红色部分表示该行代码没有被执行，黄色的行表明该行代码部分被执行。黄色的行通常出现在包含分支语句的情况中，譬如图中语句try…catch的 catch 分支。此外，EclEmma还提供了一个单独的Coverage视图分层来显示程序的代码覆盖率，如图 5.10 所示。

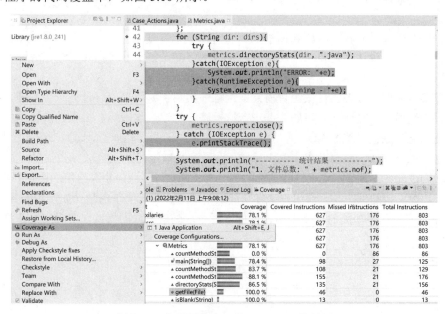

图 5.10　代码覆盖率工具 EclEmma 的使用

5.5　软件集成与测试

随着程序功能的不断增加，实现功能的各种模块和数据也在不断增多，把这些模块、数据、用户交互界面等模块组织起来，构成一个完整的应用程序，这个过程称为软件集成。传统的软件工程开发活动没有明确定义的集成阶段或活动，与之相对应的是集成测试。软件集成主要体现并依赖于软件设计或软件架构设计，明确组成软件的各个模块的功能和接口。只要严格按照要求开发，模块之间就能通过良好定义的接口整合在一起，构成一个完整的软件系统。

从直观上理解，软件集成就是把多个不同的软件组合在一起成为一个软件。功能集成和界面集成是基本的软件集成。功能集成指的是把具有不同功能的程序或模块（函数、类、接口、库等）通过函数调用、消息传递、继承、包含、引用及共同的数据集等方式关联起来，成为一个整体，实现更复杂的或更多的功能。界面集成指的是为具有不同功能的程序或模块提供一个统一的用户交互界面，方便用户使用。界面集成通常不增加程序的功能，只是把所包含程序的功能以合理的方式组织在一起，方便程序使用，提高程序的可用性。

如图 5.11 所示，可以从三个方面理解软件集成：集成策略、集成内容和集成技术。集成策略指的是对软件的组成单元（数据、函数、方法、类、库、接口等）按照一定的顺序和结构形成一个软件，考虑的因素包括软件组成单元间的依赖关系、任务分配等。集成内容主要

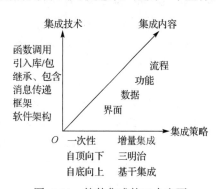

图 5.11　软件集成的三个方面

包括流程、数据、功能和界面。集成技术指的是如何通过语法、语义、逻辑等关系把软件的组成单元"粘合"起来。例如，函数调用连接起两个函数，继承关系把基类及其子类关联起来，框架技术允许子系统插入并成为系统的一个功能（如 Eclipse 上的 JUnit），ODBC 把数据库连接到应用程序。

集成测试的主要目的就是检测软件组成单元的接口是否符合要求，它们的交互是否流畅，集成后的软件能否按照设计实现要求的功能等。集成的前提是各个程序单元已经完成开发并通过了（单元）测试。

下面以案例为例进行说明。截至目前，案例程序实现了如下功能：批量产生习题、随机产生习题、选择一套习题、打印一套习题、编辑一次操练、批改一次操练、批量批改操练，有需求但尚未实现的功能是联机操练习题。进一步还要细化其中的一些功能属性，比如为习题加两个参数，类别参数指定加法算式、减法算式或混合算式，数量参数指定习题包含的算式数量（如 50～120，以 10 为间隔）。此外，为了把实现这些功能的代码集成起来，形成一个具有统一用户界面的软件，还需要类似菜单结构的程序，允许用户选择功能或功能组、输入简单的量（如习题的算式数量）。图 5.12 所示为案例程序功能的层次结构。灰色方框表示尚未实现的模块，白底实线边框表示原子功能。

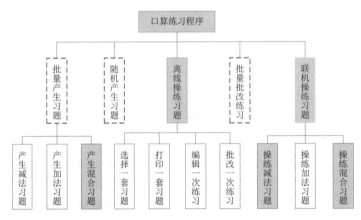

图 5.12　案例程序功能的层次结构

5.5.1　驱动模块和桩模块

在集成软件及其组成单元时，为了使集成的软件可以编译和运行，需要模拟集成时尚未完成的组成单元、相关联的环境之间的交互。驱动模块和桩模块是常见的基本的模拟程序。

譬如集成或测试模块"批改一次练习"，由于它不是集成后程序的启动程序，因此必须有一个程序来启动并执行它，就是图 5.12 中"离线操练习题"的菜单模块（功能组）。但是案例进展到目前还没有实现这个模块，因此，需要一个程序模拟"离线操练习题"启动"批改一次练习"，这样的模拟程序称为驱动模块。驱动模块的主要任务是搜集/产生数据、把数据传给待测程序（如"批改一次练习"）并且启动和执行它。在 Java 等面向对象程序中，为了测试一个类 A 或其中的方法，简单的驱动模块就是编写一个含 main() 的模拟类 B 或用类 A 的 main()，包括生成 A 的对象、必要的数据等，然后向 A 的对象发送消息，启动相应方法，从而达到集成或测试类 A 或及其方法的目的。

另外，在把模块"联机操练习题"集成到整个程序时，如果它调用的模块"联机操练减法习题"和"联机操练混合习题"还未实现，那么，就要为它们分别编写桩模块，模拟它们的接口、调用后返回要求的输出或返回值。在面向对象程序中，桩模块可以是对象及符合消息传递的方法签名，加上简单的打印输出、返回常量等语句。

使用模拟程序的主要原因和目的：（1）模拟复杂的代码，增量集成代码时，要关注模块间的接口是否一致、模块的交互逻辑是否矛盾、模块的合作是否流畅等，采用模拟程序可以分离关注点；（2）模拟尚未实现的代码；（3）模拟程序的整体性。把所有或部分代码整合到一起，测试运行一次可能会耗费资源、时间等，为了检测程序的整体结构、用户界面、全局逻辑、关键功能等，采用模拟程序替换实际程序可以加快实现特定的目标。

5.5.2　集成策略

传统方法用树状的结构图示意一个程序的组织结构。图 5.12 表示了案例程序的功能结构，其中方框图表示程序的功能模块，连线表示模块间的控制关系或功能的组成。树的根表示总控模块，它调用其他模块完成程序的所有功能。基于程序结构的功能分解属于基本的集成策略，主要有如下 5 种方式：一次性集成、增式集成、自顶向下集成、自底向上集成、基干集成。

1．一次性集成、增式集成

构成一个程序的所有模块在一次集成过程中组装成最终的软件。对图 5.12 而言，一次性集成就是，首先完成这 16 个模块的开发和测试，然后连接在一起，构成最终的软件。即使是对案例这样不大的软件，也不建议采用一次性的集成策略。一般情况下，要是一次性集成中出现了错误，难以发现也难以修改。因为，集成时出现的一个错误可能是某个模块内部的错误、某个模块对外接口不一致性的错误或者模块间交互所引起的错误等，因而就要检查和调试所有的模块、所有模块的接口及所有模块的交互，使程序的调试、测试和更改变得复杂。

现代软件开发方法通常采用增式集成的策略，即以一个基本模块或主模块为基础，每次增加一个或几个测试过的模块，在确保集成程序正确后继续添加模块，直至所有模块合在一起构成完整的软件。在增式集成中出现的错误容易定位和修复，因为出现的错误主要是由新增模块引起的，要么是模块本身或其接口的错误，要么是新增模块与集成程序的连接、协作不匹配的错误。

2．自顶向下集成

集成从根部的控制模块开始，以控制层次的顺序逐次增加模块，直至构成完整程序的增式集成方式，称为自顶向下集成。例如，对于案例，先完成程序用户交互层主菜单"口算练习程序"的开发，然后以广度优先的策略逐层集成，每层从左到右、一次集成一个或一组模块，直到完成两层的所有模块就完成了整个程序。在进行增式集成时要为其他尚未集成的模块编写桩，通过测试后，再逐步用真实的模块替换桩、执行集成与测试。

集成测试的步骤：（1）测试主模块，以桩模块代替没有完成开发的下级模块；（2）依次用实现的模块代替桩模块；（3）每集成一个模块，就测试集成程序，重点是测试新增的模块及其与集成程序的交互；（4）必要时进行回归测试——重复执行之前的测试。

自顶向下集成策略的优点：在集成的任何时候都有一个可以运行的程序。缺点：桩模块的开发代价有时会较大，而且正是桩模块的存在使得集成程序难以得到充分的测试。

3．自底向上集成

选择独立性最大或者对其他模块依赖性最小的模块，从程序结构图的底部开始，逐次增加控制模块，直至完成整个程序。例如，案例的一条集成路径是：首先选择"操练加法习题"开始，逐步增"操练减法习题"和"操练混合习题"，这需要编写驱动模块，然后集成"联机操练习题"；接着完成"批量产生习题"和"离线操练习题"；最后依次把第一层的模块逐个集成到总控程序。

集成测试的步骤：（1）编写调用底层模块的驱动模块；（2）测试驱动模块与底层模块组成的集成程序；（3）用实现的控制模块替换驱动模块，并测试程序的功能；（4）必要时进行回归测试。

自底向上集成的优点：（1）底层模块的测试与集成可以独立、平行地进行；（2）不需要桩模块。缺点：（1）驱动模块的开发成本一般较高；（2）难以充分测试高层模块的可操作性。

4．基干集成

选择一个程序的基干模块，将自顶向下与自底向上的集成方式结合起来，逐步集成其他模块直至实现完整程序策略，称为基干集成、三明治或混合策略。优点：（1）减少了自顶向下与自底向上集成的不利因素；（2）集成过程总有一个可运行的程序；（3）适合大型、复杂软件的集成。缺点：（1）需要仔细分析系统结构和模块间的依赖性，同时要分析用户需求的优先性；（2）有时需要开发桩模块和驱动模块，工作量较大；（3）局部采用了一次性集成，接口测试可能不充分。

5.5.3　回归测试

在集成过程中，每增加一个新的模块，就构成了新的软件，每修正一个错误，程序就发生了变化。扩展了新功能、添加了新的控制及模块间的交互，这些变更有可能使原来正常工作的软件出现异常，因而要使用之前的测试对集成后的软件或其中的某个子集重新测试，以确保修改的模块或其他程序变更没有传播不期望的副作用，这种测试称为回归测试。回归测试无须对程序进行全面测试，而是根据修改情况进行有限的测试。可以选用测试库中的部分测试，也可以增加新的测试。回归测试的基本过程如下。

（1）识别软件中发生的变更、受影响的软件部分。

（2）选择可以复用的测试，用以验证程序的变更没有改变程序的原有功能。

（3）补充新的测试，侧重检测可能会受到影响的功能或软件子集，特别是包含新增或修改的部分软件，以及与其他软件部分的联系。

（4）依据一定的策略对程序实施测试。

随着集成的进行，回归测试的数量会不断加大。实施回归测试时，应该兼顾效率和有效性两个方面，可以采用不同的测试选择方式。

（1）再次测试之前的全部测试。选择测试用例库中的所有测试组成回归测试套件来执行。这种方式比较安全，没有遗漏回归错误的风险，但是测试成本高。

（2）基于风险选择测试。对软件进行风险分析，选择运行最重要、最基本、最关键或最可疑的测试，忽略其他测试。这种方法的关键是对程序风险的识别、确认和分析。

（3）仅测试修改的部分。如果对软件修改的局部化有足够的信心，可以通过分析识别软件的修改部分及受影响部分，选择、新增测试，对这部分软件重点实施测试。

采用回归测试的条件包含对程序单元的修改，所以回归测试也适用于单元测试。JUnit等自动化测试框架把测试保留在编码中，提供了测试执行和结果分析，为回归测试提供了方便。

5.5.4　集成测试与策略

集成测试关注的不再是一个程序模块——函数或方法内部语句是否正确，而是关注模块间的调用、消息传递、数据传输与处理是否正确及不同模块的可组合性，它们之间的协作能否实现包含了若干操作的特定功能，即是否能实现用户的要求。集成测试应该遵循下列5条基本原则。

（1）要测试所有的公共接口。

（2）要充分测试关键模块。

（3）要按照一定的层次实施集成测试。

（4）要选择与软件开发、软件集成相匹配的测试策略。

（5）集成后，任何模块的接口和实现的变动都要进行回归测试。

测试用例的设计可以使用之前所讲的边界值分析测试、等价类测试、组合测试、路径测试等。集成测试还应该使用讨论与提高部分介绍的基于模型的测试技术。

集成测试策略应该与集成策略一致。这样，可以一边集成软件，一边测试集成的结果。另外一种实用的策略是，为了少写桩和驱动，要尽量对通过测试的模块采取增量式集成与测试。

经典的结构化软件具有从抽象到具体的层次结构。软件设计成一个总控程序，调用其他下级控制程序或实现功能的函数和其他模块，它们之间的联系以函数调用为主。面向对象软件中的程序单元（即类、方法和对象）之间的交互和关联形成了网状结构。除了传统的自顶向下、自底向上等策略，还有如基于框架、基于调用图、基于层次、高频集成等集成与测试策略。

一个程序单元通常不直接对应一个用户需求。构造良好的程序单元作为模块，可以与其他模块组合实现用户要求的功能。不同模块的不同组合可以实现不同的应用功能。相关的若干应用功能可以抽象成"功能组"或子系统。从开发者的角度看，若干模块可以横向地共同构成一个软件层次，如操作系统为用户提供了交互式命令或图形界面层，为程序员提供了系统函数调用层，以及更深一步的硬件调用层。另一方面，为了完成一个应用功能，若干模块可以纵向地构成一个功能的实现，如操作系统中用户的"文件查询"，在界面层接收了用户输入的"查询"指令并分析后，就转换并调用系统函数，可能需要同层的文件管理等子系统中的模块协作，给出查询结果，并以用户可读的方式列出搜索到的文件信息等。

协作集成与测试的过程如下：（1）分析集成的模块之间的依赖性、耦合性等逻辑关系，确定用户指定或密切关联的子系统；（2）设计集成顺序并测试每个子系统；（3）逐步集成每个子系统并测试，直至完成。图 5.13 所示为一个软件的功能组划分及协作集成。一个集成的顺序是按照子系统的序号由低到高的。由于子系统 3 相对独立，因此可以独立地集成与测试。

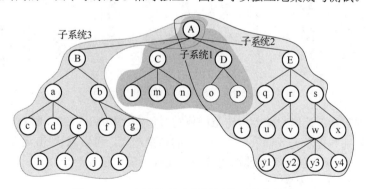

图 5.13　一个软件的功能组划分及协作集成

程序功能图和程序结构图主要从开发者的角度静态地分解程序，不能体现程序模块之间的动态交互。例如，图 5.12 示意了案例程序的功能结构。使用程序在线操练的一条执行路径是：（1）程序随机产生一套习题；（2）用户操练；（3）提交结果；（4）程序评判操练；（5）输出操练的结果。另外一条路径是：（1）程序让用户选择习题中算式的数量和类型；（2）程序从习题库中随机选择一套符合用户输入条件的习题，之后同以上的（2）～（5）。依据图 5.12 无法给出这个应用功能的测试。基于模型的测试提供了解决该问题的一种方法，将在 5.7 节中讲述。

5.6　案例分析与实践

5.6.1　分析与设计

应用本章的知识，小强和小雨对用户的要求又做了细致的分析与设计。根据图 5.1 和用户的要求，案例构造的技术实际上就是基于用户界面的软件集成，开发方式采用增量式快速原型法。程序的交互方式和界面使用 IVR 的菜单形式，用户通过键盘输入数字来选择功能。为了让用户可以感性体验软件的交互方式，他们决定采用自顶向下的集成策略。构造任务7——构造案例的菜单式用户交互，划分如下。

构造任务 7.1：构造用户交互的菜单框架原型。完成菜单的框架设计与构造，实现子菜单、菜单之间的切换。

构造任务 7.2：完成在线练习。这是本章新增的功能，要设计和构造并集成到菜单框架。

构造任务 7.3：完成整个程序。逐个实现菜单中的其他子菜单及其中的桩模块，完成整个程序。

下面依据图 5.14 示意的案例程序的菜单结构，给出一个设计方案，包括基本的菜单设计、实现路线及每个功能的具体实现，读者可以对每个部分再次加工——修改、优化、细化，形成自己的一个设计与构造。

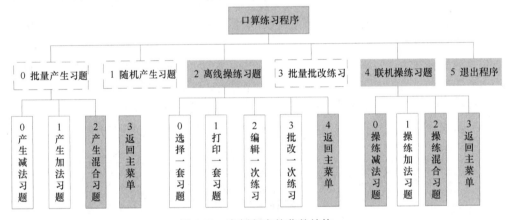

图 5.14　案例程序的菜单结构

习题中算式的数量：让用户输入一定范围内的数值，比如 50～120，间隔为 10。要编写分析和处理的代码，识别并提示无效输入。作为初步的增量迭代，可以默认 50 道算式。

"离线操练习题"模块的每个功能都可能要从文件列表中选择一个文件。

"联机操练习题"的基本流程如下：

（1）系统随机生成一套 50 道算式的习题；

（2）系统逐个显示算式，用户输入计算结果并按回车键提交；

（3）系统批改解答、统计结果；

（4）系统执行（2）和（3），直至用户全部做完；

（5）系统报告练习统计——答题数，正确数，错误数，练习得分。

建议：每实现一个功能、测试成功后，集成到菜单框架，再进行回归测试，然后实现下一个功能，直至软件全部完成。菜单中的大部分功能已在前面章节描述，并通过实践课程实现，要尽可能地复用它们，必要时可做些调整。新增的软件特性则要增量开发地实现。

构造任务 7.1 是基础，必须实现，构造任务 7.2 和构造任务 7.3 相对独立，可以按任何顺序完成。其中，构造任务 7.3 的工作量很大，还可以细分。

完成本章案例，将新增 2 个类（图中阴影），得到案例构造的类结构如图 5.15 所示（不含测试类）。

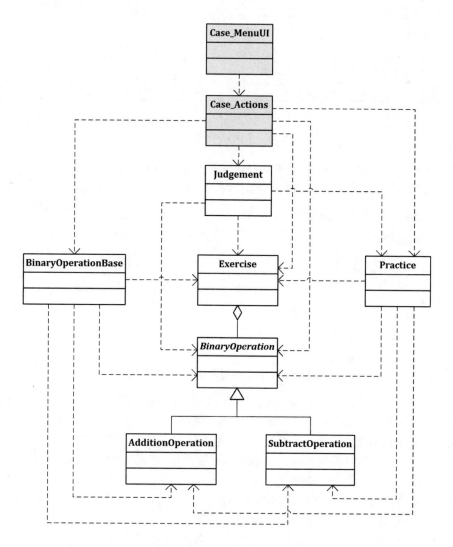

图 5.15　案例构造的类结构

5.6.2　案例的菜单式用户交互的构造

1. 构造任务 7.1

构造用户交互的主菜单框架原型，如图 5.16 所示为主菜单、选择一个功能、选择一个子菜单的屏幕输出。由于选择功能后没有实际的功能实现，测试时简单打印一条语句表示选择有效，进入的菜单要显示当前的菜单选项。

"退出程序"的操作：要能获得用户的再次确认，即允许用户"撤回"不慎的操作。这种处理出现在绝大多数程序的设计中，如退出 IDE、退出文字处理程序或者删除一个文件等，要再次确认，通常是让用户输入"y"或"Y"，否则表示不退出程序。

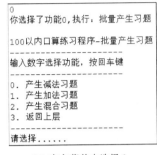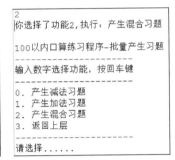

　　(a) 主菜单　　　　　　　　(b) 在主菜单中选择 0　　　　(c) 在子菜单 0 中选择 2

图 5.16　案例程序的用户界面

　　健壮性编程：无论如何编程，用户可能会误输入不存在的功能数（比如 8）、不合法的输入（如字母、标点符号、其他非数字串），程序都要处理、显示有意义的消息，如图 5.17 所示。

　　(a) 程序对输入非数字的反应　　　　　　　(b) 程序对输入无效数字的反应

图 5.17　案例程序提示错误的用户界面

　　测试用户交互程序，要综合运用等价类划分、边界值分析及结构性测试技术。测试用例不仅要测试单个功能（例如，用户输入一个数字，功能是否得到执行），还要测试动作序列，即一个功能完成之后能否继续其他的功能，或者说，程序能否执行一系列操作。

　　要让目前的构造通过下面的测试，基本验证实现了用户界面原型，再进入下一个阶段。

- test_case 1。正确的功能操作，如 0-1-2-3-4-5。
- test_case 2。退出操作：（1）正确的退出操作：5-"y"；（2）不正确的退出操作：5-"x"；（3）误退出后留在程序：5-"n"。
- test_case 3。不合法的功能输入：（1）进入主程序，输入大于 5（超过功能数）的数字；（2）进入程序后，输入非数字符号；在各个子菜单中分别执行（1）和（2）。

2．构造任务 7.2

　　分析用户需求，一开始是家长为小明选择一套习题，让小明自己练习。联机练习流程图如图 5.18 所示，要点解释如下。

　　输入习题文件名，只要能打开文件、显示"准备答题吗？[y/n]"，就输入"y"表示开始答题，否则再次选题，要用户确认。如果打开文件失败就继续选择，直到显示"准备答题？[y/n]"。

　　用户输入"y"开始答题后，系统开始一行显示一道算式，等待用户输入数字答题、按回车键确认，进入下一道算式。答完所有习题后，系统显示每道算式及用户的解答，用户可以确认（按回车键）、更改解答（输入数字），提交，完成本次练习。系统记录批改、统计结果并存入文件。

用户可以选择多次练习，或者退出在计算机上的练习。

程序测试分为两步。第一步，取数量较少的算式（如 10 道以内）作为模拟，比较全面地测试。第二步，换回真实模块，测试一遍正常操练的动作——即从选择文件头到练习结束。在第一步，可以采用基本路径的测试方式，把流程图的操作流程（方框）和判定框都当成 CFG 的节点，计算出基本路基数（5 条），准备测试数据，然后执行测试。在第一个判定处适当增加测试数据，测试不能正常打开文件的不同情形，包括：文件名错误、格式不正确、文件目录错误、文件不存在等。

建立一个目录 Practices_OL，存放练习及其批改的文件，文件名参考格式如 practice_checking_AE_50_019，含义同第 4 章，缩写 AE 是加法类型的练习，第一个数字是习题的算式数量，第二个数字是流水号。文件内容参考格式如下：前半部分的内容同操练文件 practice_xx_xx_xx 的内容，后半部分是批改结果的统计。

```
练习：addition_exercise_50_019
76,65,61, 58,78
42,45,-1, 56, 63
…

算式总数：50
正确：45
错误：5
得分：90
```

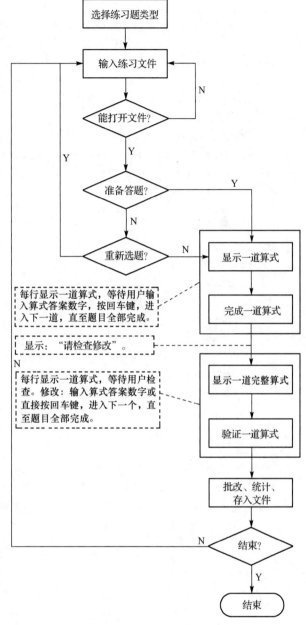

图 5.18 联机练习流程图

构造过程可以简化，逐步实现关键的操作：（1）系统随机产生一套 50 道加法算式的习题；（2）让用户逐题练习：每行显示一道算式，用户输入计算结果后按回车键；系统显示下一道算式，直至全部完成；（3）系统批改练习，在屏幕输出统计结果。

下面逐步实现"联机操练加法习题"的构造。程序结构、命名与例 5.1 一样。

首先，在菜单框架的子菜单 menu_0_4_UI() 中加入方法 online_practice_add_exe(50)，然后编写实现该方法的框架，代码如下：

```
static final String[] MENU_0 = {"批量产生习题","随机产生习题","离线操练习题",
        "批量批改操练","联机操练习题","退出程序"};
```

```
    static final String[] MENU_0_0 = {"产生加法习题","产生减法习题","产生混合习题",
        "返回上层"};
    static final String[] MENU_0_2 = {"选择一套习题","打印一套习题","编辑一次操练",
        "批改一次操练","返回上层"};
    static final String[] MENU_0_4 = {"操练加法习题","操练减法习题","操练混合习题",
        "返回上层"};
    static final String[] MENU_0_0_methods = {"generateAdditionExercise",
            "generateSubstractExercise", "generateExercise"};
    static final String Main_Title ="100 以内口算练习" ;
    private Scanner sc = new Scanner(System.in);
public void menu_0_4_UI(){
        int choice = 0 ;
    boolean running = true;
        while (running){
        menu_0_4();
    try {
        choice = sc.nextInt();
        System.out.println("你选择了功能"+choice+",执行: "+MENU_0_4[choice]);
        switch (choice){
        case 0:
            online_practice_add_exe(50);
            break;
        }catch (ArrayIndexOutOfBoundsException e){
            System.out.println("输入不合法:只能输入 0-"+(MENU_0.length-1)+
                    "的数字.");
            sc.next();
        }catch (InputMismatchException e){
            System.out.println("输入不合法:只能输入 0-"+(MENU_0.length-1)+
                    "的数字.");
            sc.next();
        }
        }
    }
    private void online_practice_add_exe(int i) {
        System.out.println("online_practice_add_exe(50)");
    }
```

运行程序，在主菜单中选择 4，在"联机操练习题"中选择 0，屏幕的显示如下：

```
你选择了功能 0, 执行：操练加法习题
online_practice_add_exe(50)
```

然后，逐步实现 online_practice_add_exe(50)。

（1）使用第 3 章类 Exercise 中的方法 void generateAdditionExercise(int operationCount)。可能要在当前工程用 Build Path 引入含 Exercise 的工程，在当前类 import 该包。简单测试，随机产生一套加法习题。

```
…
import cbsc.cha3.*;
…
private void online_practice_add_exe(int i) {
        Exercise_3_2_3 exercise = new Exercise_3_2_3();
        exercise.generateAdditionExercise(50);
        exercise.all();   //简单输出所有的算式
}
```

（2）循环处理每道算式：每行显示一道算式，等待用户输入计算的值，按回车键，直至循环结束。

（3）系统批改练习，统计并输出结果。其中引入使用了第 4 章中的批改类 Judgement。

```java
private void online_practice_add_exe(int i) {
    //初始化存储正确值和用户计算值
    Integer answers[] = new Integer[i];
    Integer user_values[] = new Integer[i];
    BinaryOperation_3_2 operation;
    int count = 0;   //显示序号
    int value = 0;

    //循环处理
    while(exercise.hasNext()){
        operation = exercise.next();
        answers[count] = operation.getResult();
        System.out.print(count+":\t"+operation.asString()+"  ");
        try {
        value = sc.nextInt();
        } catch (InputMismatchException e){
        System.out.println("输入不合法：只能数字.");
        sc.next();
        }
        user_values[count] = value;
        count++;
    }
    //批改练习、显示结果
    Judgement judge = new Judgement();
    judge.evaluate(answers,user_values);
    judge.statisticsReport();
}
```

为了简化测试，可以随机产生少量的算式作为模拟，测试无误后再把程序改回正常。图 5.19 所示为 5 道算式及统计的练习结果，其中包含了对无效输入的处理：当作用户的错误解答。

作为练习，请读者修改代码：若用户在答题时误输入了非法数字，则系统提示并允许再次输入。

```
0
你选择了功能0,执行: 操练加法习题
0:      46+53=   99
1:      73+21=   94
2:      84+11=   95
3:      59+7=    66
4:      74+24=   96
-----------------------------
Total Operations:      5
Corect answers:        4
Wrong answers:         1
-----------------------------
```

```
0:      34+58=   92
1:      26+4=    y
输入不合法: 只能数字.
2:      63+1=    -12
3:      58+9=    67
4:      74+5=    不会
输入不合法: 只能数字.
-----------------------------
Total Operations:      5
Corect answers:        2
Wrong answers:         3
-----------------------------
```

(a) 用户有效输入的练习　　　　　　　　　　(b) 用户无效输入的练习

图 5.19　统计一次练习的屏幕显示

3．构造任务 7.3

（1）批量生产练习。

这个子功能要考虑文件夹的组织结构。一个简单的设计包括两个类型的目录：存放习题的目录和存放操练与批改结果的目录。存放习题的目录还可以根据算式类型、算式数量细分，例如：

Exercises\

Exercises\Additions

Exercises\Additions\count50, 存 1000 个文件

Exercises\Additions\count60, 存 1000 个文件

Exercises\Substracts

Exercises\Operations

存放操练的目录存放还未批改的习题文件。练习批改后的文件移到子目录 Corrected，待批改的文件放到子目录 Checkings。

Practices\　存放未批改的习题文件

Practices\Corrected　存放批改练习后的统计文件

Practices\Checkings　存放等待批改的练习文件

所有产生的练习一次性完成，不再让用户选择输入各种参数。三种类型练习的产生类似。

1.1　从加法算式基批量构造练习，依次存入 CSV 文件。

```
//BinaryOperation 类中的方法
if (是否有算式基文件存在){
    readCSVBase();
} else {
    generateOperationBase (100);
}
//是否显示 AdditionBase?
//构造加法算式number 个, 1<= number < 1000;, 每套练习含 count = 50 道算式
for (int index=0; index <= 999; index++ ){
    Exercise anExercise;
    anExercise = constructAdditionExercise (50);
    writeCSVAddtionExercise (anExercise,count);   //文件名:addition_exercise_
                        count_index.csv
}
```

1.2 测试直至通过。首先要确保前面章节的实现正确无误。为简化测试，可以先令创建练习题的数量 number=1，算式的数量 count=50，再增大习题的数量，如 10、50 等。

1.3 增加可靠性编程。处理各种异常（文件名不存在、存在文件不能覆盖、编号有误）或输入错误（习题的数量、算式的数量）。

1.4 测试，直至通过。

（2）离线操练习题。

前面章节已经基本实现了子菜单的功能。其中"编辑一次练习"就是用户把练习的结果用文本编辑器或表单程序录入，以文本格式存入约定格式的文件名。下面考虑其中的一些构造。

"选择一套习题"，选择一个文件时，首先要获得一个子目录下的所有文件。其次，要能显示所有文件名，以便选择一个文件。如果文件名太多，考虑每显示一定数量的文件（如 10 个），停顿一段时间或等待用户输入再继续显示。最后，还要求用户输入一个存在的文件名（或流水号）来选择文件。可以实现一个通用的递归函数 listFiles(String dirctoryString)，参数是要显示文件的目录名，程序递归地显示该目录下的所有文件。

"编辑一次练习"。首先要打开所在目录，查看有哪些文件，然后输入文件名创建一个文件，编辑后保存。这个功能同样要使用函数 listFiles()。

"批改一次练习"。首先要打开所在目录，调用函数 listFiles ("Practices\\")查看有哪些文件。然后输入一个文件名，调用第 4 章类 Judgement 的函数 void evaluate(File exerciseFile, File resultsFile) 完成批改和统计，并把批改文件存入 Checkings 子目录。新增代码实现把批改过的操练文件移入 Practices\Corrected 中。

程序结构如下（新增方法 moveFile (aFile, toDirectory)）：

```
listFiles ("Practices\\");
System.out.println("请输入一个文件名: ");
fileName = sc.next();  //可能实际只需要输入一个流水号
//从这个输入可以构造出操练文件名 practiceFile、练习文件名 exerciseFile 和批改文件
            checkingFile
evaluate (practiceFile, exerciseFile);
writeCSVChecking(checkingFile, "Practices\\Checkings");
moveFile (practiceFile, "Practices\\Correted");
```

（3）批量批改练习。

① 打开 Practice 文件目录，把所有文件名都放入 aList。

② 对 aList 中的每个文件 Practice 循环执行 Judgement 的函数 evaluate()。

（4）讨论。

程序的功能越多，功能的组织和呈现方式就越多，程序的构造也就越复杂。本章给出了能够交互使用案例程序的一个设计，构造时对其中的一些设计进行了简化。对任何一个实用的软件，开发者都要进行比本书更加充分的设计，完成大量、细致甚至烦琐的编码、测试和集成。读者可以继续修改和扩充本章的菜单结构与功能项，实现构造，列举如下。

①能否让用户选择或输入习题中算式的数量，是否要限制并检查范围。

②能否改变菜单结构，让用户输入 1~3 个数值来选择习题的类型。

③能否允许用户在练习后提交前，系统提示重新检查一遍后再提交。

④系统批改并显示结果后，用户能要求看正确的结果，最好能突出显示错误的计算。

⑤可以为在线练习增加一个计时器，记录每次练习的时长。

5.6.3　循环语句的路径测试

循环是大多数编程实现算法的重要控制结构，例如，案例程序的用户交互框架就包含了比较复杂的循环。循环测试是一种结构性测试技术，它侧重于检测循环结构元素的有效性。有4种基本的循环结构：简单循环、嵌套循环、串接循环和非结构化循环，如图5.20所示。

（1）测试简单循环。假设 n 是允许的最大循环次数，要设计测试数据，使程序执行：

● 循环0次（跳过整个循环体）；
● 循环1次；
● 循环2次；
● 循环正常次数（通常为最大次数的一半）；
● 循环 $n-1$、n、$n+1$ 次。

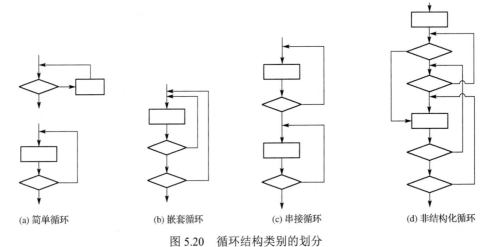

(a) 简单循环　　　　　(b) 嵌套循环　　　　　(c) 串接循环　　　　　(d) 非结构化循环

图 5.20　循环结构类别的划分

（2）测试嵌套循环。若将简单循环的测试方法扩展到嵌套循环，则可能的测试数量随着嵌套层次的增加而按几何规律增大，导致不切实际的测试数量。下面的方法有助于减小嵌套循环的测试数量。

● 由内向外逐级测试循环结构。
● 最内层循环执行简单循环的全部测试，其他层次循环次数设为最小值。
● 构造下一层循环的测试，外层循环数设置为最小值，本层嵌套循环选择"典型"值。
● 继续上述过程，直至测试完所有循环。

（3）测试串接循环。若串接的循环彼此独立，则可以采用简单循环测试方法。若两个循环串接起来，且第一个循环的循环计数是第二个循环的初始值，则这两个循环相互依赖，建议采用嵌套循环的测试方法。

（4）测试非结构化循环。若有可能，则可重新设计代码或重构代码，避免这种非结构化的程序。

5.7　讨论与提高

5.7.1　软件建模

模型是对某个客体的抽象，是通过主观意识借助实体或虚拟表现，构成客观阐述形态、结构的一种表达目的的物件。它是人们依据研究的特定目的，在一定的假设条件下，再现原型客体的结构、功能、属性、关系、过程等本质特征的物质形式或思维形式。建模是指对研究的实体进行必要的抽象和简化，用适当的表现形式或规则把它的主要特征描述出来的过程。建模的本质是为研究客体、探讨客体的本质而对它所做的一种简化，是通过采用理想化的办法创造并能再现客体本质和内在特性的模型。

模型可以是模拟，也可以是样板。对尚不存在、拟构建的客体而建立的模型，称为样板。它可以作为样例用以创建设想中的客体。模拟是对已经存在的客体经简化而建立的，如模拟程序。对客体建模的主要作用是便于理解和分析客体，进而作为改进手段，建立样本模型，创造新的客体。

物理模型和数学模型是基本的模型形态。物理模型的表现形式主要是金属、塑料、木材等物理材料。数学模型是用数学符号、方程、公式、图形等对客体本质属性的抽象而又简洁的刻画。人们在建造桥梁、飞机、轮船、大厦之前，建立物理模型可让人直观感受到待建物体的外形和结构，通过建立的数学模型分析待建物体的力学、结构等性质。在经济、金融、管理等领域，数学模型也是常用的基本建模手段。

软件由于其具有非物质和逻辑性，因此不适合采用物理模型。数学是常用的软件建模手段，包括数理统计、代数学、数理逻辑、集合论、图论及时态逻辑、形式语言等。为了开发、分析和评估软件及软件过程，可以使用软件建模语言或符号，特别是可视化的图形符号。例如，为了设计测试用例，可以采用控制流图（CFG）来模拟程序的控制结构。CFG忽略了程序中顺序执行的若干语句，把它们当作一个控制节点，把判断条件中的每个布尔条件分解并用一个节点表示。用类图刻画面向对象程序的组织结构，用树（图的一种）描述用户交互的菜单结构。在后面章节的数据库开发中，还要使用实体-关系（E-R）图为数据关系建模。正是因为软件具有静态结构、动态交互、逻辑抽象、物理部署的多样性和多形态，才出现了众多的软件建模语言和方法。UML有机地整合了典型的软件建模方法，在软件分析与设计中获得了广泛应用。

需要指出的是，图形建模语言要有严格的语法和语义，它们规定了采用图符（如线、框）的组成、结构和（用数学表示的）含义，以便对软件模型进行推理、分析和评估。

下面，通过例子学习一个软件建模符号——状态转换图，它也被UML采纳。在例5.1中用树来描述菜单的层次结构，它表现了菜单的静态性。用户选择的功能和程序的执行，造成程序在菜单之间的转换和跳转，体现了菜单的动态性。图5.21所示的状态转换图为理解菜单间的相互迁移提供了导航。

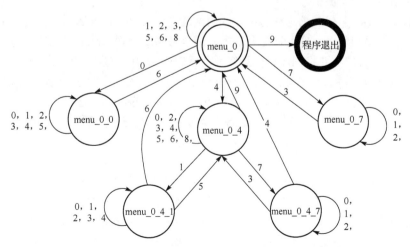

图 5.21　例 5.1 菜单结构中各个菜单间的状态转换图

　　　状态转换图是有向图。图的节点表示抽象的、可以具有名称的状态（如 menu_0）。带箭头的连线表示在一定输入（条件或动作）下从一个状态转换到另一个状态（如在 menu_0 状态下，用户输入数字 4 后进入状态 menu_0_4）。连线离开的状态称为箭头指向状态的前驱，箭头指向的状态称为后继状态。前驱状态和后继状态可以是同一个状态。状态、引起状态转换的输入及连线的个数都是有限的。状态转换图有唯一的起始状态（本例是 menu_0）和若干结束整体（本例只有一个"程序退出"）。为了简化，可以用逗号分开引起两个状态转换的不同的输入（例如，在状态 menu_0_4_7 下，选择数字 0、1 或 2，状态都不改变或者状态迁移到自身）。

　　　程序员可以根据模型指导构造菜单程序，满足这 6 个菜单间的跳转和迁移。例如，在状态（菜单）menu_0_4 的情况下，如果用户输入数字 1，则转入状态（菜单）menu_0_4_1，实际含义是从"常用电话"的菜单进入"公安工商"的子菜单；如果用户输入数字 7，则转入状态（菜单）menu_0_4_7，含义是从"常用电话"的菜单进入"交通运输"的子菜单；如果输入其他数字，则完成相应功能后，状态仍然保留在当前菜单 menu_0_4。

　　　状态转换图可以描述菜单的交互，被广泛地应用在计算机学科的形式语言、编译系统、模型检测、协议证明、软件设计等领域。

5.7.2　基于模型的测试

　　　软件建模不仅支持软件的构造，也可以用于软件测试。在白盒测试中，我们学习了如何将程序的运行结构用控制流图表示，便于设计满足逻辑条件、判定、路径等的测试用例。软件模型是对软件的抽象，状态转换图和本节将介绍的场景模型在超越语句、函数等程序组成的抽象层面，从用户的角度、模块间的动态交互行为抽象地刻画程序、建立模型，特别适用于集成测试。

1.　基于状态转换图的测试

　　　在图 5.21 所示的状态转换图中，每个节点都表示一个菜单，实际上都对应一个函数或模块。状态转换图把程序抽象成函数之间的关联与交互，忽略了函数内部的实现细节。基于状态转换图的测试可以视为对节点表示函数的黑盒测试。另一方面，状态转换图刻画了函数之间的交互。本例的状态转换图详细地说明了每个菜单在接收有效的用户输入后，程序在各个菜单间的转换。因而，基于状态转换图的测试又可以视为对整个程序的结构测试。所以，结构测试的技术可以应用到状态转换图模型。

　　　（1）满足节点覆盖的测试。

　　　满足节点覆盖实际上就是满足状态覆盖。测试准则可以要求设计测试用例使得每个状态都至少被执行一次。同语句覆盖一样，这是最基本、最容易满足的测试准则。显然，为了测试有些状态，如 menu_0_4，首先需要将程序执行到其前驱状态 menu_0，接收用户输入 4 之后，才能测试状态 menu_0_4。这时需要从一个状态迁移到另一个状态，即建立测试基础或准备。

　　　为了测试 menu_0_4 而要求程序执行到状态 menu_0 并且接收用户输入 4，这是测试 menu_0_4 的前提条件。在实际的软件测试中，为了准备测试条件，搭建与开发不同的测试环境（包含硬件、操作系统、数据库、Web、网络等）可能会耗费大量的资源和时间。

　　　（2）满足连线覆盖的测试。

　　　这实际上就是测试两个状态间的迁移。测试准则可以要求设计测试用例使得两个状态间的迁移都至少被执行一次。深入探究，还有如下要解答的疑问。首先，从连接的状态数量上考虑，该准则可以要求覆盖的状态不止两个，还可以是多个，譬如 menu_0 到 menu_0_4，再到 menu_0_4_1，或者 menu_0 通过输入 1 和 3 经过自身又回到自身。其次，简化了状态转换图的画法，两个相同状态由不同的多个输入引起的迁移，只画了一条线。要满足 100%的迁移覆盖准则，就要对不同的动作或条件设计测试用例。迁移的严格定义包含了迁移条件或动作及前驱状态、后继状态，而且要求在同一个状态下面临的一个条件或动作，最多有且只有一个后继状态。

另外，如果把流出连线多于一个的节点视为判定语句，那么，满足了迁移覆盖准则，类似于满足单元测试中的判定覆盖准则。

（3）满足迁移路径覆盖的测试。

把从起始状态到结束状态所经过的状态的序列定义为迁移路径，这个迁移路径测试就和单元测试中的路径测试类似。由于存在环，迁移路径的数量可能是无穷多，因此，可以借鉴基本路径和图复杂度的概念及测试循环语句的基本原理，计算出状态转换图的图复杂度，找出基本的迁移路径，设计测试用例覆盖它们，最后运用循环语句的测试原理测试含迁移环的测试。

实际上，对于本例可以简化循环测试。可以不考虑循环嵌套，因为在设计菜单转换时，我们遵循了高级语言中的函数调用原则：任何两个函数的执行要么是前后顺序关系，要么是嵌套关系。对于后者，只有在被调用函数退出运行以后，调用者才能结束运行。在例 5.1 的菜单设计中，不允许在一个菜单执行了用户要求的操作（函数）后进入另一个菜单，而必须保持在当前菜单，明确选择退回后才能返回上级菜单。菜单之间的转换都规定了明确的用户输入的条件。

除"程序退出"的每个状态外，测试自循环都可以当作独立状态。例如，在 menu_0_4 状态，可以按任意的顺序测试输入集合{0,2,3,4,5,6,8}的全部或部分。

最后，有关无效输入。图 5.21 所示的状态转换图定义了每个状态在有效输入情况下的迁移。作为健壮性设计，应该考虑无效输入后的系统反应。譬如，在状态 menu_0_4，如果用户输入了 0~9 范围外的其他符号，系统应该警告用户输入错误，要求重新输入；或者在错误输入 3 次后，系统提示并强行退出。要把这些设计细节用状态图表示，会显著提高画图的复杂性：对状态 menu_0_4 增加两个警告状态，如 menu_0_4_w1 和 menu_0_4_w2，它们分别表示输入无效 1 次和 2 次。在 menu_0_4_w2，如果第 3 次输入无效，则迁移到"程序退出"状态。如果在 menu_0_4_w1 和 menu_0_4_w2，输入了有效符号（如 2 或 7），则迁移到类似状态 menu_0_4；如果输入 2，分别从 menu_0_4_w1 和 menu_0_4_w2 迁移到 menu_0_4；如果输入 7，则都迁移到 menu_0_4_7。一种简单有效的设计不改变现有的转换图，增加一个计数器 counter=0，当输入无效时，就让 counter 加 1、发出警告和提示、状态不变，一旦 counter 大于或等于 3，就强制程序退出。如果输入有效，则 counter 重置 0，系统继续按照状态转换图迁移。

2．基于场景的测试

在集成过程中，可能引起程序运行异常的主要是各个模块间的接口及其相互作用。而且，用户更关心的是集成的程序能否实现预期的功能、满足用户的整体需求，而不仅仅是某个功能的实现。例如，对案例程序，要检测程序能否产生大量的不同类型的习题，是否允许用户从中选择一套习题进行操练，程序能否批改并保存一个完整的操作过程。基于场景的测试适合测试程序的一系列操作，发现程序模块之间的交互错误。

场景是描述用户需求的一种手段，是从用户角度描述用户与系统的交互行为、反映系统的期望运行方式。场景由一系列相关活动或事件组成，如同一个剧本，演绎系统预期的使用过程。基于场景的测试步骤如下。

（1）设计场景。根据用户对软件的需求和使用，画

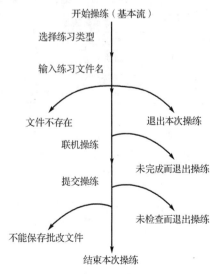

图 5.22　案例程序的应用场景

出场景图，通常包括基本流和备选流。基本流是用户实现一个功能正常的活动序列；备选流是在基本流的过程中，对异常、不同条件的处理活动。在图 5.22 中，基本流表示经过一系列动作完成了一次联机操练口算练习。如果输入练习文件后不操练，则进入备选流，或者重新生成习题，或者重新输入练习文件名，或者直接退出本次操练。

（2）设计测试用例。使其覆盖基本流和每个备选流。例如，输入一个存在的文件，成功打开文件并进行练习，之后提交，软件完成批改后保存文件，或者打开文件后发现最近练习过了，退出练习。

（3）设计测试数据。对每个测试用例都设计测试数据（如具体的文件名）并执行测试。

（4）重复上述步骤，直至测试完成所有的基本场景。

基于场景的测试通常用于集成测试和系统测试。它不仅适合测试功能，也可以测试程序的可用性、安全性和性能等非功能的特性。

5.7.3　执行函数名符号串的表驱动编程

本章构造的代码中使用了基本的表驱动编程，如把菜单选项放进一个表（数组），在显示菜单时无须根据选项的数字判断显示用户熟悉的文字所表示的功能，避免了较多的分支语句。但是，Java 语言不能简单地把方法放进表，按照表驱动的方式执行表项的方法。那么，能否把方法名以符号串的形式存入表中，通过下标找到表中的相应方法名来执行方法呢？关键技术是能否把方法名作为方法的参数、执行实现该方法的实现代码。下面以一个简单例子说明。

例 5.2

如果理解了这个例子，就可以用反射机制实现案例的菜单动作。例如，一级菜单"联机操练习题"包含了练习三种类型的习题和退出的动作，可以建立如表 5.3 所示的表，填写每个选项的名称、对应的方法名及所属的类。

表 5.3　子菜单"联机操练习题"MENU_0_4 的表

序　号	菜单显示项	菜单项对应的方法名	方法所属的类
0	操练加法习题	online_practice_sub_exe	Case_Actions
1	操练减法习题	online_practice_sub_exe	Case_Actions
2	操练混合习题	online_practice_sub_exe	Case_Actions
3	返回上层	exit	Case_Actions, Case_MenuUI

关键构造代码片段如下：

```
public class Case_MenuUI {
    ...
    static final String[][] menu_0_4 = {
        { "操练加法习题","操练减法习题","操练混合习题","返回上层"},
        { "online_practice_add_exe","online_practice_sub_exe",
          "online_practice_mix_exe","exit"}
    } ;

    actions = new Case_Actions();
```

```
        ...
        actions.performMethod(currentMenu[1][choice]);
        ...
    }
public class Case_Actions {
    void executeMenuAction (String[][] currentMenu)
        throws ClassNotFoundException {
        ...
        try {
            this.getClass().getMethod(methodName).invoke(this);
        }
        ...
    }
    ...
}
```

　　用表驱动编程实现的菜单式用户交互，适合经典的自底向上、自顶向下及混合式集成与测试的策略。菜单可以作为测试驱动，表中的方法名可以没有实现代码，为便于测试可以只写一条打印语句，成为方法的桩。另外，实现了菜单结构但没有方法的代码可以理解为框架。一旦菜单间的转换通过测试，就逐步实现每个菜单项对应的方法，替换相应的桩，完成测试与集成。

5.7.4　持续集成

　　持续集成是敏捷开发中一项基本的软件开发实践。项目成员频繁地集成他们的工作——通常是每人每天的代码至少集成一次，使得每天都有多次集成的代码。每次集成都自动构建验证，可尽快地发现错误。敏捷开发认为，持续集成极大地减少了软件集成的问题，还可促进团队更迅速地开发一致的软件。持续集成的核心包括自动化构建、自动化测试及版本控制中心等工具。构建是执行编码、测试、检查和交付软件的一组活动。集成构建就是把软件模块（程序、数据和文件）整合到一起形成软件的活动。所谓自动，就是通过编写可运行的脚本程序，完成诸如代码测试、构建等，无须人工干预。

　　持续集成是团队开发的核心和保障，主要过程如图 5.23 所示。经过代码评审和测试，版本控制中心通知程序员有缺陷的代码或问题。程序员在修改完成、向版本控制中心提交修改前，先在程序员开发环境中运行私人构建，包括编译代码和运行测试，之后再提交。持续集成服务器运行集成构建，包括检查代码是否符合规范。这个过程反复执行，直到每次提交的代码变更都通过集成构建，从而进入集成的下一个周期。

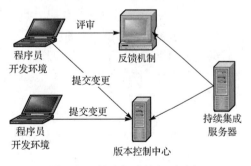

图 5.23　持续集成的主要过程

持续集成的价值、步骤和最佳实践

5.7.5 测试报告的撰写

小雨和小强已经完成口算练习软件的大部分功能，在软件交付前应该进行软件集成与测试，包括静态测试、回归测试、压力测试等。在这个阶段，也应该及时完善软件测试报告，记录测试过程与结果，为软件交付做好准备。

软件测试报告的撰写

5.7.6 课程思政

凝聚爱国情怀、担当历史使命——健康码及其数据处理

5.8 思考与练习题

1．基本概念：用户界面、用户交互、可用性、软件原型、软件集成、功能集成、界面集成、自底向上集成、自顶向下集成、增式集成、持续集成、驱动程序、桩程序、静态测试、回归测试、集成测试、软件建模。

2．解释各种交互风格的含义，并以实际应用过的软件（文字处理软件、社交软件等）为例，分别举出每种交互风格的使用例子。

3．交互设计的 8 条黄金规则是什么？结合一个用过的软件，分析它是否遵循黄金规则。

4．什么是静态测试？有哪些常见的静态测试方法？

5．编写产生类似图 5.2 的代码，并且测试：当用户输入 1~6 范围内的数字时，打印输出功能文字，表示正确的选择。譬如用户输入 2，屏幕显示"选择并打印练习题"。

6．对于不同的开发问题和编程语言，要为审查和评审设计针对性的检查单。请结合案例，用选择的编程语言，按照下面的要求选择或设计检查单，并组织 3~5 名同学对实现的用户交互程序执行正式审查。

（1）侧重编程风格的代码检查单。

（2）侧重用户交互逻辑的代码检查单。

（3）侧重可靠性程序的代码检查单。

（4）执行程序测试的测试用例检查单。

7．常用的静态程序分析器有：适合 C/C++的 pc-lint，适合 Java 的 PMD、CheckStyle、FindBug。请查阅相关资料，学习静态程序分析器的使用。

8．什么是基于模型的测试？

9．为什么在 IVR 系统的菜单设计中尽量限制在一层的功能不超过 9 个？考虑 switch 语句或表驱动编程。

10．对例 5.1，增加可靠性处理。如果用户随意输入（要求的 0~9、*和#）或错误输入多次

（比如 3 次），系统应该提示，然后退出。请编程实现。

11．在所有的_UI 方法中都使用了变量 Scanner sc、int choice 和 boolean running，可否把它们定义成类的成员变量而非方法的变量？请分析利弊，并结合程序运行分析说明。

12．根据例 5.1 给出的菜单结构设计和部分代码，（1）编程，尝试获得教材中的类似结果；（2）编码实现一级菜单中功能组 7（交通服务）、一级菜单 4 的功能组 7（交通运输），并进行测试和回归测试；（3）完成整个程序的编程，用状态转换图等对程序的菜单跳转进行测试。

13．某城市的智慧医疗中有一个医院的自助挂号子系统，设计时要求考虑的因素包括：医院、城区、疾病和医生。该城市有 8 家医院，分别是第一至第八医院；城区有城南、城北、城东、城西和城中；疾病种类包括内科、外科、妇科、儿科等，内科分为呼吸科、心血管科、消化科、血液科、肿瘤科、神经科、内分泌科、肾科、急诊科、感染科和康复科等；外科细化为普外科、泌尿外科、骨科、胸外科、神经外科和急诊外科等；医生按专家和普通两个等级挂号，医生的专业同疾病的划分种类。设计时应进一步考虑市民对疾病知识的了解，提供"快速挂号"功能。

（1）请设计该自助挂号子系统的交互菜单结构，画出结构图；

（2）编程模拟实现菜单式交互界面，并运行测试，要求运行结果包括：①主菜单界面；②二级界面；③一个最深层次的界面；④逐层返回上层界面；⑤直接返回主菜单界面；

（3）考虑软件的健壮性，描写设计、编码、测试过程，并展示测试结果。

14．对于交互式应答或自助服务的应用，如银行、移动通信、航空、汽车租赁、天气预报、便民服务、旅游、交通、健康服务、自助预交住院费、图书馆自服务、学生选课自服务等，通过个人体验、资料查询等方式：

（1）设计主要应用功能的用户交互菜单，画出结构图，要求至少包含 7 个不同的功能，至少有一组（个）功能的层次是 3；

（2）编程模拟实现应用的菜单用户交互界面，并运行测试，要求运行结果包括：①主菜单界面；②二级界面；③一个最深层次的界面；④逐层返回上层界面；⑤直接返回主菜单界面；

（3）考虑软件的健壮性，描写设计、编码、测试过程，并展示测试结果。

15．对图 5.12 所示的软件，分别给出：（1）自顶向下；（2）自底向上的软件集成与测试方案。

16．完成案例菜单结构的构造（构造任务 7.1），给出菜单结构的测试，得到类似的运行结果。

17．完成案例的交互练习加法算式的构造（构造任务 7.2），假设用户分别输入算式数量是 5、9、14、19 的练习，得到类似的运行结果。

18．扩充程序交互练习的构造，使之可以练习减法、混合算式的习题。测试同 17 题。

19．对例 5.1 参考图 5.21 所示的状态转换图，用迁移路径的覆盖准则设计测试：

（1）计算圈复杂度；

（2）给出一个基本迁移路径的集合；

（3）设计测试用例覆盖基本迁移路径集。

20．分析实现的用户交互程序的循环结构，给出一个测试设计。

21．对案例程序，运用场景设计测试用例，并进行测试。

22．对案例程序，画出其菜单转换的状态图，据此设计测试用例，并进行测试。

23．完成例 5.2 中 Java 语言的表驱动编程：

（1）用 Java 的反射机制实现执行存在表中的方法名所对应的操作，得出类似的输出结果；

（2）进一步，增加一个新的函数如 func3，重复（1）；

（3）若 func2 的输出是"成功执行函数 3."，需要改动哪些语句？运行程序的输出是什么？

24．对例 5.1 尝试运用表驱动编程执行（部分）菜单选项的功能。

25．对案例程序尝试运用表驱动编程执行菜单选项的功能。

第6章 软件重构与交付

主要内容

通过一个例子掌握改善代码质量的重构方法和工具，掌握打包、交付一个完整程序的方法。尝试重构案例程序，打包交给用户。通过一个例子理解新型的软件开发方式——测试驱动开发，了解在不同开发阶段、针对软件层次全面测试软件的方法。

故事 7

华经理换了一台计算机，把小强给的代码复制到新机器上，却不能正确地运行，就打电话告诉了小强。小强很快就明白了是应用软件的安装问题，即要将开发程序的各个模块文件连同数据文件、使用的外部包等组装起来，成为一个完整的、在任何机器上都可运行的软件。若是 Java 应用程序，则还要在用户的机器上安装 Java 运行时环境等。

另外，小强和小雨不断地按照用户的要求扩展了程序功能，不断地添加类和方法。代码行数在不停地增大，程序的结构越来越不清晰。由于程序不如以前那样一看就明白，因此定位和修改程序的错误或者在合适的位置给程序添加代码就变得越发困难和费时。而且，修改代码后的回归测试有不少重复工作，手工编写和执行测试也很耗费时间。他们需要更好的软件构造技术和工具。

6.1 代码重构

增量迭代的开发方式不断地在增加编写的代码，由于是边思考、边设计、边构造，因此可能会造成许多模块有重复的代码片段，或者在一个模块中临时命名了变量等，使代码不规范、结构不清晰。例如，在第 5 章的例 5.1 中，为了清晰地显示菜单，每个子菜单都要打印几行"------------"，提示用户"请选择"。在案例菜单构造的"联机操练习题"中，有三种类型的算式习题，产生这三种类似习题的方法不完全相同、结构类似，用户操练习题、系统批改练习并显示批改结果的构造没有差异。这些具有公共的、反复使用的代码可以提取出来成为独立的函数或方法，在简化代码结构的同时，也便于只在一处集中修改、避免遗漏。

在完成构造、交付代码前改进代码质量，有助于后续的软件维护和更新。代码重构是增量迭代开发不可或缺的技术，已经成为现代软件开发的基本技术，在很多常用的 IDE 中成为标准模块。代码重构就是在不改变软件外部行为的前提下改善它的内部结构。下面以一个较小的例子说明代码重构的基本概念和技术。

6.1.1 代码重构的案例研究

【例 6.1】 图书馆显示借阅者还书的信息。假设允许一个学生免费借阅图书 30 天，超出的天数按照书价和书的类型，每超出一天罚金如下：教材原价×0.001 元，参考书原价×0.005 元，新书原价×0.01 元，基础罚金分别是 1、1.5、3 元。提前还书会奖励积分，三种类型书的奖励积分分别是 1、2、3。奖励积分能用于抵消罚金，7 分抵 1 元罚金。一次还书后显示如下的信息：

新书《Python 进阶》，价格 35.5 元，借阅了 12 天.

教材《Java 导论》，价格 37.5 元，借阅了 45 天．
参考书《C#秘笈》，价格 41.7 元，借阅了 38 天．
参考书《软件构造》，价格 29.8 元，借阅了 28 天．
总共缴纳罚金：4.73 元．
提前还书奖励积分：5 分．

初始构造的程序有三个类：学生 Student、图书 Book 和借阅 Rental，类图如图 6.1 所示。

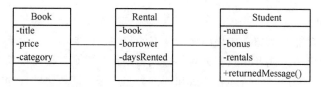

图 6.1　显示借阅者还书信息程序的类图

部分代码如下。显示借阅信息 returnedMessage()的代码在 Student 中，从它开始代码重构。

代码重构的例 6.1——图书馆显示借阅者还书信息

对象的时序图简明扼要地示意为完成一个任务，相互沟通与交流的对象间的交互关系。方法 returnedMessage 中的交互图如图 6.2 所示，一个学生对象通过向借阅对象请求借阅的书籍，获得图书的价格和种类，再从借阅对象获得借阅时间，计算出自己所有借阅的罚金、奖励积分等，以字符串的形式返回借阅信息。

时序图是 UML 的一种动态交互图，其用方框表示对象，在对象名称下画线。对象具有生存周期，用从对象图标向下延伸的一条虚线表示对象存在的时间。对象之间的交互用消息发送表示，它是一个从请求对象向服务对象标记发送消息名称的有向连线（如 getBook，它是 Rental 类实现的一个方法），对象也可以向自己发送消息。自上而下的消息连线表示消息发送的时间顺序。控制焦点是图中

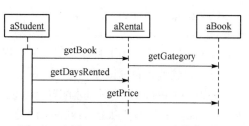

图 6.2　方法 returnedMessage 中的交互图

表示时间段的窄小矩形符号，表示在时段对象执行相应的操作。

在下面的代码重构过程中，我们将借助类图和交互图显示重构对代码结构的改变。

设计一些测试数据，验证代码 returnedMessage 能正确地显示期望的消息，满足要求的功能。

```java
//代码 6.1
public class Example_6_1 {
    public static void main(String[] args) {
        Book aBook;
        Student student = new Student("zhangsan");

        aBook = new Book("Python 进阶",35.5);
        student.addBook(aBook,12);
        aBook = new Book("Java 导论",37.5,1);
        student.addBook(aBook,45);
```

```
        aBook = new Book("C#秘笈",41.7,3);
        student.addBook(aBook,38);
        aBook = new Book("软件构造",29.8,3);
        student.addBook(aBook,28);

        System.out.println(student.returnedMessage());
    }
}
```

但是，returnedMessage 的代码过于杂乱，难于调试、测试、维护和扩展，也没有办法在其他地方复用其中的某个功能。例如，如果添加一种书的类型，就要添加一个条件和分支语句，依据新的计算规则计算罚金等；或者想改变某条罚金或奖励积分规则，这些都需要改写原来的程序，重新编译该方法和整个程序，然后还要调试和测试。在这个非模块化的程序中定位错误，对程序员是一种挑战。显然，方法 returnedMessage 处理的工作超出了 Student 类的职责，也超出了一个方法应该实现的功能，违背了软件设计的基本原则。下面由简到繁，逐步重构，改进代码质量。

1. 重构大函数

1）运用重构"提炼方法"（Extract Method），把从 switch 语句开始的计算罚金与奖励积分部分设计成一个方法 calculateFineAndBonus(Rental aRental)。

如果一个方法的代码太长或者代码需要很多注释才能理解其意图，则可用一个能说明其意图的方法替换那些代码。在运用"提炼方法"抽取代码时，要用良好的编码风格设计方法名和参数，使读者在较高的函数层理解程序，提高程序的阅读性。"提炼方法"的步骤如下。

（1）设计一个新方法，按照提炼代码的意图命名。提炼的代码可长可短，方法名一定要能体现其含义，否则就不要提炼方法。

（2）把原方法中要提炼的代码直接复制到新方法（目标方法）中。

（3）检查目标方法中的局部变量、引用变量和临时变量，做相应修改，有时要运用"移除临时变量"或"分解临时变量"的重构策略。

（4）在原方法中调用目标方法，取代提炼的代码。

（5）通过编译和测试。

如果使用 Eclipse，它的基本配置包含重构功能 Refactory，有些重构方法可用工具简化。选择从语句"bonus = 0;"到"addBonus(bonus)"之间的代码，右击，选择 Refactory→Extract Method，在出现的对话框中输入一个方法名，确定后得到重构后的代码。在 Eclipse 中使用代码重构如图 6.3 所示。

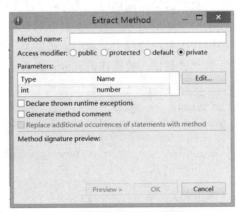

(a) Eclipse 提供的重构策略   (b)"提炼方法"的重构窗口

图 6.3   在 Eclipse 中使用代码重构

```
//代码6.2：提炼方法calculateFineAndBonus(aRental)后的部分代码
public String returnedMessage(){
        double totalAmount = 0;
        double finedAmount=0;
        int bonus = 0;  //Eclpise提示没有使用过该变量
        String message=new String();
            for (Rental aRental:rentals){
                finedAmount = calculateFineAndBonus(aRental); //重构后的语句
                totalAmount += finedAmount;
                while (getBonus()>=7 && totalAmount>1){…}
                message += aRental+"\n";
            }
            …
            return message;
    }
//重构提出的新方法
private double calculateFineAndBonus (Rental aRental) {
        double finedAmount;  //Eclipse自动增加的变量声明
        int bonus;
        …
        switch(aRental.getBook().getCategory()){…}
        addBonus(bonus);
        return finedAmount;  //Eclipse自动增加的返回语句
    }
```

2）运用"移除临时变量"，消除 returnedMessage 中的临时变量 bonus。再次运用提炼方法，将 calculateFineAndBonus 中的 else 分支语句改成方法 addBonus(aBonus)，参数分别是原来赋值语句右边的值，即分别是 1、2、3，目的是便于以后改变奖励积分的策略。执行前面的测试，回归测试的结果不变。

3）方法 returnedMessage 中的临时变量 finedAmount 只被使用了一次，而且它的值是通过函数调用或表达式计算得到的。这时可以运用重构"以查询取代临时变量"消除，得到如下代码。

```
//代码6.3
public String returnedMessage(){
        double totalAmount = 0;
        String message=new String();
          for (Rental aRental:rentals){
            totalAmount += calculateFineAndBonus(aRental);  //重构后改变的语句
            …
          }
          …
        }
```

使用"以查询取代临时变量"时要满足两个条件：首先，要注意提炼的函数没有副作用，即它只是单纯的计算，没有改变任何对象、任何非局部变量的值；其次，要确保代码中要被删除的临时变量只赋值一次，否则不能删除。

至此重构后，类图没有发生重大变化，在 Student 中新增了一个方法 calculateFineAndBonus，类图如图 6.4 所示。

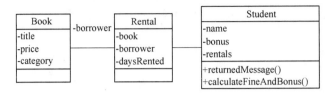

图 6.4　提炼方法 calculateFineAndBonus 的类图

4）罚金的计算实质上是"借阅"对象的责任，计算所需要的信息都在"借阅"对象中，与借阅者 Student 无关，因而可以用"函数移动"的策略，把罚金计算方法 calculateFineAndBonus()从 Student 移动到 Rental。这时方法不再需要参数 aRental，在 returnedMessage 中变成向 aRental 发送计算罚金的消息。同时还要改变奖励积分 addBonus 的计算：积分是奖励 Student 类的，要在该类实现。这样，整个方法calculateFineAndBonus 移到了类 Rental，积分的计算要通过向借阅者——即 Student 对象发送请求 getStudent().addBonus()来实现。

```
//代码6.4: 重构4
public String returnedMessage(){
    …
    for (Rental aRental:rentals){
    totalAmount += aRental.calculateFineAndBonus();  //重构的语句
    …
}
//方法 calculateFineAndBonus()移到类 Rental
class Rental {
    public double calculateFineAndBonus(){
        double finedAmount=0;
        switch(getBook().getCategory()){
            case Book.TEXT_BOOK:
                if (getDaysRented()> 30){
                    //重构后改变的语句
                    finedAmount += (getDaysRented()-30)*getBook().getPrice()*0.001;
                    finedAmount += 1;
                } else {
                    getStudent().addBonus(1);    //重构后改变的语句
                }
                break;
                …
            }
    }
}
```

当一个类具有太多的行为或者一个方法的实现有多个类参与、耦合性较大时，应该把方法从这个类移到使用了更多特性的另一个类中。罚金的计算与书籍借阅的时间及书籍的信息密切相关，这些信息主要在类 Rental 中，而不在 Student 内，所以把计算的方法放到类 Rental 中更合适。"函数移动"比较复杂，基本步骤如下。

（1）检查被源方法使用的、在源类中定义的所有特性，考虑是否要移动。如果一个特性仅仅被想要移动的方法使用，就可能需要移动。如果该特性被其他方法使用，就考虑同时移动这些方法。有时一次移到一组相关的方法更容易实现。

（2）检查源类的子类和基类是否声明了要移动的方法。如果有其他的方法申明，就不能移动，除非在目标类中能够实现多态方法。

（3）选择一个更合适的方法名，在目标类中定义。同时，把源方法的代码复制到目标方法中，然后适当地调整代码。如果移动的方法要使用原来的资源，要考虑如何从目标方法中引用源对象，例如，可以把源对象作为参数传递给新方法。如果源方法有异常处理，则要决定哪个类处理异常。

（4）决定如何从源代码中正确地引用目标对象。一般源代码中已有变量或方法可以访问目标对象，否则，就要简单地创建一个类似的方法或者在源代码中新建一个成员变量存储目标对象。

（5）把源方法改成派遣方法。例子中就是把 calculateFineAndBonus(aRental) 中的参数作为发送消息的（派遣）对象，即改为 aRental.calculateFineAndBonus()。

（6）决定是否删除源方法，或者把它留作派遣方法。如果移除源方法，则要把它的所有引用都替换成引用目标方法。

（7）通过编译并测试。

重构后代码结构图如图 6.5 所示。

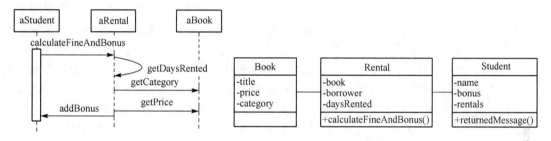

图 6.5　函数移动等重构后的类图及 calculateFineAndBonus 的交互图

2．用多态替换分支语句

下面改造最复杂的代码 calculateFineAndBonus() 中的分支语句。分支语句的形成是因为罚金和奖励积分的计算与书籍借阅的天数、书籍价格、书籍种类等多个条件有关。重构这个方法有几种技术可用，如"用类取代类型码""用多态取代类型码""用子类取代类型码"，简要分析如下。

1）用类取代类型码。使用符号名称（如程序 TEXT_BOOK=1）或枚举类型表示不同的书籍种类，进而实现不同的计算，这是面向过程式语言（如 C 语言）最基本的特性之一，也是分支语句的典型应用场景，有时也能提高代码的可阅读性。但是，编译程序在分析程序过程中检查分支语句的条件时，检查的是符号名称后面隐含的数值，而不是符号名称。另外，任何一个类型码作为函数的参数，函数期待的是数值，没有任何机制强迫使用符号名称，所以，符号名称很容易成为错误源。如果用类替换了数值，编译就能检查类；程序员也可以静态地检查只能产生有效的对象，也只有这些对象可以作为参数传递给其他对象。

用这个策略重构 calculateFineAndBonus 的步骤如下。

（1）为类型码创建一个类。这个类需要一个编码字段来匹配类型码，字段要有访问类型值的方法。对该类允许的实例，应该有一个静态变量和一个静态方法，它根据原来的编码参数返回一个恰当的实例。

（2）修改原先类的实现，使用这个新建的类。保持基于编码的接口，用新类产生编码来更改静态字段。更改其他基于编码的方法，从新类得到编码的数值。

（3）对每个使用编码的原先类的方法，创建使用新类的一个新的方法。使用了以编码作为参数的每个方法都要一个以新类的对象作为参数的新方法。同样，所有返回编码的方法也要一个方法返回编码。

（4）逐个更改每个使用原先类的代码，使它们使用新类。

（5）删除使用编码的旧的接口代码，以及编码的静态声明。

（6）编译并测试所有的更改。

2）用子类取代类型码。如果类型码不影响程序的行为，可以在面向对象中使用"用类取代类型码"的策略。但是，如果类型码影响程序行为，最好使用多态来处理多变的行为。程序中有分支条件语句就表明出现了这种情形：程序首先检测编码的值，然后根据不同的码值执行不同的代码。重构这些条件可以采用"用多态取代类型码"，即用具有多态行为的继承结构取代类型码，为每个类型码编写一个子类。实现继承结构的最简单的途径是"用子类取代类型码"。为类型码设计一个类，为每个类型值设计一个子类，"用子类取代类型码"是实现"用多态取代类型码"的基础。如果出现了仅仅与特定类型码的对象相关的特征，则还可以使用"用子类取代类型码"，同时，可以使用"下移函数"和"下移字段"来清楚地表明这些特征仅仅与特定类相关。

"用子类取代类型码"的优点是：把变化行为的知识从类的使用者搬迁到类本身。要是增加新的变化，只需增加子类。若编程语言没有多态机制，则只能检查所有条件、改变检测的条件，所以，"用子类取代类型码"的重构特别适合代码扩展，支持变化。

3）用多态取代类型码。基本思路是把原先的方法设计成抽象方法，在子类中重载每个分支条件。如果不同对象的行为根据条件发生变化，则多态就可以避免编写这些条件。在良好的面向对象程序中，应该很少出现根据类型码决定行为的分支语句或 if-then-else 语句。

多态的优点：避免在程序中多处出现一组相同的条件，就容易增添新的类。这样就可以设计新的子类来提供合适的方法，而该类的使用者无须知道子类的存在，从而降低了程序的耦合性，便于更新和扩展。下面就用"用多态取代类型码"改造方法 calculateFineAndBonus，消除其中的分支语句。

（1）把类 Book 改造为抽象类，新增三个子类 NewBook、Reference、TextBook。

（2）删除类 Book 中的三个静态符号常量及类型变量 int category。

（3）完成新增类的构造方法、成员变量访问方法及 toString。重构后的类的结构图如图 6.6 所示。

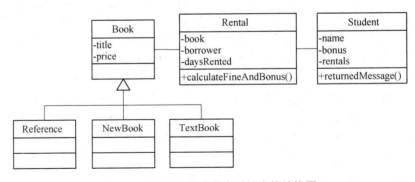

图 6.6　增加了 Book 子类后的类的结构图

（4）观察 Rental 中 calculateFineAndBonus 的任何一个分支：计算与书籍类型有关，语句 finedAmount += (getDaysRented()-30)*getBook().getPrice()*0.001 中的罚金系数 getPrice()*0.001 与书籍的价格和类型有关。可以用"提炼方法"的重构，以函数 getFine() 替换表达式 getPrice()*0.001。而且，在基类 Book 中将其声明为抽象方法，三个子类分别实现它，分别采用不同的罚金系数 0.001、0.005 和 0.01。

（5）同样处理计算基本罚金的语句 finedAmount += 1，不同类型书籍的基本罚金不同。重构时增加一个方法 double baseFine()。

重构后的部分代码如下：

```java
//代码 6.5：重构 calculateFineAndBonus
//Book 改变为抽象类，增加 3 个子类
public abstract class Book{
    private String title;
    private double price;
    …
    public String toString(){
        return getCategory()+"《"+getTitle()+"》";
    }
    abstract double getFine();        //新加的方法
    abstract double baseFine();       //新加的方法
    abstract String getCategory();
    abstract int getBonus();
}
class TextBook extends Book{
    public TextBook(String name, double aPrice){
        super(name, aPrice);
    }
    public double getFine(){
        return getPrice()*0.001;
    }
    public String getCategory(){
        return "教材";
    }
    public double baseFine(){
        return 1;
    }
}
…
```

简单测试改动的 Book，如为一个学生创建 4 个不同的 Book 对象，打印借阅清单，同时要修改 Rental 中的字符串转换方法。

```java
//代码 6.6：测试驱动代码
public class BookTester {
    public static void main(String[] args) {
        Student student = new Student("zhangsan");
        test_case_one(student);
    }
    private static void test_case_one(Student student) {
        Book aBook;
        aBook = new TextBook("Python 进阶",35.5);
        student.addBook(aBook,12);
```

```
        …    //同前面的测试代码
        //简单的循环测试
        for (Rental aRental:student.getRentals()){
            System.out.println(aRental);
        }
    }
}
class Rental(){
    …
    public String toString(){
        return book.toString()+"借阅了"+daysRented+"天.";
    }
}
```

运行结果如下：

```
新书《Python 进阶》，价格 35.5 元，借阅了 12 天.
教材《Java 导论》，价格 37.5 元，借阅了 45 天.
参考书《C#秘笈》，价格 41.7 元，借阅了 38 天.
参考书《软件构造》，价格 29.8 元，借阅了 28 天.
总共缴纳罚金：4.73 元.
提前还书奖励积分：5 分.
```

（6）方法calculateFineAndBonusd的名称也反映了它包含两个功能：计算罚金、计算奖励积分。程序中的名称是反映变量、函数、类、文件等含义的基本手段。复杂的函数名已经暴露出了函数代码松散的内聚性，即函数代码实现了过多的功能。可以把这个方法分裂成两个：计算罚金和计算奖励积分。其中，计算罚金 getFine()的方法在 Rental 中，计算奖励积分的方法在 Student 中，因为积分属于学生而不是借阅。同时在 Book 中增加一个奖励积分的抽象方法 int getBonus()，在其子类中实现该方法。

重构 getFine()的基本步骤：把 calculateFineAndBonus()中计算罚金的代码复制到 getFine()，其他部分不变。所有调用 calculateFineAndBonus()的代码都替换成 getFine()后即可删除。同时要修改 else 分支的语句。重构后的部分代码如下。

```
//代码 6.7：在 Rental 用 getFine 替换 calculateFineAndBonus()
public double getFine(){
    double finedAmount=0;
    if (getDaysRented() > 30){
        finedAmount += (getDaysRented()-30)*getBook().getFine();
        //重构的位置
        finedAmount += getBook().baseFine();
    } else {   //重构的地方,要在 Book 增加 getBonus(),分别返回 1、2、3
        borrower.addBonus(getBook().getBonus());
    }
    return finedAmount;
}
//类 NewBook
public double getBonus () {
```

```
        return 3;
    }
```

（7）继续分析方法 Student 中的 returnedMessage，它通过 for 循环语句对每个借阅对象计算罚金和奖励积分，可以用函数抽象把循环封装到一个方法中。由于 for 循环语句还包含不确定的循环语句，因此在抽象函数时要特别注意。一条基本原则是首先分离与循环变量及与其他变量都无关的计算，然后抽取与嵌套循环有关的、非独立变量的计算。

首先，构造相对独立的方法 getRentalList()，它产生显示退还的借阅清单，其中要对 Rental、Book 及其子类分别实现 toString()。其次，构造方法 getTotalFine() 和 getTotalBonus()。通过奖励积分抵消罚金的代码封装到方法 discountedBonus() 中。最后，回归测试确保新增和重构的代码都要通过编译，产生正确的结果。重构后的部分代码如下。

```
//代码 6.8: 用函数抽象把循环封装到一个方法中
//构造还书的清单,refactor 6.1
public String getRentalList(){
    String result = "";
    for (Rental aRental:rentals) {
        result += aRental+"\n";
    }
    return result;
}
//构造所有罚金的方法,refactor 6.2
public double getTotalFine(){
    double totalAmount = 0;
    for (Rental aRental:rentals){
        totalAmount += aRental.getFine();
    }
    return totalAmount;
}
//奖励积分抵消罚金的代码,refactor 6.3
public double discountedBonus(double totalAmount){
    while (getBonus()>=7 && totalAmount >1){
        addBonus(-7);
        totalAmount --;
    }
    return totalAmount;
}
public String returnedMessage(){
    String message = getRentalList();
    double totalAmount = getTotalFine();
    totalAmount = discountedBonus(totalAmount);
    message += String.format("缴纳罚金:%.2f 元.\n",totalAmount);
    message += "还书奖励积分:"+getBonus()+"分.\n";
    return message;
}
```

这个重构表面上增加了代码，但是结构更加清晰，尤其是主要方法 returnedMessage 顺序地列出了每个动作，它们相互独立，可分别编写或修改。

（8）最后，对通过增式集成与重构的代码进行综合测试，包括回归测试、功能确认测试。

完成重构后的类图如图 6.7 所示，returnedMessage 及其中计算罚金、计算奖励积分的交互图如图 6.8 所示。

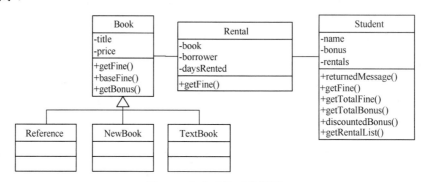

图 6.7　完成重构后的类图

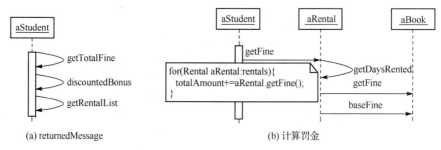

(a) returnedMessage　　　　　　　　　　(b) 计算罚金

图 6.8　完成重构后的交互图

代码重构后，原先复杂的功能划分到若干相互交互的、短小的方法中。程序具有面向对象的特点：庞大复杂的功能分解到相应的类和方法，通过对象之间的协作来完成；功能单一的代码容易复用；松散耦合的类容易扩展和维护。例如，想改变教材类书籍的罚金计算规则，只需在 TextBook 中更改 baseFine 或 getFine（分别只有一个简单表达式），重新编译和测试，而无须改动其他类。

再如，如果想根据学生类型（如本科生、研究生或博士生）制定不同的免费借书时间，不再是统一的 30 天，而分别是 30 天、50 天和 60 天，在代码重构前，就要在不同类型书籍的条件分支中再增加三个类型的学生，计算罚金和奖励积分，将使得代码更加复杂。现在，就可以把 Student 作为抽象的基类，分别增加三个子类 UnderGraduate、PostGraduate 和 Doctorand，实现抽象方法 freeDays()，分别返回 30、50 和 60 作为免费借阅天数。扩展的相关代码如下，完整构造留作练习。

```
//代码6.9：扩展类Student,使其子类分别具有不同的免费借阅天数,然后修改Rental的方法
//类Rental
public double getFine(){
    double finedAmount=0;
    if (getDaysRented() > 30){
        //替换: finedAmount += (getDaysRented() - 30) * getBook().getFine();
        finedAmount += (getDaysRented() - getStudent().freeDays()) *
                       getBook().getFine();
        finedAmount += getBook().baseFine();
    }
    return finedAmount;
}
```

6.1.2　代码重构概述

1. 代码重构基础

在极限编程及其他敏捷开发方法学中，重构常常是软件开发循环的一部分：开发者轮流增加新的测试和功能，用重构来提高代码内部的清晰性和一致性。自动化的单元测试保证了重构能让代码继续正常工作。

重构既不修正错误，也不增加新的功能，主要作用在于提高代码的可读性，或者改变代码内部结构与设计，使其更容易维护。重构可以在结构层或语意层，不同的重构手段可能是结构的调整或语意的转换，但基本前提是不改变代码在转换前后的行为。如果当前的程序结构给增加新的行为造成困难，则开发者可能要先重构部分代码，以便添加新的行为变得容易。

代码重构主要有三个时机：给程序增量地添加新的功能时、定位程序错误时和评审代码时。

代码重构的主要原因是：要改进软件的设计、要使软件更容易理解、为了方便查找错误。下面列出代码重构具体的原因清单和重构的基本方法。

代码重构具体的原因清单和重构的基本方法

2. 再识代码重构

清理代码、提交高质量的代码是程序员的日常工作，是每个程序员必须做的基本工作。重构代码把常见的、证实有效的重构模式（重构的目标和重构的步骤）进行归档分类，形成了软件开发的最佳实践。重构代码时要记住以下三点。

（1）不要为了重构而重构。重构可以被看作一种能给代码变更带来帮助的措施。代码重构应该在变更代码前实施，这样能使程序员确信理解了代码，从而更容易、更安全地把变更引入代码。对重构的代码一定要进行回归测试，如果又修改或变更了，要再次测试。重构后可能引起更多的代码重构，使代码变更的意图变得更加清晰。之后还要再次全面测试重构后的代码。

重构是因为想做其他的事情，而重构能帮助我们更好地完成这些事情。重构的范围应该由需要实施的代码变更或代码修改来决定——为了让代码变得更安全、更整洁。换句话说，不要对那些不打算进行变更或不会变更的代码实施重构。

（2）为理解而做简略重构。简略重构就是为理解软件而做的重构，目的是用来对付那些不理解的（或不能忍受的）代码，并梳理它们。在计划真正动手修改软件前，希望对代码的意图或功能有更好的认知，也有助于调试代码。一旦明白了变量或方法的真实含义，就容易重命名它们，删除那些重复或无用的代码，拆解复杂的条件语句，把长的程序分解成数个容易理解的小程序。

（3）不要顾虑复查或测试对代码的改动。这是为了快速推进重构——能让代码及它们的运行原理在头脑中产生一个快速但不完备的原型。简略重构还能让程序员尝试各种不同的重构途径，学到更多的重构技巧。在这个过程中要留意那些看起来没什么用处或者特别有用的东西。这样，当真正需要修改代码时，才能正确地做事。程序可以一点一点地完善，边修改边测试。

6.2　软件交付

华经理更换机器遇到的问题，实际上是如何把在程序员机器上开发的程序安装到用户的机器上，交付给用户使用。从开发者角度看软件生命周期，软件开发之后的阶段是维护与交付。本节概述与阶段相关的一些术语及活动。

6.2.1　构建与打包

软件开发和软件维护这两个阶段之间的开发活动统称为软件交付，目的就是让最终用户使用开发的软件。软件交付的基本活动包括构建、打包、发布、安装和部署。

1．开发环境和运行环境

软件交付的核心是把程序从开发者的机器上迁移到用户的机器上。一般而言，应用程序不是直接在一个计算机裸机上运行的，还要求在包含计算机操作系统、语言的类/函数库、数据、配置文件等的软件环境上运行，有时可能还需安装数据库系统、Web 服务器、第三方库等。

按照使用目的，软件环境可以分为开发环境、运行环境、测试环境。开发环境不同于运行环境，例如，移动应用通常是在个人计算机上开发（开发机）的，在手机上使用（目标机），除 CPU、机器架构不同外，操作系统、语言系统库，以及它们的软件环境配置也不一样：开发机上安装了编程、测试、代码管理等工具及类或库函数，甚至还有系统之外的库、试验数据、环境配置文件等；而目标机则不同，可能没有要运行软件的基本配置、没有安装外部库、缺少基本的数据，甚至没有运行时环境（如 Java 的运行时环境 JRE）。在软件交付时开发者要考虑如何处理这些差异。

2．虚拟机

高级程序设计语言 C 的程序编译的结果是计算机二进制指令代码（或汇编程序），可以直接在操作系统的环境下运行。因为 C 编译器产生的代码使用了计算机指令，每个编译后的代码只能在特定的计算机或操作系统上运行，要在不同类型的计算机上运行，就需要重新编译。C 和 C++没用虚拟机。大多数现代编程语言都能在不同的计算机（服务器、便携式计算机、PC 等）、工业控制机、平板设备、手机、嵌入式设备上运行，独立于计算机及其操作系统（平台或环境），除了编译，虚拟技术是关键。虚拟化为每个应用程序都创建一个运行时容器，把应用程序与计算平台隔离开，实现应用的跨平台运行。例如，Web 程序在 Web 服务器（程序）中运行，Java 程序在 Java 虚拟机（JVM）中运行，Android 应用 apk 在 Dalvik VM 虚拟机上运行。

在 Visual Studio 环境下开发的程序，无论使用何种程序设计语言，都可以在 Windows 环境下运行。原因是 Windows 操作系统包含类似虚拟机的公共语言运行时（Common Language Runtime，CLR），它先将任何.NET 程序都编译成一种中间语言，然后转换为机器指令运行。CLR 为.NET 应用程序提供了一个托管的代码执行环境，将原来由程序员或操作系统做的工作剥离出来并交由CLR 来完成，这些工作包括内存管理、即时编译、组件自描述、安全管理和代码验证，以及其他一些系统服务。

3．构建和打包

最简单的软件交付活动是编译（compile）和链接（link），然后把应用代码构建（build）成可直接运行的代码（如 C 程序）。一般情况下，简单的 C 程序可以构建好、直接复制到目标机上运行。如果程序由多个文件组成，文件之间存在各种依赖关系（如头文件、引用库），则需要工具支持软件的构建和安装。

软件交付的首要工作是把构造的程序从开发环境中分离出来并打包。程序打包就是创建计算机程序的安装包，即把各种编译好的文件、依赖的资源（如头文件、函数库、类库）、数据和配置文件等组装成一个可以自行解压的压缩文件，在多台机器上安装、运行。例如，Android 的 apk、微软的 setup.exe 或.msi 都是安装包。在目标机器上运行安装包就是将其中的所有文件释放到硬盘上、修改注册表（Windows 操作系统）、修改系统设置、创建快捷方式等，这样就能使用程序。

简单的 Java 程序打包成 jar 就能在安装了 Java 运行时环境 JRE 的任何设备上运行，无须其他安装。对于包含多个类、引用了外部包等复杂的 Java 程序，或者想同 C 程序一样直接在 Windows 平台下运行，则需要更多的交付活动。

4．安装活动

计算机程序的安装是使程序可以运行的一组活动。安装可能是一个大型软件交付过程的一部分，对不同的程序和使用环境，安装过程可能不一样。有些程序简单复制到计算机就可以运行，有些程序则不能通过复制来运行，需要安装过程。一旦安装完毕，程序就可以反复执行。软件安装过程的基本操作包括：

- 确保目标机满足必要的系统（基本的 CPU、存储等）需求；
- 在目标上创建或更新程序文件和目录；
- 在目标上增加配置数据，如配置文件、Windows 注册项或环境变量；
- 使用户能访问到软件，如创建链接、快捷键或书签；
- 配置自动运行的组件，如 Windows 或 UNIX 服务；
- 检查软件的版本，激活产品，更新软件版本。

本章其余部分将介绍实现构建自动化的工具，然后详细地说明 Java 的构造与交付。

6.2.2　实现构建自动化的工具

现代 IDE 如（Eclipse、NetBeans、Visual Studio）都包含构建操作，可用目录结构管理开发的代码、用各种配置指定需要资源的信息等，自动完成项目代码的编译和连接。例如，使用了 Eclipse，在编写和保存代码时会自动执行编译；单击 Run 的操作包括完成编译、构建和运行代码。IDE 通过可视化辅助资源配置、路径设置、外部库引入等，简化了构建活动。此外，Visual Studio 还有专用的软件打包和安装工具 Windows Installer/InstallShield，方便应用程序在 Windows 上的安装。

但是，无论是构建，还是创建安装包，使用 IDE 都需要开发者一步一步地手工操作，包括选择正确的应用代码、各种库及数据、图标等资源，然后才能构建或生成交付的代码。一旦其中的一个资源发生了变化，就需要从头到尾再手工操作一遍。

使用 Ant、make 等独立的构建工具可以得到与操作系统或 IDE 无关的代码。更有意义的是，通过编写脚本或批处理文件能使程序的构建工作自动化。

1．经典构造工具 make

经典构造工具 make

2．Java 的构建工具 Ant

C 语言有 make 工具来帮助构建任务的批量完成。make 在本质上通过在 Makefile 文件中编写命令脚本，计算各种操作的依赖关系，然后执行命令。这意味着开发者可通过使用操作系统特有的命令或编写新的命令脚本扩展它，也限制了 make 只能用在特定的操作系统或类型（如 UNIX）。

由于 Java 应用是与平台无关的，因此当然不会用平台相关的 make 脚本来完成批处理任务。Ant（Another neat tool）是一个跨平台的 Java 库和命令行工具，与 make 类似，用编写的脚本执行编译、汇编、测试和运行等构建任务。除了 Java，Ant 也能构建 C、C++等应用程序。Ant 具有如下特点：（1）它用 Java 语言编写，其构建规则用扩展性标识语言 XML（Extensible Markup Language）描述，具有跨平台性；（2）它由一系列任务组成，它们都是用 XML 文件描述的脚本（类似 Makefile 文件的构建文件 build.xml），结构清晰，容易编写和维护；（3）由于 Ant 具有跨平台性和操作简单的特点，因此很容易将它集成到一些开发环境和技术中，譬如在持续构建技术、Android 开发环境中。

下面概要介绍 Ant 的使用，理解代码构建的基本原理，在案例构造的实践中应用。欲熟练应用 Ant 及构建工具的读者请参阅相关文献。

首先下载、安装 Ant，然后设置环境变量。要先设置 ANT_HOME，再加入 Path。在 Windows 命令行输入 ant –version，如果安装正确，就会显示当前 Ant 的版本信息，如图 6.9 所示。

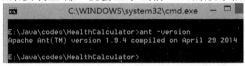

图 6.9　运行命令 ant 可以确认是否安装成功

Ant 将项目的构建分解为工程、目标和任务这三个层次。工程用来描述处于项目层次的内容。目标由用户编写，不同的目标对应于用户使用的一个操作任务。操作包括编译、测试、打包及操作系统的命令，如创建子目录等。操作由 Ant 在任务的层次上完成，所有任务都可以被目标调用，在目标内被组合装配起来完成用户自定义的一个过程，实现自动化工作的需要。

Ant 中的所有设定要素都遵守 XML 规范，并存储在默认的 build.xml 文件中。

【例 6.2】　用 Ant 为 Java 程序"健康计算器"打包。创建一个 Java 工程 HealthCalculator，其中只有一个类 HealthCalculator，工程中只有两个文件，一个用于指示打包的 MF 文件，一个控制 Ant 工作的脚本文件 build.xml。HealthCalculator 程序和 Java 项目文件如图 6.10 和图 6.11 所示。

图 6.10　HealthCalculator 程序

图 6.11　Java 项目文件

Ant 的 build 文件是一个标准的 XML 文件，包含一个根节点 Project。每个 Project 都定义了一个或多个 Target，每个 Target 又是一系列 Task（每个 Task 是一段可执行的代码，如利用 javac 或 jar 等工具进行操作）的集合。

如下编写的 build.xml 文件，在工程目录中创建两个目录 classes 和 dist，分别存放项目的 Java 类和打包文件。其中，命令 mkdir 用于创建目录，delete 是删除目录，srcdir 是原文件所在目录，destdir 是编译后目标文件所在目录，jar 是 Java 的打包命令，结果文件名是 jarfile，basedir 是被打包文件所在目录。manifest.mf 包含执行程序的入口类。depends 属性是 target 之间相互依赖的关系。

```xml
<?xml version="1.0" ?>
<project name="HealthCalculator" default="archive" >
<target name="init">
    <mkdir dir="build/classes" />
    <mkdir dir="dist" />
</target>
    <target name="compile" depends="init" >
    <javac srcdir="src" destdir="build/classes" includeantruntime="on" />
</target>
<target name="archive" depends="compile" >
    <jar destfile="dist/HealthCalculator.jar"
        basedir="build/classes"
        manifest="MANIFEST.MF" />
</target>
</project>
```

运行 Ant，显示了执行初始化、编译和构建过程的信息，如图 6.12 所示。工程目录中多了两个目录 build 和 dist。build\classes 包含了 Java 类，dist 包含了 jar 可运行程序，如图 6.13 所示。

图 6.12　成功运行 Ant 所显示的信息

图 6.13　运行后的目录及 jar 文件

第一次执行 Ant 花费了 5s。如果代码发生一些变化，在再次执行 Ant 构建时，Ant 会根据依赖关系重新构建发生变化及受影响的部分，不做重复的工作（如建立子目录），从而大大提高运行速度。若代码没做任何变动，则第 2 次构建花费 1s。

如同 JUnit 是 Eclipse 的内置测试工具，Ant 作为构建工具通常也包含在 Eclipse 中。选择 Run→External Tools→Open External Configurations 进入窗口，就可以看到 Ant Build 的配置。

6.2.3　Java 程序的打包与交付

开发的 Java 程序有两种基本的使用方式：供其他开发者复用的代码和独立于开发环境的可运行程序。无论是哪种形式，都要将 Java 程序（类）打包成 jar 文件（Java Archive File，Java 档案文件）。jar 文件是一种压缩文件，可以用 WinRAR、WinZip 等打开。jar 文件与 Zip 文件的区别是：jar 文件中包含一个 META-INF/MANIFEST.MF 的文件，作用类似于 Makefile，用 XML 格式描述。

任何计算设备只要安装了 JRE，就可以用命令"java–jar"运行 jar 程序，譬如在 Windows 机器上双击 jar 程序就可以运行它。如果设备上没有安装 JRE，则首先要把 jar 程序和 JRE 一起封装成 exe 文件，然后才能运行。下面说明如何在 Eclipse 中完成 Java 程序的打包。

1．复用 Java 代码的打包

仍以"健康计算器"的程序 HealthCalculator 为例，源码放在如下的包中：

```
package cbsc.cha6.delivery;
```

（1）在 Eclipse 中打开项目 HealthCalculator，右击项目，选择 Export。

（2）选择 Java/JAR file，单击 Next 按钮，进入 JAR File Specification 页面。

（3）在 Select the resources to export 中选择想要包含的项目文件夹，只需放进一些必要的文件夹，即可节省最后 jar 文件的空间。本例选择 HealthCalculator。下面还有几个选项。

- Export generated class files and resources，表示只导出生成的.class 文件和其他资源文件。
- Export all output folders for checked projects，表示导出选中项目的所有文件夹。
- Export java source file and resouces，表示导出的 jar 包中将包含源代码*.java，如果不想泄漏源代码，则不选此项。
- Export refactorings for checked projects，把一些重构的信息文件也包含进去。

本例选择第一个选项。在 Select the export destination 中选择导出的 jar 路径。单击 Next 按钮，进入 JAR Packaging Options 页面。

（4）选择是否导出那些含有警告 warning 或错误 errors 的*.class 文件，一般不做任何选择。单击 Next 按钮，进入 JAR Manifest Specification 页面。

（5）可以对项目做一些配置。

- Generate the manifest file，系统自动生成 MANIFEST.MF 文件，如果项目没有引用其他资源，可以选择这一项，内容可能为空。
- Use existing mainfest from workspace，选择自定义的.MF 文件。
- Seal content，要封装整个 jar 或指定包 packages。
- Main class，选择可运行程序的入口。如果项目自成一体可运行，选择此项，接着出现一个窗口，可能会出现若干类，选择一个作为主类（有 main 方法、启动运行的那个类），打包得到的 jar 项目是可运行的程序，运行从主类 main()开始。若项目不是可运行的程序，即只是可复用的类或 JUnit 测试，则不必选择此项，即使选择了，可能也没有可选的类。

（6）单击 Finish 按钮就完成了打包。

这样，HealthCalculator.jar 中的类就如同其他类一样可以复用。例如，把 HealthCalculator.jar 复制到 JDK 安装目录的 jre\lib\ext 文件夹中，其他程序就可以引用并正常使用其中的类，如：

```
import cbsc.cha6.delivery.java.*;
```

2．可运行 Java 程序的打包

创建可执行 jar 包的关键在于让 Java 命令知道 jar 包中哪个是主类。这需要借助清单文件 MANIFEST 明确地给出，有三种方式。

方式一：上面步骤（5）中，编写一个 MANIFEST.MF 文件，在清单文件中增加如下两行：

```
Main-Class: cha6.refactory.BinaryOperation
```

注意这个文件格式要求非常严格：

```
Main-Class:<空格>包名.类名<回车>
```

方式二：上面步骤（5）中，仍然让 MANIFEST.MF 文件空着，在 Main class 选项中单击 Browse 按钮，选择主类。

方式三：打开生成的 jar 压缩文件，打开目录 META-INF 下的 MANIFEST.MF 文件，如同方法一，在清单文件中增加两行。

这样构建的 jar 程序就可以在任何安装了 JRE 的计算设备上运行了。

当然，还有简单方式生成可运行的 Java 程序包，就是在上面的步骤（2）中选择"Runnable JAR file"。但是，这种方式会把程序运行依赖的所有类、第三方 jar 包等资源整合到一个单独的 jar 包中，造成存储空间的浪费，降低运行效率。

3. 在 Windows 上直接运行 Java 程序的制作

Java 程序不能直接在 Windows 操作系统上运行，要借助一些工具完成交付。工具 exe4j、launch4j 等可以把 Java 程序的 jar 包、运行环境 JRE 及图标等其他资源封装成一个后缀是 exe 的 Windows 可运行文件。这个文件能检查某个 JRE 版本或使用捆绑的 JRE，并设置运行时环境。下面用 launch4j 简述把一个 jar 格式的应用转换成 Windows 可执行程序的过程，只填写了必需的选项。

（1）下载、安装并运行 launch4j，出现图 6.14 所示的界面。制作简单的 exe 文件只要操作 Basic、Header 和 JRE 三个卡片式窗口。

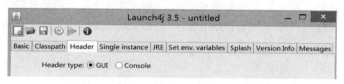

图 6.14　launch4j 中设置运行程序界面的窗口

（2）填写 Basic 卡片式窗口，必须完成带红色星号的选项：在输出 output 中填写结果运行文件名，后缀一定加.exe；在 input 中选择要包装的 jar 文件；Java download URL 则自动填写。

（3）填写 Header 卡片式窗口，Header Type 有两个选项：GUI 或 Console，默认选项是 GUI。如果 Java 程序是 GUI，选择无关；如果 Java 程序不是 GUI，则必须选择 Console，否则程序无法运行。

（4）填写 JRE 卡片式窗口，输入绑定的 JRE 的路径，如图 6.15 所示。

（5）单击功能菜单的齿轮图标，生成 exe 文件。下方的 Log 区域显示制作过程：编译、链接、打包，制作是否成功，部分信息如图 6.16 所示。

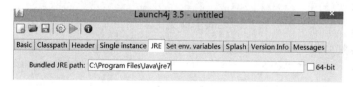

图 6.15　launch4j 中绑定 JRE 的窗口　　　　图 6.16　launch4j 制作过程信息

将 Java 程序包 jar 文件转换成 Windows 上可执行的 exe 文件，方便了 Java 程序的运行和使用，也能提高源码及资源的安全性。但是，同时也失去了 Java 的初衷——跨平台性。

6.3　案例分析与实践

6.3.1　代码重构的案例分析

自第 3 章开始已经对编写的程序做了一些简单的重构，除 6.1 节介绍的重构方法外，还采用了"以数据类取代记录"和"封装集合"的重构策略。

（1）以数据类取代记录。记录结构或 C 语言的结构体是面向对象语言出现前的一种常用的基本数据结构。现在仍因各种原因在面向对象程序中引入记录，如复制遗留代码，通过过程式语言的 API 访问结构化记录或者数据库记录。在这些情况下，可以设计一个类作为接口来处理这些外部元素。最简单的策略是按照记录的结构设计类，然后把成员变量和成员函数搬到类中。我们在第 3 章的案例设计一中采取了这种重构方法，把结构体的算式改造成算式类。当要长期存储算式对象时，首先要将具有结构的算式转换为字符序列，然后存入文本文件。以后，当程序中需要结构化的算式时，读入文件，通过算式类的构造函数把字符序列表示的算式恢复成算式对象。

（2）封装集合。集合结构指的是 Array、List、Set 等容器型数据结构，通常都具有基本的读取值和设置值的操作。但是，集合应当使用不同的接口。读取值的操作不应当访问集合对象本身，因为这样就允许客户操纵集合的内容，而拥有集合的类却不知道发生了什么。而且，这也向客户暴露了对象的内部数据结构。集合中读取值方法的返回值应当保护对集合的操作，隐藏不必要的结构细节。此外，最好不提供直接设置集合值的方法，而是提供增加集合元素、删除集合元素的操作。这样，拥有集合的对象就能控制如何增加或删除其元素。有了这样的接口就能封装集合，减少集合的拥有者和使用者的联系。对于包含若干算式的习题类，案例设计二采用了"封装集合"的设计策略，将存放算式的集合结构 ArrayList 声明为类 Exercise 的私有成员，提供了 Exercise 的用户（如 ExerciseGenerator）所需要的访问、增减、查询、遍历等操作。

本书第 3、4 章对案例编写的程序所进行的重构，不仅仅是简单地消除重复、修改变量和方法名称使其更有意义，或者提炼方法使代码更易懂、更易复用，或者简化条件逻辑，把相似的代码集中到一起。相比而言，我们运用了软件开发的基本原则、设计模式等技术，重新设计了整个软件，是对软件根本性的重新设计，可以认为是大型重构。

对程序进行的任何变更都可以称为"重构"——不管是长年累月将一个软件系统一步一步地更新代码，还是对系统架构做大规模改造。大型重构和常规重构的区别是：前者是重写一个系统，可能包括变更了架构和设计，后者是重写一段或若干代码。大型重构由于要对软件的很多部分甚至整体结构进行改动，因此可能要花费数周、数月才能完成。在这个过程中会有很多技术和管理问题，面临诸多的风险。例如，变更需要分多次发布，软件会因此不能运行；在开发新代码的同时还要维护旧代码，使得代码版本控制变得复杂。

在实际工作中，大型重构要缜密计划、严谨实施。首先，要分析软件及其重构工作，识别出重构部分，制订工作计划；然后，为大规模的改造设计重构策略，逐步实施；最后，评估重构结果的正确性和有效性，即重构前后程序行为一致，是否改善了程序质量。通常有两条途径保证正确性。一是小步重构，它不仅降低代入错误的可能性，也降低定位和排错的成本。二是持续的构建和测试，它们可以及时检查重构是否改变了系统的行为。对每次重构，建议按照以下三个步骤。

- 分析：定义每次重构的预期结果和到达目的的方法。
- 实现：应用重构技术变换代码，并确保重构后代码正确。
- 稳定：应用一些方法，确保实现的结果是持久的。

重构倡导者认为，重构是改善现有代码的一种设计。由于大型重构的复杂性和潜在的巨大风险，我们认为，保证程序质量的根本，还是从开发伊始就遵循软件工程的基本原则和方法，进行良好的需求分析、系统设计和软件构造。

6.3.2　代码重构实践

扩展 3.5.1 节中 BinaryOperation 的方法 construct，通过增加分支语句，分别增加乘法运算和除法运算。对乘法运算要求乘积的值不超过 1000，否则抛出异常。对除法运算要求商的值不小于 1，否则抛出异常，对被除数是 0 抛出异常的处理有多种方式，把被除数改为 1 是一种处理方式。

这使得 construct 的代码更复杂。应重构 construct，把它按照不同的运算符分解成 4 个方法：addition、substract、multiplication 和 division。

第 1 步，增加 addition 方法，把 construct 中相关的代码直接复制到 addition，得到：

```
//代码6.10
public int addition(int left, int right) {
    //把加法运算的代码复制过来
    int result=0;
    if (!(0 <= left && left <= 100)){
        throw new RuntimeException ("左运算数不在0~100 范围内");
    }
    if (!(0 <= right && right <= 100)){
        throw new RuntimeException ("右运算数不在0~100 范围内");
    }
    result = left+right;
    if (!(0 <= result && result <= 100)) {
        throw new RuntimeException ("加法运算结果不在0~100 范围内");
    }
        leftOperand = left;
        rightOperand = right;
        operator = '+';           //修改运算符为常量
        value = result;
        return value;
    }
```

编写测试 addition 的代码。按照等价分析、边界值分析，设计如下的测试用例：

测试用例编码	测试数据	预期结果	实际结果	通过与否
TC1	100，0	100	100	通过
TC2	99，1	100	100	通过
TC3	0，1	1	1	通过
TC4	45，55	100	100	通过
TC5	145，55	错误	Error	?

对测试用例testAdditionTC5使用普通的测试注释@Test，测试运行显示测试错误（如图6.17所示），因为程序包含了参数检查，所以对不符合要求的输入数据抛出异常。修改 testAdditionTC5 的@Test 属性为异常，@Test(expected=RuntimeException.class)，测试结果正确，如图 6.18 所示。

第 2～4 步，分别提取方法 substract、multiplication 和division，编译并测试。删除方法 construct。

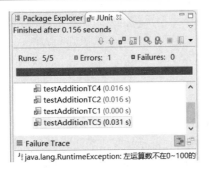

图 6.17　加法测试中异常引起的错误

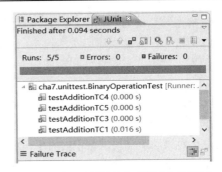

图 6.18　变更异常测试后测试全部通过

第 5 步，4 个新增加的方法中，判断运算数的代码一样，可以提取出来，用 void checkOperands(left, right)表示。首先在 addition 中把判断运算数的代码替换成 checkOperands，它是简单的代码移动，无须增加其测试。回归测试之前的 addition 测试，通过了就说明新加的方法无误。其次，类似地修改其他 3 个运算方法，编译并运行回归测试直至通过。

第 6 步，4 个运算方法中，最后的代码实际上就是创建一个算式对象，而且此时已经全部检查完参数，可以创建合法的算式。代码的区别在运算符。可以增加一个私有方法：

```
private int _constructor(int left, int right,char op,int result)
```

这个重构也是简单的代码移动，只要修改 operator=op，无须增加其测试。先在 addition 中替换它，运行之前的 addition 测试方法，通过了回归测试，说明新加的方法无误。类似地修改其他 3 个运算方法，编译并运行回归测试直至通过。这个重构也可以放在第 5 步。

第 7 步，4 个运算式中对结果的判断，加减法的代码除抛出异常的消息略有差异外，判断代码都一样，乘法判断的结果的范围和抛出异常的消息不同，除法的判断及处理完全不一样。还可以对除法之外的代码进一步重构，继续提取方法，把范围的上界和运算作为参数，得到：

```
public void checkResult(int result, int lower, int upper,String op){
    if (!(lower <= result && result <= upper)) {
        throw new RuntimeException (op+"运算结果不在"+lower+"~"+upper+"的范围");
    }
}
```

还是先在 addition 中替换它，运行之前的 addition 测试方法，通过回归测试，说明新加的方法无误。类似地修改其他 3 个运算方法，编译并运行回归测试直至通过。

重构后较大的方法 construct 被 4 个功能单一的方法替换，可以删除。为了确保之前使用 construct 的程序在重构后无须改动、仍能运行，可以保留方法 construct 名，相应地变更代码。

6.3.3　提交案例程序

本章开始提出的问题实际上就是两个比较大的构造任务。

构造任务 8.1：重构案例程序。

构造任务 8.2：案例程序的打包与交付。

1．重构案例程序

按照我们的设计而构造的案例程序，有几个类及其方法可能会出现满足重构的条件：（1）在第 4 章的构造中，有不同类型算式基的文件存储，练习文件的读取、批改，三种类型算式的处理；（2）在第 5 章中的菜单及其功能处理的构造中，如菜单中三种类型算式的功能处理，一些子菜单中重复处理的情形，不同数量算式的习题；（3）测试代码作为文档，也要相应地重构。

任何一个程序的重构都没有特定的重构顺序。可以先从简单的、小的或重要代码的重构做起，然后不断进行下去，直至得到满意的程序为止。对每次重构都要进行单元测试，建议使用自动化的单元测试工具。对于即将交付的代码，重构后还要进行回归测试和集成测试。

在实际的软件开发中，应该遵循敏捷开发的思想，交替执行代码的构造、测试和重构，以便交出高质量的可运行程序。

2．打包与交付案例程序

运用 6.2 节的工具，把目前的案例代码打包交付。分别使用 IDE 和构建工具Ant，以手工方式和编写脚本的方式完成下列交付。

（1）打包。创建案例 Java 程序的可运行包 jar。

（2）检测。在另外机器上用"java-jar"看能否运行完成的 jar 文件。

（3）发布。运用工具把上述的 jar 程序转换成 Windows 上可运行的 exe 文件。

（4）检测。在 Windows 命令状态（cmd）运行上一步产生的 exe 文件。

（5）修改。修改源程序的一个类或方法，如实现第 3 章中类 Exercise 的另一个版本：让它继承 ArrayList。

（6）再次构建。编译、测试、调试、回归测试上一步骤的代码及整个程序。

（7）再次打包。重复步骤（1）、（2）。

（8）再次交付。重复步骤（3）、（4）。

6.4　讨论与提高

6.4.1　测试层次

为了能系统、全面地测试软件，测试可以先从程序的基本单元开始，然后按照一定方式——如软件集成的顺序，逐步测试集成后的程序，直至测试完成整个软件。按照软件的构成，测试可以划分为 4 个阶段或层次：单元测试、集成测试、系统测试和验收测试。

（1）单元测试。对组成程序基本单元所进行的测试。基本的程序单元包括函数、方法、类或对象及构件或服务。单元测试关注一个程序单元的基本功能、算法实现、数据结构等内部的组织和结构。

我们对案例问题进行了分解，在第 2 章用结构化方法把程序划分成了若干函数，随后用面向对象方法把程序划分成类和对象，随后又把问题分解成包含数据和用户界面等不同模块。为了确保整个程序正确，首先要分别测试它们，保证每个程序单元都正确地实现了预期的功能，然后才能与其他的程序模块整合。开发单元模块的程序员自己完成单元测试。

（2）集成测试。对两个或两个以上相互关联的程序单元的测试。两个具有调用关系的函数、两个具有继承关系或聚合关系的类，以及两个具有合作关系的子系统、软件使用或依赖独立的外部系统（如数据库、操作系统），甚至是软件与硬件（特定的打印机）的交互，对它们的测试都可以视为集成测试。单元测试是集成测试的基础，只有通过了单元测试的模块才能进入集成测试。集成测试的重点是检测程序模块的接口、模块间的交互及开发的软件与外部系统的交互。集成测试主要由参与集成模块的开发小组完成，也可以由专职的测试人员完成。

（3）系统测试。把整个软件（及使用环境）视为一个完整的系统，对它的测试称为系统（级）测试。重点是检测软件是否满足了用户需求、完成既定的功能和任务。同时，还要检测软件的运行速度、存储占用、事务处理、数据量及稳定、可靠、安全、易用、易维护等非功能需求。通常情况下，系统测试由独立于开发人员的专职测试人员完成。开发者参与其中的部分工作。

（4）验收测试。确保软件准备交付，可以在用户环境让最终用户使用，实现软件的既定功能和任务。验收测试是在软件完成了单元测试、集成测试和系统测试之后、发布软件前所进行的软件测试活动。它是软件开发与测试的最后一个阶段，也称为交付测试。验收测试由用户主导，参与者包括软件的所有干系人，有最终用户、开发人员、质保人员、第三方测试人员等。

目前讨论的有关软件测试设计的原则和技术适用于软件测试的每个层次。

6.4.2　测试驱动开发

"测试驱动开发"（Test-Driven Development，TDD）或"测试先行开发"是一种不同于传统软件开发流程的新型的开发方法。它要求在编写某个功能代码前先编写测试代码，然后只编写使测试通过的功能代码，通过测试来推动整个软件的开发。TDD 有助于编写简洁可用和高质量的代码，加速开发过程。测试驱动开发的基本过程如下：

（1）编写一个测试，检测待测程序是否满足一个（新增）的功能。

（2）运行测试——由于还没有代码，甚至可能都不能通过编译。

（3）编写待测程序足够的代码，使其通过编译。

（4）编写待测程序满足测试，直至测试通过。

（5）必要的话重构代码，用回归测试验证。

（6）重复上述步骤，直到更多的需求都编码实现并通过测试。

1．TDD 的案例研究

【例 6.3】把阿拉伯数字转换为中文大写数字。给定一个范围内的任何整数，输出中文大写数字，如：

阿拉伯数字	1	19	101	1001	10101	900800	90001001	700500001
中文数字	壹	壹拾玖	壹佰零壹	壹仟零壹	壹万零壹佰零壹	玖拾万零捌佰	玖仟万壹仟零壹	柒亿零伍拾万零壹

假定输入范围的上界是 Java 的 32 位整数 Integer.MAX_VALUE，2^{31}=2 147 483 647，约 20 亿。按照 TDD 过程编写该程序，需要经过多轮的增量迭代才能完成。

第 1 轮：首先，创建 NumberToChineseTest 测试类，进行测试。初始化的测试类还没有编写测试代码，测试失败。执行初始化测试类显示测试失败如图 6.19 所示。

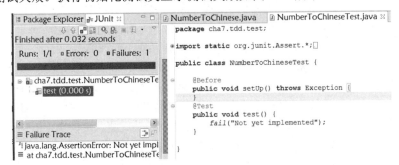

图 6.19　执行初始化测试类显示测试失败

在测试环境搭建的函数 setUp 中准备待测类 NumberToChinese 的对象，提示编译错误，因为还没有写这个类，如图 6.20 所示。

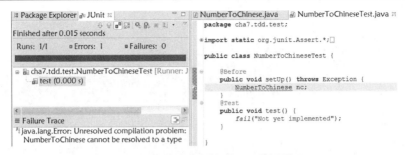

图 6.20　未创建待测类时显示编译错误

建立待测类 NumberToChinese 和空的主程序 public String numberToChinese(int number)后，通过编译。运行第一个测试代码。

```
//代码6.11
public void testNumberToChineseOne() {
    assertEquals(nc.numberToChinese(1),"壹");
}
```

待测类还没有实现 numberToChinese(int number)，测试失败。编写如下代码后测试通过。

```
//代码6.12
public String numberToChinese(int number){
    return "壹";
}
```

对测试数据 2，运行测试代码不通过。设计 0~9 的数字转换，代码如下：

```
//代码6.13
public String numberToChinese(int number){
    String infor = "";
    if (number < 10){
        switch (number){
            case 0: infor += "零"; break;
            case 1: infor += "壹"; break;
            case 2: infor += "贰"; break;
            case 3: infor += "叁"; break;
            case 4: infor += "肆"; break;
            case 5: infor += "伍"; break;
            case 6: infor += "陆"; break;
            case 7: infor += "柒"; break;
            case 8: infor += "捌"; break;
            case 9: infor += "玖"; break;
        }
    }
    return infor;
}
```

测试通过。增加两个边界数据 0 和 9，基于相同的原理通过测试，进入下一轮 TDD 过程。

第 2 轮：运行测试数据 12，测试不通过，修改代码，考虑 100 内的数。由于要用 0~9 的基数转换，采用"提取函数"重构，把上述代码提炼成函数 basicNumber，得到代码段：

```
//代码6.14
public String numberToChinese(int number){
```

```
    String infor="";
    if (number < 10){
        infor += basicNumber(number);
    }
    …
}
```

同时添加函数 basicNumber 的代码：

```
//代码6.15
private String basicNumber(int number) {
    String infor="";
    switch (number){
        case 0: infor += "零"; break;
        …
        case 9: infor += "玖"; break;
    }
    return infor;
}
```

修改后的 numberToChinese()代码如下：

```
//代码6.16
public String numberToChinese(int number){
    String infor = "";
    if (number < 10){
        infor += basicNumber(number);
    } else if (number < 100){
        int units = number %10;        //个位数
        int tens = number / 10;        //十位数
        infor += basicNumber(tens)+basicNumber(units);
    }
    return infor;
}
```

运行测试 testNumberToChinese12()，仍然显示测试失败。查看原因：12 不是简单地对应中文"拾贰"而是"壹拾贰"。修改上面 numberToChinese 中的语句 infor += basicNumber(tens)+"拾"+basicNumber(units)后，测试正确。

追加测试边界值数据 90，预期结果是"玖拾"。运行测试程序，显示失败。查看测试结果，实际输出：玖拾零。末尾多了一个"零"。继续修改上面那一行代码，得到：

```
//代码6.17
if (tens != 0) {
    infor += basicNumber(tens)+"拾";
} else {
    infor += "零";
}
if (units != 0) {
    infor += basicNumber(units);
}
```

测试通过。增加边界值数据 99，输出正确。进入下一轮 TDD 过程。

第 3 轮：增加 100～999 的测试数据，如 789，测试失败。类似个位数的代码，把百位以内的代码提取成函数 tensNumber，考虑千位数以内的整数，修改后的 numberToChinese 程序如下：

```
//代码6.18
public String numberToChinese(int number) {
    String infor="";
    if (number <=10) {
        infor += basicNumber (number);
    } else if (number < 100) {
        infor = tensNumber(number);
    } else if (number < 1000) {
        int hundreds= number/100;
        int rest = number - hundreds*100;
        if (hundreds !=0) {
            infor += basicNumber(hundreds)+"佰";
        }else {
            infor += "零";
        }
        if (rest !=0){
            infor += tensNumber(rest);
        }
    }
    return infor;
}
private String tensNumber(int number) {
    String infor="";
    int units = number %10;
    int tens = number / 10;
    if (tens != 0){
        infor += basicNumber(tens)+"拾";
    } else {
        infor += "零";
    }
    if (units != 0){
        infor += basicNumber(units);
    }
    return infor;
}
```

测试数据 789 通过测试。然后追加边界值数据 100、101 和 999，都通过了测试。

第 4 轮：增加万以内的测试数据 1234，测试失败，继续修改代码。类似千位数以内的程序，提取百位转换的函数：

```
//代码6.19
private String hundredNumber(int number) {
    String infor="";
    int hundreds= number/100;
    infor += basicNumber(hundreds)+"佰";
    infor += tensNumber(number - hundreds*100);
    return infor;
}
private String hundredNumber(int number) {
    String infor="";
```

```
    int hundreds= number/100;
    int rest = number - hundreds*100;
    if (hundreds !=0) {
        infor += basicNumber(hundreds)+"佰";
    }else {
        infor += "零";
    }
    if (rest !=0) {
        infor += tensNumber(rest);
    }
    return infor;
}
```

numberToChinese 修改代码如下：

```
//代码 6.20
public String numberToChinese(int number){
    String infor="";
    if (number < 10) {
        infor += basicNumber(number);
    } else if (number < 100) {
        infor = tensNumber(number);
    } else if (number < 1000) {
        infor = hundredNumber(number);
    } else if (number < 10000) {   //万以内的数
        int thousands = number/1000;
        int rest = number - thousands*1000;
        if (thousands !=0){
            infor += basicNumber(thousands)+"仟";
        } else{
            infor += "零";
        }
        if (rest != 0) {
            infor += hundredNumber(rest);
        }
        return infor;
    }
}
```

　　数据1234通过测试。增加一个测试数据1004，没有通过测试，预期值是"壹仟零肆"，实际运行是"壹仟零零肆"。分析原因，是由于函数提取时没有考虑百位、十位数 0 的出现，输出结果就多了一个"零"，应该把多个"零"替换成一个"零"。本例出现了两个汉字"零"，可以简单删除一个。但是，考虑到如果待转换的整数更大，如 10001，则可能出现三个汉字"零"。如何删除两个及以上数目的"零"呢？运用前面章节提到的正则表达式就可以实现。在返回 infor 前，把多个"零"替换成一个"零"，即修改返回语句为 return infor.replaceAll("零+","零") 后，测试通过。又增加三个测试数据 6000、5600 和 3070，都通过了测试。进入下一轮。

　　第 5 轮：按照上面的思路和步骤，处理上万至千万级的整数。首先，可能会遇到上面类似的一个问题，即对于输入数据 10009 会出现多个"零"，处理方式同上。其次，出现了新的缺陷，结果"零壹万零玖"数字的前面也出现了"零"。分析数据10009 和代码，万位数的前面部分复用了千位数的转换函数 thousandsNumber，它又复用了 hundredNumber，直到基本数的转换，它们都有可能产生"零"。因此要在初步产生中文大写数字后，清除数字中重复的"零"、删除数字前面的"零"，函数 clearChineseZeros 及 numberToChinese 的部分代码如下：

```
//代码 6.21
private String clearChineseZeros(String infor) {
    infor = infor.replaceAll ("零+","零");  //删除重复的零
    //去掉头部的零
    if (infor.indexOf("零") == 0) {
        infor = infor.substring(1);
    }
    return infor;
}
public String numberToChinese(int number) {
    …
    else if (number < 100000000){  //亿以内的数
        int wans = number / 10000;
        int rest = number - wans*10000;
        if (wans != 0) {
            infor += thousandsNumber(wans)+"万";
        } else{
            infor += "零";
        }
        if (rest != 0){
            infor += thousandsNumber(rest);
        }
        infor = clearChineseZeros(infor);
    …
```

结合等价类和边界值分析，设计了下面的测试数据，全部通过了测试。

5 位数字：

10000	壹万
10001	壹万零壹
40506	肆万零伍佰零陆
90900	玖万零玖佰
90080	玖万零捌拾
56789	伍万陆仟柒佰捌拾玖

6 位数字：

100000	壹拾万
600009	陆拾万零玖
608007	陆拾万捌仟零柒
600409	陆拾万零肆佰零玖
230509	贰拾叁万零伍佰零玖

7～8 位数字：

9000000	玖佰万
8000007	捌佰万零柒
5006007	伍佰万陆仟零柒
5046007	伍佰零肆万陆仟零柒
5040307	伍佰零肆万零叁佰零柒
90001001	玖仟万壹仟零壹
90500001	玖仟零伍拾万零壹
90504001	玖仟零伍拾万肆仟零壹
90000301	玖仟万零叁佰零壹
12345678	壹仟贰佰叁拾肆万伍仟陆佰柒拾捌

第 6 轮：继续按照上面的思路和步骤，"测试-编码/重构-测试"，增加代码转换 Java 的最大整数 Integer.MAX_VALUE，约 20 亿。选择并通过下面的测试数据：

| 100000000 | 壹亿 |
| 100000001 | 壹亿零壹 |

102030405	壹亿零贰佰零叁万零肆佰零伍
900800007	玖亿零捌拾万零柒
300040005	叁亿零肆万零伍
400006005	肆亿零陆仟零伍
2000000000	贰拾亿
1400000000	壹拾肆亿
1020304050	壹拾亿贰仟零叁拾万肆仟零伍拾
1000300015	壹拾亿零叁拾万零壹拾伍
2003307009	贰拾亿零叁佰叁拾万柒仟零玖
2147483647	贰拾壹亿肆仟柒佰肆拾捌万叁仟陆佰肆拾柒

最后一轮，测试 0 和 Integer.MAX_VALUE 范围之外的数，如−1。然后为 numberToChinese 添加抛出运行时异常的代码，并通过测试异常。

2．理解 TDD

TDD 的原理是在开发功能代码前，先编写单元测试代码，确定需要编写什么应用代码。TDD 整合了软件分析、设计、重构和质量控制，通过测试推动整个软件的开发进程。

在经典的软件开发中，开发者对开发的程序是否正确心中无底，一切依赖于后期的测试环节。TDD 的目标不是测试软件，测试是消除模棱两可的需求、保证代码质量的技术手段。TDD 考虑的是使用者的需求（对象、功能、过程、接口等），通过测试来帮助设计和编码实现需求，实现持续的验证。

相对于经典的开发方法，TDD 具有如下特点。

（1）只开发满足需求的软件。TDD 要求厘清含糊的、抽象的需求，使其具体、可测试，简化了复杂、烦琐的软件设计。TDD 从使用者角度开发软件，明显地缩短了设计决策的反馈循环，可以更快、更灵活地适应变化。

（2）促使实现松耦合的设计。基于易测试和测试独立性的要求，TDD 要求软件更多地依赖于抽象的接口而非具体的实现。为了提高软件的可扩展性和易变性，要求减弱各个模块之间的联系。

（3）尽早地避免、发现和修改错误。单元测试和频繁的回归测试能降低修复错误的成本，确保软件集成的前提条件。在测试的保护下，持续的重构便于消除重复设计、优化软件结构、提高代码的重用性，从而从设计到程序保障软件的质量。

（4）与软件同步的文档。TDD 所产生的测试代码展示了函数（API）的使用方式及函数功能的实现细节。测试代码总是与应用代码保持同步的，是最新的文档。

（5）为快乐工作提供了基础。TDD 使得开发者可以立刻看到工作结果，这有助于开发者减轻压力、降低忧虑、提高编程信心、增加重构的勇气，可以显著地提高软件开发效率。

TDD 的实践原则

TDD 是敏捷开发的一项核心实践和技术，也是一种软件设计方法论，同样适用于其他的软件开发。目前，TDD 已经用在了开发 Web 程序、OSGi 构件、数据库应用等。TDD 不是一项单一的技术，它蕴涵了软件开发的思维方式，集成了软件开发的技术、方法和自动化工具。由于是测试驱动的开发，因此凸显了测试技术的重要性，特别是测试用例的设计（其覆盖度）、组织、编码实现及其自动化的执行、结果统计与分析。

6.4.3　软件交付及其发展

交付复杂的软件（如智慧交通、大学教学管理系统、自动驾驶系统）需要系统地部署和实施，包含：（1）搭建软件的运行环境（如硬件配置、系统软件）；（2）安装正确版本的软件；（3）软件配置，包括数据或需要的状态；（4）软件的实施，包括客户化开发（按照客户要求更改产品化软件）、初始化应用（分配和设置用户角并和权限、录入基本数据等）、培训各类人员等活动。

持续交付、云技术、DevOps 是信息技术发展的结果，对软件交付与使用模式产生了影响。

1. 持续交付

持续交付

2. 云交付

云交付

6.4.4　撰写用户手册

交付软件时，应该同时交付用户手册——即软件使用说明书，指导用户安装软件、配置软件、使用软件各项功能的方法，如典型应用场景等。

用户手册的撰写方法

6.4.5　课程思政

开源操作系统——鸿蒙的突围

6.5　思考与练习题

1. 什么是代码重构？代码重构主要有哪三个时机？
2. 解释代码重构的三个最佳实践。
3. 构建工具 make 的主要功能是什么？
4. 与 make 相比，构建工具 Ant 有何特点？

5．测试一个软件可以分成哪些阶段？每个阶段的主要测试内容是什么？

6．查找并阅读文献，理解：（1）测试驱动开发；（2）持续交付；（3）云支付；（4）DevOps。

7．对"图书馆显示借阅者还书信息"的程序：

（1）完成程序重构，运行得到例 6.1 的类似结果。

（2）在测试中新增如下的 Book 对象，能否得到类似的输出结果？

```
aBook = new NewBook("软件测试", 25.8);
student.addBook (aBook, 31);
输出:

...
新书《软件测试》，价格 25.8 元，借阅了 31 天.
缴纳罚金:7.99 元.
还书奖励积分:5 分.
```

8．在上一题的基础上，完成 6.1.1 节（代码 6.9）最后一段提出的扩展。

（1）画出扩展后的类图、计算罚金的交互图。

（2）编程实现类 Student 及新增的三个子类本科生 UnderGraduate、硕士生 PostGraduate 和博士生 Doctorand，用 JUnit 测试每个新增的类和方法。

（3）运用场景法等软件建模方法，设计并测试整个程序。

（4）将构造的程序打包。

（5）将构造的程序转换成可以在 Windows 上直接运行的.exe 程序。

9．对"图书馆显示借阅者还书信息"的程序，选择不同的重构线路。首先还是"提炼方法"，设计函数 calculateFineAndBonus(Rental aRental)。显然，这个方法名已经暴露出问题，应该把它分为两个方法 calculateFine 和 calculateBonus。接下来可以采取"移除临时变量""以查询取代临时变量"等。继续按照这一思路，完成重构、运行输出正确的结果。

10．考虑软件的正确性与测试。根据例 6.1 的文字描述，以及运行后显示的信息（运行结果），就一定能确定构造的程序满足了要求吗？关键的结果"罚金"和"奖励积分"的值对吗？请尝试运用测试知识，为这个程序设计一套有效的测试用例，并且通过测试验证你的测试。

11．用 JUnit 测试例 6.3 构造的程序，阿拉伯数字转换中文大写数字的类 NumberToChinese。

（1）针对开发过程的每个轮次，分别编写一个测试类，使用书中的测试数据或自己设计的测试用例，编写参数化测试并运行。建议用数字个数标记不同的测试类，例如，测试千位数的测试类命名为 NumberToChineseThreeDigitsTest。

（2）增加一个测试套件 NumberToChineseSuiteTest，包含上述每个测试类，运行测试。

12．按照重构的基本原则：一次重构一个特性，编译并测试，完成 6.3.2 节的代码重构。

（1）用 BinaryOperation 的主程序 main 作为检测重构前后是否改变了程序的功能或行为。针对测试数据{(99,1,'+'), (100,0,'+'), (100,99,'-'), (9,40,'*'), (99,3,'/'), (99,0,'/')}，观察重构前后运行 main 的结果是否一致。

（2）将重构的程序打包。

13．分析第 5 章中联机练习加法算式的方法 online_practice_add_exe，画出它的交互图。

14．第 5 章中构造的交互程序中有很多功能的实现具有共同的代码片段，可以重构优化。例如，online_practice_add_exe(int i)中除了随机产生的加法习题 generateAdditionExercise(i)，其中的代码也适用于减法习题和混合习题。所以，可以用 Extract Method 把部分代码析取出来成为一个方法 online_practice(int number, Exercise exercise)。请分析你的构造，尝试借助工具重构。

15．将你构造的案例程序，分步完成打包、交付和生成可运行的.exe 文件。

16．编写"阿拉伯数字金额转换为中文大写数字金额"的程序。例如，12345.79 转换成壹万贰仟叁佰肆拾伍圆柒角玖分。数字范围是一分到拾万元以内，即 0.01～99999.99 元，金额精确到分。

（1）用TDD方式迭代地开发金额转换程序。建议的开发方式：从整数到实数；先转换元、数十元、数佰元到数仟元、数万元；然后编写转换到角和分。运行测试数据：(a) 0、1、9；(b) 10、90、99；(c) 100、101、670、999；(d) 1000、2003、4050、6900、9807；(e) 10000、20003、30040、40500、50607、78009、99999；(f) 0.01、0.1、1.0、45.01、405.1、560.59、99999.99。

（2）扩充程序处理其他输入数字的能力，包括超出范围的数字、不是整型或不是两位以内小数点的实数。运行测试数据：(g) –1、100000、4.565、6.784、0.996、99.999、99999.996。

17．按照下面要求再一次构造"阿拉伯数字金额转换为中文大写数字金额"：

（1）更换使用TDD的开发过程，尝试由高到低的顺序，从万位、千位到个位地构造程序。测试数据的使用顺序则是(e)～(a)、(f)、(g)。

（2）对比这两种增量顺序的开发。

第7章 GUI 软件构造

主要内容

继续第 5 章学习用户交互，为案例软件添加 GUI 界面。认识 GUI 及其基本元素和构造工具，理解 GUI 的设计规范和设计模式，掌握在 GUI 开发中使用的编程范式——事件驱动编程以及设计模式 MVC，并且在两阶段把它们应用于案例 GUI 的构造。深入讨论 GUI 的设计原则和测试方法。

故事 8

华经理看着口算练习软件的功能日趋完善，多次安装和运行也没什么严重的问题了，总觉得软件使用起来全是黑底白字的样子——"太简陋"，而且全部操作都用键盘完成——"太别扭"。于是他打电话告诉了小强，希望软件能"漂亮"一些，能用鼠标完成大部分操作。小强意识到，现在的用户不再满足于字符界面的软件了，是时候采用"图形用户界面"了。小强和小雨立刻投入到口算练习神器图形界面的升级改造工作当中。

另外，在使用图形界面编程时，小强和小雨发现在测试工作上遇到了新问题，原先使用的测试工具不能简单地从输入和输出上测试图形用户界面的程序，他们需要寻找新的方法。

7.1 GUI 简介

7.1.1 Java GUI 发展轨迹

Java GUI 发展轨迹

7.1.2 Java GUI 的构造工具

在实发软件开发中，要根据用户需求、运行环境、资金等多方面因素选择合适的技术体系。考虑到让读者在安装 JDK 后即可进行开发，而无须进行搭建 Web 服务器等工作（那需要把本章扩展成一本书），本章后续篇幅中选用 Java Swing 这一经典的工具包和 Eclipse 集成开发环境作为示例，采用 WindowBuilder 可视化开发插件。本章所叙述的 GUI 设计原则等问题，不仅适用于 Swing 构造程序，同样适用于采用其他技术构造图形用户界面 GUI 软件。

1. Java Swing 工具包

Swing 作为一个用于开发 Java 图形界面应用程序的经典工具包，最早包含在 JDK1.2，后又不断地完善至今。Swing 的常用包及功能如表 7.1 所示。

表 7.1　Swing 的常用包及功能

包 名 称	功 能 简 介
javax.swing	Swing 组件和实用工具
javax.swing.border	Swing 轻量组件的边框
javax.swing.colorchooser	JColorChooser 的支持类（接口）
javax.swing.event	事件和侦听器类
javax.swing.filechooser	JFileChooser 的支持类（接口）
javax.swing.text	支持文档的显示和编辑

下面是创建的一个类 chap7.TestEmptyFrame 及其代码：

```java
//代码 7.1：测试生成一个空窗口
package chap7;
import javax.swing.JFrame;
public class TestEmptyFrame {
    static final int WIDTH = 250;
    static final int HEIGHT = 200;
    public static void main(String[] args) {
        JFrame jF = new JFrame("TestSwing");    //创建 Frame,设置标题
        jF.setSize(WIDTH,HEIGHT);               //设置 Frame 宽度和高度
        jF.setVisible(true);                    //设置 Frame 为可见
    }
}
```

运行该程序，展示出一个空窗口，尺寸为 250×200，标题为"TestSwing"，如图 7.1 所示。Swing 程序的界面风格是随着不同操作系统而变化的，在 Windows 的不同版本、Mac OS、Linux 等操作系统中，将展现出不同的风格。

在此基础上，可以通过添加代码来设计出丰富多彩的 GUI 程序。但是，若所有的 GUI 元素都要用敲代码的方式得到，则有时会显得不够直观、不方便。能不能像 Visual Studio 或类似的开发工具那样，用鼠标拖拽以"搭积木"的方式进行可视化 GUI 设计呢？答案是肯定的。

图 7.1　TestEmptyFrame 运行结果

2. Java GUI 可视化设计工具——WindowBuilder

WindowBuilder

7.2　GUI 的基本元素与设计规范

有了 GUI 设计工具后，就可以考虑如何设计 GUI 了。软件的 GUI 是由哪些元素组成的？设计 GUI 应当遵循什么规范？

7.2.1 GUI 的基本元素

1. 窗口与对话框

在Swing中，"窗口"是一种容器类，而且是顶层容器类。所谓顶层容器类，即本身可独立显示而不依赖其他容器类、能容纳其他容器或组件的类。窗口一般是指javax.swing.JFrame类，依次派生自 java.awt.Window 类、java.awt.Container 类。代码7.1所生成的即是一个空的窗口。

"对话框"是另一个与窗口类似的顶层容器类，但与普通的窗口不同。对话框用于交互，一般会向用户提示一些信息，也能获取用户的反馈信息。javax.swing.JDialog 是一个对话框类，它依次派生自 java.awt.JDialog 类、java.awt.Window 类，与 JFrame 类是同源。另一个可以创建对话框的类是 JoptionPane，它有 4 个常用的静态方法，可用于创建 4 种常用的对话框，如表 7.2 所示。

表 7.2　创建对话框的方法

JoptionPane 类静态方法	说　　明
showMessageDialog	消息提示对话框，等待用户单击 OK 按钮
showConfirmDialog	确认对话框，等待用户单击 Yes、No 或取消按钮
showOptionDialog	显示一条消息，等待用户从一组选项中选择
showInputDialog	显示一条消息，等待用户的一行输入

修改代码 7.1，添加以上 4 个方法，得到代码 7.2。根据这些方法的返回值，可以判断用户的反馈信息。本代码中仅创建对话框，未获取用户的反馈信息。

```java
//代码 7.2：创建 4 类对话框 （主要部分）
package chap7;
public class TestEmptyFrame {
    public static void main(String[] args) {
        //略
        JOptionPane.showMessageDialog(null, "这是一个 Message 对话框");
        JOptionPane.showConfirmDialog(null, "请确认","确认对话框",JOptionPane.
                                        YES_NO_OPTION);
        Object [] op = {"同意","拒绝"};
        JOptionPane.showOptionDialog(null, "点同意继续…", "注意",
        JOptionPane.DEFAULT_OPTION, JOptionPane.WARNING_MESSAGE, null, op, op[0]);
        JOptionPane.showInputDialog(null,"请填写姓名");
    }
}
```

程序运行，先后生成 4 类对话框，如图 7.2 所示。

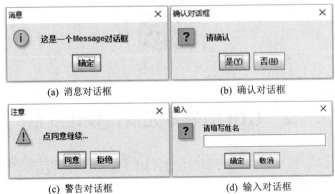

(a) 消息对话框　　　　　　　　(b) 确认对话框

(c) 警告对话框　　　　　　　　(d) 输入对话框

图 7.2　4 类对话框

2．菜单和工具条

在 Swing 中，可视化的菜单包括菜单条（JMenuBar）、菜单（JMenu）和菜单项（JMenuItem）。JMenuBar 是一个容器类，但不是顶层容器，因此要放置在一个顶层容器中使用。参考 7.1.2 节的 WindowBuilder 的二维码内容，其中所示的 TestWindowBuilder 类的设计界面中，将窗口中此前添加的按钮删除，然后将 Menu 组中的 JMenuBar 拖拽到窗口顶端，再依次拖拽 JMenu 到 JMenuBar 中，拖拽 JmenuItem 到 JMenu 中，并恰当命名。其中，选中菜单或菜单项等组件，在中间的属性框（Properties）中，可查看、修改该组件的各项属性，如图 7.3 所示。

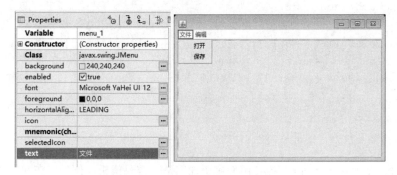

图 7.3　菜单的属性及设计界面

工具条（JToolBar）是一个容器类，可以放置各种常用的工具或组件。在图 7.3 所示的设计界面中，在 Containers 组中选择 JToolBar 并拖拽到窗口中，然后从 Componets 组中拖拽两个 Jbutton 组件到工具条中，分别命名为"打开"和"保存"。运行程序的界面如图 7.4 所示。单击"文件"或"编辑"则分别显示两组菜单。

自动生成的代码如代码 7.3 所示，注意，菜单和工具条中的汉字均自动采用形如"\u6587"的 Unicode 编码。

图 7.4　添加菜单和工具条之后的运行结果

```
//代码 7.3：生成菜单(主要部分)
package chap7;
public class TestWindowBuilder extends JFrame {
    public static void main(String[] args) {
        //略
    }
    public TestWindowBuilder() {
        setDefaultCloseOperation(JFrame.EXIT_ON_CLOSE);
        setBounds(100, 100, 450, 300);
        getContentPane().setLayout(new BorderLayout(0, 0));
        JToolBar toolBar = new JToolBar();          //工具条
        getContentPane().add(toolBar, BorderLayout.NORTH);
        JButton btnNewButton = new JButton("\u6253\u5F00"); //在工具条上添加按钮
        toolBar.add(btnNewButton);
        JButton btnNewButton_1 = new JButton("\u4FDD\u5B58");
        toolBar.add(btnNewButton_1);
        JMenuBar menuBar = new JMenuBar();          //菜单条
```

```
        setJMenuBar(menuBar);
        JMenu menu_1 = new JMenu("\u6587\u4EF6");  //在菜单条中添加菜单
        menuBar.add(menu_1);
        JMenuItem menuItem = new JMenuItem("\u6253\u5F00"); //在菜单中添加菜单项
        menu_1.add(menuItem);
        JMenuItem menuItem_1 = new JMenuItem("\u4FDD\u5B58");
        menu_1.add(menuItem_1);
        JMenu menu = new JMenu("\u7F16\u8F91");
        menuBar.add(menu);
        JMenuItem menuItem_2 = new JMenuItem("\u590D\u5236");
        menu.add(menuItem_2);
        JMenuItem menuItem_3 = new JMenuItem("\u7C98\u8D34");
        menu.add(menuItem_3);
    }
}
```

3. 图标

在某些场合，使用图标（icon）比使用文字更加简洁、容易辨析。例如，在前面的工具条中，可以使用约定俗成的表示"打开"和"保存"的图标代替文字，或者让图标和文字同时显示。

4. 基本组件

广义上讲，所有派生自 Componet 的类都可以称为"组件"，我们粗略地把这些"组件"进一步分为三类（注意，这样分类其实并不完全）。第一类是那些顶层容器类（派生自 Window），如窗口或对话框；第二类是那些非顶层的容器类（如菜单条和工具条），称为中间容器类；第三类就是必须放置在容器上的那些非容器类，称为"基本组件"，它们位于设计界面的 Componets 组内。

删除图 7.4 设计中的菜单、工具条，将布局更改为 Absolute layout，然后添加以下几类常用的基本组件，设计成如图 7.5 所示的账号注册界面。

图 7.5　添加多种组件之后的运行界面

（1）标签（JLabel），用于提示信息，用户不可更改，如"用户名""密码"等提示。

（2）文本域（JTextField），获取用户输入的一行信息，如"用户名"的输入。

（3）密码域（JPasswordField），获取用户输入的密码，输入内容使用"回显字符/掩码"（echoChar/mask）代替。可设置 echoChar 所采用的字符。

（4）单选按钮（JRadioButton），对于一组单选按钮，用户只能选择其中一项。要设置该组按钮具有相同的"buttonGroup"。

（5）复选框（JCheckBox），一组复选框之间没有约束/依赖关系，可独立选中或不选。

（6）组合框（JComboBox），组合了下拉列表和文本框的功能，用户既可以从下拉列表中选择一项，也可以修改文本框里的内容。属性 editable 可设置是否允许修改文本框，属性 model 存放下拉列表的内容。

（7）文本区域（JTextArea），可获取多行文本输入。

（8）按钮（JButton），可按下。

自动生成的代码如下所示，其中的中文字符均使用 Unicode 编码。

代码

之外，Swing 还有进度条、滑块、多选列表等基本组件，限于篇幅不再介绍，请参阅文档。

7.2.2　GUI 基本设计规范

在不同应用领域、不同软件公司、不同运行平台，GUI 的设计具有不同的风格和特性，很难确定一套统一的设计规范。本节的简介适用于 PC 平台的通用软件的 GUI 基本设计规范。

1．界面合理

合理的界面要求 GUI 合理的布局和颜色搭配。窗口中的组件要排列整齐，既不能太拥挤，也不能太空旷，界面的颜色要与软件的功能、界面布局搭配协调，遵循人们对颜色的习惯性理解。

2．风格一致

GUI 界面应使用标准的组件、明确定义的术语，与用户的习惯认知和软件的应用领域一致。同时，界面的信息表现方式也要前后一致，不同功能模块的操作方式、字体、标签风格、颜色方案、错误提示信息等应一致。

3．元素标准

GUI 基本元素的使用要符合标准，常见的标准如下。

（1）窗口与对话框的标准。窗口能适应不同分辨率的屏幕，能正确地关闭和缩放；窗口中的组件在窗口缩放时应具有正确的位置；窗口中的组件应具有恰当的焦点顺序；要根据不同场景正确使用不同类型的对话框（如消息提示、确认、输入等类型）。

（2）菜单和工具条的标准。菜单应提供线索以帮助用户识别、而非强迫用户去记忆；菜单项措辞准确、顺序合理；菜单的层次不宜过多。工具条应提供常用的软件功能，应允许用户自定义工具条的作用；工具条对应的功能按钮可采用图标或文字相结合的方式合理提示用户。

（3）图标的标准。图标应轮廓清晰、与背景区分明显，应采用能表达出实际功能的图形，避免过度抽象；图标的设置符合多数用户的表达习惯和使用习惯。

（4）基本组件的标准。组件间距合理，属于同组的组件区域明显；具有文本编辑的组件尺寸应满足大常规情况的文字长度；按钮的位置符合用户使用习惯，根据功能正确使用单选按钮、复选框等不同的输入组件；当组件不可用或内容不可编辑时，要设置相应属性，以免误导用户。

7.3　Java GUI 设计模式

掌握了 GUI 的基本元素和设计规范，相当于写作文时掌握了词语和造句，接下来就是如何组合出一篇漂亮的文章。首先要先把架构搭好——本节将学习 Java GUI 的设计模式，指导构建具有 GUI 界面的软件。

7.3.1 观察者模式

在 7.2.1 节中，我们已经初步设计了一个符合基本规范的账号注册界面（图 7.5）。在 Java 中，窗口是一个对象，窗口中的输入框、按钮等组件也都是对象。目前的图形元素都是静止的，用鼠标单击，程序没有反应。如何让程序"动"起来呢？在我们单击"计算""重置"等按钮后，如何实现相应功能、让程序真正地计算、重置呢？我们希望单击按钮之后在相应文本框中显示结果，即要改变那些文本框对象的状态。编程的问题可转化成如何在多个对象之间定义依赖关系，当一个对象的状态发生改变时，会通知依赖于它的对象，并根据新状态做出相应反应。本节先介绍设计模式中的一个经典范例：适合 GUI 的观察者模式。

在观察者模式中，把上文中那些状态将会发生改变的对象作为被观察者或观察对象（Subject），当被观察者的状态发生改变时，会通知另一类被称为观察者（Observer）或侦听器（Listener）的对象，后者会根据新状态做出相应的反应。被观察者可以将不同的观察者加入对不同状态变化的侦听对象列表中。观察者模式的类图如图 7.6 所示。

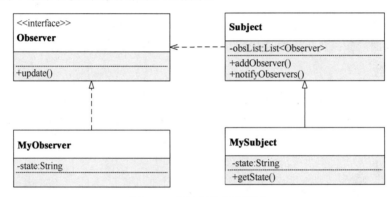

图 7.6　观察者模式的类图

下面以一个简单例子说明观察者模式的实现，创建以下类（接口）。

（1）观察者接口。具有一个更新状态的方法 public void update(String state)。

```
//代码 7.4
package chap7;
public interface Observer {
    public void update(String state);
}
```

（2）观察者类。实现观察者接口，更新属性 state，并打印一行提示信息。

```
//代码 7.5
package chap7;
public class MyObserver implements Observer {
    private String state;
    @Override
    public void update(String state) {
        this.state = state;
        System.out.println("State of Observer changed to:" + this.state);
    }
}
```

（3）被观察者抽象类。共有两个公共方法，addObserver(Observer o)将观察者对象 o 添加到观察者列表（侦听器列表）obsList 中，public void notifyObservers(String newState)通过调用每个观察者列表中对象的 update 方法来通知它们状态发生了变化。显然，被观察者类依赖观察者类（接口）。

```
//代码 7.6
package chap7;
import java.util.ArrayList;
import java.util.List;
public abstract class Subject {
    private List<Observer> obsList = new ArrayList<>();
    public void addObserver(Observer o){
        obsList.add(o);
        System.out.println("An observer attached!");
    }
    public void notifyObservers(String newState){
        for(Observer o:obsList){
            o.update(newState);
        }
    }
}
```

（4）具体被观察者类。当方法 public void setState(String state)被调用时，即表示状态改变，随即调用 notifyObservers(state)通知观察者。

```
//代码 7.7
package chap7;
public class MySubject extends Subject {
    private String state;
    public String getState() {
        return state;
    }
    public void setState(String state) {
        this.state = state;
        System.out.println("State of Subject changed to:" + state);
        this.notifyObservers(state);
    }
}
```

（5）测试类。依次创建被观察者和观察者对象，将观察者添加到侦听器列表，然后调用 sub.setState("**")改变被观察者的状态。

```
//代码 7.8
package chap7;
public class Tester {
    public static void main(String[] args){
        MySubject sub = new MySubject();
        Observer obs = new MyObserver();
        sub.addObserver(obs);
        sub.setState("**");
    }
}
```

测试类运行结果如下，表明被观察者的状态改变通知了观察者，它随之做出了响应（状态改变）。

```
An observer attached!
State of Subject changed to:**
State of Observer changed to:**
```

观察者模式为构造 GUI 提供了一种机制，但是在 GUI 的复杂程度增加后，这种模式的弊端就显现出来：观察者一方面接收状态变化的通知，另一方面还要做出相应的动作——执行相应的业务功能，即在一个类当中整合了输入解析和业务逻辑两部分功能，不符合单一职责的设计原则。这种功能耦合的设计，在观察者类中把输入解析和业务逻辑捆绑在一起，不能使用同一个观察者类处理不同的业务逻辑。如何将输入解析和业务逻辑分离呢？那就要采用 7.3.2 节的 MVC 模式。

7.3.2　MVC 模式

MVC 模式

7.4　事件驱动编程

　　用户交互程序——不论是基于字符或命令行的，还是基于 GUI 的，使得程序的运行都不再按照程序预定的顺序，而是由用户与系统的交互及系统状态等决定。移动鼠标、按下鼠标、敲击键盘、输入数字或文本及在手机上滑动，甚至语音操作应用程序等属于用户交互的动作，程序中变量的值等构成系统状态。为什么这些用户动作使软件能按照我们的设想去运行？在计算机内部到底发生了什么？

　　本节将学习一种编程范式——事件驱动编程，它主要用于 GUI 和其他为响应用户的交互做出特定动作的应用程序。在事件驱动编程中，通常有一个监听事件的主循环，一旦监测到其中的一个事件，就触发一个函数调用、执行相应的动作。事件驱动编程可以理解为实现 MVC 模式的一种技术方案。

7.4.1　事件捕捉与处理

　　什么是事件呢？通俗地讲，上述的用户动作都属于事件，由用户的动作间接产生的状态改变也属于事件。例如，在文本输入区域，用户单击了其他组件而失去焦点这一状态改变、传感器的输出、来自其他程序或线程的消息，以及系统状态变化达到某个阈值（如显示图形的值发生了改变、计时器时间到）。简言之，用户对于组件的动作或组件状态的改变都可以列入事件。发生动作或状态改变的这个组件，就是事件源。

　　在 Swing 中，用事件类（Event）表示某种事件，用侦听器类（Listener）来捕捉与处理事件。侦听器类对不同的事件进行侦听，当发生特定事件时，就进行相应的处理。Swing 中常用的事件有窗口事件、动作事件、键盘事件、鼠标事件、文本事件、焦点事件等，如表 7.3 所示。

表 7.3　常用的事件

事 件 类	说　　明
WindowEvent	当窗口状态改变（如打开、关闭、激活）时产生
ActionEvent	当组件（如按钮）发生特定动作（如被按下）时产生
KeyEvent	当按下、释放或输入某个键时产生
MouseEvent	当鼠标被按下、释放、单击或鼠标移动、拖动时产生
TextEvent	当某个对象的文本改变时产生
FocusEvent	当组件获得或失去焦点时产生

　　在 Java 中，事件的处理可采用匿名类、适配器类等多种方式。下面举例讲解用匿名类处理动

作事件（ActionEvent）。继续图 7.5 中的设计，我们想增加一个功能：当单击"注册"按钮时，校验输入的有效性，如果用户名为空，则弹出提示对话框。

设计如下：为"注册"按钮添加一个事件侦听器，侦听这个按钮的动作事件（按钮被按下）。用工具 WindowBuilder 的做法是在设计视图中双击"注册"这个按钮，工具自动为该按钮添加一个侦听器，我们要在其中书写处理代码。另外，原先的组件对象名均为 WindowBuilder 自动生成（这不是一种好的命名方式）的，现在我们在设计视图中把用户名输入框的组件名修改为 textFieldName，将"注册"按钮对象名改为 buttonReg，代码中各相应位置均自动修改。具体如代码 7.9 所示。

```
//代码7.9：校验用户名 (主要部分)
package chap7;
public class TestWindowBuilder extends JFrame {
    private JTextField textFieldName;  //修改之后的用户名输入框
    //其余略
    public TestWindowBuilder() {
        //部分内容略
        JButton buttonReg = new JButton("\u6CE8\u518C");  //修改之后的注册按钮
        //用匿名类，为按钮添加动作事件侦听器
        buttonReg.addActionListener(new ActionListener() {
            public void actionPerformed(ActionEvent e) {  //当产生动作时的响应
                try{
                    String name = textFieldName.getText().trim();
                    if(name.isEmpty()) {
                        JOptionPane.showMessageDialog(null, "用户名不能为空");
                    }
                }catch(NullPointerException npe){
                    JOptionPane.showMessageDialog(null, "用户名不能为空");
                }
            }
        });
    }
}
```

以上代码通过调用注册按钮的方法 addAction-Listener 创建了一个匿名类来处理按钮的单击动作事件。程序运行，若用户名输入框留空或仅输入空格，则弹出如图 7.7 所示的消息提示对话框。注意，该图是程序在 Mac OS 系统中运行的结果，风格与图 7.5 不同，且"爱好"复选框组的文字显示不全，这是因为默认的字体、字号发生了改变。这说明即使是 Java 这种与平台无关的语言，其 GUI 的显示效果也取决于特定的操作系统。

图 7.7　校验用户名

7.4.2　焦点事件和 Tab 顺序

前面在介绍事件驱动时提到了焦点。什么是焦点？请想象一下，如果一个GUI程序运行后，用户按了一下回车键，会有什么动作。这取决于在界面上若干组件中是哪个组件接收了这个回车输入。如果是文本区域，则会在区域内的文本中添加一个换行；如果是某个按钮，则直接触发按钮的单击事件。因此，焦点就是获取键盘或鼠标输入的能力。组件获得焦点，即可获取键盘输入；组件失去焦点，键盘输入的接收方也就随之改为其他组件。

与添加动作事件侦听器类似，为组件添加焦点事件侦听器也可以采用匿名类，下面的代码为组件 componet 添加了一个侦听器类，有两个响应方法（获得焦点、失去焦点）。

```
componet.addFocusListener(new FocusListener() { //为组件添加焦点事件侦听器
    public void focusGained(FocusEvent e) {      //组件获得焦点的响应
        //略
    }
    Public void focusLost(FocusEvent e){         //组件失去焦点的响应
        //略
    }
});
```

在多个不同的组件当中，焦点如何切换。默认的方法是：（1）使用 Tab 键，每按一次 Tab 键，焦点按照一定的次序在组件之间切换；（2）使用鼠标单击组件，被单击的组件获得焦点，而原先获得焦点的组件则失去焦点。默认焦点则是指当启动 GUI 程序（或网页）运行时，无须用户操作而首先获得焦点的那个组件。默认焦点和焦点切换顺序是 GUI 程序不可忽视的细节，尽管它不影响程序的正确性，但是对于用户体验十分重要，应当遵循以下两条设计原则。

（1）默认焦点应当处于用户经常选择的最先输入组件。例如，对搜索引擎，页面打开之后，默认焦点应当处于搜索内容输入框；对 E-mail 登录页面，默认焦点应当处于 E-mail 地址输入框。这样的好处是减少用户一次额外的鼠标单击。

（2）对于具有连续多个文本输入组件的界面，应当从第一项输入组件开始，按照从左至右、由上到下的顺序依次切换，当用户按下 Tab 键（甚至是按下 Enter 键）时即可顺利切换至下一项输入，从而避免了反复在键盘、鼠标二者之间的切换操作。

7.4.3　实例讲解

下面用例 7.1 总结 Swing 的事件处理和焦点设置。

【例 7.1】用 GUI 实现求最大公约数和最小公倍数的程序，让用户填写两个正整数，单击"计算"按钮，然后显示它们的最大公约数和最小公倍数。

用文本域作为用户输入和结果显示，其中显示结果的两个文本域的可编辑（editable）属性设置为 false。除"计算"按钮外，程序还提供"重置"按钮以清空用户输入，提供"退出"按钮以结束程序（当然，用户也可以通过单击窗口顶端的关闭按钮来实现）。界面如图 7.8 所示，对应的部分代码如下。

图 7.8　求最大公约数和最小公倍数程序的 GUI

```
//代码 7.10a: GcfWd.java 界面设计部分
package chap7.Gcf;
public class GcfWd {
    private JTextField tfA;                      //第一个整数
    private JTextField tfB;                      //第二个整数
    private void initialize() {
        //部分代码省略
```

```
            tfGcf = new JTextField();                        //最大公约数
            tfGcf.setEditable(false);                        //设置为不可编辑
            tfLcm = new JTextField();                        //最小公倍数
            tfLcm.setEditable(false);
            buttonCalculate = new JButton("\u8BA1\u7B97");   //计算按钮
            buttonReset = new JButton("\u91CD\u7F6E");       //重置按钮
            buttonQuit = new JButton("\u9000\u51FA");        //退出按钮
    }
}
```

　　运行程序以测试操作的有效性和便利性，发现默认焦点不是"第一个整数"的输入框，需要用户单击该输入框才能获取焦点。而且在用户输入完第一个整数、按下 Tab 键之后，一般来说也不能直接切换至"第二个整数"输入框（这取决于设计 GUI 时添加的组件顺序）。这两点会带来不佳的用户体验。最方便的解决办法是在如图 7.9 所示 WindowBuilder 的设计界面中，单击 System 栏中的 Tab Order，右侧窗口视图上会出现一系列数字编号表示当前的 Tab 顺序，编号 0 所在的组件即是默认焦点组件。用鼠标按设计的 Tab 顺序依次单击组件，可重新设置 Tab 顺序。

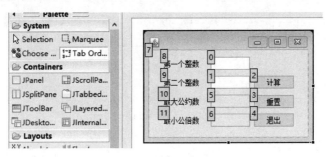

图 7.9　设置 Tab 顺序

完成界面设置 Tab 顺序后，自动生成了如下的代码。

```
//代码 7.10b: GcfWd.java　设置 Tab 顺序部分
public class GcfWd {
    private void initialize() {
        //部分代码省略
        frame.setFocusTraversalPolicy(new FocusTraversalOnArray(new Component[]
        {tfA, tfB, tfGcf, tfLcm, buttonCalculate, frame.getContentPane(),
        labelFirst, labelSecond, labelGcf, labelLcm, buttonReset, buttonQuit}));
    }
}
```

　　接下来，添加"计算"按钮的事件响应。根据两个整数的输入内容，调用我们定义的GcfUtil 抽象工具类的方法来计算公约数和公倍数，将结果显示在相关组件中。此处的一条基本设计思路是：计算公约数和公倍数的代码不应写在响应方法中，而应写在一个工具类当中，这符合面向对象原则和 MVC 模式。相关代码如下所示。

　　请读者思考"重置"和"退出"按钮的事件响应应当如何实现。

```
//代码 7.10c: GcfWd.java　按钮动作侦听器部分
public class GcfWd {
    private void initialize() {
        //部分代码省略
        buttonCalculate.addActionListener(new ActionListener() { //添加"计
```

算"按钮动作侦听器

```
public void actionPerformed(ActionEvent arg0) {
    try {
        Integer a = Integer.parseInt(tfA.getText());
        Integer b = Integer.parseInt(tfB.getText());
        Integer gcf = GcfUtil.getGcf(a, b);
        Integer lcm = GcfUtil.getLcm(a, b);
        tfGcf.setText(gcf.toString());
        tfLcm.setText(lcm.toString());
    } catch (NumberFormatException e) {
        JOptionPane.showMessageDialog(null, "输入的内容格式不正确,
            请重新输入","错误",JOptionPane.ERROR_MESSAGE);
    }catch(GcfException gcfe){
        JOptionPane.showMessageDialog(null, "输入的内容不是正整数,
            请重新输入","错误",JOptionPane.ERROR_MESSAGE);
    }
  }
});
buttonReset.addActionListener(new ActionListener() { //添加"重置"按钮侦听器
    public void actionPerformed(ActionEvent e) {
        //清空输入,实现略
    }
});
buttonQuit.addActionListener(new ActionListener(){//添加"退出"按钮侦听器
    public void actionPerformed(ActionEvent e) {
    }
});
    }
}
```

在"计算"按钮的事件响应方法中，用到了我们自定义的最大公约数工具类 GcfUtil。这是一个抽象类，提供了求最大公约数的方法 GcfUtil.getGcf() 和求最小公倍数的方法 GcfUtil.getLcm()。当参数值不合法时，会抛出自定义的最大公约数异常类 GcfException。下列示意了代码原型，请读者思考这两个方法的实现。

```
//代码7.11: GcfException类和GcfUtil类(原型)
package chap7.Gcf;
public class GcfException extends Exception { /** 略 **/ }


package chap7.Gcf;
public abstract class GcfUtil {
    public static Integer getGcf(Integer a, Integer b) throws GcfException{ /** 略 **/ }
    public static Integer getLcm(Integer a, Integer b) throws GcfException{ /** 略 **/ }
}
```

运行程序，输入正确，可得如图 7.8 所示的结果。如果输入的文字格式不正确或输入的数字范围不正确，会有异常抛出，系统在捕获相关异常之后，通过消息提示对话框向用户反馈，图 7.10 显示了这两种情况下的运行界面。注意，我们采用的是"错误信息提示"的消息类型，样式与图 7.2 中的对话框不同，这是通过改变 showMessageDialog 方法的参数来实现的。

图 7.10　输入非法的运行界面

7.5　案例分析与实践

构造任务 9：用 GUI 构造口算练习软件

经过初步实践和分析，小强和小雨发现 GUI 软件的结构与此前的软件结构有较大的变化，继续遵循渐进开发的策略，将 GUI 口算练习软件的构造任务分成两个阶段。

构造任务 9.1： 实现 GUI 基本功能，界面上共显示 20 道加法练习（4 行，每行 5 道），用户可以单击按钮更换一批练习题。用户完成后提交答案，显示判题结果。

构造任务 9.2： 扩充 GUI 功能，可配置练习题的数量（20 的倍数）、练习题的类型（加法、减法、混合），界面上每页显示 20 道练习；题目可以存到外设（硬盘）或者从外设载入；用户可以前后翻页作答，可以单击按钮更换一批练习题；用户完成、提交答案后，屏幕显示判题结果。

这两个任务的难度不同，构造任务 9.1 容易实现，初学者可以拿这个任务练练手，从中总结经验教训；构造任务 9.2 是对构造任务 9.1 的升级，华经理需要的其实是这个升级版的程序。

做完本章案例，得到案例构造的类结构如下（不含测试类）。新增的一个类主要是完成 GUI 的布局以及操作图元素的动作，其中大部分操作动作都来自第 3～5 章。读者可以在完成测试后尝试重构代码，借鉴第 5 章把界面布局与其动作划分给不同的类。

7.5.1　探路的案例 GUI 构造

构造任务 9.1：具有 GUI 基本功能的口算练习软件

分析

该任务新增加的工作主要是与 GUI 相关的部分，习题（算式）的生成方法与前面章节没有变化。在第 3 章面向对象的设计中，可以复用 Exercise3_2_3 类来生成练习。

第 4 章的 Judgement 类用以判题，答案来自键盘输入或文件输入，但当时仅给出了总的正确率，未实现记录每一题的判题结果，此次任务增加这一功能。第 4 章的 Judgement 类的判题方法与字符界面密切相关，而这次的构造任务采用 GUI，答案获取的方式完全不同，因此不能采用原 Judgement 类，而是在 GUI 窗口类中新增一个 Judge 方法进行判题。

界面中有 20 项算式组件和 20 项答案组件，使用可视化设计工具一项一项地添加、设置组件十分烦琐，而这些组件除名称和位置不同外，其他属性都相同，因此考虑使用循环结构的代码来生成这些组件。

经过分析，设计的具有 GUI 界面、包含基本功能的口算练习软件的类结构如图 7.11 所示。请对比图 5.15。

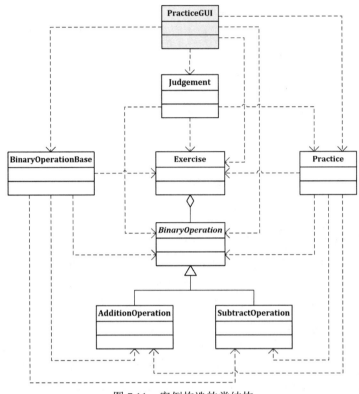

图 7.11　案例构造的类结构

实践

1．修改第 3 章中的 Exercise3_2_3 类，因新增的方法用到 Exercise3_2_3 类的私有属性，无法派生，所以只能修改或重构。

（1）因为要允许用户单击按钮更换习题，意味着要多次生成习题，所以修改原代码中的三个方法 generateAdditionExercise、generateBinaryExercise 和 generateSubstractExercise，各自增加一行清空列表的操作，目的是在生成相应练习题之前，将原练习列表清空：

```
operationList.clear();
```

（2）程序不仅要获取算式的字符串形式，还要通过算式的 getResult( )方法获得算式结果，因此在 Exercise3_2_3 类中增加一个获取算式的方法：

```
//代码 7.12：Exercise3_2_3 类增加的方法
public BinaryOperation_3_2 getOperation(int index){
        if(index < operationList.size()) return operationList.get(index);
        else return null;
    }
```

2．GUI 设计，在窗口的上半部分显示算式、答案，在下半部分放置相关按钮和统计信息。

（1）使用可视化开发工具增加两个按钮"重新生成题目"和"提交答案"，增加统计信息区域，如图 7.12 所示。

图 7.12　构造任务 9.1 设计的 GUI 结构

（2）上半部分有 20 项算式组件和 20 项答案组件，在类代码中设置好这些组件的数量、宽度、高度等属性，就可在一个方法 initExerciseComponets 中使用代码循环生成它们，见代码 7.13a。这些组件是运行后动态生成的，所以在设计视图中不显示。

```java
//代码7.13a: PracticePrimaryGui 类（界面设计部分）
package cbsc.cha7;
import cbsc.cha3.*;
public class PracticePrimaryGui extends JFrame {
    static final int WINDOW_WIDTH = 580;      //窗口宽度
    static final int WINDOW_HEIGHT = 300;     //窗口高度
    static final int OP_AMOUNT = 20;          //算式数量
    static final int OP_COLUMN = 5;           //算式列数
    static final int OP_WIDTH = 65;           //算式宽度
    static final int ANSWER_WIDTH = 35;       //答案宽度
    static final int COMPONET_HEIGHT = 25;    //算式和答案组件高度
    private JTextField [] tfOp;               //算式阵列（数组）
    private JTextField [] tfAns;              //答案阵列（数组）
    private JTextArea taStat;                 //统计信息文本区域
    private void initExerciseComponets(){     //初始化
        tfOp = new JTextField[OP_AMOUNT];     //创建算式组件（数组）
        tfAns = new JTextField[OP_AMOUNT];    //创建答案组件阵列（数组）
        for(int i=0; i<OP_AMOUNT; i++){       //利用循环依次创建每个算式和答案组件
            tfOp[i] = new JTextField();       //创建算式组件
            tfOp[i].setBounds(20 + (i%OP_COLUMN) * (OP_WIDTH+ANSWER_WIDTH+5),
                20 + (i/OP_COLUMN)*(COMPONET_HEIGHT+10),
                OP_WIDTH,
                COMPONET_HEIGHT);
            tfOp[i].setHorizontalAlignment(JTextField.RIGHT);
            tfOp[i].setEditable(false);
            contentPane.add(tfOp[i]);
            //创建答案组件略,请读者思考如何书写代码
        }
    }
}
```

3．实现应用功能。

（1）初始化。上述 initExerciseComponets 方法除创建算式、答案组件外，还实例化了"练习"（exercises）属性。在构造方法中调用 initExerciseComponets 方法进行初始化，关键代码如下。

```
//代码7.13b: PracticePrimaryGui 类 (初始化部分)
public class PracticePrimaryGui extends JFrame {
    private Exercise_3_2_3 exercises;       //练习
    private int correctAmount;              //正确题数,错误题数,正确率,错误率（略）
    private void initExerciseComponets(){   //初始化
        exercises = new Exercise_3_2_3();   //创建练习
        exercises.generateAdditionExercise(OP_AMOUNT); //生成加法题
        }
    }
    public PracticePrimaryGui() {           //构造方法 (部分略)
        initExerciseComponets();            //进行初始化
    }
}
```

（2）更新练习组件。设计 updateExerciseComponets 方法，从 exercises 对象获取算式并显示在算式组件中，将答案清空、设置成白色背景，关键代码如下。

```
//代码7.13c: PracticePrimaryGui 类 (更新练习组件)
private void updateExerciseComponets(){           //更新练习组件
    BinaryOperation_3_2 op;
    for(int i=0; i<OP_AMOUNT; i++){
        op = exercises.getOperation(i);           //获取算式
        tfOp[i].setText(op.asString());           //将算式显示在组件中
        tfAns[i].setBackground(Color.WHITE);      //设置答案背景颜色
        tfAns[i].setText("");                     //设置答案为空
    }
    taStat.setText(" … ");                        //设置统计信息（略）
}
public PracticePrimaryGui() {                     //构造方法 (部分略)
    initExerciseComponets();                      //先进行初始化
    updateExerciseComponets();                    //更新练习组件
}
```

程序执行后，类构造方法先后执行初始化和更新练习组件方法，产生如图 7.13 所示的界面，等待用户答题或进行其他操作。

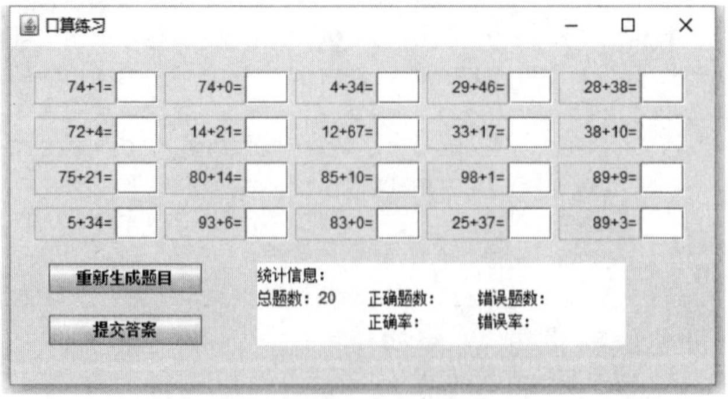

图 7.13　构造任务 9.1 的运行界面

（3）产生新的题目。双击"重新生成题目"按钮，在构造方法中添加按钮动作侦听器，在其响应方法中，先令 exercises 对象调用 generateAdditionExercise 方法生成新题目，再调用方法 updateExerciseComponets 刷新（重置）界面，关键代码如下。

```
//代码7.13d: PracticePrimaryGui 类 (重新生成题目侦听器)
    public PracticePrimaryGui() {  //构造方法 (部分略)
```

```
btnGenrate.addActionListener(new ActionListener(){//重新生成题目的事件侦听器
    public void actionPerformed(ActionEvent arg0) {
        exercises.generateAdditionExercise(OP_AMOUNT);
        updateExerciseComponets();
    }
});
}
```

（4）判题。双击"提交答案"按钮，在构造方法中添加相应的侦听器，在其响应方法中调用 Judge 方法判题。Judge 方法从 exercises 对象获得每道算式的正确结果，在 GUI 答案文本框中获取用户填写的解答，格式处理后逐题比对是否正确，在答案框中给出颜色提示，计算并显示统计信息，如图 7.14 所示。

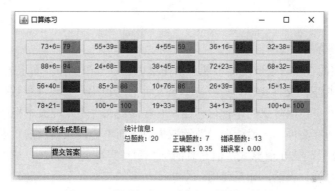

图 7.14　构造任务 9.1 练习后的判题结果

为什么不在"提交答案"按钮的响应方法中直接写判题代码呢？因为那会使侦听器的响应方法冗长，影响程序的阅读和维护。应让响应方法尽量简单，使它仅负责调用其他方法。相关代码如下。

```
//代码 7.13e: PracticePrimaryGui 类（判题部分）
public class PracticePrimaryGui extends JFrame {
    private int correctAmount;  //正确题数,错误题数,正确率,错误率等（略）
    private void judge(){        //判题
        BinaryOperation_3_2 op;
        correctAmount = wrongAmount = 0;
        for(int i=0; i<OP_AMOUNT; i++){
            op = exercises.getOperation(i);             //获取算式
            String result = String.valueOf(op.getResult()); //获取结果
            String answer = tfAns[i].getText().trim(); //获取用户填写的答案
            if(result.equals(answer)){                  //比对判断
                tfAns[i].setBackground(Color.GREEN);    //正确,则设为绿色背景
                correctAmount++;
            }else{
                tfAns[i].setBackground(Color.RED);      //错误,则设为红色背景
                wrongAmount++;
            }
        }
        //计算,刷新统计信息（略）
    }
    public PracticePrimaryGui() {  //构造方法（部分略）
```

```
            btnSubmit.addActionListener(new ActionListener() {//提交按钮的事件侦听器
                public void actionPerformed(ActionEvent e) {
                    judge();
                }
            });
        }
    }
```

7.5.2　重构 GUI 构造任务

构造任务 9.2：扩充口算练习软件的 GUI 功能

分析

分析第二个任务的难点。

（1）习题和答案的存储与读取功能不能直接使用以往章节在字符界面下的 CVS 文件操作的相关类，而应使用 GUI 下的文件操作。另外，CVS 文件容易被用户修改而导致数据错误，这一问题需要解决。一个方案是使用对象的串行化存储，它存储的文件不是纯文本格式，用户无法阅读，且一旦用户修改了所存文件，一般就会导致读取失败，而不会读入错误的数据。

（2）任务一只显示了 20 道算式，但是总的练习题目数量会超过 20，可以通过翻页来做题，在数据的刷新上有难度。当然，如果使用一个带滚动条的表格显示所有题目，就没有刷新数据的问题，但那样的用户体验不佳，而且在实际项目中，要显示的数据往往会很多，如果一次性全部显示在界面中，对系统的性能也有影响。

（3）判题结果也面临翻页刷新的问题。

如果以上问题全部通过在第一个任务的基础上修修补补来解决，则相关代码将是低效的、高耦合的，难以理解和维护，因此我们考虑代码重构。

（1）修改第 3 章中的 Exercise3_2_3 类，添加串行化存储和载入功能。同时，为了能够实现用户填写答案的存储和载入，在类中添加一个属性，保存用户所填的每一道题的答案。继续改进：既然题目和用户所填的答案都保存在 Exercise3_2_3 类对象中了，那么直接在添加一题答案的同时添加答案的正确性（判题结果），这样就把判题这一功能封装在习题这个类里面了，降低了与界面类的耦合。

（2）因为要串行化保存对象，所以除了保存题目和答案，还要保存习题的类型，这样在载入习题后就能获得所存的练习类型、正确刷新界面。

（3）界面中依然用各 20 项组件显示算式和答案，根据翻页位置计算题目范围，从Exercise3_2_3类对象中获取相应的算式和答案刷新界面。

（4）增加"清除"按钮，可清除答案。用户选择题型或题量之后自动更新习题；单击"提交"按钮，可显示统计信息。翻页可显示所有题的计算正确性，还可以继续做题、连续判题、显示统计信息，直到单击"清除"按钮为止。

实践

1．重构第 3 章的习题类 Exercise_3_2。

（1）增加练习的枚举类型，以便存入读出习题文件使用，如代码 7.14 所示。

//代码 7.14：枚举类型 ExerciseType

```
package cbsc.cha3;
public enum ExerciseType {   //练习的枚举类型
    ADD_ONLY, SUB_ONLY, ADD_AND_SUB
}
```

（2）自定义练习对象串行化存储的异常类，如代码 7.15 所示。

```
//代码7.15：串行化存储异常类
package cbsc.cha3;
public class ExerciseIOException extends Exception {
    private static final long serialVersionUID = 1303843378304889051L;
    public ExerciseIOException(){ }
    public ExerciseIOException(String msg){super(msg);}
}
```

（3）修改原 Exercise_3_2 类为 Exercise_3_2_ch7 类，如下代码所示，省略了部分功能的实现，请读者思考补充。在新的类代码中，增加了一个 Answers 内部类、答案列表及相应的对答案列表的操作，增加了串行化存储和载入对象的方法，针对本章的需求修改了生成题目的方法。

代码

2．界面设计。相关操作用菜单实现，并将常用功能添加到工具条中，增加页码的状态显示，在窗口的中间部分显示算式和答案组件（依然使用代码循环生成，不在设计界面中显示），在窗口底端显示统计信息（修改了统计信息的格式），如图 7.15 所示。请读者补全对应的代码。

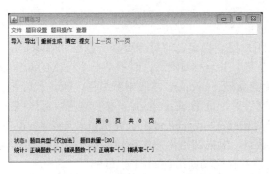

图 7.15　构造任务 9.2 的设计界面

3．翻页按钮的状态控制。本构造任务新增了翻页功能（通过按钮或菜单项）。若当前位于起始页，则不能向前翻页，应将"上一页"按钮和菜单项变灰，屏蔽用户操作。同理，当位于结束页时，不能向后翻页。在类中增加相应的方法，关键代码如下。

```
//代码7.16a: PracticeGui 类   （翻页按钮状态控制）
private void reachBegin(){                  //向前翻页到起始页,激活、变灰相应按钮
    this.btnPre.setEnabled(false);  //"上一页"按钮变灰
    this.mntmPre.setEnabled(false);//"上一页"菜单项变灰
}
    private void reachEnd(){   /* 向后翻页到结束页,激活、变灰相应按钮,略 */   }
    private void leaveBegin(){              //离开初始页,激活、变灰相应按钮
```

```
        this.btnPre.setEnabled(true);
        this.mntmPre.setEnabled(true);
    }
    private void leaveEnd(){ /* 离开结束页,激活、变灰相应按钮,略 */ }
```

4．初始化。与构造任务 9.1 相同，依然在构造方法中采用代码循环创建算式和答案的显示组件，调用 initComponets 方法初始化组件，负责设置相关初始状态（题目类型、数量、提交状态等），并调用 reachBegin、reachEnd 方法使"上一页"按钮为变灰状态。界面刷新、组件更新由 updateComponets 方法完成。初始化方法的关键代码如下。

```
//代码 7.16b: PracticeGui 类  (初始化)
public class PracticeGui extends JFrame {
    public PracticeGui() {
        //布局、静态的标签、菜单等部分略
        initComponets();                //初始化组件
        updateComponets();              //刷新组件
    }
    private void initComponets(){       //初始化组件
        this.submitted = false;
        exercise = new Exercise_3_2_ch7();
        exercise.generateAdditionExercise(OP_AMOUNT);
        this.currentPage = 1;
        this.totalPages = 1;
        this.reachBegin();              //设置"上一页"按钮变灰
        this.reachEnd();                //设置"下一页"按钮变灰
        //循环创建算式和答案组建,略,请读者思考如何实现
        }
    }
}
```

5．刷新组件。因为在用户提交答案之前可翻页查看题目和答案，在提交之后还可以翻页查看判题结果，所以我们将"提交"作为一种状态，而不是一个单次的动作。根据"题目类型""题目数量""提交"等状态，由 updateComponets 方法刷新组件。因为已经把答案当成习题类的属性，所以当提交状态是"已提交"时，updateComponets 方法将获取每道题的正确性并显示在界面上。另外，这个方法也调用 reachBegin、reachEnd、leaveBegin、leaveEnd 等方法设置"上一页""下一页"按钮的激活或变灰状态。根据初始化方法设置的状态（20 道加法题）而刷新组件生成的运行界面如图 7.16 所示。请读者补充刷新组件的相关代码。

图 7.16　初始运行界面

刷新组件的相关代码

6. 题目设置。用户选择菜单"题目设置"中"根据数量生成"相应选项（如图 7.17 所示），可生成多页算式（类型不变），选择"根据类型生成"（如图 7.18 所示），可生成不同类型的算式（题量不变）。

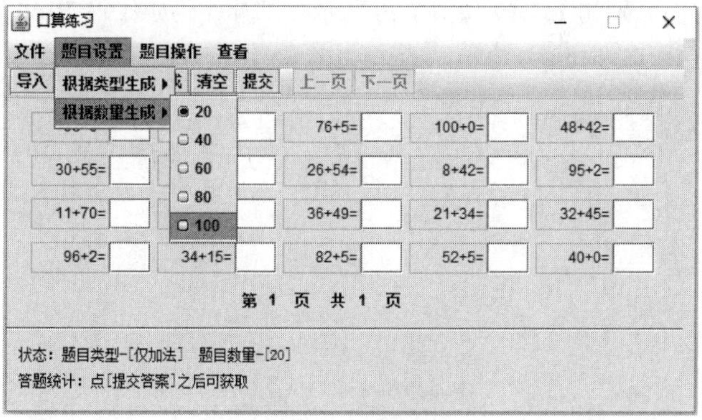

图 7.17　选择题量

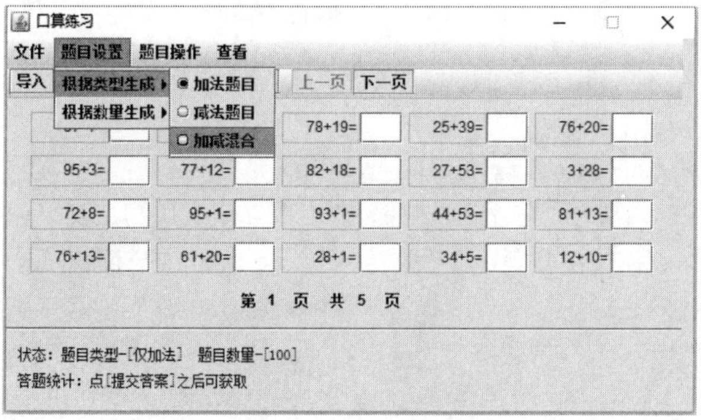

图 7.18　选择题型

通过相应菜单项的侦听器捕捉到动作事件、引发相关响应，实现的代码如下所示。

```
//代码 7.16c: PracticeGui 类(题量、题型设置)
public PracticeGui() {
    //以下为菜单的动作
    rbtnAdd.addActionListener(new ActionListener() { //选择仅加法
        public void actionPerformed(ActionEvent e) {
            int length = exercise.length();
            exercise.generateAdditionExercise(length);
            updateComponets();
        }
    });
    /** 选择 仅减法、加减混合 略 **/
    rbtnA20.addActionListener(new ActionListener() { /* 选择20题 */
        public void actionPerformed(ActionEvent e) {
```

```
        exercise.generateWithFormerType(20);
        updateComponets();
        }
    });
    /** 选择 40、60、80、100 题 略 **/
    }
}
```

7. 导入和导出功能，可以用 JFileChooser 组件选择路径和文件，把习题数据用串行化存储/载入对象。JFileChooser 的使用简单，本节不详述，读者参考代码即可理解。导出题目的 JFileChooser 界面及成功导入题目的界面分别如图 7.19 和图 7.20 所示。部分代码如代码 7.16d 所示。

图 7.19　导出题目的 GUI

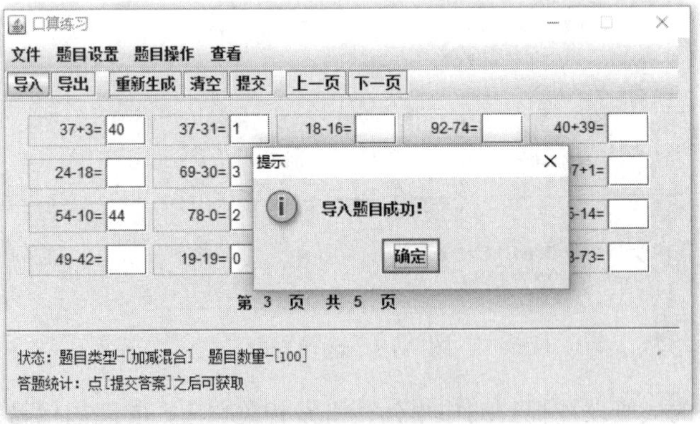

图 7.20　导入题目成功的 GUI

```
//代码 7.16d: PracticeGui 类(导入、导出)
public class PracticeGui extends JFrame {
    public PracticeGui() {
        //以下为菜单的动作
        mntnIn.addActionListener(new ActionListener() { //导入题目
            public void actionPerformed(ActionEvent e) { impExercise(); }
        });
        /** 导出题目 略 **/
        /** 工具栏上的导入、导出按钮事件略 **/
    }
```

```
    private void impExercise(){  //导入题目
        JFileChooser jfc = new JFileChooser();
        jfc.showOpenDialog(null);
        File file=jfc.getSelectedFile();
        try{
            exercise = Exercise_3_2_ch7.loadObject(file.getAbsolutePath());
            JOptionPane.showMessageDialog(null, "导入题目成功！",
                    "提示",JOptionPane.INFORMATION_MESSAGE);
            this.submitted = false;
            updateComponets();
        }catch(NullPointerException npe){

        }catch(ExerciseIOException e){
            JOptionPane.showMessageDialog(null, "导入题目失败,可能是因为选择了
            错误的文件","错误",JOptionPane.ERROR_MESSAGE);
        }
    }
    private void expExercise(){  /** 略,请读者思考如何实现 **/ }
}
```

8. 翻页的实现。翻页功能要负责两件事情：第一，将当前页面用户所填写的解答保存到习题对象中，通过 getAnswers()方法实现；第二，设置新页面的状态，调用刷新组件方法，通过 prePage、nextPage 方法实现添加相关按钮的事件侦听器。代码如下所示。

```
//代码7.16e: PracticeGui 类  (翻页)
public class PracticeGui extends JFrame {
        mntmPre.addActionListener(new ActionListener(){//"上一页"菜单项的响应
            public void actionPerformed(ActionEvent e) {
                prePage();
            }
        });
        /** "下一页",略 ** /
        /** 工具栏上的翻页按钮事件略 **/
    }
    private void prePage(){ //上翻一页
        getAnswers(this.currentPage);
        if(this.currentPage == this.totalPages) this.leaveEnd();
        if(--currentPage == 1) this.reachBegin();
        this.labelCurrent.setText(String.valueOf(currentPage));
        updateComponets();
    }
    private void nextPage(){ /** 略,请读者思考如何实现 **/ }
    private void getAnswers(int pageIndex){  //获取答案
        for(int i=0; i<OP_AMOUNT; i++){
            exercise.setAnswer((pageIndex-1)*OP_AMOUNT+i, tfAns[i].getText());
        }
    }
}
```

9．题目的操作。最后实现"重新生成""清空""提交"功能。"重新生成"调用习题类的相关方法生成同类型新的题目，"清空"和"提交"则改变提交状态，三个方法都调用刷新组件方法（如代码7.16f所示）。单击"提交"按钮之后的运行界面如图7.21所示。请读者思考如何添加相关的事件侦听器。

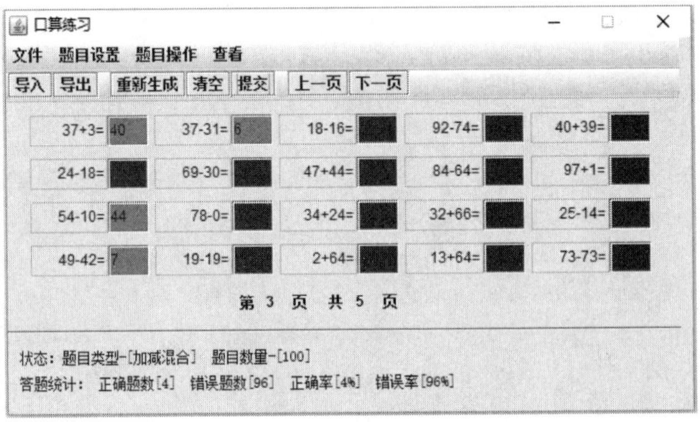

图 7.21　判题结果的 GUI

```
//代码7.16f: PracticeGui 类　 (题目操作)
public class PracticeGui extends JFrame {
    private void generateExercise(){      //重新生成题目
        int length = exercise.length();
        exercise.generateWithFormerType(length);  //重新生成题目
        updateComponets();
    }
    private void judgeAnswer(){             //提交答案,判题
        this.submitted = true;             //设置提交状态为"已提交"
        getAnswers(this.currentPage);      //保存当前页面答案
        updateComponets();
    }
    private void clearAnswers(){            //清空答案
        exercise.clearAnswers();           //练习的答案清空
        this.submitted = false;            //设置提交状态为"未提交"
        updateComponets();
    }
}
```

一个功能相对完善、易用的 GUI 软件就这样构造出来了。读者最好能跟着自己完成。

7.5.3　重构任务 9.2 的案例代码

任务二的类 PracticeGui 不是第 5 章的简单翻版——用 GUI 集成了口算练习程序的功能、更换了用户操作模式（譬如，用户可对在屏幕上显示的算式题直接解答、修改等），还增添了新的功能——构造 10。界面和操作的所有代码交织在一个类中，代码冗长。另外，一般的代码自动生成工具——包括 WindowBuilder，产生的代码无论是程序结构还是运行效率，都不尽人意。根据敏捷开发原则，代码交付前是重构的时机。把图形组件布局与其基于事件的动作分配在不同的类，就要考虑数据的传递。这个所谓的代码大型重构，不能简单地使用 IDE 提供的重构工具完成。重构 GUI

的策略不止一个，可以重构 GUI 布局，划分成不同的布局区域或结构，相应地重构代码。如果界面简单，视图组件不多，代码可以分成两部分：界面部分和动作部分，界面部分集中在视图类中，动作部分依据模块的内聚性与耦合性，可以集中在一个或分配在多个不同的动作类。

分析本章的类 PracticeGUI，它的 GUI 界面包括菜单栏、工具栏、主显示区域和信息栏。我们结合 MVC 模式设计另外一个重构：让 PracticeGUI 只作为视图类，主要包含布局结构；新增类 OLPracticeController 含在线练习的控制代码，工具栏不再包含"导入""导出"的重复动作；菜单栏的"文件""题目设置"比较复杂，为方便扩展，代码分别在新增的控制类 FileMenuController 和 ExerciseMenuController 中。为了突出教学 GUI 构造，本章直接扩充修改第 3 章的类 Exercise，增加了部分代码。实际上，可以新增类 Exercise7 直接继承类 Exercise，而不用改动它；类似地，为类 Exercise7 添加一个内部类 Answers，实现判题。重构后得到案例构造的类结构如图 7.22 所示。

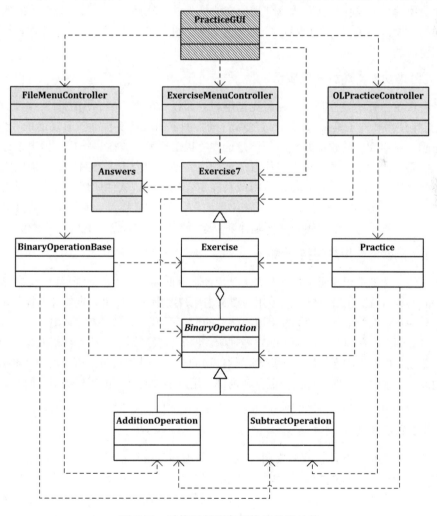

图 7.22　重构后得到案例构造的类结构

反复使用程序、仔细分析，总感觉还差点什么。（1）焦点顺序设置了吗？留给读者练习。（2）除了串行化存储，还有别的持久化的方法吗？可以采用数据库，将在第 8 章讲解。（3）程序编完了，如何测试呢？将在 7.6 节探讨。

7.6　讨论与提高

7.6.1　GUI 的设计原则

具有有效、易用的用户界面是一个软件成功的必要条件。多年来人们在软件界面设计上积累的经验、总结的教训，形成了一系列用户界面设计的基本原则和禁忌，它们不仅针对图形用户界面，还可用于指导一般的 UI 设计。读者可阅读相关的参考文献，进一步学习 GUI 的最佳实践。

1．关注用户及其任务，而不是技术

设计界面时，不应该首先关注采用何种技术实现，而应当了解软件的用户、任务和工作的环境。银行柜员所使用的操作软件和大众使用的在线棋牌游戏软件，显然具有截然不同的风格和特特色。软件的界面既不是"为用户设计"的，也不是"由用户设计"的，而是开发者与用户充分协作、共同完成的。

2．首先考虑功能，然后才是表示

很多开发人员在开发软件时，往往想先把用户界面设计出来，要么用绘图工具设计一个界面草图，要么直接使用开发工具编写出一个能够运行的、只具有完整界面而没有功能的"原型系统"，也不完全正确。难道我们的软件开发过程不是这样"提出原型—修改、迭代—提出改进的原型"的过程吗？需要明确的是，之所以会有修改的过程，大多是因为需求不明确或功能定义不准确，而用户界面的"原型"并不是进行需求分析或功能定义的工具。软件体现了特定的概念及概念之间的关系，设计人员在向用户呈现一个"软件界面"之前，首先应当完整地定义概念及其相互关系——开发、更新概念模型。用户界面是伴随概念模型的确定而逐步设计、不断优化出来的。

3．对任务的看法与用户保持一致

开发出来的软件是由用户而不是开发人员使用的，因此要按照用户的观点设计软件及其界面，应遵循下面的原则。（1）让用户自然地使用。要考虑用户的操作习惯来确定软件的操作步骤，不能给用户强加一些不自然的限制。（2）采用用户熟悉的词汇而不是计算机专业词汇。对软件开发人员习以为常的专业词汇，在用户听起来不一定能理解。例如，普通用户大概不会很清楚"无线网络适配器"和"无线路由器"的区别，一个浏览器软件访问一个网址失败时只告诉用户"404 错误"是不负责任的。（3）软件的工作细节应当保留在内部。用户不关心软件的工作细节，同时，软件工作的细节也不应当被用户看到。

4．设计要符合常见情况

用户对于软件提供的功能，有些常用，也有一些则不常用，软件界面的设计应当减少常用功能的操作步骤。例如，好的文本编辑器软件把"打开""存盘"等常用功能置于工具栏或采用快捷键中，而没有置于多级菜单中很深的一层。对于"常用"，有两个方面的考虑：一是使用该功能的用户多；二是使用该功能的频率高。多数用户使用的功能，置于明显处；使用频率高的功能，要考虑减小鼠标单击或按键次数。

5．不要分散用户对目标的注意力

软件的设计应当促使用户专注于他们的任务和目标，而不要去考虑软件的运行、操作等方面。

具体建议如下。（1）不能让用户负担额外的问题，例如，如果 Web 应用程序提示用户必须使用某个版本的浏览器，那用户就要考虑正在使用的浏览器会不会导致功能出错或与要求的不兼容而无法使用。（2）不要让用户通过推理、猜测的方式使用程序，用户界面中的各项组件、命令、设置等功能和使用的词汇、图标都应当清晰明确，避免用户靠猜测、推理、试探的方法使用软件。

6．促进学习

正如很少有人在使用新购买的一件家用电器或电子产品前会通读一遍说明书一样，愿意仔细阅读软件使用说明书的用户也很少。我们不应当指望所有用户通过阅读用户手册学会使用软件。软件界面本身就应该能促进用户有良好的软件使用体验。我们应当显示明确的文字和按钮，使用自然易懂的图示，保持软件的一致性，降低用户出错的风险和纠错成本。如果一个软件在一系列操作步骤中，提示不明确，要用户试探性操作，一旦出现错误就前功尽弃，返回最初的步骤重新开始，那么这个软件一定不会被用户喜欢，它的生命周期也不会长久。

7．传递信息，而不仅仅是数据

数据不是信息，我们不能从一堆无用的数据中提取出什么有用的信息。软件应当将用户的注意力集中到重要的数据，帮助他们提取信息，而不是把所有的数据一股脑地扔给用户。在设计界面时应当注意，"屏幕属于用户"，焦点的转移、窗口的激活、鼠标的移动都应当由用户主动控制。例如，某些网站具有广告区域，用户填写表单数据时，可能刚好广告区域扩大（强制"帮助"用户关注广告）或缩小，导致表单位置突变，让用户无所适从；还有些软件（如某些通信软件），会突然弹出一个广告或新闻窗口并设置为活动窗口，导致用户原先正在进行的操作失去了焦点，这都是变"帮助"为"强制"的负面典型，一定要避免。

8．设计应满足响应需求

用户对于交互式软件的"响应"（response）会有很高的要求。即使用户执行的某项操作需要一定时间才能得出结果，也一定要尽快给出响应以表示"接受了用户操作"，而最终结果可以稍晚给出。例如，用户运行或切换至一个软件，一定要尽快使界面有所变化以响应用户的操作，而不能等待执行完硬盘读/写、内存载入等一系列操作之后才显示新的界面；当用户执行一个具有较大计算量的操作时，系统要在获取结果之前向用户反馈计算完成的百分比之类的状态信息。

9．通过用户试用发现并改正错误

即使是经验丰富的设计人员开发出的 GUI 界面，也可能被用户认为"难以使用"。设计出来的用户界面是否具有"易用性"，要靠实际用户参与试用才能获得检验。

7.6.2　GUI 的测试

1．GUI 测试的困难

GUI 的"事件驱动"有别于传统软件运行的显著特点，同时也导致了测试 GUI 的困难。

（1）程序流程不可预知。GUI 的运行由事件驱动和控制，程序按照用户的鼠标、键盘等操作产生的事件一步一步地运行。用户的输入具有随机性，界面中供用户输入的选择众多，因此对下一步要发生的事件和程序流程，基本是不可预知的。

（2）输入空间大，测试用例多。GUI 的输入是事件序列，而事件之间相对独立，很多事件的发生并没有固定的顺序，因此这些输入事件的排列组合使得 GUI 的输入空间庞大，要大量地测试用例，这将影响测试 GUI 的效率。

（3）传统方法难以覆盖。完成一种功能可能有多个用户操作（离散事件），由于多个事件的发生没有固定顺序，事件之间还存在大量的交互关系，因此传统的"分支覆盖""语句覆盖"等经典测试准则难以适用，需要寻找新的覆盖准则。

2．GUI 测试模型

软件模型是对软件结构和行为的一种抽象描述，在软件测试中越来越重要。软件测试的覆盖准则、用例生成等环节是围绕软件建模而展开的。下面简介常见的、适合 GUI 的测试模型，读者可查阅相关的软件测试书籍和资料详细了解。

（1）基于有限状态机的测试模型。有限状态机（Finite State Machine，FSM）是一个具有离散输入/输出的数学模型，在任何时刻都能处于某个特定状态。GUI 组件中属性值的改变使得系统的状态发生改变，这些状态就可以描述为 FSM 模型的状态集合。状态转换图是 FSM 的图形化表示，提出的测试方法适用于 FSM。但是对于复杂的 GUI 程序，状态数量庞大，FSM 建模成本很高、维护困难，降低了测试效率。

（2）基于事件流图和事件交互图的测试模型。事件流图（Event Flow Graph，EFG）也是一种有向图，它以 GUI 的窗口和事件作为建模元素，顶点表示事件，边表示事件之间的关系，图中的路径就是一条事件流。在事件流图中，有一些事件与其他业务逻辑没有交互，例如，点开或收起图 7.16 中"题目设置"菜单的事件，是纯粹的 GUI 结构操作，对这类事件的响应不是由应用软件开发人员编写的，而是由底层 GUI 框架提供的。这些事件与用户操作产生的事件交织在事件流图中，增加了不必要的测试用例。可以将这类事件移除，转化成事件交互图（Event Interaction Graph，EIG），而仅关注业务逻辑间发生交互的事件，依据事件交互图简化设计测试。

将被测试的 GUI 软件按照事件的执行关系建立事件流图，测试需要满足以下覆盖准则。

① 事件覆盖。要求 GUI 的每个事件至少被执行一次，也就是覆盖事件流图中的每个顶点。

② 事件交互覆盖。要求在一个事件被执行后，所有与该事件交互的事件至少被执行一次，也就是覆盖事件流图中的每条边。

③ 长度为 n 的事件序列覆盖。考虑到一个事件在不同的上下文序列中执行，结果可能不同，该覆盖要求长度为 n 的时间序列至少执行一次，也就是覆盖事件流图中长度为 n 的路径。

3．GUI 测试用例的生成

（1）录制/回放技术。

录制/回放技术是将用户对被测软件的操作录制为测试脚本，在测试时回放这些脚本并检验软件的事件响应、业务逻辑是否出错。另外，也可以编辑、修改录制的脚本，以应对软件功能的改变。这一技术无须对软件建模，而是需要大量的人工辅助、工具支持，在工业界比较成熟，是应用较广的一类测试用例生成方法。许多商业和开源测试工具都提供测试用例的录制/回放能力。

（2）基于 FSM 生成测试用例。

基于 FSM 的测试模型能够描述 GUI 的状态及状态之间的变迁关系，因此可以辅助生成 GUI 测试用例。但是建立 FSM 模型也需要大量的手工工作，而且复杂的 GUI 会导致 FSM 的状态数量按几何规律增大，因此建模与生成测试用例的难度和工作量尚不令人满意。

（3）基于事件流图生成测试用例。

例如，事件流图中的一条路径就是测试中的一个测试用例序列，对事件流图使用遍历算法就能生成 GUI 的测试用例。这种方法依然会造成测试用例的冗余，同时也需要人工操作。

7.6.3　课程思政

人工智能与脑机接口

7.7　思考与练习题

1. 基本的 GUI 设计规范是什么？举例解释。

2. GUI 的设计原则有哪些？

3. 第 5 章的 5.2.5 节描写了交互设计的一些原则，它们是否适用于本章 GUI 的设计？

4. 什么是事件驱动编程？它主要适合哪类问题？

5. 根据图 7.5，编写校验两次密码输入是否一致的程序段。

6. 把代码 7.10 求最大公约数的 GUI 程序补充完整。

7. 把构造任务 9.1 中 PracticeGui 类的代码 7.13(a)～7.13(e)补充完整。

8. 把构造任务 9.2 中 Exercise3_2_3_ch7 的代码补充完整。

9. 把构造任务 9.2 中 PracticeGui 类的代码 7.16(a)～7.16(f)补充完整。

10. 进一步完善构造任务 9.2，为所有的答案组件设置合理的 Tab 顺序。

11. 构造任务 9.2 中代码 7.16(e)的 getAnswers()方法是当单击"提交"或者"翻页"按钮时，保存当前页面的答案。现在请修改这一实现机制：当用户输入完一项答案，使用鼠标或键盘切换到下一项答案时，将刚刚失去焦点的答案组件内容保存到练习中。

12. 右图显示的是一个计算器软件的界面。请按照这个界面或读者所使用的操作系统中计算器软件的界面，使用 Java Swing 编写出界面布局并实现类似的软件功能。

13. 根据对 PracticeGui 类的代码重构的分析和设计，完成图 7.22 的构造。

14. 分析构造任务 9.2 中的 PracticeGui 类，设计一个不同的代码重构，并完成构造。

第8章　应用数据库

主要内容

继续第 4 章的数据处理，在构造的软件中使用数据库。了解关系数据库及其开发过程，重点掌握结构化查询语言 SQL，能够创建数据库、连接数据库、查询数据库及在应用程序中进行数据库的增、删、改、查等操作，在案例的构造中使用数据库。

故事 9

华经理告诉小强和小雨，"口算练习神器"在家长中备受关注，这让他俩很受鼓舞。他们开始研究如何能让所有同学和家长都用上口算练习软件。小雨统计了小明计算过的题目，发现数量很大，要是把神器发给每位同学使用的话，这些题目必须能持久地保存并且方便大家存取，最好还能使用"神器"从每位同学的答案中发现错误较多的题目，总结普遍存在的问题，及时反馈给老师，提高教学的针对性。小强提议将习题、解答和练习的数据存入数据库，于是他们着手研究和使用数据库。

8.1　数据库概述

考虑这些问题：当用户使用软件进行口算练习时，如果想要保存计算结果或想选择不同的题目，是否要保存、读取多个不同的文件呢？这样的效率高吗？这种数据管理策略合适吗？假设有上万套练习题，是否需要保存上万个文件呢？

很明显，这时就需要数据库的帮助。数据库是长期存储在计算机内、有组织、可共享的大量数据的集合，目的是提供一种可以方便、高效地管理数据库信息的途径。

本章关注如何设计和创建数据库，如何在数据库中保存数据，以及如何在程序中对数据库中的数据进行操纵。这些工作的实现依赖于一个系统软件——数据库管理系统（Database Management System，DBMS）。DBMS 是位于用户（含应用程序）和操作系统之间的一种数据管理软件，负责数据的组织、存储和管理。常见的 DBMS 有 Microsoft SQL Server、Oracle 和 MySQL 等。可以使用 DBMS 提供的数据定义语言来定义数据对象，用 DBMS 的数据操纵功能实现对数据库的基本操作，如查询、插入和修改等。通常，将由数据库、DBMS、应用程序及数据库管理员构成的系统称为数据库系统。

对本书的案例，数据库及其管理系统帮助我们管理大量的习题信息、保存用户计算的结果、帮助用户快速选择不同的习题。

8.1.1　关系数据库

数据库领域中常见的数据模型有：层次模型、网状模型、关系模型、面向对象模型、对象关系模型。其中，关系数据库系统是支持关系模型的数据库系统。按照数据模型的三个要素，关系模型由关系数据结构、关系操作集合和关系完整性约束三部分组成。

1. 关系数据结构

关系模型的数据结构只包含单一的数据结构——关系。直观上看，关系模型中数据的逻辑结构就是一张二维表。关系数据库由表的集合构成，所有表都有唯一的名字。例如，表 8.1 中的 Question 关系记录了习题的信息，它有 6 列，分别为 QuestionID、Factor1、Operator、Factor2、Result 和 CategoryID。表中的每一行分别表示一道口算题目，算式的编号（QuestionID）、两个运算数（Factor1 和 Factor2）、运算符（Operator）、计算结果（Result）及这道题目所属的习题或试卷（CategoryID）。例如，题目1001为5+6，结果为11，属于试卷01。

表 8.1　Question 关系

QuestionID	Factor1	Operator	Factor2	Result	CategoryID
1001	5	+	6	11	01
1002	62	−	29	33	05
1003	78	*	1	78	11
1004	66	/	3	22	12

类似地，表 8.2 中的 Category 关系存放了关于试卷类别的相关信息，表中每一行表示一套试卷，包括试卷类别标识（CategoryID）、名字（Name）、难度级别（Level）和题量（No_Questions）。Question 表中，每一行数据是由 QuestionID 值进行标识的，而 Category 表中，每一套试卷是由 CategoryID 值进行标识的。

表 8.2　Category 关系

CategoryID	Name	Level	No_Questions
01	Elementary	1	10
05	Junior	3	30
11	Senior	4	50
12	Senior	4	50

观察 Question 关系可以发现，一个特定的 QuestionID 决定不同的运算数和运算符，从而得到不同的计算结果。表中的每一行都存在从 QuestionID 到（Factor1,Operator,Factor2,Result,CategoryID）的联系。每一行都代表了一组数据之间的联系，表是行的集合，一张扁平的二维表就表达了一个关系。

Category 关系中的每一行都包含 4 个元素，称为 4 元组。如果表的一行包含 n 个元素（d1, d2, …, dn），我们称其为 n 元组（n-tuple），简称元组（tuple）。同时，我们看到 Category 关系中包含 4 列，每一列都称为一个属性（Attribute），每个属性用来描述一个元组的一个方面的特征。对于关系中的每个属性，都存在一个允许取值的集合，称为域。域是一组具有相同数据类型的值的集合，例如，运算数的域是 0~99 的整数，运算符的域是（+、−、*、/）。

在 Category 关系中，Name 属性的域是所有合法的命名的集合。在 Question 关系中，Operator 属性的域是四则运算的集合。需要注意的是，不同的属性可以取自同一个域，但不能重名，例如，Factor1 和 Factor2 都取自整数域。在设计表的过程中，需要注意属性的取值范围，例如，Question 关系中 Result 属性应该取自实数域，即使 Factor1 和 Factor2 都是整数，除法计算的结果也依然可能是实数。

元组中的每个元素 dn 都称为一个分量，表达这个元组在属性 n 上的值。例如，习题 1001 在属性列 Operator 上的值为"+"，表明题1001的运算符为"+"。一张二维表中的分量应该满足原子性，即不可再分割。同时，元组中的每个分量都依赖其所在元组的标识，称为码（Key）。

若关系中的某一属性组的值能唯一地标识一个元组，则称该属性组为候选码（Candidate Key），候选码的属性称为主属性（Prime Attribute）。不包含在任何候选码中的属性成为非主属性（Non-prime Attribute）。若一个关系有多个候选码，则选定其中一个为主码（Primary Key）。

在 Category 关系中，试卷 11、12 具有相同的名字、难度级别和题量，为了区分这两行元组，我们选择试卷 ID（CategoryID）作为码。码（不论是主码，还是候选码）是整个关系的一种性质，而不是单个元组的性质。关系中任意两个不同的元组都不允许同时在码属性上具有相同的值。码的指定代表了被建模的事物在现实世界中的约束关系，因此，主码的选择必须慎重，主码应该选择那些不变或很少变化的属性。例如，表 8.3 的 Player 关系中，每个元组都表

表 8.3　Player 关系

PlayerID	PlayerName	PlayerDept
01	Nick	CS
02	Alan	MA
03	David	IS
04	Green	CS

示了一个可以参加比赛的人，那么参与者的专业就不适合作为主码，用 PlayerID 可区分每个参加者。

　　在最简单的情况下，码只包含一个属性。但是当一个属性无法识别一个元组时，就需要多个属性同时作为关系的码。例如表 8.4，CP 关系中描述了每个参与者回答不同试卷的分数。在CP 关系中，CategoryID 和 PlayerID 都无法单独地作为关系的码，因为在这两个属性列中都存在相同的分量值。可以将 CategoryID 和 PlayerID 一起共同作为 CP 关系的码，称为组合码。最极端的情况下，关系模式的所有属性都是这个关系模式的候选码，称为全码。例如，表 8.5 所示的 CPD 关系描述了计算者在期中/期末选择试卷的情况，此时所有的属性都要作为码的一部分。

表 8.4　CP 关系

CategoryID	PlayerID	Grade
01	01	90
01	02	95
11	03	85
12	03	88

表 8.5　CPD 关系

CategoryID	PlayerID	Date
01	01	Mid-Term
01	02	Term
11	03	Term
12	03	Mid-Term

　　在Player 关系中，PlayerID 决定了关系中PlayerName 和PlayerDept 的值。在CPD 关系中，PlayerID 和 CategoryID 共同组成了码。我们发现，CPD 关系中的 PlayerID 是 Player 关系中 PlayerID 的子集，这说明两个关系之间存在着相互引用的关系。

　　设 F 是基本关系 R 的一个或一组属性，但不是关系 R 的码，Ks 是基本关系 S 的主码。如果 F 与 Ks 相对应，则称 F 是 R 的外码（Foreign Key）。

　　外码指明了关系与关系之间存在着相互引用、相互约束的情况。多个通过外码联系在一起的独立关系组成了关系数据库。

　　关系的描述称为关系模式，它可以形式化地表示为：R(U, D, DOM, F)。其中 R 为关系名，U 为组成该关系的属性名集合，D 为属性组 U 中属性所来自的域，DOM 为属性向域的映像集合，F 为属性间数据的依赖关系集合。关系模式通常可以简记为 R(U)，例如，Player 关系可以记为 Player(PlayerID, PlayerName, PlayerDept)。关系可以理解成一个表，是元组的集合，如 Player 关系如表 8.3 所示，是 4 元组的集合。一个关系模式必须指出这个元组集合的结构，即它由哪些属性构成、这些属性来自哪些域，以及属性与域之间的映像关系。关系是关系模式在某一时刻的状态和内容，关系模式是静态的、稳定的，而关系是动态的，随着时间和操作不断更新和变化。

2．关系操作集合

关系操作集合

3. 关系完整性约束

关系模型中有三类完整性：实体完整性、参照完整性和用户自定义完整性。实体完整性约束和参照完整性约束是关系模型必须要满足的完整性约束条件，有 DBMS 支持，进行自动检查。

约束一：实体完整性（Entity Integrity），若属性（一个或一组属性）A 是基本关系 R 的主属性，则 A 不能取空值。

例如，在 Question 关系中，QuestionID 是这个关系的主码，根据规则，它不能取空值。若主码由多个属性组成，则所有这些主属性都不能取空值。例如，在 CP 关系中，CategoryID 和 PlayerID 组成了 CP 关系的主码，那么这两个属性都不能取空值。

虽然约束的是关系主码和主属性的取值，但是因为关系的主码唯一地确定了一个元组（也就是一个实体），所以一个实体的识别标志（主属性、主码）不为空，实体就是完整的，实体的完整性得以体现。这样，主码中的属性（主属性）不能取空值；依据主码的定义，主码不能取相同的值。

约束二：参照完整性（Referential Integrity），若属性或属性组 F 是基本关系 R 的外码，它与基本关系 S 的主码 Ks 相对应（基本关系 R 和 S 不一定是不同的关系），则对于 R 中每个元组在 F 上的值，必须为空值或者等于 S 中某个元组的主码值。

在关系数据结构中，一个特定的主码决定了一个元组，多个元组构成了一个实体关系。例如，Question 表中列出了所有可以用来计算的题目。在现实中，这些题目是归类在若干不同的试卷中的，不同的试卷也有不同的编号。为了归类题目，给题目增加了 CategoryID 属性。观察下面这两个关系模式，主码用下画线标识：

Question(<u>QuestionID</u>, Factor1, Operator, Factor2, Result, CategoryID)

Category(<u>CategoryID</u>, Name, Level, No_Questions)

这两个关系之间存在着属性的引用，即 Question 关系引用了 Category 关系中的 CategoryID。显然，我们一定要保证每一道题目所在的试卷编号要出现在试卷表（Category 表）中，必须是确实存在的 CategoryID。这种相互引用、相互约束的关系要遵从参照完整性规则。其中，Question 关系中的属性 CategoryID 称为外码，Question 关系称为外码依赖的参照关系，Category 关系称为外码依赖的被参照关系。例如，CategoryID 和 PlayerID 是 CP 关系的主码，CategoryID 是 Category 关系中的外码，PlayerID 是 Player 关系中的外码。

约束三：用户自定义完整性（User-defined Integrity），关系数据库系统应该根据应用环境的不同，满足用户对数据关系之间的特定的约束条件。例如，Question 关系中，要求计算 0～100 之间的加减法，就引入了约束条件 check(Factor1 >= 0 AND Factor1 <= 100)。如果我们要求只计算加减乘除的四则运算，那就应该引入自定的约束条件 check(Operator IN ('+', '–', '*', '/'))。需要注意的是，关系模型应该提供定义和检验用户自定义完整性的机制，采用统一的系统的方法处理这些约束条件，用户在编程时也应该在数据库中来定义这些数据的关系，而不应由应用程序承担这一功能。

至此可以看到，关系数据库由若干基本表组成。每张基本表都由若干元组组成。表是组成关系的若干实体。表与表之间还存在参照关系，通过外码表达两个关系之间的关联。本节建立的所有关系都可以用一幅关系图描述（见图 8.1）。每个关系都用一个矩形表示，关系的名字显示在矩形的上方，矩形内列出各个

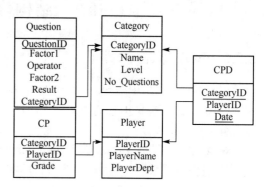

图 8.1　题目、试卷、答题者之间的关系图

属性，主属性用下画线标出。外码之间的关系用从参照关系的外码属性到被参照关系的主属性间的箭头来表示。

所有这些关系模式也可以用下述数据定义的形式表述，其中下画线标注的是主码。

> Question(QuestionID, Factor1, Operator, Factor2, Result, CategoryID)
> Category(CategoryID, Name, Level, No_Questions)
> Player(PlayerID, PlayerName, PlayerDept)
> CP(CategoryID, PlayerID, Grade)
> CPD(CategoryID, PlayerID, Date)

8.1.2　关系数据库的数据模型

DBMS 支持数据库的三级模式结构，如图 8.2 所示。内模式对应存储文件，模式包含数据库中最重要的基本表，外模式对应于部分基本表和由基本表导出的视图。

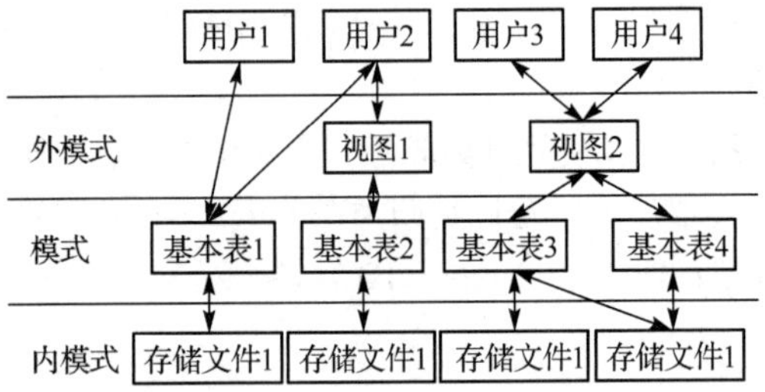

内模式，也称为存储模式，一个数据库只有一个内模式。它描述数据的物理结构和存储方式，是数据在数据库内部的表示方式。在 DBMS 中，存储文件的逻辑结构组成了关系数据库的内模式。存储文件的物理结构对用户是透明的，可以由用户来定义。

图 8.2　关系数据库的三级模式

模式，也称为逻辑模式，是数据库中全体数据的逻辑结构和特征的描述。在关系数据库中，模式是所有基本表的集合。每张基本表都表示一个关系。一张或多张基本表存储在一个存储文件中。上一节创建的每一个关系模式，如 Question、Category 和 Player 等，就分别对应一张基本表。所有基本表都保存在数据库模式中。

外模式也称为用户模式，它是数据库用户能够看见和使用的局部数据的逻辑结构与特征的描述，是数据库用户的数据视图。在关系数据库中，外模式包含部分基本表和由一些基本表导出的视图。需要注意的是，一个数据库中只有一个模式，但是可以同时有多个外模式。同一个外模式可以被一个用户的多个应用系统所使用，但是一个应用程序只能使用一个外模式。而且，因为外模式主要由视图组成，基于视图保护基本数据的安全性特征，因而外模式是保证数据库安全性的一种重要手段。

8.2　结构化查询语言 SQL

8.2.1　SQL 概述

用户通过数据库中的 SQL（Structured Query Language，结构化查询语言）定义和操作外模式中的视图与基本表。SQL 是关系数据库的标准语言，被绝大多数关系数据库管理系统所支持。SQL 语言分为以下几部分。

- 数据定义语言（Data Definition Language）：SQL DDL 为数据库提供定义模式、删除关系及修改关系模式的命令，为数据库和其基本表的结构提供定义语言。
- 数据操纵语言（Data Manipulation Language）：SQL DML 提供从数据库中查询信息，以及在数据库中插入元组、删除元组、修改元组的能力。DML 对已经定义的数据进行增、删、改、查的操作。

- 完整性约束（Integrity）：SQL DDL 包括定义完整性约束的命令。关系数据库中的数据必须满足实体完整性和参照完整性。破坏完整性约束的更新是不允许的。

SQL 主要解决的三个问题就是关系数据模型的三个要素。

- 视图定义：从基本表导出的虚表，DDL 提供视图定义的命令语句。
- 事务控制：SQL 包括定义事务开始和结束的命令。
- 访问权限：SQL DDL 定义了对关系和视图访问权限的命令。

因为 SQL 语言和关系数据库模式结构高度契合，所以 SQL 实现了关系模型的一些主要特点。

- SQL 是集数据定义语言 DDL、数据操纵语言 DML 和数据控制语言 DCL（Data Control Language）功能于一体的数据库语言。
- SQL 是高度非过程化的语言。用户只需指明"怎么做""想要什么"，而无须说明操作的实现步骤。

表 8.6　SQL 使用的动词

SQL 功能	动词
数据查询	Select
数据定义	Create, Drop
数据操纵	Insert, Update, Delete
数据控制	Grant, Revoke

- SQL 采用的是集合的运算方式。操作对象是元组的集合，插入、删除、修改的对象及查询得到的结果都是元组的集合。
- SQL 用动词表达功能。核心功能用到了 9 个动词，如表 8.6 所示。这些动词表达了关系之间的演算过程，简单、易学、易用。

SQL 语言有两种使用方式：一种在终端交互方式下使用，称为交互式 SQL；另一种把 SQL 嵌入在高级程序设计语言中使用，称为嵌入式 SQL。这些高级语言可以是 C、Java、C#、Python 等，称为宿主语言。下面将学习利用 SQL 语言对数据库进行增、删、改、查等基本操作。

8.2.2　创建基本表的 CREATE 语句

SQL 语言使用 CREATE TABLE 语句定义基本表，基本格式如下：

```
CREATE TABLE<表名> ( <列名><数据类型>[列级完整性约束条件]
                    [,<列名><数据类型>[列级完整性约束条件]]
                    ...
                    [,<表级完整性约束条件>]);
```

下面的命令在数据库中创建一个 Question 关系，如表 8.1 所示。这个关系中有 6 个属性，QuestionID 是题库中题目的编号，是这个关系的主码，是最长为 9 位的字符串。Factor1、Factor2 和 Result 是 int 型数据，分别表示两个运算数和结果。Operator 是最长为 2 位的字符串，表示运算符，CategoryID 是最长为 9 位的字符串，表示题目所在的类别。

```
/*代码 8.1：使用 SQL 代码创建表 8.1 所示的 Question 关系*/
CREATE TABLE Question (
    QuestionID VARCHAR(9),
    Factor1 INT,
    Operator VARCHAR(2),
    Factor2 INT,
    Result INT,
    CategoryID VARCHAR(9)
);
```

在建表的同时，还可以定义与该表有关的完整性约束条件，这些完整性约束条件被存入系统的数据字典中。SQL 支持许多不同的完整性约束，修改 SQL 代码 8.1，添加一些常见的完整性约束条件。

在代码 8.2 中，FOREIGN KEY 表示 QuestionID 是关系的主码，主码属性必须非空且唯一，也就是说没有一个元组在主码属性上取空值，关系中也没有两个元组在主码属性上取值相同。在小强和小雨创建的题库中，题目的编号是非空且唯一的。FOREIGN KEY 表示外码，即 Question 关系中的每一个非码属性 CategoryID 一定对应于 Category 关系中的主码 CategoryID。这就要求在创建外码之前，一定要先创建 Category 关系，并且保证 CategoryID 是其主码。

```
/*代码 8.2：使用 SQL 代码创建 Question 关系时添加适当的完整性约束条件*/
CREATE TABLE Question (
    QuestionID VARCHAR(9) FOREIGN KEY,
    Factor1 INT CHECK(Factor1<=100),
    Operator CHAR(2) CHECK(Operator IN ('+','-','*','/')),
    Factor2 INT CHECK(Factor2<=100),
    Result INT CHECK(Result<=100),
    CategoryID CHAR(9),
    FOREIGN KEY (CategoryID) REFERENCES Category(CategoryID)
);
```

代码 8.3 创建了 Category 关系。check()语句用于自定义完整性约束条件，用 check()语句规定两个操作数不能大于 100，并且所得结果也不能超过 100，同时还规定了操作符不得超出四则运算的范畴。SQL 禁止执行破坏数据库完整性约束的任何更新操作。例如，如果关系中新插入或更新的一条元组中的操作符不属于四则运算，则 SQL 将标记一个错误，并且拒绝更新，如图 8.3 所示。

```
/*代码 8.3：使用 SQL 代码创建 Category 关系*/
CREATE TABLE Category(
    CategoryID CHAR(9) FOREIGN KEY,        --类目编号
    Name CHAR(20) NOT NULL,                --类目名称
    Level INT,                             --类目难度级别
    No_Questions INT                       --类目包含题目数量
);
```

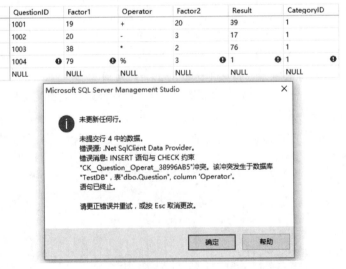

图 8.3　操作符 "%" 不符合完整性约束条件，SQL 拒绝执行插入操作

代码 8.2 中，CHAR 表示字符型数据，当输入的长度没有达到指定的长度时，系统将自动用英文空格在后填充；VARCHAR 也表示字符型数据，但是实际存储空间是变化的，在没有达到指定长度时不用空格填充。执行代码 8.2 和代码 8.3 之后可以得到基本表 Question，如图 8.4 所示。

	QuestionID	Factor1	Operator	Factor2	Result	CategoryID
*	*NULL*	*NULL*	*NULL*	*NULL*	*NULL*	*NULL*

图 8.4　基本表 Question

8.2.3　插入元组的 INSERT 语句

一个新创建的基本表最初都是空的，可以用 INSERT 命令将数据加载到关系中。插入语句的一般格式为：

```
INSERT INTO <表名>[(<属性列 1>,<属性列 2>)
VALUES(<常量 1>,<常量 2>)];
```

INSERT 语句的功能是将新元组插入指定表。其中，新元组的属性列 1 的值为常量 1，属性列 2 的值为常量 2，对于 INTO 子句中没有出现的属性列，新元组在这些列上将取空值。如果 INTO 子句中没有指明任何属性列名，则新插入的元组必须在每个属性列上均有值。

例如，插入如下题目：编号 1001 的题目为 19+20=39，题目属于基础的四则运算，可这样写：

```
INSERT INTO Question VALUES('1004',20,'-', 19,1,1 );
```

插入新的类目，编号为 19，类目名称是 Professional，级别为 99，包含题目 20 道，代码可写为：

```
INSERT INTO Category VALUES('19', 'Professional',99,20);
```

需要注意的是，在 INSERT 语句中出现的常量值必须与对应的属性列取自同一个域，是相同的数据类型，否则 SQL 系统将拒绝更新。

8.2.4　删除元组的 DELETE 语句

DELETE 语句的功能是从指定表中删除满足 WHERE 子句条件的所有元组。如果省略 WHERE 子句，表示删除表中的全部元组，但是基本表仍然存在于数据库模式中。DELETE 语句只删除表中的数据，但是不能删除基本表。DELETE 语句的一般形式为：

```
DELETE FROM <表名> [WHERE <条件>];
```

例如，删除编号为 1001 的题目，代码可写为：

```
DELETE FROM Question WHERE QuestionID='1001';
```

如果想删除所有的题目，则代码可写为：

```
DELETE FROM Question;
```

子查询也可以嵌套在 DELETE 语句中，作为执行删除的条件。例如，发现过于难的题目不适合有些学生练习，想删除所有级别为"Top"的题目，可以这样编写代码：

```
DELETE FROM Question
WHERE CategoryID = ( Select CategoryID FROM Category WHERE Name = 'Top');
```

8.2.5　更新元组的 UPDATE 语句

UPDATE 语句的功能是修改指定表中满足 WHERE 子句条件的元组，用 SET 子句将相应满足条件的属性列值修改为 SET 子句给出的值。UPDATE 语句的一般形式为：

```
UPDATE<表名>
SET <列名>=<表达式>[,<列名>=<表达式>]…
[WHERE<条件>];
```

例如，修改 Question 关系中编号 1002 的题目的计算结果为 30，代码可以写为：

```
UPDATE Question
SET Result=30
WHER QuestionID='1002'
```

子查询还可以嵌套在 UPDATE 语句中，作为执行更新的条件。例如，发现题库中题目的分级不是特别明确，欲将所有名为"Junior"的类目中的运算更改为乘法，代码为：

```
UPDATE Question
SET Operator = '*'
WHERE CategoryID = (SELECT CategoryID
FROM category
WHERE name = 'Junior')
```

8.2.6　选择元组的 SELECT 语句

用 CREATE 语句创建了习题库的基本表 Question 和 Category，分别存放题目和类目。创建的基本表在初始状态下是空白的，可以用 INSERT 语句插入题目。在成功完成所有更新后，可以对数据库进行查询，测试计算题目是否能被正确地使用。

SELECT 语句的功能是查询数据库中存储的数据。SQL 查询的基本结构由三个子句组成：select、from 和 where。查询的基本结构为：

```
SELECT [ALL|DISTINCT] <目标列表达式>[,<目标列表达式>]…
FROM <表名或视图名> [,<表名或视图名>]…
WHERE <条件表达式>;
```

它的含义是，根据 WHERE 子句的条件表达式，在 FROM 子句指定的基本表或视图中找出满足条件的元组，再按照 SELECT 子句中的目标列表达式，选出元组中的属性值形成结果表。下面通过几个例子说明 SQL 几类常见的查询方式。

1. 单表查询

（1）查询指定列。

考虑刚刚建立的题库的基本表，建立一个简单的查询："列出所有题目的编号"。很明显，这个查询的目标是题目的编号，可以写在 SELECT 子句中；题目出自 Question 关系，关系的名字要写在 FROM 子句中。这个查询可写为：

```
SELECT QuestionID
FROM Question;
```

要想列出题目中所有的操作数和结果，怎么写查询呢？

```
SELECT Factor1, Operator, Factor2, Result
FROM Question;
```

这个查询列出了两个操作数、操作符和计算结果。查询

	Factor1	Operator	Factor2	Result
1	19	+	20	39
2	20	*	3	17
3	38	*	2	76
4	20	-	19	1

图 8.5　查询 Question 关系中的操作数、操作符和计算结果

的结果如图 8.5 所示。

（2）查询全部列。

要想将 Question 关系中的全部属性列都查询出来，有两种方法。一种方法是在 SELECT 子句中列出所有的列名，另一种方法是使用"*"列出全部属性列，在查询所输出的结果中，列的显示顺序与基本表中的顺序相同。例如，查询全部题目，可以编写为：

```
SELECT Factor1, Operator, Factor2, Result, CategoryID
FROM Question
```

或者

```
SELECT *
FROM Question
```

（3）查询指定列。

以上查询都是在无查询条件的情况下进行的。考虑这样的查询：查询题目中所有的加法运算。查询的目标列应包含操作数、运算符和结果；查询是基于 Question 关系的；查询的条件是操作符为"+"。这个查询可以写为：

```
SELECT Factor1, Operator, Factor2, Result
FROM Question
WHERE Operator = '+'
```

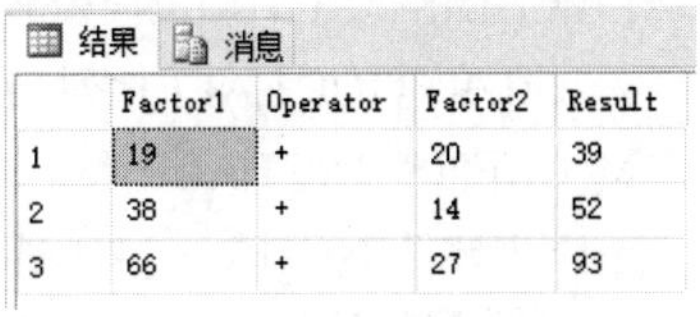

运行结果如图 8.6 所示。

SQL 允许 WHERE 子句中使用逻辑关系 and、or 和 not。逻辑关系的运算对象可以是包含比较运算符<、>、<=、>=、=、<>的表达式。例如，查询加法运算中结果小于 50 的题目。

	Factor1	Operator	Factor2	Result
1	19	+	20	39
2	38	+	14	52
3	66	+	27	93

图 8.6　数据库 Question 关系模式中所有包含"+"的题目

```
SELECT Factor1, Operator, Factor2, Result
FROM Question
WHERE Operator = '+'
AND Result<50
```

查询难度级别在 2、3 之间的题目类目（包含 2 和 3）。谓词 BETWEEN…AND…可以用来查找属性值在指定范围之内的元组，BETWEEN 之后是范围的下限，AND 后面是范围的上限。与BETWEEN…AND…相对应的谓词是 NOT BETWEEN…AND…。

```
SELECT *
FROM Category
WHERE Level BETWEEN 2 AND 3
```

查询难度级别在 2、3 之间，并且题量不低于 50 的题目类目，代码如下。

```
SELECT *
FROM Category
WHERE Level BETWEEN 2 AND 3
AND No_Questions>=50
```

查询题目中的加法题和减法题。谓词 IN 可以用来查找属性值属于指定集合的元组。与 IN 相对的是 NOT IN，用于查找不属于指定集合的元组。

```
SELECT Factor1, Operator, Factor2, Result
FROM Question
```

```
WHERE Operator IN('+', '-');
```

（4）查询结果排序。

用户可以使用 ORDER BY 子句对查询结果按照一个或多个属性列的升序或降序排列，默认为升序。例如，查询难度为“Middle”的题目，查询结果按照级别的降序排列，代码可写为：

```
SELECT Name, Level, No_Questions
FROM Category
WHERE Name = 'Middle'
ORDER BY Level DESC
```

运行结果如图 8.7 所示。

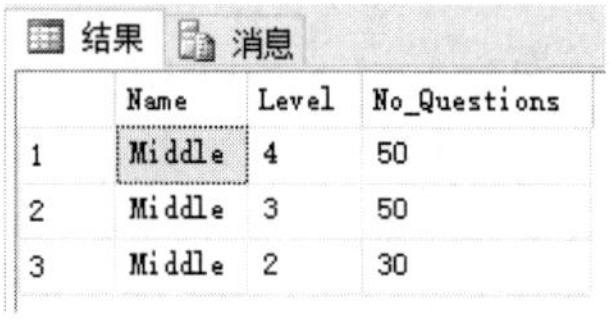

	Name	Level	No_Questions
1	Middle	4	50
2	Middle	3	50
3	Middle	2	30

图 8.7 数据库 Category 关系模式中难度为“Middle”的题目，查询结果按照级别的降序排列

（5）使用聚集函数。

SQL 提供聚集函数方便用户查询数据库。常用的聚集函数包括：

COUNT([DISTINCT|ALL]*) 统计元组个数

COUNT([DISTINCT|ALL]<列名>) 统计一列值的个数

SUM([DISTINCT|ALL]<列名>) 计算一列值的和（所有值必须为数值型）

AVG([DISTINCT|ALL]<列名>) 计算一列值的平均值（所有值必须为数值型）

MAX([DISTINCT|ALL]<列名>) 查询一列值中的最大值

MIN([DISTINCT|ALL]<列名>) 查询一列值中的最小值

考虑如下查询：

```
/*查询题库中题目的总数：*/
SELECT COUNT(*)
FROM Question
```

运行结果为：

```
6
```

或者使用 SUM 来计算各类目中题量的总和。

```
/*各类目中题量的总和*/
SELECT SUM(No_Questions)
FROM Category
```

运行结果为：

```
150
```

（6）GROUP BY 子句。

GROUP BY 子句将查询结果按照某一列或多列的值进行分组，值相等的为一组。例如，查询题库中不同类目的题目数量，并在查询结果中列出数量超过 2 的类目。

```
SELECT CategoryID, COUNT(*) '数量'
FROM Question
GROUP BY CategoryID
HAVING COUNT (*) > 2
```

运行结果为：

```
Category 数量
1        5
```

此处的 GROUP BY 子句先按 CategoryID 分组，再用 COUNT 对每一组计数。HAVING 短语给出了选择元组的条件，只有满足条件的元组才会被查询出来。

在这个查询中，不能将 COUNT()用在 WHERE 子句中，因为 WHERE 子句是从基本表和视图中选择满足条件的元组，不能针对基本表和视图计数。与之不同的是，HAVING 短语可作用于组，SQL 允许在 GROUP BY 分出的组中计数。WHERE 子句中不能使用聚集函数作为条件表达式，HAVING 短语中可以使用聚集表达式。

2．多关系查询

查询不仅仅是针对一个表进行的，如果查询同时涉及两个以上的基本表，则称为多关系查询。

第一种方式是连接查询，它是关系数据库中最重要的查询。8.2.2 节中的代码 8.2，在创建关系 Question 的同时创建了 Question 关系的外码，将 Question 关系中的 CategoryID 和 Category 关系的主码 CategoryID 建立了引用关系。有了这个引用关系，就可以在两个表之间建立连接查询，如查询类目"Elementary"下的所有题目的操作数、操作符和计算结果。这个查询的目标列有 Question 表下的 Factor1、Factor2、Operator 和 Result 列及 Category 表下的 Name 列；查询从 Question 表和 Category 表中选择元组，条件是 Category.Name='Elementary'，同时不能缺少 Question.CategoryID = Category.CategoryID。因为两个基本表中有相等的共同属性，所以可以先在 Category 表中找到"Elementary"对应的 CategoryID，再用这个 CategoryID 在 Question 表中找到相应的属性列，加入查询结果中。这个查询可以写为：

```
/*查询级别为Elementary的题目*/
SELECT Category.Name, Question.Factor1, Question.Operator, Question.Factor2,
Question.Result
FROM Question,Category
WHERE Question.CategoryID = Category.CategoryID
AND name = 'Elementary'
```

运行结果如图 8.8 所示。

考虑如下查询：查询加法的题目难度级别。数据库管理系统执行该查询的一个可能的过程是：首先从 Question 表的第一个元组开始扫描，检查其 Operator 属性列上的值是否为"+"，如果不是"+"，则继续扫描下一个元组，直至扫描完全部元组；如果是"+"，则找到其 CategoryID 属性列中的值。再扫描 Category 表，如果某个元组在 Category 表中的CategoryID 上的值与之前找到的值相等，则将这个

	Name	Factor1	Operator	Factor2	Result
1	Elementary	19	+	20	39
2	Elementary	38	*	2	76
3	Elementary	20	-	19	1
4	Elementary	38	+	14	52
5	Elementary	66	+	27	93

图 8.8　数据库中级别为 Elementary
的题目和计算结果

元组在 Level 属性列上的值取出并加入结果集中。这个查询可以写为：

```
SELECT Question.QuestionID, Category.Level
FROM Question,Category
WHERE Question.CategoryID = Category.CategoryID
AND Question.Operator = '+'
```

在多关系查询中，另一种查询方式是嵌套查询。将一个完整的查询语句嵌套在另一个查询语句的 WHERE 子句或 HAVING 短语的条件中的查询，称为嵌套查询。嵌套查询和连接查询在本质上是等价的，两者之间可以互相转换。需要特别指出的是，子查询的 SELECT 语句中不能使用

ORDER BY 子句，ORDER BY 只能对最终查询结果进行排序。

下面用嵌套查询对"查询类目'Elementary'下的所有题目的操作数、操作符和计算结果"进行重写。在嵌套查询中，没有将 Category.Name 放在外层查询中，因为此时在外层查询中，并没有引入 Category 表，所以 Category.Name 就无法查询到。查询代码如下：

```
SELECT Question.Factor1, Question.Operator, Question.Factor2,
Question.Result        -- 外层查询
FROM Question
WHERE Question.CategoryID = ( SELECT Category.CategoryID    --内层查询
FROM Category
WHERE Category.Name = 'Elementary')
```

多关系查询是将多个基本表连接在一起进行查询的。想要的、有意义的结果是表与表之间笛卡儿积的真子集。所以，在进行多关系查询时，一定要找到共同属性，并利用它们进行连接或嵌套。

8.3　数据库的开发过程

数据库系统的开发分为以下 6 个阶段，如图 8.9 所示。

1. 需求分析阶段

设计数据库首先要充分了解用户需求，分析用户行为，准确定义系统边界。

需求分析阶段的首要任务是通过详尽的调查明确用户的组成，包括了解用户的身份、权限、职责及分配的工作等。

其次，要详细调查各用户组对数据库的操作请求，包括各用户组在数据库输入什么样的信息、如何使用这些信息、输出什么信息、输出信息的格式等。之后，要将输入的信息分类存储，以便在逻辑分析阶段生成数据库模式，即基本表。

最后，要确定系统的边界，包括对前面调查的结果进行初步分析，确定哪些功能由计算机完成或将来让计算机完成，哪些活动由人工完成。

在这一阶段，小强和小雨对数据库的初步分析如下。

（1）用户的组成如下。

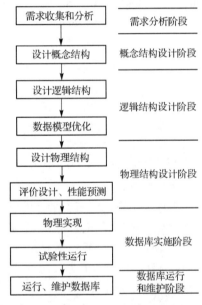

图 8.9　数据库设计的基本步骤

用 户 身 份	用 户 权 限	用 户 职 责	用户可能对数据库的操作
学生	答题者	负责答题	查询，修改，插入
家长	答题者、批改者、出题者	负责检查学生成绩、给学生生成题目，必要时可以亲自答题	查询，修改，插入
教师	管理员	负责检查学生的答题情况，可以统计学生的分级分布	查询
管理员	管理员	负责维护数据库，可以新增用户、删除用户	查询，修改，插入，删除，新增、删除用户等所有权限

（2）用户需要的信息包括如下。

● 学生身份信息：记录学生的编号、姓名等。

● 家长身份信息：记录家长的编号、姓名等，以及家长和学生之间的关系。

- 教师身份信息：记录教师的编号、姓名等，以及教师和学生之间的关系。
- 管理员身份信息：记录管理员的编号、姓名、权限等。
- 算术题目：记录所有题目及其计算结果。
- 学生成绩：记录某学生完成某套算术题目的成绩。

（3）系统边界。系统可以自动生成算术题目并得到计算结果，完成答题结果的检查、统计学生成绩分布；可以根据人工设定的难度级别生成相应的算术题目；无法分析错误题目的出错原因。

2．概念结构设计阶段

将需求分析得到的用户需求抽象为信息结构，即概念模型的过程就是概念结构设计，是整个数据库设计的关键。设计的概念结构一定要真实、充分地反映现实世界，包括事物和事物之间的联系，满足用户对数据的需求；这个概念结构要易于理解、易于更改、易于向关系模型进行转换。

E-R 模型是描述概念模型的得力工具。"E"表示实体型，用矩形表示，矩形框内写明实体名；用椭圆表示实体的属性，并用无向边将其与相应的实体连接起来；"R"表示联系，用菱形表示，菱形框内写明联系名，并用无向边分别与有关的实体型连接起来，同时在无向边旁标记联系的类型。两个以上实体型之间的联系类型可以分为三种。

（1）一对一联系（1:1）。例如，一个班级只有一位班长，一位班长只在一个班级中任职，则班级和班长之间是一对一的联系，记为 1:1。

（2）一对多联系（1:n）。例如，一位班主任管理多位学生，每位学生都只有一位班主任，则班主任和学生之间是一对多的联系，记为 1:n。

（3）多对多联系（m:n）。例如，一位学生可以选择多套试卷答题，一套试卷也可以被多位学生选择，则学生和试卷之间是多对多的联系，记为 m:n。

案例口算练习软件的数据库概念结构模型中不存在多个子系统。软件的主要功能是学生选择试卷来答题，其核心就是学生和试卷之间的联系。可以直接选择学生和试卷的联系为核心，用逐步增量迭代的策略完成 E-R 图的设计。每套试卷可以包含若干题目，每位学生有若干家长监护，若干学生有一名授课教师。依据这样的语义，得到软件的 E-R 模型，如图 8.10 所示。

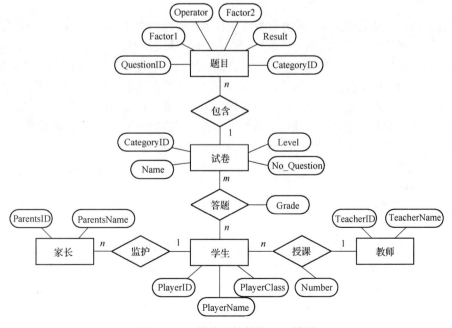

图 8.10　口算练习软件的 E-R 模型

3．逻辑结构设计阶段

逻辑结构设计阶段的主要任务是将概念结构设计阶段设计好的基本 E-R 模型转换为与数据库管理系统所支持的数据模型相符合的逻辑结构。本书采用关系模型作为口算练习软件的逻辑结构。在 E-R 图向关系模型转换的过程中，一般采用如下规则。

（1）一个 1:1 的联系可以转换为一个独立的关系模式，也可以与任意一段对应的关系模式合并。如果转换为一个独立的关系模式，则与此联系相连的各实体的码及联系本身的属性转换为关系的属性，每个实体的码均可以作为候选码。

（2）一个 1:n 的联系可以转换为一个独立的关系模式，也可以与 n 段对应的关系模式合并。例如，教师与学生之间的 1:n 的联系可以转换为一个独立的关系模式，授课（PlayerID,TeacherID,Number）。在这个关系模式中，与联系相连的各实体的码及联系本身的属性转换为关系的属性，n 端的码作为关系的主码。如果将这个 1:n 的联系与 n 端相对应的关系模式合并，则有学生（PlayerID,PlayerName,PlayerClass,TeacherID）。在这个关系模式中，主码为 n 端的主码，1 端的主码加入 n 端的属性中，成为新的关系模式中的属性。

（3）一个 m:n 的联系可以转换为一个独立的关系模式。与此联系相连的各实体的码及联系本身的属性转换为关系的属性，各实体的码组成关系的码或关系码的一部分。例如，学生与试卷之间是 m:n 的联系，则有关系答题（PlayerID,CategoryID,Grade）。

采用上述的三条基本规则，得到口算练习软件的关系模式如表 8.7 所示。

表 8.7　口算练习软件的关系模式

题目（QuestionID，Factor1，Operator，Factor2，Result，CategoryID）
试卷（CategoryID，Name，Level，No_Question）
答题（PlayerID，CategoryID，Grade）
学生（PlayerID，PlayerName，PlayerClass，TeacherID）
家长（ParentsID，PlayerID，ParentsName）
教师（TeacherID，TeacherName）

4．物理结构设计阶段

数据库在物理设备上的存储结构和存取方法称为数据库的物理结构。物理结构设计主要包括确定数据库中数据的存放位置；确定关系、索引、聚簇、日志、备份等存储安排，以及系统配置等。在设计存储结构时，一般考虑存取时间、存储空间利用率和维护代价这三个方面的因素。

存取方法一般采用索引存取方法或聚簇存取方法。索引存取方法实际上是根据应用的需求确定对关系上的哪些属性列建立索引或组合索引的。优点是查询速度快，缺点是可能会造成维护的代价过高。聚簇存取方法是将一个或多个属性上具有相同值的元组集中存放在连续的物理块中，其优点是可以显著地提高读/写的效率，缺点同样是建立和维护代价过高。

目前没有通用的物理设计方法可以遵循，一般的设计原则是：事物响应时间短、存储空间利用率高、事物吞吐率大。

5．数据库实施阶段

本阶段的主要任务是数据的载入和应用程序的编码与调试。俗话说，"三分设计、七分管理、十二分基础数据"。在数据库的实施阶段，要强调基础数据的正确，数据形式、组织方式、数据结构的合理、清晰。首先，设计数据库的模式结构，确定数据的组织形式及各属性值；然后，针对具体的应用环境设计数据录入子系统，尽量让计算机来完成数据入库的任务；之后，采用人工抽检和计算机复查的方式对数据载入进行核查，严防错误数据入库。

载入数据后，要试运行并测试数据库，主要包括功能测试和性能测试。功能测试需要运行数据库的应用程序，执行对数据库的各种操作，检测应用程序的功能是否达到设计要求，如不满足，就要修改应用程序直至达到设计要求为止。性能测试主要检查数据库和应用程序运行时的响应时间、吞吐量等数值，测试其是否达到设计要求，如未达到要求，则要返回物理结构设计，重新修改、调整物理结构，修改系统参数，直至达到设计要求为止。

6. 数据库运行和维护阶段

这一阶段的主要任务是维护数据库的稳定，保证数据库平稳运行。同时，对数据库设计进行评价和性能调优，必要时对数据库进行适当的补充和修改。数据库的运行和维护是一项长期的工作，应注意如下几个问题。

首先，数据库管理员应该定期对数据库中的数据进行转储和备份，保证数据库的恢复机制可以正常运行，确保一旦发生故障就可以将数据库恢复到最近的一致状态。

其次，应注意保证数据库的安全性和完整性，尤为注意类似"数据溢出""数据污染"等较为隐蔽的危害行为。

最后，数据库管理员应该定期评价数据库的设计和使用，适当修改、调整数据库的组织与构造。数据库的重组并不修改原设计的逻辑和物理结构，数据库的重构造则要修改数据库的模式和内模式，即修改数据库的基本表的结构和基本表的存取方式。重构之后的数据库就要求用户从数据载入开始重新完成概念结构设计、逻辑结构设计、物理结构设计及试运行和运行的各个步骤。

8.4　编程操作数据库

通常来讲，一个关系模式对应着一张基本表，一张基本表对应着 Java 中的一个类。基本表由元组构成，每个元组都相当于 Java 中类声明的对象。元组的每个属性通常对应着对象的每个属性。

通用的高级程序设计语言（如 C、Java、Python 等）不能直接创建、访问和操作数据库，须由专用语言 SQL 完成。要想在通用编程语言的应用程序中使用数据库，一种方式是用中间件连接通用编程语言和数据库。JDBC（Java DataBase Connectivity，Java 数据库连接）是一种用于执行 SQL 语句的 Java API，它由一组用 Java 语言编写的类和接口组成，可以为多种关系数据库（如 MySQL、SQL Server、Oracle）提供统一访问，而不必为它们分别编写应用程序，如图 8.11 所示。

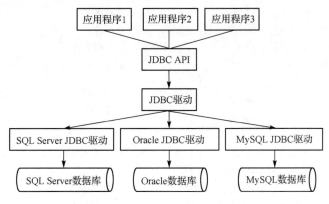

图 8.11　使用 JDBC 连接数据库，应用程序不必为不同类型的数据库创建专门的应用程序

利用 JDBC 在应用程序和数据库之间建立连接之后，就可以使用 JDBC 提供的 API 操作数据库。在 Java 应用程序中使用 JDBC 操作数据库的主要步骤为：

- 与数据库建立连接；
- 向数据库发送 SQL 语句，需要 java.sql 包的支持；
- 处理 SQL 语句返回的结果。

8.4.1　连接数据库

连接数据库是指在高级程序设计语言中，通过数据库提供的接口与数据库建立连接，获得对数据库的查询、修改等权限，然后对数据库进行删、减、增、改、查询等操作。下面以微软的 SQL Server 2012 为例，说明如何在 Windows 系统中编写 Java 程序连接数据库。首先要做好准备工作。

（1）安装数据库管理系统 Microsoft SQL Server 2012（请读者作为实验练习）。

（2）安装 Java 程序编译环境 Eclipse，本例中的版本为 Eclipse Mars Release (4.5.0)。

（3）在微软官方网站下载 Microsoft SQL Server 2012 JDBC Driver，4.1 版本，以适应 SQL Server 2012 及更新版本。

然后，按照如下步骤设置、连接数据库。

设置、连接数据库的三个步骤

（4）在 Eclipse 中创建一个 Java 工程，连接创建的数据库"TestDB"。连接成功后，向数据库中发送查询命令"select * from Question"，查询 Question 表中的所有内容，主要代码如下：

```
/*代码8.4*/
String driverName = "com.microsoft.sqlserver.jdbc.SQLServerDriver";
                                //指明驱动程序
String dbURL = "jdbc:sqlserver://localhost:1433; DatabaseName=TestDB";
                                //使用 JDBC 连接
//指明服务器地址,以及数据库的名字
String userName = "sa";              //数据库的用户名
String userPwd = "111111";           //数据库的密码
Statement stmt = null;
ResultSet rs = null;                 //用来存放查询结果
Connection dbConn;                   //建立连接
try{
Class.forName(driverName);
dbConn = DriverManager.getConnection(dbURL, userName, userPwd);
System.out.println("Connection Successful!");
String SQL = "SELECT * FROM Question"; //SQL 查询代码
stmt = dbConn.createStatement();
rs = stmt.executeQuery(SQL);          //执行 SQL 查询代码
while (rs.next()) {
System.out.println(rs.getString(1) + " " + rs.getString(2) + " " + rs.getString(3)
+ " " + rs.getString(4) + "=" + rs.getString(5) + " " + rs.getString(6));
```

```
        }
    }
    catch (Exception e) {
    e.printStackTrace();
    }
```

运行程序，返回的查询结果显示在控制台中，如图 8.12 所示。

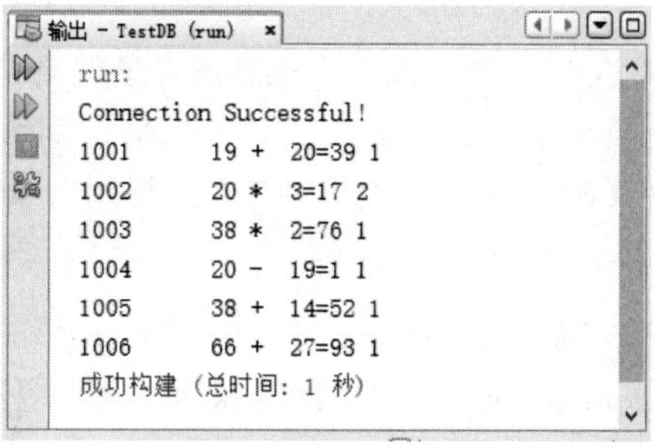

图 8.12　应用程序连接数据库之后，返回的查询结果

8.4.2　查询数据库

在上述代码中，我们将 SQL 代码嵌入 Java 程序。例如，在第 16 行中嵌入了 SQL 查询代码"SELECT * FROM Question"，将 Question 表中的所有数据都列在结果集中。还可以将此代码换成其他的 SQL 查询语句，通过编程语言的命令执行 SQL 语句，得到相应的查询结果。

1. 一般查询

例一：查询所有学生的信息。

```
String SQL = "SELECT * FROM Player";
```

可以用其替换第16行的代码。运行结果将列出Player表中的所有元组。注意，还必须将第20、21行代码修改为：

```
System.out.println(rs.getString(1) + " " + rs.getString(2));
```

否则将提示错误"com.microsoft.sqlserver.jdbc.SQLServerException: 索引 4 超出范围"。这是因为在 Player 表中，并没有 6 个属性列，所以无法填充到相应的结果集中。

例二：查询学生的姓名和他们的成绩。

```
String SQL = "select PlayerName, Grade from CategoryPlayer, Player where
            categoryPlayer.PlayerID = Player.PlayerID";
```

在SQL部分用到了多关系查询，需要CategoryPlayer和 Player 两个表之间通过共同属性PlayerID连接在一起。得到的结果有两列，分别是学生的姓名和成绩。

一般情况下，建立数据库连接后，就可以使用 JDBC 提供的 API 和数据库实现信息交互，如查询、修改和更新数据库中的表等。主要方式是使用 JDBC 提供的 API 将标准的 SQL 语句发送给数据库，实现和数据库的交互。进行查询的具体步骤如下。

（1）向数据库发送 SQL 语句。首先使用 String 类型的变量来输入一个SQL语句。然后，使用Statement声明一个对象stmt，让已经创建的连接对象dbConn调用方法createStatement()创建这个stmt语句对象。

```
String SQL = "SELECT * FROM Question";
Statement stmt = dbConn.createStatement();
```

（2）执行查询语句并得到查询结果。Statement 声明的对象 stmt 调用方法 executeQuery()执行查询，并将查询结果放入结果集 ResultSet。

```
ResultSet rs = stmt.executeQuery(SQL);
```

2. 控制游标

SQL 面向集合数据，一条 SQL 语句可以产生或处理多条记录。有时要在结果集中前后移动、显示结果集中的某条记录或随机显示若干记录等，由此引入了游标的概念。游标是系统为用户开设的一个数据缓冲区，用于存放 SQL 语句的执行结果。为得到一个带有游标的结果集，需使用下述方法获得一个 Statement 对象。

```
Statement stmt=dbConn.createStatement(int type,int concurrency);
```

对象 stmt 会根据 type 和 concurrency 的取值情况返回不同类型的结果集。其中 type 的取值决定了滚动的方式。

- ResultSet.TYPE_FORWARD_ONLY：表示结果集的游标只能向下滚动。
- ResultSet.TYPE_SCROLL_INSENSITIVE：表示结果集的游标可以上下滚动，当数据库变化时，当前结果集不变。
- ResultSet.TYPE_SCROLL_SENSITIVE：表示结果集的游标可以上下滚动，当数据库变化时，当前结果集同步改变。

Concurrency 的取值决定了是否用结果集更新数据库。

- ResultSet.CONCUR_READ_ONLY：不能用结果集更新数据库中的表。
- ResultSet.CONCUR_UPDATABLE：可以用结果集更新数据库中的表。

修改上述的代码8.4，使用游标控制结果集。例如，查询Question表中的所有信息，并将所有元组逆序输出，有如下代码：

```
/*代码 8.5*/
String driverName = "com.microsoft.sqlserver.jdbc.SQLServerDriver";
                                           //指明驱动程序
String dbURL = "jdbc:sqlserver://localhost:1433; DatabaseName=TestDB";
                                           //使用 JDBC 连接
   //指明服务器地址,以及数据库的名字
String userName = "sa";                     //数据库的用户名
String userPwd = "111111";                  //数据库的密码
Statement stmt = null;
ResultSet rs = null;                        //用来存放查询结果
Connection dbConn;                          //建立连接
try{
Class.forName(driverName);
dbConn = DriverManager.getConnection(dbURL, userName, userPwd);
System.out.println("Connection Successful!");
String SQL = "SELECT * FROM Question";      //SQL 查询代码
stmt=dbConn.createStatement(ResultSet.TYPE SCROLL INSENSITIVE,
ResultSet.CONCUR READ ONLY);
    rs = stmt.executeQuery(SQL);            //执行 SQL 查询代码
    rs.last();                              //将游标移动到结果集的最后一行
    rs.afterLast();                         //将游标移动到结果集的最后一行之后
    while (rs.previous()) { //将游标向上移动,当移动到结果集的第一行时, 返回 false
System.out.println(rs.getString(1) + " " + rs.getString(2) + " " + rs.getString(3)
+ " " + rs.getString(4) + "=" + rs.getString(5) + " " + rs.getString(6));
```

```
    }
  }
catch (Exception e) {
    e.printStackTrace();
}
```

执行上述代码，得到一个逆序输出的 Question 表，如图 8.13 所示。

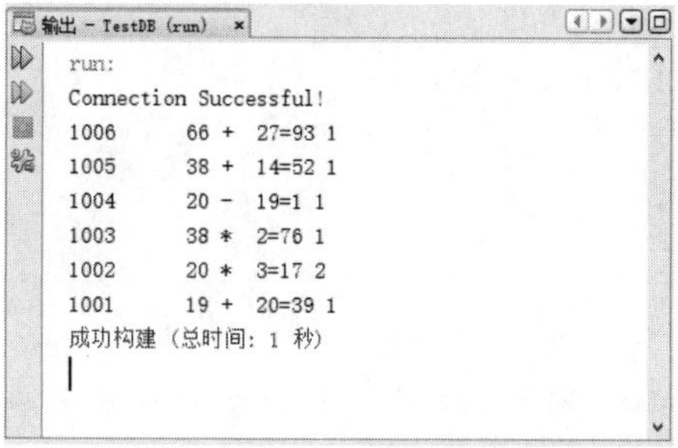

图 8.13　控制游标得到一个逆序输出的 Question 表

8.5　案例分析与实践

8.5.1　分析与设计

小强和小雨面临的任务是将口算练习软件在学生家长中大量推广，关键技术就是数据库的设计与使用。他们分析了软件需求，把这个任务分为两个任务。

构造任务 10.1：设计数据库。完善数据库模式，将前期生成的题目存放在数据库中。

构造任务 10.2：应用数据库。编程连接数据库，在应用程序中使用数据库。

主要的设计考虑如下。

（1）数据库模式设计：需要考虑在数据库中要设计多少个基本表、表和表之间的关系是什么。在前期设计中，已经随机生成了口算题目，考虑如何将这些题目导入数据库。

（2）数据库的边界：指的是什么工作要 DBMS 完成，什么工作要编程完成，例如，在导入口算题目后，是要 DBMS 给出答案，还是要编程来验证计算结果。

（3）连接、使用数据库：不同的编程语言，数据库的访问方法也不相同。本书采用 Java 语言，编程实现数据库增、删、改、查等相关操作。

8.5.2　设计数据库

（1）首先创建数据库，确定数据库存储地点。

```
/*代码 8.6：创建数据库*/
CREATE_DATABASE_TestDB
on primary(
name='TestDB',
filename='D:\TestDB',
size=5mb,
maxsize=300mb
)
```

（2）分析各关系之间的联系，作出 E-R 模型，如图 8.10 所示。

（3）将 E-R 模型转换为关系模型，进行合并，简化关系模型，如表 8.7 所示。

（4）使用 SQL 代码创建关系模型中的各基本表，代码如下：

```
/*代码8.7*/
/*创建 Questions 表,即题目表*/
CREATETABLE Questions(
QuestionID CHAR(9) PRIMARY_KEY,          --主码
Factor1 CHAR(9),
Operator CHAR(2),
Factor2 CHAR(9),
Result CHAR(9),
CategoryID CHAR(9),
FOREIGN KEY(CategoryID) REFERENCES Category(CategoryID)  --外码
)

/*创建 Category 表,即试卷表*/
CREATE TABLE Category(
CategoryID CHAR(9) PRIMARY KEY,
Name CHAR(20),
Level CHAR(4),
No_Question CHAR(9)
)

/*创建 Score 表,即成绩表*/
CREATE_TABLE Score (
PlayerID CHAR(9),
CategoryID CHAR(2),
Grade CHAR(9),
PRIMARY KEY (PlayerID, CategoryID),       --表级主码定义方式
)

/*创建 Student 表,即学生表*/
CREATE_TABLE_Student (
PlayerID CHAR(9),
PlayerName CHAR(20),
PlayerClass CHAR(5),
TeacherID CHAR(9)
)

/*创建 Parents 表,即家长表*/
CREATE_TABLE_Parents (
ParentsID CHAR(9) PRIMARY KEY,            --行级主码定义方法
PlayerID CHAR(9),
ParentsName CHAR(20),
)
```

8.5.3 开发数据库应用程序

1. 批量导入导出数据库的数据

如前所述,可以用 INSERT 语句向空的基本表插入数据,也可以把 CSV 格式的数据文件批量导入数据库。例如,如图 8.14 所示的 CSV 文件保存在 "D:\question.csv" 中,该文件包含 6 道口算题,每道题中包含若干属性——题目 ID、运算数 1、运算符、运算数 2、结果、试卷 ID,各属性之间以逗号分隔。

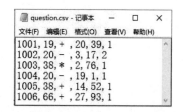

图 8.14 使用 CSV 文件保存的计算题目

首先在 SQL Server 中建立用于保存该信息的一张数据表:

```
/*代码 8.8: 创建基本表保存从 CSV 文件中导入的数据*/
CREATE TABLE CSV_Question(
QuestionID CHAR(9),
Factor1 CHAR(9),
Operator CHAR(2),
Factor2 CHAR(9),
Result CHAR(9),
CategoryID CHAR9)
)
```

执行下列代码,把 CSV 文件中的内容导入数据库基本表 CSV_Question 中:

```
/*代码 8.9: 从 CSV 文件中导入数据*/
BULK INSERT CSV_Question
FROM 'D:\csv.txt'
WITH(
    FIELDTERMINATOR = ',',
    ROWTERMINATOR = '\n'
)
SELECT * FROM CSV_Question
```

查询该表,得到的结果如图 8.15 所示。

	QuestionID	Factor1	Operator	Factor2	Result	CategoryID
1	1001	19	+	20	39	1
2	1002	20	−	3	17	2
3	1003	38	*	2	76	1
4	1004	20	−	19	1	1
5	1005	38	+	14	52	1
6	1006	66	+	27	93	1

图 8.15 从 CSV 文件导入数据库的计算题目

另外,也可以将数据库基本表中的内容以 CSV 的格式导出到文件中保存。例如,要将 CSV_Question 表中的所有元组导出到 CSV 文件,首先执行代码 "SELECT * FROM CSV_

Question"，在得到的查询结果上右击，在弹出的快捷菜单中选择"将结果另存为"，保存网格的
结果为 CSV 文件格式即可，过程如图 8.16 所示。

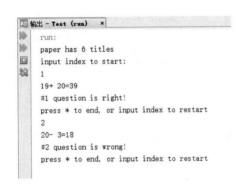

	QuestionID	Factor1	Operator	Factor2	Result	CategoryID			
							复制(Y)	Ctrl+C	
1	1001	19	+	20	39	1	连同标题一起复制	Ctrl+Shift+C	
2	1002	20	-	3	17	2	全选(A)	Ctrl+A	
3	1003	38	*	2	76	1	将结果另存为(V)...		
4	1004	20	-	19	1	1	页面设置(U)...		
5	1005	38	+	14	52	1	打印(P)...	Ctrl+P	
6	1006	66	+	27	93	1			

图 8.16   将数据库基本表中的数据导出到 CSV 文件并保存

2．构造任务 10.2：编程操作数据库

现在编写一个类 ReadExaminationPaper 来使用数据库中的数据，操作数据库的基本步骤如下。

（1）在构造方法中写明连接数据库的 JDBC 驱动程序。

（2）在 getExamQuestion 方法中实现 JDBC 连接 url。

（3）创建一个 Statement 执行 SQL 代码，包括用游标获取每道题目和计算结果，将查询返回结果放到 ResultSet 结果集中。

（4）最后关闭 ResultSet、Statement 和 Connection。

主方法调用 ReadExaminationPaper 类时，可以获得该类返回的结果集中的计算结果，比较结果集中的结果和用户输入的结果从而判断用户的答题情况。控制台程序运行效果如图 8.17 所示。相关代码如下。

```
run:
paper has 6 titles
input index to start:
1
19+ 20=39
#1 question is right!
press * to end, or input index to restart
2
20- 3=18
#2 question is wrong!
press * to end, or input index to restart
```

图 8.17   结合数据库运行的控制台程序

```java
/*代码 8.10*/
/*ReadExaminationPaper.java*/
public class ReadExaminationPaper {
    String sourceName;
    public ReadExaminationPaper(){
        try{
            /*加载 JDBC 驱动程序*/
            Class.forName("com.microsoft.sqlserver.jdbc.SQLServerDriver");
        }catch(ClassNotFoundException e){
            System.out.println(e);
        }
    }
    public String[] getExamQuestion(int number){
        Connection con;
        Statement stmt;
        ResultSet rs;
        String[] examinationPaper = new String[4];
        try{
            /*连接 JDBC 的 url*/
```

```
        String url = "jdbc:sqlserver://localhost:1433; DatabaseName=" +
                  sourceName;
        String id = "sa";
        String password="111111";
        con=DriverManager.getConnection(url,id,password);
        stmt=con.createStatement(ResultSet.TYPE_SCROLL_INSENSITIVE,
        ResultSet.CONCUR_READ_ONLY);
        rs = stmt.executeQuery("select * from Question");
        /*将 SQL 代码查询返回的结果放在 ResultSet 结果集中*/
        rs.absolute(rs.getRow());
        examinationPaper[0] = rs.getString(2); //factor 1
        examinationPaper[1] = rs.getString(3); //operator
        examinationPaper[2] = rs.getString(4); //factor 2
        examinationPaper[3] = rs.getString(5); //answer
        rs.close();
        sql.close();
        con.close(); /*查询结束之后关闭 ResultSet、Statement 和 Connection*/
    }catch(SQLException e){
        System.out.println("cannot get questions"+e);
    }
    return examinationPaper;
    }
    public void setSourceName(String s){
        sourceName = s;
    }
}
```

3. 通过 GUI 界面操作数据库

下面将把数据库应用到第 7 章的 GUI 程序中。因篇幅所限，使用构造任务 9.1，以修改判题类的方法 judge()为例，演示如何在 GUI 界面查询数据库核对答案。

添加一个新的判题方法 judgeFromDB()，当"提交答案"按钮被按下并触发监视器动作时，调用 judgeFromDB 方法，它不再从文本中提取答案，而是先连接数据库，然后从数据库中查询正确答案，再和界面中输入的结果进行比较。如果回答正确，则输入文本框背景显示为绿色，否则显示为红色。GUI 界面如图 8.18 所示。

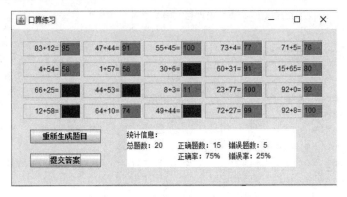

图 8.18 操作数据库的 GUI 界面

judgeFromDB 代码如下：

```
/*代码8.11*/
void judgeFromDB() {
        correctAmount = wrongAmount = 0;        //统计正误率的变量
        //首先连接到数据库
        Connection con;
        Statement stmt;
        ResultSet rs;
        String result;
        int i = 0;
        try {
            String url = "jdbc:sqlserver://localhost:1433; DatabaseName=" + "TestDB";
            String id = "sa";
            String password = "111111";
            con = DriverManager.getConnection(url, id, password);
            stmt = con.createStatement();
            rs = stmt.executeQuery("select Result from Questions");
                                    //只查询计算题的结果列
            while (rs.next()) {
                result = rs.getString(1);
                System.out.println(rs.getString(1));
                String answer = tfAns[i].getText().trim();
                                    //获取用户在文本框中输入的答案
                if (result.equals(answer)) {    //进行比较
                    tfAns[i].setBackground(Color.GREEN);
                                        //相等时，文本框背景设为绿色
                    correctAmount++;
                }
                else {
                    tfAns[i].setBackground(Color.RED);
                                        //不相等时，文本框背景设为红色
                    wrongAmount++;
                }
                i++;
            }
            con.close();   //关闭连接
        }
        catch (SQLException e) {
            System.out.println("cannot get answers " + e);
        }
        correctRatio = (float) correctAmount / OP_AMOUNT;        //计算正确率
        wrongRatio = 1 - correctRatio;                          //计算错误率
        taStat.setText("统计信息：\n 总题数: " + OP_AMOUNT + "\t 正确题数: " +
        correctAmount + "\t 错误题数: " + wrongAmount + "\n\t 正确率: "+
        String.format("%.0f", correctRatio * 100) + "%\t 错误率: " + String.
        format("%.0f", wrongRatio * 100)+ "%");                 //修改统计信息
    }
```

8.6　讨论与提高

8.6.1　事务与并发

　　事务是数据库应用程序的基本逻辑单元，它是用户定义的一个数据库的操作序列，这些操作要么全做，要么全不做，是一个不可分割的基本单位。在一个多用户的数据库应用系统中，对数据库的操作通常会要求多个事务并发执行，或者需要使用一个事务中的多个资源，包括一个或多个数据库基本表。为了完成数据库操作，并且保证数据库的一致性，所有针对数据库的读或写的操作都被添加在各种强度的锁下，如共享锁或排它锁。

　　在共享锁中，用户可以同时读取数据；在排它锁中，用户不能同时读取、更新数据，只能等待其他用户释放对数据的锁。例如，在口算练习软件的数据库中，当一名同学在读取数据库中的试题时，系统对基本表添加写锁，不允许其他用户修改题目。直到第一个用户完成答题，这个事务才释放写锁，确保没有其他用户能进行答题。

　　事务占用的时间越长，用户等待的时间就越长。提高性能的首要任务就是控制事务的运行时间。因为事务具有隔离性，一个事务的执行不能被其他事务干扰，所以在适当的锁的规范下，事务可以有序地并发执行。通过并发执行，提高了数据库的执行效率。利用事务的并发操作，可以在事务级别提高数据库的性能。

1. 在 JDBC 中批量执行 SQL

　　数据库中通常要执行多个 SQL 语句来完成一个任务，但是 JDBC 和 DBMS 之间每次交换只能有一个调用。JDBC 中的批量更新特征允许把多个更新操作一次传递到 DBMS，使多个 SQL 语句以批量形式快速执行，从而减少了应用程序和 DBMS 间的通信量，缩短事务的时间。

　　在批量模型上执行的各种 SQL 代码，可以用 addBatch()方法添加到一个与 statement 对象有关的列表上，调用 executeBatch()对象方法，然后全部传递到数据库上作为一个单元或批量被执行。

　　在下面代码中，所有的更新操作要求在数据库中插入一个新的学生记录。通过调用 connection接口的 setAutoComit()方法开始事务，调用 commit()方法把所有数据提交到数据库。

```
/*代码8.12*/
import java.sql.*;
public class TestDB {
    public static void main(String[] args) {
        Connection con = null;
        try{
            Class.forName("com.microsoft.sqlserver.jdbc.SQLServerDriver");
            //创建数据库连接
            con=DriverManager.getConnection("jdbc:sqlserver: //localhost:
                1433;"+"DatabaseName=TestDB","sa","111111");
            //开始事务
            con.setAutoCommit(false);
            Statement stmt = con.createStatement();

            //向数据库的 Student 表中一次插入多个数据,以便让 DBMS 一次处理
            stmt.addBatch("Insert into Student Values('200215123',
            'Thomas','22')");
```

```
        stmt.addBatch("Insert into Student Values('200215124','Oscar','22')");
        stmt.addBatch("Insert into Student Values('200215125','Lion','23')");
        //执行 Batch
        int[] updateCount = stmt.executeBatch();
        //事务结束
        con.commit();
        con.close();
    }catch(Exception ex){
        try{
            con.rollback();
        }
    catch(SQLException sqlex){
        ex.printStackTrace();
    }
    }
}
```

2．选择合适的隔离级别

隔离是指一个事务的执行不被其他事务干扰，即一个事务内部的操作及使用的数据对其他并发事务是隔离的，并发执行的各事务之间不互相干扰。在一个数据库应用系统中，要根据事务的重要程度设置隔离级别。注意，事务的隔离级别越高，越应该小心避免并发的冲突。隔离级别可以在 JDBC API 级别上设置，以便 DBMS 决定合适的加锁计划，也可以在 JDBC Connection 接口上设置，5 种隔离级别如表 8.8 所示。

表 8.8　JDBC Connection 接口支持的 5 种隔离级别

隔 离 级 别	读 脏 数 据	不可重复读数据	虚读（丢失修改）
TRANSACTION_NONE	事务不被支持	事务不被支持	事务不被支持
TRANSACTION_READ_UNCOMMITED	√	√	√
TRANSACTION_READ_COMMITED	×	√	√
TRANSACTION_REPEATABLE_READ	×	×	√
TRANSACTION_SERIALIZABLE	×	×	×

注：√表示该隔离级别支持操作，×表示该隔离级别不支持操作。

可以通过调用 setTransactionIsolation()方法对一个连接设置隔离级别，如下代码所示。

```
try{
    //设置事务的隔离级别
    con.setTransactionIsolation(Connection.TRANSACTION_READ_COMMITTED);
    //开始事务
    con.setAutoCommit(false);
}
```

8.6.2　使用存储过程

在数据库系统中，存储过程是为了完成特定功能、存储在数据库中的一组 SQL 语句集，经过第一次编译之后再次调用时无须再次编译，用户通过指定存储过程的名字并给出参数来执行存储过程。使用存储过程可以在数据层级别提高数据库的性能。

在一个大型的数据库系统中，为了完成查询，必须从数据库读取一些数据到应用程序中，之后将数据再传递到第二个查询,结果又返回到数据库。这种在应用程序与 DBMS 之间的数据循环会降低一个应用程序的性能,造成大量的网络通信。在存储过程中写入查询逻辑,可以降低应用程序与 DBMS 之间的数据循环,而且存储过程一次编译多次执行,能显著地提高数据库的查询速度。

存储过程的特点

1. 创建存储过程

用户可以使用下面的 SQL 语句创建存储过程:

```
CREATE Procedure 过程名（[参数 1 数据类型 1,参数 2 数据类型 2,…]）
AS
<SQL 语句集>
```

过程名:是数据库识别存储过程的标识。

参数列表:用名字标识的参数值,必须指定值的数据类型。

过程体:是一个 SQL 语句集。

例如,在 CategoryPlayer 表(属性包括 CategoryID、PlayerID、Grade)中,修改答题者编号(PlayerID)为@p1 的答题者在题目分组(CategoryID)为@c1 的分组中的成绩,将成绩改为@g1。创建相应存储过程的代码如下:

```
CREATE Procedure procUPD
( @p1 char(10), @c1 char(10), @g1 numeric(5,2) )
AS
SET NOCOUNT ON      /*设置存储过程不返回计数,即受 SQL 语句影响的行数*/
BEGIN
UPDATE CategoryPlayer
SET grade=@g1
WHERE CategoryID=@c1 AND PlayerID=@p1
SELECT * FROM CategoryPlayer
END
```

创建成功之后,可以使用代码"EXEC procUPD 2,1,99"来修改 2 答题者在试卷 1 中的成绩为 99 分。并且,在修改完成之后,查询并列出 CategoryPlayer 表中的所有数据。注意,需要在存储过程中使用代码"SET NOCOUNT ON"来设置存储过程不返回计数,即受到 T-SQL 语句影响的行数,这样才能正确地返回结果集给应用程序。反之,如果存储过程中包含一些语句且不返回实际的数据,那么设置"SET NOCOUNT OFF"表示只返回受影响的行数,则该设置会大量减小网络通信量,因此也可以显著地提高性能。

2. 调用存储过程

可以使用 JDBC 来调用数据库中的存储过程。用 JDBC 的 Statement 接口来传递调用命令,返回结果放在 JDBC ResultSet 中保存。JDBC 调用存储过程的代码如下:

```
/*代码 8.13*/
```

```
Connection con = null;
try{
Class.forName("com.microsoft.sqlserver.jdbc.SQLServerDriver");
    //创建数据库连接
      con=DriverManager.getConnection("jdbc:sqlserver://localhost:1433; "+
"DatabaseName=TestDB","sa","111111");
    //开始事务
    con.setAutoCommit(false);
    Statement stmt = con.createStatement();
    //执行存储过程
    String storedProcedure = "EXEC procUPD001 20151001,1,99";
    ResultSet rs = stmt.executeQuery(storedProcedure);
    while(rs.next()){
        System.out.println("PlayerID: "+rs.getString("PlayerID"));
        System.out.println("CategoryID: "+rs.getString("CategoryID"));
System.out.println("Grade: "+rs.getString("Grade"));
}
rs.close();
stmt.close();
//结束事务
con.close();
}
catch(Exception ex){
      ex.printStackTrace();
}
```

8.6.3　查询优化——消除不必要的循环

很多情况下，对数据库的查询会涉及多个元组，查询会循环的执行 SQL 语句，造成数据库性能下降。例如，"请根据一些学生的编号找到这些学生的姓名"的查询代码如下：

```
try {
    Statement stmt = con.createStatement();
    ResultSet rsStudent = null;
    //需要查找姓名的学生编号放在 studentsID 的数组中
    //循环执行查询语句,得到每个 ID 的姓名
    for (int i = 0; i < studentsID.length; i++) {
        rsStudent = stmt.executeQuery("select sname from Student "
        + "where studentID=" + studentsID[i]);
        if(rsStudent.next()){
            System.out.println(rsStudent.getString("sname"));
        }
        rsStudent.close();
    }
    stmt.close();
}
catch(Exception ex){    ex.printStackTrace();
}
```

　　创建 Statement 对象后，在 StudentsID 数组上的所有学生编号会依次输入循环，执行语句 SQL
查询获得每个学生的名字。这就要执行与学生编号一样多的循环来获得名字。这些循环会造成大
量的网络通信，降低查询效率。因此，可以在查询前准备好所有需要查询的 ID，以逗号分隔后存
放在字符串变量 studentList 中，然后用 SQL 语句中的 IN 谓词将 studentID 的查询范围限制在
studentList 中。这样一个 SQL 语句查询就可以获得所有学生的姓名，请参考如下代码：

```
try {
    String studentList = ""+studentID[0];
    //准备以逗号分隔的学生学号的列表,放在字符串 studentList 中
    for(inti =1;i<studentID.length;i++){
    studentList += ","+studentID[i];
    }
    Statement stmt = con.createStatement();
    ResultSet rsStudent = null;
    rsStudent = stmt.executeQuery("select sname from Student "
     + "where studentID IN (" + studentList + ")");
    while(rsStudent.next()){
        System.out.println(rsStudent.getString("sname"));
    }
    rsStudent.close();
    stmt.close();
}
catch(Exception ex){
    ex.printStackTrace();
}
```

8.6.4　测试数据库

　　作为软件，数据库系统与前面学习的软件有些不同，它包含数据库、数据库管理系统 DBMS
及应用程序。由于 DBMS 像操作系统一样属于系统软件，因此数据库系统测试的主要任务就是测
试数据库及应用软件。

　　对数据库系统中的应用程序，基本的测试技术和测试阶段同样试用。应用程序的重心是操作
数据库中的数据，测试的内容主要是：数据的增加、读取、修改、删除操作及其组合的序列操作。
可以用基本的测试技术设计测试，如加满数据表、清空数据表、删除空表中的记录、创建一个表、
增加记录、变更记录、查找记录、删除记录、查找记录等。

　　访问和操作数据库中的数据都是通过 SQL 代码完成的，SQL 相关的测试称为重点，主要包
括以下几项。

　　（1）SQL 编码是否符合规范、标准。

　　（2）用 Select 语句测试数据、使用 Insert 语句产生测试数据、使用 Update 和 Delete 语句测试
程序的准确性、使用 Constraints 测试数据完整性。

　　（3）用 SQL 测试连接表、数据库对象、视图、存储过程、触发器、用户自定义函数等。

　　（4）在脚本语言（本书是 Java）中用 SQL 代码测试库模式、数据库及其驱动程序、表和列的
类、默认值和规则、码和索引等。

　　数据库系统的测试也包括功能测试、性能测试（如响应时间、吞吐量、并发性）、可靠性测试、
可用性测试、兼容性测试、安全测试等。由于数据处理的性能直接影响整个系统的性能，因此数

据库系统的性能测试及其调优不可或缺。数据重要性的提升使得数据库的安全测试更加重要。

实施数据库测试的一道难题是建立测试环境。（1）数据库会随着测试操作不停地改变，恢复数据库或到一个指定的数据库状态，是一项有挑战性的任务。（2）确定数据库各种事务的状态也耗时费力。（3）在清理完数据库后，要设计新的测试数据，而且要一个转换 SQL 语句的生成器，以便把 SQL 的语义加进数据库测试用例中。（4）在应用程序中嵌入的 SQL 语句通常以字符串的形式出现然后才能执行，这给测试带来了困难。

有些数据库厂商带有专门的数据库测试方法或工具，如Oracle数据库测试指南、MySQL内置的 SQL 测试工具、Visual Studio 2013 内建数据库单元测试工具等。此外，也有更加通用的、商业化与开源的测试工具，如性能测试工具 Selenium、Jmeter，数据库单元测试框架 DBunit，以及可按照数据库的设计随机生成数据库测试数据的 DataFactory。

8.6.5　课程思政

国产数据库的发展

8.7　思考与练习题

1. 简述基本概念：码、主码、候选码、外码、事务、游标、存储过程。
2. 简述数据库完整性约束的三种形式。
3. 什么是 SQL？有哪些主要功能和作用？
4. 数据库主要有哪些任务？请与应用程序开发结合，给出数据库系统的开发流程。
5. 练习使用SQL语言创建数据库。要求在本地磁盘D 盘创建一个学生–课程数据库（名称为School），只有一个数据文件和日志文件，文件名称分别为sch和sch_log，物理名称为sch_data.mdf和sch_log.ldf，初始大小都是3MB，增长方式分别为10%和1MB，数据文件最大为500MB，日志文件大小不受限制。
6. 练习使用SQL语言创建、删除数据库。要求在数据库sch中添加第二个日志文件sch_log_1，保存在D盘，初始大小是1MB，最大无限制，增长方式为1MB。而后，从数据库中删除这个日志文件。
7. 练习使用SQL语言创建基本表。在sch数据库中创建基本表Student，包含属性学号、姓名、性别、生日、班级；创建基本表Course，包含属性课程号、课程名、教师编号；创建基本表Score，包含属性学号、课程号、分数；创建基本表 Teacher，包含属性教师编号、教师姓名、生日、部门。
8. 练习使用INSERT语句，向基本表Student、Course、Score和Teacher中插入数据。
9. 练习使用SQL语句的单表查询。请基于数据库 sch 完成下列查询：（1）Student 表中所有记录的姓名、性别和班级列；（2）教师所有单位不重复的部门列；（3）Student 表中的所有记录。
10. 练习使用 Where 子句。请完成下列查询：（1）Score 表中成绩为 60～80 分的所有记录；（2）Score 表中成绩为 85 分、86 分或 88 分的记录；（3）Student 表中"11031"班或性别为"女"的学生记录。
11. 练习使用 Order by 子句。请完成下列查询：（1）以 Class 降序查询 Student 表的所有记录；

（2）以 Cno 升序、Degree 降序查询 Score 表的所有记录。

12．练习使用聚集函数。请完成下列查询：（1）查询"11031"班的学生人数；（2）查询 Score 表中的最高分的学生学号和课程号；（3）查询'1-101'号课程的平均分。

13．练习使用 Group by 子句。请完成下列查询：（1）Score 表中至少有 5 名学生选修的并以 3 开头的课程的平均分数；（2）最低分大于 70 分、最高分小于 90 的 Sno 列。

14．练习使用 SQL 语句进行多关系查询。请完成下列查询：（1）所有学生的姓名、课程号和分数列；（2）所有学生的学号、课程名和分数列；（3）所有学生的姓名、课程名和分数列；（4）"11033"班所选课程的平均分。

15．某学校举行足球比赛，要开发一个信息管理系统来记录比赛相关信息。该系统要求如下。（1）登记参赛球队信息。球队的名称、代表班级等信息；球队中每个队员的姓名、年龄、身高、体重等信息；每个球队有一个教练负责管理球队，一个教练仅负责一个球队；教练的姓名、年龄等信息，球员、教练可能出现重名信息。（2）安排球队的训练信息。学校为各球队提供了若干训练场地，供球队进行适应性训练；系统要记录场地信息，包括场地名称、规模、位置等；系统可为每个球队安排不同的训练场地。（3）安排比赛信息。每场比赛都有一名裁判，系统记录裁判的姓名、年龄、级别等信息；按照一定的比赛规则，根据球队、场地和裁判情况安排比赛；比赛信息记录参赛球队、比赛时间、比分和场地名称等信息。

请用 E-R 图分别描述（1）、（2）和（3）中的概念模型，然后合为系统的总体 E-R 图。

16．在代码 8.10 和代码 8.11 中，每一次连接数据库时都要运行一遍连接的代码，重复率高，为精简代码，请为口算练习软件创建一个负责数据库连接的公共类。

17．请用 8.6 节中提到的 SQL 批量处理的方法改进构造任务 10.2，提高代码的执行效率。例如，用批量处理方法向数据库中插入题目。

18．扩充构造任务 10.2，为口算练习软件添加家长和学生的登录界面，查询数据库，通过验证之后才允许登录练习软件。

19．继续扩充构造任务 10.2，为口算练习软件添加家长窗口，设计 GUI 窗口查看自己孩子的学习情况、答题的正确率和答题的难度情况；添加教师窗口，设计 GUI 窗口查看所教学生的学习情况、答题的正确率和答题的难度情况。

20．请自学数据库单元功能测试框架 DBUnit，完成案例的数据库测试。

第9章 基于复用的软件构造

主要内容

概述软件复用的含义、分类及三种基本的复用方式：程序库、设计模式和框架。通过编程实现深入理解设计模式，实例分析框架的结构和组成，复用第三方 API 实现案例中习题文件的格式化输出及可视化练习结果的统计，交付完整的案例构造。最后以简介构造案例其他形态软件的相关框架结束本课程。

故事 10

期末考试后，特别让家长高兴的是，小明的口算成绩大幅提高。家长会上，老师让华经理谈谈小明的口算成绩如何从后 20%进入了前 20%。华经理一番谦虚后，简单介绍了使用的"口算练习神器"。一些家长对这个"神器"饶有兴趣，想用用试试，老师也乐意推广宣传。

放假了，华经理全家感谢小强和小雨为小明做的"口算练习神器"。说起家长会上不少家长想试试这个"神器"，还有其他班的家长电话联系他，也想用用。华经理也回顾了大家的一些建议和想法，比如把习题转换成漂亮格式的文件保存，把孩子一学期练习的得分用图形显示，或者用浏览器、手机练习口算。小强和小雨分析了华经理提出的需求与建议，整理如下。

（1）把习题直接转成 Word 格式文件输出，不仅漂亮，也方便使用。

（2）用柱状图、饼图等显示一个人练习多套习题的结果，便于分析。

（3）用户用浏览器在线练习后提交，系统判题、返回结果。

（4）编写一个手机版的口算练习程序。

经过分析，他们两人认为新的需求可分为两类。第一类可以在现有程序的基础上增添一些功能，和之前的开发方式一样，只是这次的"增量"较为复杂了。例如，要输出一个文件，让其中的字符有不同的字体、字号、色彩并排版，一般的编程语言好像还没有提供直接实现这些功能的结构。如果自己开发具备这些功能的程序，比他们开发口算练习还要复杂得多。如果有复用的类库、框架、API，则可以试试。第二类需求则必须重新开发软件，更准确地说是更换开发平台和软件架构，他们觉得目前有些困难，决定先试试完成第一类需求。

9.1 软件复用

软件复用，是指在软件开发过程中两次或多次重复使用相同或相近的软件或软件模块的过程。可复用的软件可以是已经存在的软件，也可以是为了复用定制的专用软件，简称（软）构件。例如，第三章构造的案例类 BinaryOperation 和习题 Exercise，在后面章节的案例构造中通过引入而使用。软件复用是在软件开发中避免重复劳动的解决方案，使应用软件的开发不再一切"从零开始"的模式，可以在已有工作的基础上，充分利用过去软件开发中积累的知识和经验，将开发的重点集中于应用的特有构成成分上。软件复用具有如下优点。

（1）提高软件生产率。使用经过实践检验、高度优化的可复用件构造系统，不仅节省时间、保证质量，还可以提高系统的可靠性。

（2）减少维护代价。使用经过检验的软构件，减少了很多可能的错误；同时由于复用的增加，软件中需要维护的部分也减少了。

（3）提高互操作性。使用接口的同一个实现，系统将更有效地实现与其他系统之间的互操作。

（4）支持快速原型。利用软构件库可以快速有效地构造出应用程序的原型。

但是，软件复用也面临如下的挑战。

- 软构件与应用系统之间的差异。他人开发的软构件，要正好能在自己开发的软件中使用，从内容到对外接口都要匹配，或者仅做少量的修改就能用，这不是一件简单容易的事。
- 软构件要达到一定的数量，才能支持有效的复用，而建立软构件库需要很高的投入和长期的积累。
- 难以发现合适的软构件。即使软构件达到足够的数量，开发者要从中找到一个想要的软构件，并断定它确实是需要的，也不是一件轻而易举的事。
- 基于复用的软件开发方法和软件过程是一个新的实践领域，需要一些新的理论、技术和方法及支持环境，目前这方面的研究成果和实践经验还不够充分，正在成熟。

依据复用的实体，软件复用可以分为如下两种。

- 产品复用。指复用已有的软构件，通过构件集成（组装）得到新系统。产品复用是目前复用的主流途径。
- 过程复用。指复用已有的软件开发过程，使用可复用的应用生成器来自动或半自动地生成所需的软件系统。过程复用依赖于软件自动化技术的发展。

9.1.1　软件产品复用

软件产品的复用包括代码、设计、测试数据和需求规格书等。代码复用是最基本、最普通的软件复用形式之一，包括可执行码和源码。一般的语言运行系统都提供连接、绑定等功能支持可执行码的复用。一段可执行码的本质是它的功能或服务。可执行码通常表示成机器码，按照它的功能特性来检索。源码也具有功能特性。但是，源码还具有结构信息，可视为解决问题的知识。源码用可阅读的程序设计语言书写，可以按照结构特性和功能特性检索。开发者可以把源码复制到程序中进行复用，也可以把源码编译后再使用。一般地说，可执行码和源码统称为软构件或构件。

设计文件是设计决策的表示，是捕获了问题理解与解决方案的知识。最常用的可复用设计是设计模式和架构模式。与代码不同，软件设计不可执行，也不像电路图等电子设计那样可以模拟仿真。设计可以同时捕获系统的结构信息和功能信息。设计可以表示成一类特定问题解决方案的设计模式。要查询设计的方案，主要是通过设计解决的一组问题的特性来检索的。设计比代码更抽象，设计的复用受实现环境因素的影响更小，从而可以获得更多的复用机会。设计复用有三种基本途径：第一种，可以从现有系统及其设计中提取一些可以复用的设计构件，把它们直接应用到新系统的设计中；第二种，把一个现有系统的全部或部分设计结果用新的语言或在新的平台上再次实现；第三种，根据需求重新开发一些专门用于复用的设计构件。

设计构件分为构件和架构两个层级。软件体系结构定义了作为一组执行数据的构件聚合体的软件的结构。软件体系结构的元素比程序设计语言的结构元素更加抽象，具有的性质也不同。体系结构的元素规定了信息流、控制流或构件间的通信协议。软件体系结构用特殊符号表示，可以用其特征检索。可复用的软件体系结构通常是显式地复用软件体系结构，并通过集成其他体系结构，建立新的更高层次的体系结构。

想象一下，我们已经开发了一个软件系统，用测试数据完成了软件测试。在后续的软件使用与维护阶段，可以复用同样的测试数据和测试代码来测试维护改变的系统，也可以复用这些测试数据测试类似的软件，因此，测试数据和测试代码是典型的可复用件。测试数据的表示直截了当，检索测试数据的方式可以是软件系统输入域的描述，也可以是该系统功能的某个通用特征。测试代码的表示和检索同普通应用代码的测试方式一样。

需求规格是需求分析过程提取的软件要求，用文字和特殊符号表述的结果。它比设计还要抽象，更少受到设计方式和实现条件的约束，因而也更容易复用。需求规格主要用自然语言表示，辅助使用形式化符号（一阶逻辑、公理系统、形式化语言）或混合方式。需求规格可以通过它们俘获的功能特性检索，在构建新的系统时复用。如同设计复用的第二种方式，针对某一类问题进行分析后得到的需求规格更容易直接使用。

无论哪种形式，可复用件都必须组织成复用库，才能方便地使用。要有效地使用复用库，必须清楚库的内容，这样，应用开发者才能决定库是否满足需求。复用库的内容包含以下三种类型。

（1）通用构件。它在程序设计语言的基础上为程序构造提供通用支持。构件包括抽象数据类型、图形工具、数学例程、菜单驱动器等。面向对象语言系统提供的各种包正是这种类型的构件，如 Java 语言中的数学函数包 math、Python 语言实现的人工智能算法工具包 SimpleAI。

（2）特殊领域构件。为特定应用领域提供的基本功能或服务。例如，支持多种类型的深度学习架构 Caffe，面向图像分类和图像分割，还支持多种神经网络的设计；开源 AI 计算框架 MindSpore 提供统一的模型训练、推理、导出接口，数据处理、增强、格式转换接口，以及硬件无关的优化（如死代码消除等）、自动并行和自动微分等功能。

（3）特殊应用代码。它只服务于开发的特殊的应用程序，对其他应用程序几乎无用。特殊应用代码可用作特殊领域构件客户化开发、组合特殊领域构件，或者提供特殊的功能。

9.1.2　基于复用的软件开发

欲采用复用件实施软件开发，必须要解决三个基本问题：

（1）必须有可复用的对象；

（2）所复用的对象必须是有用的；

（3）软件开发者要知道如何使用被复用的对象；

基于复用的软件开发改变了传统的软件开发过程和技术，它包括两个相关的过程：（1）可复用软构件的开发（Development for Reuse）或面向复用的软件开发，是产生软件的过程，称为领域工程；（2）基于复用的软件开发（集成和组装）（Development with Reuse），是使用软件生产新系统的过程，也称为应用工程。领域工程是应用工程的基础，它的目标是建立可复用的软构件库。

基于复用的软件开发，首要任务是把用户需求转换成系统规格，可能要按照可复用件修改软件的系统规格。系统设计的核心是软件体系结构。系统设计要依据已有的构件，在系统规格、应用架构和可获得的构件之间做出决定、妥协和平衡。基于复用的系统设计可能不如专用设计有效，但是，更低的开发成本、更快的系统交付和更可靠的系统应该可以弥补不足。其中关键的一步是根据系统规格、软件架构和系统设计，查找可复用的软构件。最后，就要把可复用构件及开发的软件部分，按照软件架构组装起来。最常见的方式是使用集成语言（如脚本语言 Python、Unix shell、TCL/TK）把构件"黏合"起来或黏合到框架上，最终得到应用软件。

基于复用的软件开发也面临一系列挑战：

（1）确认复用任务及其完成这些任务的技术；

（2）提供方法学和工具支持完成任务；

（3）把复用任务集成到一个软件开发的工作流程。

复用任务包括用高级语言（领域语言）说明待开发应用的规格，尽可能地复用已有的构件合成满足一组需求的应用系统。对于目标系统的任何部分，开发者必须：（1）以支持获取可能的、有用的可复用件的方式表达这一部分的需求；（2）理解获取的软构件；（3）如果得到的软构件足够接近需求，并且具有达到足够好的质量，就可以采用它。如果没有软构件完美匹配或接近要求，则开发者要重新分析系统、重复步骤（1）～（3）。

搜索并获取可复用构件是一个知识密集的活动，包括搜索、获取、解释和适应可复用构件。

在复用过程，理解软构件和程序是一项重要的脑力工作。软构件理解意味着三个因素：（1）理解它的功能；（2）理解它的工作方式；（3）理解如何修改它使其以不同的方式使用。

程序理解过程包含在复杂、详细的结构中识别更高层次的抽象模式。研究表明，专家和新手运用不同的方式理解程序，复用者需要训练理解程序或者借助工具辅助理解程序。

9.1.3　程序库

程序库是软件复用最基本、最普通的形式。程序库是一些经常使用、经过实用的规范化程序或子程序的集合。程序库中的程序包括经常使用的功能，如基础数学函数、字符串处理、GUI 元素、输入/输出处理及数据库操作、网络协议、网络编程基础、密码安全等。程序库通常是编译后的二进制可执行码或虚拟机可执行码（如 Java、Android 等）。把它们放到目录中，经过环境变量设置，在程序中引入后就可以如同普通函数、对象、类等一样编程使用。语言运行系统在程序执行前，把引用的库和编写的代码及语言内置的库连接并加载，就能运行编写的程序。

过程式语言（如 C 语言）的程序库主要就是各种函数。面向对象语言统称为类库，实质是一个综合性的面向对象的可重用类的集合，包括接口、抽象类和具体类。

程序库可以是语言系统内置的，也可以是第三方独立开发的。

不同语言的打包和引用库的形式略有不同。在程序中引用库的关键字有 include、using、import、with 等。除了引用相同语言的库，现在的编程语言也允许引入其他语言的库，最常见的是 C 语言的库。随着软构件技术的发展，不同编程语言之间的互操作性、编程语言的平台独立性使得程序库的复用更加便利和普遍。

使用第三方开发的程序库与使用系统的程序库，本质上没有区别。通常是理解 API 设计、查阅 API 使用方式、学习示范代码及不断练习实践。第三方开发的程序库的文档不齐全可能是使用程序库的主要难题。本书将在"案例分析与实践"中学习三个程序库的使用。

程序库不同于软件包。软件包是指具有特定的功能，用来完成特定任务的一个程序或一组程序。软件包由一个基本配置和若干可选部件构成，既可以是源码，也可以是目标码或可运行码。软件包本质上就是一个可以运行的软件，可以打包、压缩，便于发布。经过安装、配置以后，就可以使用软件包提供的功能和服务。一般而言，软件包不作为复用件而在软件开发中使用、不能集成到开发的软件中。

9.2　设计模式

9.2.1　基本概念

设计模式（Design Pattern）是对给定环境下反复出现问题的一个通用的、可复用的解决方案。它是可以在很多不同场合用以解决一类问题的一种描述或样板。模式是程序员在设计一个软件或系统时解决共同问题最佳实践的正式描述。在软件领域，模式最初针对的是面向对象的编程和软件。面向对象的设计模式表示类或对象之间的关系与交互，没有说明涉及的最终应用软件的类或对象。一种设计模式不是一种可以直接转换成代码的设计方案。

设计模式所涉及的抽象和应用的范围很广。体系结构模式描述了可以用结构化方法解决的设计问题。数据模式描述了重现的面向数据的问题及用来解决这些问题的数据建模解决方案。构件模式即设计模式，涉及与开发子系统和构件相关的问题，它们之间相互通信的方式及它们在一个较大的体系结构中的位置。界面设计模式描述公共用户界面问题及具有影响因素（包括最终用户的具体特征）的解决方案。

设计模式是经过时间检验的经验总结，是最基本、最常用的可复用件。有效的软件设计要求考虑在设计之时尚不可见的问题。复用设计模式有助于加快软件开发，编写的代码更容易理解、更可靠。此外，设计模式还有如下优势：

- 设计模式在软件开发中提供了一种公共的词汇和理解。
- 设计模式是软件设计建立文档的一种手段。
- 设计模式通过支持软件的功能属性和质量属性来构造软件。
- 设计模式有助于建立一个复杂的和异构的软件结构。
- 设计模式有助于减小管理软件的复杂度。

为了便于使用，人们按照一定的方式描述设计模式，并分类编目。在面向对象领域已记载了两百多种设计模式，最为著名的是伽马（E.Gammar）等4人提出的23种设计模式。

9.2.2　基本设计模式目录

伽马等人把基本的设计模式分为创建型模式、结构型模式和行为型模式三类。

基本设计模式目录

9.2.3　设计模式举例

一个模式描述了一个问题，列出影响因素，使用户能够理解问题所处的环境、如何解释这个问题，以及如何使用解决方案。描述设计模式的方式不完全一样，基本内容包括模式名称、解决方案、设计元素及其之间的交互（通常用UML的类图描述类及其关系，用时序图描述交互关系）、应用场景、特点分析、实际例子等。

1. 工厂方法模式

问题描述：在一个图形编辑器中，可以绘制直线（line）、矩形（square）、圆（circle）等各种图形（shape）。不同图形的绘制（draw）是不同的，但是画笔对所有图形都统一使用draw。以后可能会修改某个图形的绘制方式（编码实现），也还会增添不同的图形。为了便于软件的维护和扩展，该如何设计呢？

解决方案：定义一个用于创建对象的接口或抽象类，让子类根据条件或参数决定实例化哪个类或调用哪个方法。工厂方法模式把一个类的实例化延迟到其子类。

工厂方法模式结构：

- 工厂（Factory）是该模式的核心，它负责实现创建所有实例对象的内部逻辑。工厂类创建产品类的方法可以被外面用户直接调用，创建所需的产品对象。

● 抽象产品（Product）是所创建的所有对象的父类，它负责描述所有实例所共有的公共接口。

● 具体产品（Concrete Product）是工厂模式的创建目标，所有创建的对象都是充当这个角色的某个具体类的实例。

工厂方法模式的实质是由一个工厂类根据传入的参数，动态地决定应该创建哪个产品类（这些产品类继承自一个父类或接口）的实例。

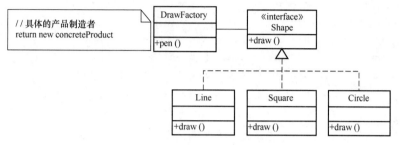

图 9.1　工厂模式的一种实现方式

实现方式一（参考图 9.1）：Shape 是抽象的产品，具体产品是 Line、Square 和 Circle。DrawFactory 是工厂，它根据条件产生具体类，决定用哪个子类及其方法实现抽象方法 draw()。

```
//代码9.1: 工厂方法模式的实现方式一
package cbsc.cha9.factoryMethod;
interface Shape {
    public void draw();
}
class Line implements Shape {
    public void draw() {
        System.out.println("draw a line.");
    }
}
class Square implements Shape {
    public void draw() {
        System.out.println("draw a square.");
    }
}
class Circle implements Shape {
    public void draw() {
        System.out.println("draw a circle.");
    }
}
//创建一个工厂方法,根据创建的类,选择不同的draw
class DrawFactory{
    public Shape pen (String type) {
        if ("Line".equals(type)) {
            return new Line();
        } else if ("Square".equals(type)) {
            return new Square();
        } else if ("Circle".equals(type)) {
```

```
            return new Circle();
        } else {
            System.out.println("请输入正确的类型！");
            return null;
        }
    }
}
public class FactoryMethodTester {  //测试工厂的方法
    public static void main(String[] args) {
        DrawFactory factory = new DrawFactory();
        Shape shape = factory.pen("Square");
        shape.draw();   //应该输出: draw a square.
    }
}
```

实现方式二：可以修改抽象方法，改为下面的三个方法：

```
//代码9.2：工厂方法模式的实现方式二
public Shape linePen(){
        return new Line();
    }
public Shape squarePen(){
        return new Square();
    }
public Shape circlePen(){
        return new Circle();
    }
```

测试方法的第 2 句改为"Shape shape = factory.squarePen();"。

实现方式三：运用多态性，在抽象工厂类 DrawFactory 中分别根据三种画笔的不同参数，实现 DrawFactory 的三种不同构造方法，然后重载其中的绘制方法 draw。假设有一个点 Points(int x, int y)，类 Line 有两个点 begin 和 end，类 Square 有一个左上点 corner、高度 height、宽度 width；类 Circle 有个中心点 center 及半径 radius。实现的代码片段如下：

```
class DrawFactory{
    DrawFactory(Point a, Point b){
        new Line (a,b).draw();
    }
    ...
}
```

实现方式三的完整代码留作练习。可以使用下面代码检测，可能输出：
```
draw a line from (5,5) to (20,15)
```

```
public class FactoryMethodTester {
    public static void main(String[] args) {
        Point p1 = new Point(5,5);
        Point p2 = new Point(20,15);
        DrawFactory factory;
        factory = new DrawFactory(p1,p2);
        ...
```

```
    }
}
```

实现方式四：结合方法一和方法三，实现及测试的代码片段如下：

```java
class DrawFactory{
    public Shape pen(Point a, Point b){
        return new Line(a,b);
    }
    ...
}
public class FactoryMethodTester {
    public static void main(String[] args) {
        DrawFactory factory = new DrawFactory();
        factory.pen(p1,p2).draw();
        factory.pen(p1,20,15).draw();
        factory.pen(p1,10).draw();
    }
}
```

可能的输出是：

```
draw a line from (5,5) to (20,15)
draw a square from (5,5) to (25,20)
draw a circle at (5,5) with radius 10
```

工厂方法模式的核心思想是：有一个专门的类来负责创建实例的过程，它把产品视为一系列类的集合，这些类是由某个抽象类或接口派生出来的一个类的树。工厂类用来产生一个合适的对象来满足客户的要求。如果工厂方法模式所涉及的具体产品之间没有共同的逻辑，可以用接口来扮演抽象产品的角色，如果具体产品之间有公共的逻辑，就必须把这些共同的逻辑提取出来，放在一个抽象类中，然后让具体产品继承抽象类。为实现更好复用的目的，共同的逻辑总是应该被抽象出来的。实现时，工厂方法模式可以参数化；返回对象可以是抽象对象，也可以是具体对象；遵循命名规则有助于开发者识别代码结构。

使用工厂方法模式的场合及好处如下：

● 平行连接类的层次结构。
● 一个类想让其子类说明对象。
● 一个类不预计子类，但必须创建子类。
● 一簇对象需要用不同的接口分隔开。
● 代码要处理接口而非实现类的接口。
● 连接子类的方式比直接创建对象更加灵活。
● 对客户要隐藏具体的类。

工厂方法模式被普遍用于各种框架之中，如 Struts、Spring 和 Apache，也有多个基于工厂方法模式的 J2EE 模式。JDBC 是该模式的一个样板例子。数据库应用程序不需要知道它将使用哪种数据库，也不知道应该使用什么具体的数据库驱动类。相反，它使用工厂方法来获取连接、语句和其他对象，使得后台数据库的变更非常灵活，同时并不会改变应用的数据模型。

在 JDK 中使用工厂方法设计模式的例子：

● valueOf()方法会返回工厂创建的对象，这等同于参数传递的值；

- getInstance()方法会使用单例模式创建类的实例；
- java.lang.Class 中的方法 newInstance()在每次调用工厂方法时创建和返回新实例；
- java.lang.Object 中的方法 toString()。

2. 适配器模式

问题描述：正在运行的程序使用 L 型号的打印机 print 文件，现在又购置了 H 型号的打印机，但是它提供了不同的打印函数 disply()。如果不改变当前使用打印机的程序，使用新的类但又不能改变新类，如何设计呢？这个问题的核心是如何复用类的操作，但它的接口不符合应用的要求。

解决方案：用接口为不符合要求的类创建一个适配器类，使其提供的接口满足应用要求，如图 9.2 所示。

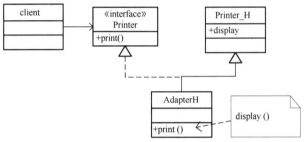

图 9.2　类适配器模式的结构

实现方式一：假如接口 Printer 有一个 print()方法，现有的类 Printer_L 实现这个接口，测试类 AdapterTester 作为打印机的客户程序，代码如下：

```
//代码9.3：适配器模式的实现方式一
package cbsc.cha9.adapter;
//目前有的类
interface Printer {
    public void print();
}
class Printer_L implements Printer {
    public void print(){
        System.out.println("Type L printer is printing.");
    }
}
public class AdapterTester {
    public static void main(String[] args) {
        Printer pl = new Printer_L();
        pl.print();
    }
}
```

现在引入一个类 Printer_H，它的打印方法是 disply()。编写一个适配器类 AdapterH，通过复用 disply()提供 print()方法。含测试的代码如下：

```
public class AdapterTester {
    public static void main(String[] args) {
        ...
        Printer ph = new AdapterH(); //新增的打印测试
```

```
            ph.print();
        }
    }
//新引入的类,不能改动
class Printer_H {
    public void display(){
        System.out.println("Type H printer is printing.");
    }
}
//适配器类
class AdapterH extends Printer_H implements Printer{
    public void print(){
        display();
    }
}
```

　　实现方式二：利用组合方式，把要适配的类作为适配器类的成员属性，复用它的方法对外提供统一的方法。假如增添 T 类型打印机，含改动的测试的代码如下：

```
//代码9.4：适配器模式的实现方式二
public class AdapterTester {
    public static void main(String[] args) {
        ArrayList<Printer> list = new ArrayList<Printer>();
        Printer pl = new Printer_L();
        list.add(pl);
        Printer ph = new AdapterH();
        list.add(ph);
        Printer pt = new AdapterT(new Printer_T());
        list.add(pt);
        for (Printer printer: list){
            printer.print();
        }
    }
}
//新引入的类,不能改动
class Printer_T {
    public void display(){
        System.out.println("Type T printer is printing.");
    }
}
//适配器类2
class AdapterT implements Printer{
    private Printer_T printer;
    public AdapterT(Printer_T printer){
        this.printer = printer;
    }
    public void print(){
        printer.display();
    }
```

```
    }
```

实现方式一称为类适配器模式，实现方式二是对象适配器模式。它们的目的都一样，即将一个类的接口（方法）转换成另外一个客户希望的使用方式，使得原本因接口不兼容而不能一起协作的那些类能协同合作。适配就是由"源"到"目标"的适配，在当中连接两者的桥梁就是适配器，它负责把"源"过渡到"目标"。适配器模式适用于如下场合：

- 想复用一个已经存在的类，但其接口不符合目前的使用方式；
- 想创建一个可复用类，该类可以与其他不相关的类或不可预见的类（那些接口可能不一定兼容的类）协同工作；
- （仅适用于对象 Adapter）想使用一些已经存在的子类，但是不可能对每个都进行子类化以匹配它们的接口。对象适配器可以适配它的父类接口。

适配器模式的应用有很多，在 Java SDK 中的运用有：javax.swing.JTable(TableModel) 返回一个 Jtable；java.io.InputStreamReader(InputStream) 返回一个 Reader；java.io.OutputStreamWriter(OutputStream) 返回一个 Writer。

3．命令模式

命令模式

4．基于模式的设计

在工业技术领域，基于模式的产品设计已经用了几十年甚至上百年。机械目录和标准配置提供了设计元素，可以用来设计汽车、飞机、机床及机器人等。在软件开发中，应用基于模式的设计同样可以给软件带来好处：提高软件及其开发过程的可预测性、降低风险及提高生产率。

通过使用经过实证的设计模式，开发者可以获得特定问题的已解决方案和经验。随着设计模式的应用，解决方案被集成到完整的设计方案中，所构建的应用系统向着完整的设计又迈进了一步。一种良好的设计模式以某种方式捕获来之不易且实用的设计知识，使更多的人可反复使用这些知识。在设计过程中，当模式符合设计要求时，应该利用一切机会去寻找现成的设计模式，而不是去创建新模式。一个优秀的设计者能看出表明问题特征的模式，将合适的多个模式组合起来形成具体的解决方案。

已建立的一系列质量指导方针和属性可以作为所有软件设计决策的基础。决策本身受到许多基本的设计概念（如关注点分离、信息隐藏、模块化）和技术方法（如测试技术、建模表示方法）等最佳实践的影响，它们都是利用经过了几十年演变的启发法获得的。作为软件构造的基础，所提出的最佳实践可使设计更容易实施，获得更优的设计结果。

图 9.3 说明了基于模式的设计的步骤。软件设计师从描述系统抽象表示的需求模型（明确的或隐含的）开始工作。需求模型描述问题集合、建立上下文环境并明确主要影响因素。需求模型用抽象的方式暗示设计，但不能明确地表示设计。

开始设计时，牢记设计的质量属性很重要。这些属性（例如，设计必须实现在需求模型中所有明确的需求）是评估软件质量的基础，但对实际获得软件质量的帮助不大。所创建的设计方案应该展示出基本的设计概念，因此，应用成熟的技术把需求模型中的抽象表示转化成更具体的形式，这就是软件设计。要利用可以得到的体系结构设计、构件级设计及接口设计方法和建模工具。当然，前提是还没有解决当前的问题、环境及系统影响因素时才这样做。如果有了成熟可用的解决方案，就直接使用。这就应用了基于模式的设计方法。

当模式作为设计活动的一部分时，简单地各个模式累加起来，不能保障获得良好的软件设计。当评价环境时，需要提炼出要解决问题的层次结构，其中有些问题是全局性的，有些问题要解决的是软件的特定性质和功能。好的软件设计要从考虑全局环境开始；全局因素会影响所有这些问题及要提出的解决方案的性质。

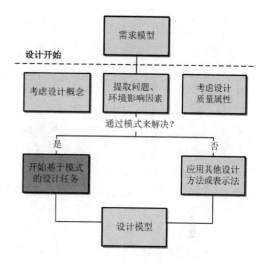

图 9.3　基于模式的设计的步骤

为了使设计者使用模式来思考，建议思考下面的方法：

（1）保证理解全局——即要开发软件所处的环境，需求模型表达了这个要求；

（2）检查全局，提取在此抽象层上表示的模式；

（3）从"全局"模式开始设计，为将来的设计活动建立环境或架构；

（4）在更低的抽象层上寻找有助于设计方案的模式；

（5）重复步骤（1）到步骤（4），直到完成完整的设计；

（6）使每个应用的模式适应将要建立的软件细节，借此优化设计。

设计模式不是独立的实体，在高抽象层的设计模式会影响在较低抽象层的其他模式的应用方式。另外，不同模式间也经常相互协作。选择一种体系结构模式，它会对所选择的构件级设计模式有影响。同样，在选择一种特定的接口设计模式时，有时也不得不使用与之协作的其他模式。

9.3　框架

9.3.1　基本概念

模式能帮助设计和构造，但是使用模式本身可能不足以开发一个完整的系统。在某些情况下，还需要为系统开发提供与实现相关的架构基础设施，称为框架（Framework）。框架是系统的整体或部分的可复用件，是可被应用开发者研制建造应用的骨架。可以说，一个框架是一个可复用的设计构件，它规定了应用的体系结构，明确了系统内外、协作构件间的依赖关系、责任分配和控制流程，为构件的复用提供了上下文关系。

软件框架及其在开发中的应用在很大程度上借鉴了硬件技术发展的成就，它是构件技术、软件体系结构和应用软件开发三者发展结合的产物。在很多情况下，框架通常以构件库的形式出现，表现为一组抽象类及其实例间的交互协作。但构件库只是框架的一个重要部分，构件库的大规模应用需要框架作为基础。框架的核心包括稳定的结构、框架内对象间的交互模式和机制。在某种程度上，要将构件和框架视为两种不同但彼此协作的技术。框架为构件提供复用的环境，为构件处理错误、交换数据及激活操作提供了明确的规则。

根据软件的层次结构，可将软件框架分为以下几种。

- 基础设施框架。对系统基础功能接近完整的实现，同时留有扩展余地。例如，分布式系统基础设施的框架 Spring Cloud，提供服务发现注册、配置中心、消息总线、负载均衡、断路器、数据监控等功能。
- 中间件框架。把一些常用的中间件按需定制或按需扩展而成，如支持Web程序运行的Nginx，百度的 Paddel Paddel 深度学习框架、大数据平台中的流处理框架 Apache Storm 等。
- 应用框架。面向应用领域中应用系统的骨架代码，开发者可以在框架中添加具体的类、接口等构件构建某种形态的应用系统。例如，Web 应用框架 Struts、Android 应用框架。

根据应用范围的不同，可将软件框架分为以下几种。

- 技术框架。致力于解决某一技术领域内的通用技术问题，提供用户定制和扩展机制。技术框架又称为水平框架，强调的是框架的通用性、使用范围的广泛性。例如，Hibernate 就是解决面向对象与关系数据库映射问题的技术框架；JUnit 是解决单元测试问题的技术框架。
- 业务框架。在特定业务领域内通用的框架。业务框架又称为垂直框架，强调框架的专业领域。例如，一个网络管理软件的垂直框架针对网络管理这个专门领域提供了完善的功能。

框架不是包含构件应用程序的碎片化程序，而是实现了某个应用领域通用、完备功能（除去特殊应用的部分）的底层服务。使用这种框架的编程者可以在一个通用功能实现的基础上开发具体的应用系统。软件的应用框架提供了所有应用期望的默认行为的类或接口的集合。具体应用通过实现子类（该子类属于框架的默认行为）或接口或组装对象来支持应用的专用行为。

使用框架强调的是软件的设计复用性和系统的可扩充性，以便缩短大型应用软件的开发周期，提高软件的质量。与基于类库的面向对象复用技术相比，基于框架的开发更注重面向专业领域的软件复用。应用框架具有领域相关性，构件根据框架进行复合而生成规模大、更复杂、可运行的软件系统。框架的粒度越大，包含的领域知识越完整。

框架将应用系统划分为类和对象，定义了类和对象的责任，规定了类和对象如何互相协作，以及对象之间的控制线程。这些共有的设计因素由框架预先定义，应用开发者只需关注特定的应用系统的特有部分。框架刻画了应用领域共有的设计决策，侧重设计复用，尽管框架中可能包含用某种程序设计语言实现的具体类。框架在软件开发中具有以下显著的特点。

- 应用领域内的软件结构一致性好，便于建立更加开放的系统。
- 复用代码大大增加，软件生产效率和质量得以提高。
- 软件设计人员要专注于了解专业领域，使需求分析更充分、更准确。
- 保存了经验，让那些经验丰富的人员去设计框架和领域构件，而不必限于低层编程。
- 允许采用快速原型技术。
- 有利于一个项目内多人协同工作。
- 大粒度的复用有助于快速提高质量的软件，参数化框架有利于提高开发的适应性、灵活性。

9.3.2　框架和设计模式

框架和设计模式这两个概念既有联系，也有区别。软构件通常是代码的复用，设计模式是设计的复用，框架则介于两者之间，既有代码复用，也含设计复用，有时也可复用需求和软件分析。

设计模式是对在某种环境中反复出现的问题及解决方案的描述，不能运行，比框架更抽象，框架通常用代码表示，可以全部或部分执行。设计模式是比框架颗粒更小的设计元素，一个框架往往含有一种或多种设计模式。框架针对某一特定的应用领域，同一个设计模式则可适用于各种应用。可以说，框架是软件，设计模式是软件的知识。

在一个良好开发、广泛应用的框架中，不乏设计模式的大量应用。例如，Java 测试框架 JUnit 虽然只有十几个核心类和接口，但是它的代码中用了工厂方法模式、装饰模式、组合模式、外观模式、观察者模式、职责链模式、访问者模式和策略模式等。

9.3.3　框架开发

面向对象系统获得的最大的复用方式就是框架。一个基于框架开发的应用系统可能包含一个或多个框架、与框架相关的构件类，以及与应用系统相关的扩展。与应用系统相关的扩展包括与应用相关的类、接口和对象。应用系统可能仅仅复用了面向对象框架的一部分，或者，它可能需要对框架进行一些适应性修改，以满足业务和技术需求。

另外，框架本身的开发也用了复用技术，可能从代码、设计和分析三个层面复用了软件。

（1）框架能复用代码。这种方式使得已有构件库中构件的应用变得更加容易，因为构件都采用框架统一定义的接口，简化了构件间的通信、协作、交互。

（2）框架能复用设计。这种方式提供可复用的抽象算法及高层设计，把大的系统分解成更小的构件，能描述构件间的接口。规范的接口使得在已有构件基础上通过组装建成各种各样的系统成为可能。只要符合接口定义，新的构件就能插入框架中，构件设计者就能复用构架的设计。

（3）框架还能复用分析。若所有的开发者按照框架的思维来分析和设计系统，则能将它划分为同样的构件，采用相似的解决方法，从而使采用同一框架的分析人员之间方便地理解和沟通。

一般地，框架的复用周期如下。

（1）用能够与得到描述的、可复用框架相匹配的术语表达需求。

（2）搜索并获取最相关的框架。

（3）评估框架的可重用能力。

（4）选择最合适的候选复用框架，适应或改编它们以匹配当前系统的需求。

（5）把框架集成到当前的应用系统。

复用框架和复用设计模式、构件库等其他可复用件的关键步骤基本一样，但问题的复杂性和工作量的分布不尽相同。一个类库可能含上百个类、数千个方法，框架使用者通常面临的是几个（而不是上百个）框架，因而选择和获取的任务不困难。典型的做法是，根据功能的覆盖度、平台支持、文档质量等评估几个框架。所以，步骤（1）和（2）较为简单，评估每个候选框架（步骤（3））会耗费一些时间，评估包括阅读框架的文档、框架是否合适，以及实际使用框架开发一个应用原型来检测框架及其各种属性。步骤（4）按照应用需求选择、匹配、改编最适合的框架，这项工作的量最大，目标是为框架的每个参与者都完成代码实现，包括在框架提供的工件中选择具体构件、选择并改写特殊应用的类以便它们能适应在框架中的角色。这些工作通常要手工编码，有时也有工具辅助产生程序。最后，在框架环境下集成、扩展软件，可以根据应用场景有效地把应用构件插入框架结构。

框架也有生存周期，也会随着复用而演化。框架的每一次复用都会遇到一些难题：难以改动的构件、要进一步参数化的属性或者要进一步抽象或分解的结构等。

9.3.4　软件测试框架 JUnit

软件测试框架 JUnit

9.4　案例分析与实践

9.4.1　生成 Word 格式的习题

构造任务 11：生成 Word 格式的习题文件。

需求：给定 50 道 100 以内的加减法口算习题，用 Word 格式输出。

分析：文字处理是一项复杂的系列操作，包括字体、字号、颜色等的选择，行间距、段落、页面等的设置，还要综合考虑这些因素自动排版。一般的编程语言都没有文字编辑和格式化的功能。如果使用微软的开发运行环境，可用 C#、C++或 VB 等语言方便地在应用程序中操作微软 Office 办公软件，但是对于 Java 程序员，事情就不那么简单了。

对微软的 Word 等办公软件，有一些 Java 的解决方案，包括使用 Jacob、Apache POI、Java2Word、FreeMarker 和 Spire.Doc for Java 等方式。本节采用 FreeMarker 和 Spire.Doc for Java 两种程序库分别完成构造任务 11。

1．理解和使用 FreeMarker

从微软 Office 2003 开始，可以将 Office 文档转换成 XML 文件。这样只要将需要填入的内容放上\${}占位符，就可以使用像 FreeMarker 这样的模板引擎将出现占位符的地方替换成真实数据，生成各种格式的文档。

FreeMarker 是一个用 Java 语言编写的模板引擎，它能基于模板制导文本输出。FreeMarker 的最初目的是生成 HTML 的 Web 页面，特别是为基于servlet的应用按照 MVC 模式生成 HTML 的 Web 页面。使用 MVC 模式产生动态页面遵循了分离关注点和松散耦合的原则：Java 程序逻辑和用 FreeMarker 模板生成的文档设计相互独立，模板不受复杂程序逻辑的干扰。这些有助于程序逻辑清晰、便于更改和维护。模板用一种简单、专用的语言 FreeMarker 模板语言（FTL）编写。Java 程序员准备要显示的数据（如 SQL 查询），FreeMarker 按照模板生成文字页面显示准备的数据。图 9.4 示意了 FreeMarker 的使用方式。

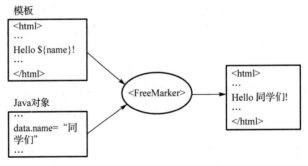

图 9.4　FreeMarker 原理示意图

使用 FreeMarker 输出 Word 文件主要包含两部分：制作模板（结果类似图 9.4 左上）和完成合并（模板+数据）产生实际输出（过程是图 9.4 的左下与椭圆两部分，结果类似图 9.4 右）。

制作模板的步骤：用微软 Word 制作要输出的 Word 样式，存为 XML 文件，并将其翻译成 FreeMarker 模板。输出模板的步骤：创建配置实例和数据模型，获取模板，将模板与数据合并。

FreeMarker文档丰富，包括Java API、使用手册、程序员指南、模板库等。而且，FreeMarker能够生成各种文本：HTML、XML、RTF、Java源代码等。数据可以从任何源载入模板，如本地文件、数据库等，可以按需生成文本：保存到本地文件、作为E-mail发送、从 Web应用程序发送它返回给 Web 浏览器等，因而应用广泛。

构造任务 11.1：用 FreeMarker 生成习题的 Word 文件，过程和代码详见二维码内容。

用 FreeMarker 完生成习题的 Word 文件

2. 使用 Spire.Doc for Java

Spire.Doc for Java 是一款专业的、有免费版的 Java Word 组件。开发人员使用它可以在自己的 Java 应用程序中集成 Word 文档创建、读取、编辑、转换和打印等功能，能编程实现多种Word文档处理任务，包括生成、读取、转换和打印Word文档，插入图片，添加页眉和页脚，创建表格，添加表单域和邮件合并域，添加书签，添加文本和图片水印，设置背景颜色和背景图片，添加脚注和尾注，添加超链接，加密和解密 Word文档，添加批注，添加形状等。

作为一款完全独立的组件，Spire.Doc for Java 的运行环境无须安装 Microsoft Office。

下载 Spire.Office.jar，就可以在 Java 中编码使用。它不仅支持 Microsoft Office（Word/Excel/PowerPoint），还包含 PDF、Barcode 的类和接口。欲深入学习，请阅读JAR中的文档，包含 Java API、中文教程、代码例子等。

```
✓ 🗁 SpireForDoc
  > 🗂 JRE System Library [jre1.8.0_241]
  ✓ 🗁 src
    > ⊞ (default package)
    > ⊞ spireForDoc
  ✓ 🗂 Referenced Libraries
    > 🗄 Spire.Office.jar - D:\CBSC 2022\
  > 🗁 output
```

图 9.5　在 IDE 中加载 Spire.Office.jar

构造任务11.2：用 Spire.Doc for Java 生成习题的 Word 文件。

用 Spire.Doc for Java 解释一个 Word 文件：首先，文件的内容存入一个文档（Document）对象，它由若干节（Section）组成，节包含若干段落（Paragraph）、表（Table）、复选框、图片等。文本 Text 作为内容添加到 Table、Paragraph。其次，Document 中的每个 Paragraph 都可以有独立定义的风格（ParagraphStyle），如设置字体、色彩、字号、段落行距、对齐方式、段首缩进。最后，使用 Document 中的方法，把 Document 存入一个 Word 文件。

下面，通过编码简要说明从 CSV 文件的口算习题生成.docx 后缀的文件，结果如图 9.6 所示。

下面示意了新增类 DocExerciseCreator 的两个方法，主方法列出了 5 个步骤。本例把算式用表 Table 的形式展现。为了简化 Table 中的每个单元内容，即一个算式的填写，把 CSV 文件转换成二维数组，就是代码中的步骤 1～3。步骤 4 是该程序的核心，完成文档 Document 对象的产生。步骤 5 把这个对象存入一个 Word 文件。

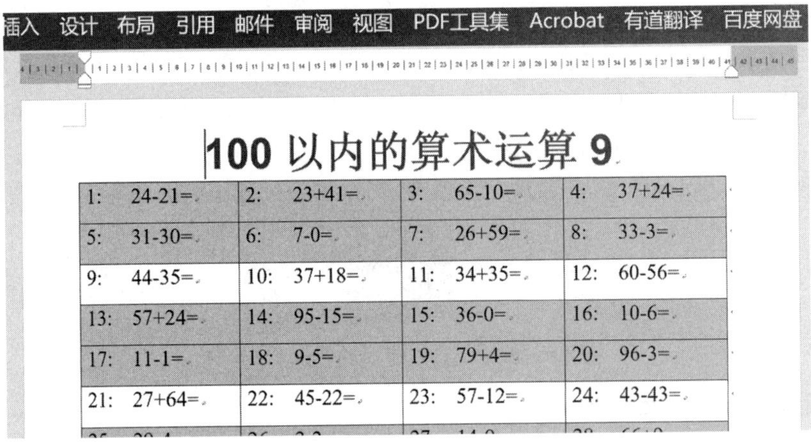

图 9.6   算术习题的 Word 格式

```
// 代码 9.5：用 Spire.Office 从一个 Exercise 文件创建 Word 的主要代码

public static void main(String[] args) {
    DocExerciseCreator fde = new DocExerciseCreator ();

    System.out.println("1. 选择一个文本练习文件");
    File input = new File("output/exercise_mix-70_4.txt");

    System.out.println("2. 从练习文件得到一维算式列表");
    ArrayList<String> aList = fde.getListFromCSVFile(input);

    System.out.println("3. 从算式一维表得到二维算式表");
    String[][] aMatrix = fde.getMatrixFromList(aList,4);

    System.out.println("4. 把算式表写入 document 对象");
    Document document = fde.createDocFrom2DArray(aMatrix,9);

    System.out.println("5. 把 document 输出到 word 文件");
    document.saveToFile("output/exercise_mix_70_4_4.docx",
                        FileFormat.Docx);
}
```

下面是步骤 4 的代码。简单对比一下第 7 章中 GUI 的概念。Document 对象类似 GUI 中的顶层容器，可以容纳其他容器或组件，如节、页码、图片、表格。每个 Document 必须至少有一个 Section，就像 Java 实现 GUI 需要至少有一个画板 Panel 或其他相关的类。文档标题放在一个段落 para，我们为其添加了风格 style，包括字号、字体、字型、色彩、文字居中等。

一个 Table 对象参照输入的二维数组 aMatrix 创建，添加了文档的 section 对象，把 aMatrix 的每道算式逐个填写到 table 对应的表格。代码设置了表格的格式：行高 30 和填写方式 Exactly，以及单元格式字体 Roman 和字号 16。为了示意灵活性，我们又添加了两种颜色，设置表格每隔两行就重复颜色，使得表格共有三种背景颜色循环出现。完整代码见本书配套的资料包。

```
// 从二维表构造 doc 文件，index：每个练习的序列号，本例是 9
public Document createDocFrom2DArray(String[][] aMatrix, int index) {
    // 创建一个 Word 文档，添加一节 section
```

```java
Document document = new Document();
Section section = document.addSection();

// 添加段落 paragraph 及其风格 style,包括字号、字体、字型、色彩、文字居中
ParagraphStyle style = new ParagraphStyle(document);
style.getCharacterFormat().setFontSize(32f);
style.getCharacterFormat().setBold(true);
style.getCharacterFormat().setTextColor(Color.RED);
style.getCharacterFormat().setFontName("Arial");
document.getStyles().add(style);

Paragraph para = section.addParagraph();
para.getFormat().setHorizontalAlignment(HorizontalAlignment.Center);
para.applyStyle(style.getName());
para.appendText("100 以内的算术运算 "+ index);

// 依照 aMatrix 创建一个表 table
int rowCount = aMatrix.length;
int columnCount = aMatrix[0].length;
Table table = section.addTable(true);
table.resetCells(rowCount,columnCount);

int counter=0;  // 算式计数器、题号

// 把二维 aMatrix 中的数据填进表 table
escape:for (int i = 0; i < rowCount; i++){
    // 设置表的格式：行高和填写方式
    TableRow dataRow = table.getRows().get(i);
    dataRow.setHeight(30);
    dataRow.setHeightType(TableRowHeightType.Exactly);

    for (int j = 0; j < columnCount; j++){
        if (aMatrix[i][j] == null) { // 最后一行可能填不满
          break escape;
        }
        counter++;
        String cell = counter+":\t"+ aMatrix[i][j]+"="; // 题号：算式=
        // 填写 cell,即数据到表格中
        TextRange range = table.getRows().get(i).getCells().get(j).
                            addParagraph().appendText(cell);
        // 设置单元格式字体
        range.getCharacterFormat().setFontName("Roman");
        range.getCharacterFormat().setFontSize(16f);
    }
}
// 示意灵活的格式，设置单元行背景颜色：三行三种颜色
for (int j = 0; j < table.getRows().getCount(); j++) {
    TableRow row = table.getRows().get(j); // 得到表的一行
    Color color1 = new Color(250,180,200);
    Color color2 = new Color(255,215,0);
    if (j % 3 == 0) {
        for (int f = 0; f < row.getCells().getCount(); f++) {
            row.getCells().get(f).getCellFormat().setBackColor(color1);
        }
```

```
    }
    if (j % 3 == 1) {
        for (int f = 0; f < row.getCells().getCount(); f++) {
            row.getCells().get(f).getCellFormat().setBackColor(color2);
        }
    }
  }
  return document;
}
```

一个 Document 对象，可以对应 Word 文档的一页，也可以包含多页。可以用 Spire.Office 把一个目录下所有 CSV 格式的练习文件转换或合成到一个Document，图 9.7 所示为得到的Word 文档中的两页（阅读视图）。

文件　　工具　　视图　　　　　　　　merge6 [兼容模式] - Word(产品激活失败)

100 以内的算术运算 6

1:	79+2=	2:	70+15=	3:	47+25=	4:	62+27=	5:	42+8=
6:	40+33=	7:	44+50=	8:	99+0=	9:	67+13=	10:	66+13=
11:	22+25=	12:	7+11=	13:	40+26=	14:	18+33=	15:	25+73=
16:	52+26=	17:	61+11=	18:	12+44=	19:	59+0=	20:	56+11=
21:	3+20=	22:	39+20=	23:	57+17=	24:	22+25=	25:	93+3=
26:	88+0=	27:	91+0=	28:	70+7=	29:	54+19=	30:	7+53=
31:	2+67=	32:	11+41=	33:	11+29=	34:	79+2=	35:	57+25=
36:	59+19=	37:	20+29=	38:	12+8=	39:	47+43=	40:	12+14=
41:	3+8=	42:	3+19=	43:	55+45=	44:	54+23=	45:	9+68=
46:	77+18=	47:	62+3=	48:	38+19=	49:	62+26=	50:	59+37=

100 以内的算术运算 7

1:	24-21=	2:	23+41=	3:	65-10=	4:	37+24=	5:	31-30=
6:	7-0=	7:	26+59=	8:	33-3=	9:	44-35=	10:	37+18=
11:	34+35=	12:	60-56=	13:	57+24=	14:	95-15=	15:	36-0=
16:	10-6=	17:	11-1=	18:	9-5=	19:	79+4=	20:	96-3=
21:	27+64=	22:	45-22=	23:	57-12=	24:	43-43=	25:	29-4=
26:	2-2=	27:	14-9=	28:	66+9=	29:	15+36=	30:	83-80=
31:	61-14=	32:	69+9=	33:	30-13=	34:	71-17=	35:	89-30=
36:	44-31=	37:	72-38=	38:	60+21=	39:	17+63=	40:	7-4=
41:	76+5=	42:	28+46=	43:	35+18=	44:	5-2=	45:	66+24=
46:	4-2=	47:	81-70=	48:	19-14=	49:	40-31=	50:	37-26=
51:	30+5=	52:	72+7=	53:	3-2=	54:	42+45=	55:	45-19=
56:	12-4=	57:	16-16=	58:	25+64=	59:	52+1=	60:	96+0=
61:	53-32=	62:	55-41=	63:	98+0=	64:	20+67=	65:	47+28=
66:	43+5=	67:	90+0=	68:	87-1=	69:	98-33=	70:	90-68=

图 9.7　用 Spire.Office 生成多页 Word 文档中的两页

3．完成构造任务 11

继续扩展第 7 章的案例构造，在类 PracticeGUI 中添加代码，参考步骤如下。

（1）在菜单"文件"中添加子菜单"输出 Word 习题"，它包含两个子菜单：当前习题和习题册，如图 9.8（a）所示。

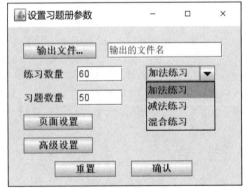

（a）构造任务 11 的一个集成界面　　　　（b）习题册的参数设置

图 9.8　构造任务 11 的一个集成界面和习题册的参数设置

（2）实现子菜单"当前习题"，使用弹出窗口简单设置参数：输入文件名，页面设置，如题目、算式的字型、字体、字号、色彩等。

（3）实现子菜单"习题册"，用弹出窗口设置习题册参数。图 9.8（b）示意了一种布局，包括：让用户通过文件窗口选择目录并填写文件名、每册练习数量（默认值 60）、每套习题数量（默认值 50）、习题类型（3 个选项）、页面设置、高级设置等。

目前的设计产生的练习册相对单一：一种类型算式的习题，其中的数量也一样。可以让一本练习册包含不同数量的加法、减法和混合算式的习题，每个习题包含的题目数量也可以不同。请读者设计高级设置并编码实现。

9.4.2　口算习题练习得分的可视化展示

构造任务 12：可视化展示练习口算习题的得分。

需求：华经理希望能分析小明口算练习的成绩，以便针对性地进行辅导。他希望能将小明练习的数据用图形（如柱状图、折线图或饼图）可视化地展示，对比一段时间的成绩。他记录的数据如表 9.1 和表 9.2 所示。

表 9.1　2013—2014 年 12 周的口算练习成绩

周次	1	2	3	4	5	6	7	8	9	10	11	12
2013 年春	86	88	92	90	85	91	94	95	93	93	96	94
2013 年秋	76	80	82	70	75	81	84	78	79	88	81	74
2014 年秋	90	95	94	92	95	93	94	95	96	97	96	98

表 9.2　2014 年每月练习的评价成绩

月份	1	2	3	4	5	6	7	8	9	10	11	12
分数	86	88	92	90	85	91	94	95	93	93	96	94

分析：Java 语言系统本身没有提供根据数据画图的 API。但是，作为开放系统，有许多面向 Java 开发的图表库，如 JasperReports、JFreeReport、jCharts、JOpenChart 等，它们提供了丰富的绘图功能，能够满足案例要求。我们选择资料和功能都比较丰富的 JFreeChart 来完成案例的构造。

1. 简介 JFreeChart

JFreeChart 是一组功能强大、灵活易用的 Java 绘图 API，用它可生成饼图（Pie Charts）、柱状图（Bar Charts）、散点图（Scatter Plots）、时序图（Time Series）、甘特图（Gantt Charts）等多种图表，并且可以产生 PNG 和 JPEG 格式的输出，还可以与 PDF 和 Excel 关联。JFreeChart 完全使用 Java 语言编写，可以被应用、applets、servlets 及 JSP 等使用。JFreeChart 包的特点如下。

- 稳定、轻量级且功能强大，生成的图表运行顺畅。
- API 处理简单，易学易用。
- 一致地支持多种图表类型，设计灵活，扩展方便。
- 支持多种输出类型，包括 Swing 组件、图像文件（包括 PNG 和 JPEG）和矢量图形文件格式（包括 PDF、EPS 和 SVG）。

JFreeChart 源码主要位于两个包：org.jfree.chart 和 org.jfree.data。前者主要与图形本身有关，后者与图形显示的数据有关。本书使用的核心类主要如下。

- org.jfree.chart.JfreeChart，图，任何类型图的最终形式都是从该对象产生的。JFreeChart 引擎为创建不同类型的图提供了相应的工厂类，如 createLineChart()、createBartChart()、createHistogram()、createPieChart() 等，大多数都有如下的基本参数：

java.lang.String title，设置图的标题；

java.lang.String categoryAxisLabel，设置分类轴的标示；

java.lang.String valueAxisLabel，设置值轴的标示；

CategoryDataset dataset，设置数据；

PlotOrientation orientation，设置图的方向；

boolean legend，设置是否显示图例；

boolean tooltips，设置是否生成热点工具；

boolean urls，设置是否显示 url。

- org.jfree.data.category.XXDataSet，数据集对象，据此显示图。不同类型的图对应着不同类型的数据集对象类。其中 DefaultCategoryDataset 是实现接口 CategoryDataset 的默认实现，它的核心方法是向数据集添加数据的 addValue (double value, Comparable rowKey, Comparable columnKey)。
- org.jfree.chart.plot.XXPlot，绘图对象，它决定了图的样式，创建该对象时需要 Axis、Renderer 及数据集对象的支持。
- org.jfree.chart.axis.XXXAxis，处理绘图区域的两个轴：纵轴和横轴。
- org.jfree.chart.render.XXXRender，负责渲染一个图的属性。

更详细的 JFreeChart API 及其使用，请参考相关文献。

下载、解压后，将 jfreechart、jcommon 载入工程，就可以用于应用的开发，如图 9.9 所示。

使用 JFreeChart 画出图的过程类似使用 Excel：首先建立数据表，然后选择绘制图的类型及一些属性，JFreeChart 根据数据表绘图，按照预先指定的要求输出 Web、文件等。

图 9.9　载入工程的 JFreeChart 包

2．编码实现图形输出

新增类 ChartGenerator 实现按照上述三组数据画出的柱状图，并输出一个给定的文件（JPEG 格式）。主要代码如下。

```
//代码9.7: 用JFreeChart编码实现绘制柱状图
public class ChartGenerator {
    public void drawBarChart() {
        CategoryDataset dataset = createDataSet();        //得到绘图依据的数据
        //绘制柱状图的方法
        JFreeChart chart = ChartFactory.createBarChart (
            "练习分数对比",    //标题
            "",            //无横轴名称
            "分数",         //纵轴名称
            dataset,        //数据
            PlotOrientation.VERTICAL,         //竖直图表
            true,          //显示legend
            false,         //不显示tooltip
            false          //不使用url链接
        );
        setAttributes(chart);                      //设置图片属性
        writeChartFile(chart,1024, 480, "柱状图.jpg" );     //把图输出到文件
    }
    //设置图片属性
    private void setAttributes (JFreeChart chart) {
        CategoryPlot plot = (CategoryPlot) chart.getPlot();//适合柱状图、折线图
        chart.setBackgroundPaint(Color.white); //设置背景色为白色
```

```
        plot.setForegroundAlpha(1.0f);              //指定图片的透明度(0.0~1.0)
        Font font = new Font("黑体", Font.CENTER_BASELINE, 20);
        TextTitle title = chart.getTitle();         //设置图的标题
        LegendTitle legend = chart.getLegend();     //设置图例
        title.setFont(font);                        //设置图片标题字体
        legend.setItemFont(font);                   //设置注释字体
        plot.getRangeAxis().setLabelFont(font);     //设置 Y 轴字体
        plot.getRangeAxis().setTickLabelFont(font);     //设置刻度字体
        plot.getDomainAxis().setLabelFont(font);        //设置 X 轴字体
        plot.getDomainAxis().setTickLabelFont(font);    //设置刻度字体
    }
    private void writeChartFile (JFreeChart chart, int x, int y, String fileName) {
        FileOutputStream chart_jpg = null;
        try {
            chart_jpg = new FileOutputStream (fileName);
            ChartUtilities.writeChartAsJPEG (chart_jpg, 1, chart, x,y, null);
        } catch (Exception e) {…
        } finally {
            try { chart_jpg.close();
            } catch (Exception e) {… }
        }
    }
    //获得数据
    private static CategoryDataset createDataSet() {
        int grades1[] = {76,80,82,70,75,81,84,78,79,88,81,74};
        int grades2[] = {86,88,92,90,85,91,94,95,93,93,96,94};
        int grades3[] = {90,95,94,92,95,93,94,95,96,97,96,98};
        DefaultCategoryDataset dataset = new DefaultCategoryDataset();
        for (int i = 0; i < 12; i++) {
            dataset.addValue(grades1[i],"2013年春",(i+1)+"周");
            dataset.addValue(grades2[i],"2013年秋",(i+1)+"周");
            dataset.addValue(grades3[i],"2014年春",(i+1)+"周");
        }
        return dataset;
    }
}
```

输出到文件的图如图 9.10 所示。

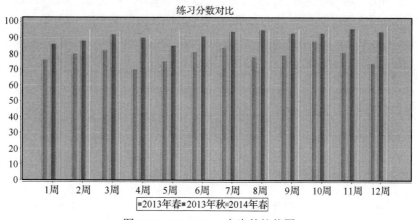

图 9.10　JFreeChart 产生的柱状图

折线图的产生方式和柱状图类似：（1）要把 ChartFactory.createBarChart 换成 ChartFactory.

createLineChart；（2）同时更换其中的文件名；（3）由于要显示数据值的范围主要在 70 以上，*Y*
轴坐标刻度要像柱状图一样从 0 到 100，折线图基本上显示在图的上部，下部空着，看起来不美
观，而且占空间。可以用 JFreeChart 丰富的 API 绘制精美的图片，例如，希望 *Y* 轴坐标刻度范围
是 60～100，在 setAttributes()方法中对 plot 增加两行操作；（4）折线的宽度、颜色等也可以使用
相应的类 XXRender 改变。（3）和（4）改动的代码如下，运行得到图 9.11。

```
//代码9.8：用 JFreeChart 编码实现绘制折线图
private void setAttributes (JFreeChart chart) {
    CategoryPlot plot = (CategoryPlot) chart.getPlot();
    …
    ValueAxis axis = (ValueAxis) plot.getRangeAxis();  //得到坐标轴
    axis.setLowerBound (70);
    //通过 rendderer 可以改变线条的颜色、宽度等。下面语句仅对 Line 有效
    LineAndShapeRenderer rendered = (LineAndShapeRenderer) plot.getRenderer();
    rendered.setSeriesStroke(2, new BasicStroke(2.0F));//第 2 条折线的宽度
    rendered.setSeriesPaint(2, Color.magenta);         //第 2 条折线的颜色
    …
}
```

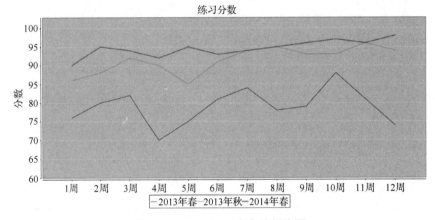

图 9.11　JFreeChart 产生的折线图

饼状图和前面两种图的绘制有较大的差异：（1）数据表不一样；（2）方法 createPieChart 的参
数不同，使用了绘图专用类 PiePlot。JFreeChart 产生的饼状图如图 9.12（a）所示。

```
//代码9.9：用 JFreeChart 编码实现绘制饼状图
public void drawPieChart() {
    PieDataset dataset = getDataSet();  //填写数据的方式不一样
    JFreeChart chart = ChartFactory.createPieChart (
            "练习分数",        //标题
            dataset,          //数据
            false,            //不显示 legend
            false,            //不显示 tooltip
            false             //不使用 url 链接
    );
    PiePlot plot = (PiePlot) chart.getPlot();   //Plot 不同
    chart.setBackgroundPaint(Color.white); //设置背景色为白色
    plot.setForegroundAlpha(1.0f);             //指定图片的透明度(0.0～1.0)
    plot.setCircular(true);       //指定显示的饼图是圆形(false)还是椭圆形(true)
    Font font = new Font("黑体", Font.CENTER_BASELINE, 20);
```

```
        TextTitle title = chart.getTitle();
        title.setFont(font);
        chart.setTitle(title);
        writeChartFile(chart,640, 420, "饼状图.jpg");
    }
    // 为测试提供的数据
    private static PieDataset getDataSet() {
        int grades2[] = {86,88,92,90,85,91,94,95,93,93,96,94};
        DefaultPieDataset dataset = new DefaultPieDataset();
        for (int i = 0; i < 12; i++) {
            dataset.setValue ((i+1)"月", grades2[i]);
        }
        return dataset;
    }
```

用类 org.jfree.chart.ChartPanel 可把创建的图放在 Java 窗口上，如图 9.12（b）所示。代码片段如下：

```
ChartPanel panel = new ChartPanel (chart);        //chart 是创建的 jfreechart
JFrame frame=new JFrame ("在窗口显示 JFreeChart"); //创建框架
frame.add(panel);
```

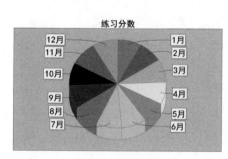

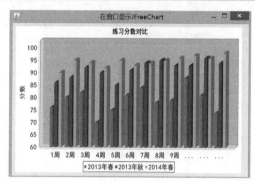

（a）JFreeChart 产生的饼状图　　　　　　　　　　　　（b）在窗口显示 JFreeChart

图 9.12　JFreeChart 产生的饼状图和在窗口显示 JFreeChart 图

3. 在 GUI 上集成构造任务 12

继续扩展第 7 章的案例构造，在类 PracticeGUI 中添加代码。在菜单条添加按钮"练习统计"（如图 9.13 所示），选择"图形显示"在一个弹出的窗口中让用户：选择可视化图形，如折线图、饼图、柱状图等；填写输入文件，包含练习的统计数据；填写输出文件，存储可视化图形的文件。

默认的可视化结果在主窗口的中间部分显示。

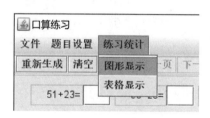

图 9.13　构造任务 12 的一个集成界面

9.4.3　完整案例的软件构造

1. 在案例 GUI 上添加功能

可以把构造任务 11 和 12 的功能集成在第 7 章的 GUI 界面。把构造任务 11 作为一个菜单项添加在文件菜单，新增一个控制类 DocGenController，负责生成 Word 格式的习题及习题册。构造任务 12 作为一个菜单项放置在顶部的菜单栏，新增一个控制类 ReportChartController，练习的分统计可视化显示并存储在文件。重构后的案例构造的类结构如图 9.14 所示。

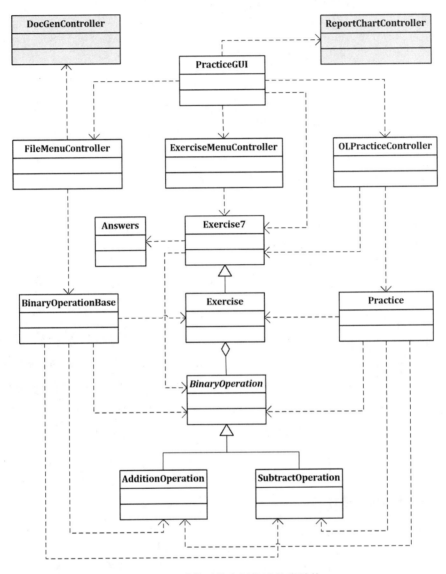

图 9.14　重构后的案例构造的类结构

2. 完成构造任务 13

构造任务 13：完成案例的全部构造，交付软件。这个任务包括一组软件构造。根据不同的用户需求，可以为本书案例程序提供不同配置的版本。

版本 1：不含数据库的 GUI 版本，构造 9.1+构造 11+构造 12。

版本 2：不含数据库的 GUI 版本，构造 9.2+构造 11+构造 12。

版本 3：含数据库的 GUI 版本，构造 9.2+构造 10（扩展）+构造 11+构造 12。

版本 4：完全版，包含算式类、习题类、练习类、算式基、GUI、数据库及软件复用的技术，主要是构造 3+构造 4+构造 5+构造 6+构造 7.2+构造 7.3+构造 9.2+构造 10+构造 11.2+构造 12。

请读者设计或选择一个案例配置，完成一个可以交付运行的口算练习软件。为了复用代码，可能要简单更改之前的代码，而且选择时机重构。

最后，在完成案例程序后，应及时更新 CODING DevOps 上的代码仓库到最新版本，相关的数据库代码、软件文档等应当准确、完整。

CODING DevOps 上完整的软件构造项目

9.5　讨论与提高

9.5.1　案例的 Web 应用程序

需求：小明的父亲华经理表达了很多家长的想法，希望能通过浏览器在网上进行口算练习。例如，登录某个网站，选择习题，在线练习，然后提交，得到返回评分结果，还可以查看答案和练习统计等。

分析：通过学习，小强和小雨知道，要求的软件是 Web 应用程序。一个 Web 应用程序是由完成特定任务的各种 Web 组件构成的，并通过 Web 浏览器将服务展示给外界的用户。这些构件要完成用户的操作（如选择一套练习）并提交，转换成 Web 请求后通过计算机网络传输到（远程的）管理练习库的服务器，它解析Web请求，按照要求计算或产生要求的服务（生成习题），再转化成 Web 能够显示的格式，再次通过网络传输到客户浏览器端，最后按Web格式呈现出来。

尽管 Web 应用程序也是程序，但是 Web 应用程序的结构与传统的桌面程序不同，使用的开发语言也不单是 Java、C#、Python 等语言。Web 软件是 B/S 架构，B 端（Browser）的 Web 程序让用户借助浏览器通过网络访问远程服务器（S 端，Server）上的资源（如习题、练习的结果），或者得到在服务器上完成计算的结果。Web 应用程序的最大好处是用户只需浏览器，无须安装软件就能使用，如电子邮件、网上书店、网上银行、地图等。

小强和小雨在打算系统地掌握网络、Web 等有关知识后，再实现口算练习的 Web 应用程序。

Web 应用程序的一般结构与框架组合

9.5.2　Android 应用框架

本章之初提出的另一个需求实际上是开发一个移动应用，超出了本书的范围。移动应用及其开发平台和技术有较大的差异，其中与 Java 语言较为密切的是 Android。

Android 应用框架

9.5.3　课程思政

凝聚爱国情怀、打造工匠精神—卓越工程师

9.6　思考与练习题

1. 解释软件复用的概念，举例说明常用的可复用件类型。

2. 软件复用的主要问题是什么？如何解决？

3. 软件复用的基本类型是什么？举例说明。

4. 如何理解软件包和程序库？举例说明。

5. 如何理解软件复用的两个方面：基于复用的软件开发、面向复用的软件开发？

6. 什么是设计模式？使用模式进行软件设计时应该考虑的因素有哪些？

7. 什么是框架？说明框架与设计模式的区别。

8. 完成编写教材中工厂方法模式实现方式三的全部代码，测试、运行并给出相应的结果。

9. 完成编写教材中工厂方法模式实现方式四的全部代码，测试、运行并给出相应的结果。

10. 对教材中工厂方法模式的例子新增一个图形三角形 Triangle(Point A, Point B, Point C)，请分别采用工厂方法模式的 4 种实现方式编写代码，并对点 A(5, 5)、B(10,10) 和 C(18, 20) 组成的三角形，给出运行结果。

11. 对适配器模式的例子新增一个新型打印机 Printer_T，请分别采用适配器模式的两种实现方式编写代码，完成测试程序，给出运行结果。

12. 完成编写教材命令模式的全部代码，给出相应的运行结果。

13. 分别为：（1）工厂方法模式；（2）适配器模式；（3）命令模式绘制 UML 的时序图。

14. 阅读"案例分析与实践"中使用 FreeMarker 生产的 Word，完成 getSourceData() 方法和教材的全部代码，给出运行结果。

15. 学习使用 FreeMarker，用教材的模板或自定义模板，完成 60 道口算题的 Word 输出。

16. 小雨把自己的开发情况做了简单记录，他记录了 10 次开发中交付的代码行数及发现的错误数，如下表：

周次	1	2	3	4	5	6	7	8	9	10
代码行数	176	120	133	140	180	165	210	223	201	196
bug 数	3	3	6	5	2	8	8	7	4	3

学习使用 JFreeChart，分别画出代码行数与 bug 数对比的 3D 柱状图和折线图，以每周编写的代码行数占总代码数的百分比例，在 Java 窗口中展示 3D 饼状图。

17. 学习教材中构造任务 11.2 的设计和代码，实现：读入一个含 62 道算术运算题的练习文件，标题"100 以内的算术运算"用黑体、28 号、蓝色显示，算式分 5 列，用 sylfaen、14 号、黑色显示，最后输出到一个 Word 文件。

18. 编写程序，根据一个表格中输入的数据产生柱状图，类似图 9.15。表格部分使用 javax.swing.JTable，中间是一个普通的 JButton，下部采用 JFreeChart 的 ChartPanel。用户在表格中输入完数据后，单击"显示柱状图"按钮，下部的图形区域根据表的数据显示柱状图。整个版面可以使用两个拆分窗格 JSplitPane：划分成上、下两个容器。外围 JSplitPane 上面放置另一个 JSplitPane，它放置数据 JTable（它又在 JScrollPane 中）和 Jbutton，外围 JSplitPane 的下面放置 ChartPanel。表的初始值都是字符串，第一列全部是"姓名"，分数都是 0。

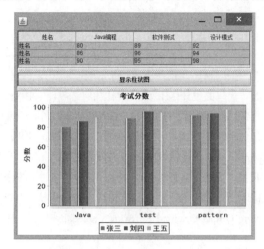

图 9.15　包含表格的柱状图

19．继续探讨复用，在前一题的基础上：

（1）增加一个"显示折线图"JButton，单击它时根据表的数据在下方显示折线图；

（2）灵活地显示图，即可以根据有数据的表的行数，如 4 行或 2 行，动态地显示相应的柱状图或折线图。

20．阅读 Spire.Office 文档，构造程序，一个有 5 道不同算术运算练习、5 页的 Word 文档。

21．在你完成的第 7 章案例构造的基础上，参考教材提供的设计，完成构造任务11。

22．在你完成的第 7 章案例构造的基础上，参考教材提供的设计，完成构造任务12。

23．可以继续改进教材第 7 章中案例GUI的布局，让显示在线练习算式的区域还能显示可视化图形、统计表格。请设计并完成能在同一个窗口中包含任务12的构造。

24．根据自身实践，说明选择复用程序库时要考虑的因素。

25．完成构造 13：选择或设计一个集成线路，完成一个可以交付运行的口算练习软件。

参 考 文 献

[1]   S. McConnell. 代码大全[M]. 金戈，等译. 2 版. 北京：电子工业出版社，2011.

[2]   B. Liskov, J. Guttag. 程序开发原理[M]. 裘健，等译. 北京：电子工业出版社，2006.

[3]   骆斌. 软件工程与计算（三卷）[M]. 北京：机械工业出版社，2012.

[4]   M. Fowler. 重构：改善既有代码的设计[M]. 熊节，林从羽，等译. 北京：人民邮电出版社，2019.

[5]   Robert C. Martin. 敏捷软件开发：原则、模式与实践[M]. 邓辉，等译. 北京：清华大学出版社，2003.

[6]   Capers Jones. 软件工程最佳实践[M]. 吴舜贤，等译. 北京：机械工业出版社，2014.

[7]   E. Gamma, R.Helm, R. Johnson,等. 设计模式[M]. 李英军，等译. 北京：机械工业出版社，2019.

[8]   C. Larman. UML 和模式应用（原书第 3 版）[M]. 李洋，等译. 北京：机械工业出版社，2006.

[9]   K. Beck. 测试驱动开发[M]. 孙平平，等译. 北京：中国电力出版社，2004.

[10]   S. Free , N. Pryce. Growing Object-Oriented Software guided by Tests[M]. New York: Addison-Wesley, 2010.

[11]   Matt Weisfeld. 面向对象的思考过程（原书第 5 版）[M]. 黄博文，冯冠军，张轲，等译. 北京：机械工业出版社，2021.

[12]   P. Goodliffe. 编程匠艺：编写卓越的代码[M]. 韩江，等译. 北京：电子工业出版社，2011.

[13]   L. Koskela. Effective Unit Testing[M]. Toronto: Manning, 2013.

[14]   J. Johnson. Designing with the Mind in Mind Simple Guide to Understanding User Interface Design Guidelines[M]. 3rd ed. San Francisco: Motgan Kaufmann, 2010.

[15]   J. Anderson, J. McRee, R. Wilson. Effective UI[M]. BeiJing: O'Reilly, 2010.

[16]   Paul Butcher. Debut it! Find, Repair, and Prvent Bugs in Your Code[M]. Dallas,Texas: The Pragmatic Bookshelf, 2009.

[17]   普莱贝尔，等. Git 学习指南[M]. 凌杰，姜楠，译. 北京：人民邮电出版社，2016.

[18]   Andreas Zeller. Why Programs Fail：系统化调试指南[M]. 北京：电子工业出版社，2007.

[19]   Max Kanat-Alexander. 编程原则：来自代码大师 Max Kanat-Alexander 的建议[M]. 李光毅，译. 北京：机械工业出版社，2021.

[20]   A. Shalloway, S. Bain, K. Pugh,et al. Essential Skills for the Agile Developer[M]. New York: Addison-Wesley, 2012.

[21]   Paul M.Ducall, S. Matyas, A. Glover. Continuous Integration[M]. New York: Addison-Wesley, 2007.

[22]   J. Humble , D. Farley. Continuous Delivery[M]. New York: Addison-Wesley, 2010.

[23]   A. Silberschatz.数据库系统概念[M]. 杨冬青，李红燕，张金波，等译. 7 版. 北京：机械工业出版社，2021.

[24]   T. Swicegood.版本控制之道[M]. 董越，等译. 北京：电子工业出版社，2010.

[25]   B. Aiello , L. Sachs.配置管理最佳实践[M]. 顾刘学，等译. 北京：人民邮电出版社，2013.

[26]   王鹏，何昀峰. Java Swing 图形界面开发与案例详解[M]. 北京：清华大学出版社，2008.

[27]   Steven John Metsker, William C. Wake. Java 设计模式[M]. 张逸，等译. 北京：电子工业出版社，2012.

[28]   Jeff Johnson. GUI 设计禁忌 2.0[M]. 盛海燕，等译. 北京：机械工业出版社，2009.

[29]   Gerald M. Weinberg. 程序开发心理学（银年纪念版）[M]. 邓俊辉，译. 北京：电子工业出版社，2015.